Java EE开发的颠覆者 Spring Boot实战

汪云飞 编著

電子工業出版社
Publishing House of Electronics Industry
北京•BEIJING

内容简介

在当今 Java EE 开发中，Spring 框架是当之无愧的王者。而 Spring Boot 是 Spring 主推的基于“习惯优于配置”的原则，让你能够快速搭建应用的框架，从而使得 Java EE 开发变得异常简单。

本书从 Spring 基础、Spring MVC 基础讲起，从而无难度地引入 Spring Boot 的学习。涵盖使用 Spring Boot 进行 Java EE 开发的绝大数应用场景，包含：Web 开发、数据访问、安全控制、批处理、异步消息、系统集成、开发与部署、应用监控、分布式系统开发等。

当你学完本书后，你将能使用 Spring Boot 解决 Java EE 开发中所遇到的绝大多数问题。

图书在版编目（CIP）数据

Java EE 开发的颠覆者：Spring Boot 实战 / 汪云飞编著. —北京：电子工业出版社，2016.3
ISBN 978-7-121-28208-9

Ⅰ. ①J… Ⅱ. ①汪… Ⅲ. ①JAVA 语言—程序设计 Ⅳ. ①TP312

中国版本图书馆 CIP 数据核字(2016)第 037759 号

责任编辑：安　娜
印　　刷：三河市君旺印务有限公司
装　　订：三河市君旺印务有限公司
出版发行：电子工业出版社
　　　　　北京市海淀区万寿路 173 信箱　邮编：100036
开　　本：787×980　1/16　印张：32.75　字数：675 千字
版　　次：2016 年 3 月第 1 版
印　　次：2018 年 6 月第 16 次印刷
印　　数：39001~40500 册　定价：89.00 元

凡所购买电子工业出版社图书有缺损问题，请向购买书店调换。若书店售缺，请与本社发行部联系，联系及邮购电话：（010）88254888，88258888。

质量投诉请发邮件至 zlts@phei.com.cn，盗版侵权举报请发邮件至 dbqq@phei.com.cn。

本书咨询联系方式：010-51260888-819，faq@phei.com.cn。

前 言

我有将平时工作所悟写成博客以记录的习惯，随着逐渐的积累，终于可以形成目前这样一本实战性的手册。我平时在阅读大量的 Spring 相关书籍的时候发现：很多书籍对知识的讲解一味求全求深，导致读者很难快速掌握某一项技术，且因为求全求深而忽略了最佳实践，让读者云里雾里，甚至半途而废。

所以本书的每个章节的基本架构都是：点睛+实战。

点睛：用最简练的语言去描述当前的技术；

实战：对当前技术进行实战意义的代码演示。

本书代码的另一个特点是：技术相关，业务不相关。在本书的实战例子中不会假设一个业务需求，然后让读者既要理解技术，又要理解假设的业务，本书的目标是让读者 “学习时只关注技术，开发时只关注业务”。

本书涉及的技术比较广，尤其是第三部分：实战 Spring Boot，这让我很难在一本书中对每一项技术细节都详细说明；我希望本书能为读者在相关技术应用上抛砖引玉，读者在遇到特定技术的问题时可以去学习特定技术的相关书籍。

Spring 在 Java EE 开发中是实际意义上的标准，但我们在开发 Spring 的时候可能会遇到以下让人头疼的问题：

（1）大量配置文件的定义；

（2）与第三方软件整合的技术问题。

Spring 每个新版本的推出都以减少配置作为自己的主要目标，例如：

（1）推出@Component、@Service、@Repository、@Controller 注解在类上声明 Bean；

（2）推出@Configuration、@Bean 的 Java 配置来替代 xml 配置。

在脚本语言和敏捷开发大行其道的时代，Java EE 的开发显得尤为笨重，让人误解 Java EE 开发就该如此。Spring 在提升 Java EE 开发效率的脚步上从未停止过，而 Spring Boot 的推出是具有颠覆和划时代意义的。Spring Boot 具有以下特征：

（1）遵循“习惯优于配置”原则，使用 Spring Boot 只需很少的配置，大部分时候可以使用默认配置；

（2）项目快速搭建，可无配置整合第三方框架；

（3）可完全不使用 xml 配置，只使用自动配置和 Java Config；

（4）内嵌 Servlet（如 Tomcat）容器，应用可用 jar 包运行（java –jar）；

（5）运行中应用状态的监控。

虽然 Spring Boot 给我们带来了类似于脚本语言开发的效率，但 Spring Boot 里没有使用任何让你意外的技术，完全是一个单纯的基于 Spring 的应用。如 Spring Boot 的自动配置是通过 Spring 4.x 的@Conditional 注解来实现的，所以在学习 Spring Boot 之前，我们需要快速学习 Spring 与 Spring MVC 的基础知识。

第一部分：点睛 Spring 4.x

快速学习 Spring 4.x 的各个知识点，包括基础配置、常用配置以及高级配置，以便熟悉常用配置，并体会使用 Java 语法配置所带来的便捷。

第二部分：点睛 Spring MVC 4.x

快速学习 Spring MVC 4.1 的各个知识点，MVC 的开发是我们日常开发工作中最常打交道的，所以学习 Spring MVC 对 Spring Boot 的使用极有帮助。

第三部分：实战 Spring Boot

这部分是整本书的核心部分，每个章节都会通过讲解和实战的例子来演示 Spring Boot 在实际项目中遇到的方方面面的情况，真正达到让 Spring Boot 成为 Java EE 开发的实际解决方案。

Spring Boot 发布于 2014 年 4 月，根据知名博主 Baeldung 的调查，截至 2014 年年底，使用 Spring Boot 作为 Spring 开发方案的已有 34.1%，这是多么惊人的速度。

希望读者在阅读完本书后，能够快速替代现有的开发方式，使用 Spring Boot 进行重构，和大量配置与整合开发说再见!

本书是我的第一本技术书籍，主要目的是让读者快速上手 Spring Boot 这项颠覆性的 Java EE 开发技术，由于作者水平有限，书中纰漏之处在所难免，敬请读者批评指正。

轻松注册成为博文视点社区用户（www.broadview.com.cn），您即可享受以下服务：

- 下载资源：本书所提供的示例代码及资源文件均可在【下载资源】处下载。
- 提交勘误：您对书中内容的修改意见可在【提交勘误】处提交，若被采纳，将获赠博文视点社区积分（在您购买电子书时，积分可用来抵扣相应金额）。
- 与作者交流：在页面下方【读者评论】处留下您的疑问或观点，与作者和其他读者一同学习交流。

页面入口：http://www.broadview.com.cn/28208

二维码：

目　录

第一部分　点睛 Spring 4.x

第二部分　点睛 Spring MVC 4.x

第三部分　实战 Spring Boot

第一部分

点睛 Spring 4.x

第1章

Spring 基础

做 Java 开发的程序员都知道 Spring 的大名，市面上关于 Spring 的书籍也是汗牛充栋。本书介绍的 Spring 4.x 不是对 Spring 知识点的全面讲解，而是将工作中常用的 Spring 相关的知识点罗列出来，以点睛的形式（快速讲解+示例）让读者快速掌握 Spring 在开发中的常用知识。

1.1 Spring 概述

1.1.1 Spring 的简史

Spring 的历史网上有很多介绍，下面讲下我亲历的 Spring 发展的过程。

第一阶段：xml 配置

在 Spring 1.x 时代，使用 Spring 开发满眼都是 xml 配置的 Bean，随着项目的扩大，我们需要把 xml 配置文件分放到不同的配置文件里，那时候需要频繁地在开发的类和配置文件之间切换。

第二阶段：注解配置

在 Spring 2.x 时代，随着 JDK 1.5 带来的注解支持，Spring 提供了声明 Bean 的注解（如@Component、@Service），大大减少了配置量。这时 Spring 圈子里存在着一种争论：注解配置和 xml 配置究竟哪个更好？我们最终的选择是应用的基本配置（如数据库配置）用 xml，业务配置用注解。

第三阶段：Java 配置

从 Spring 3.x 到现在，Spring 提供了 Java 配置的能力，使用 Java 配置可以让你更理解你配置的 Bean。我们目前刚好处于这个时代，Spring 4.x 和 Spring Boot 都推荐使用 Java 配置，所以我们在本书通篇将使用 Java 配置。

1.1.2 Spring 概述

Spring 框架是一个轻量级的企业级开发的一站式解决方案。所谓解决方案就是可以基于 Spring 解决 Java EE 开发的所有问题。Spring 框架主要提供了 IoC 容器、AOP、数据访问、Web 开发、消息、测试等相关技术的支持。

Spring 使用简单的 POJO（Plain Old Java Object，即无任何限制的普通 Java 对象）来进行企业级开发。每一个被 Spring 管理的 Java 对象都称之为 Bean；而 Spring 提供了一个 IoC 容器用来初始化对象，解决对象间的依赖管理和对象的使用。

1. Spring 的模块

Spring 是模块化的，这意味着你可以只使用你需要的 Spring 的模块。如图 1-1 所示。

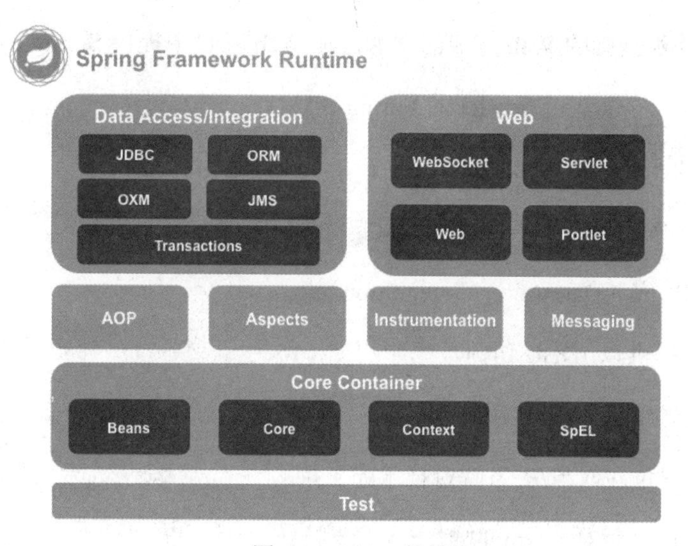

图 1-1　Spring 的模块

图 1-1 中的每一个最小单元，Spring 都至少有一个对应的 jar 包。

（1）核心容器（Core Container）

Spring-Core：核心工具类，Spring 其他模块大量使用 Spring-Core；

Spring-Beans：Spring 定义 Bean 的支持；

Spring-Context：运行时 Spring 容器；

Spring-Context-Support：Spring 容器对第三方包的集成支持；

Spring-Expression：使用表达式语言在运行时查询和操作对象。

（2）AOP

Spring-AOP：基于代理的 AOP 支持；

Spring-Aspects：基于 AspectJ 的 AOP 支持。

（3）消息（Messaging）

Spring-Messaging：对消息架构和协议的支持。

（4）Web

Spring-Web：提供基础的 Web 集成的功能，在 Web 项目中提供 Spring 的容器；

Spring-Webmvc：提供基于 Servlet 的 Spring MVC；

Spring-WebSocket：提供 WebSocket 功能；

Spring-Webmvc-Portlet：提供 Portlet 环境支持。

（5）数据访问/集成（Data Access/Integration）

Spring-JDBC：提供以 JDBC 访问数据库的支持；

Spring-TX：提供编程式和声明式的事务支持；

Spring-ORM：提供对对象/关系映射技术的支持；

Spring-OXM：提供对对象/xml 映射技术的支持；

Spring-JMS：提供对 JMS 的支持。

2. Spring 的生态

Spring 发展到现在已经不仅仅是 Spring 框架本身的内容，Spring 目前提供了大量的基于 Spring 的项目，可以用来更深入地降低我们的开发难度，提高开发效率。

目前 Spring 的生态里主要有以下项目，我们可以根据自己项目的需要来选择使用相应的项目。

Spring Boot：使用默认开发配置来实现快速开发。

Spring XD：用来简化大数据应用开发。

Spring Cloud：为分布式系统开发提供工具集。

Spring Data：对主流的关系型和 NoSQL 数据库的支持。

Spring Integration：通过消息机制对企业集成模式（EIP）的支持。

Spring Batch：简化及优化大量数据的批处理操作。

Spring Security：通过认证和授权保护应用。

Spring HATEOAS：基于 HATEOAS 原则简化 REST 服务开发。

Spring Social：与社交网络 API（如 Facebook、新浪微博等）的集成。

Spring AMQP：对基于 AMQP 的消息的支持。

Spring Mobile：提供对手机设备检测的功能，给不同的设备返回不同的页面的支持。

Spring for Android：主要提供在 Android 上消费 RESTful API 的功能。

Spring Web Flow：基于 Spring MVC 提供基于向导流程式的 Web 应用开发。

Spring Web Services：提供了基于协议有限的 SOAP/Web 服务。

Spring LDAP：简化使用 LDAP 开发。

Spring Session：提供一个 API 及实现来管理用户会话信息。

1.2 Spring 项目快速搭建

讲到项目的搭建，也许有些读者使用的是通过开发工具新建项目，然后将项目所要依赖的第三方 jar 包复制到项目的类路径下（通常为 lib 目录）。

我们现在要和这种项目搭建的方式说拜拜了，因为上述搭建方式没有第三方类库的依赖关系，在导入一个特定的 jar 包时，可能此 jar 包还依赖于其他的 jar 包，其他的 jar 包又依赖于更多的 jar 包，这也是我们平常遇到的 ClassNotFound 异常的主要原因。

为了解决上述问题，我们急需引入一个项目构建工具。目前主流的项目构建工具有：Ant、Maven、Gradle 等。本书中我们使用 Maven 作为项目构建工具。

1.2.1 Maven 简介

Apache Maven 是一个软件项目管理工具。基于项目对象模型（Project Object Model，POM）的概念，Maven 可用来管理项目的依赖、编译、文档等信息。

使用 Maven 管理项目时，项目依赖的 jar 包将不再包含在项目内，而是集中放置在用户目录下的.m2 文件夹下。

1.2.2 Maven 安装

1. 下载 Maven

根据操作系统下载正确的 Maven 版本，并解压到任意目录。

Maven 下载地址：https://maven.apache.org/download.cgi。

2. 配置 Maven

在系统属性→高级→环境变量中分别配置 M2_HOME 和 Path，如图 1-2 所示。

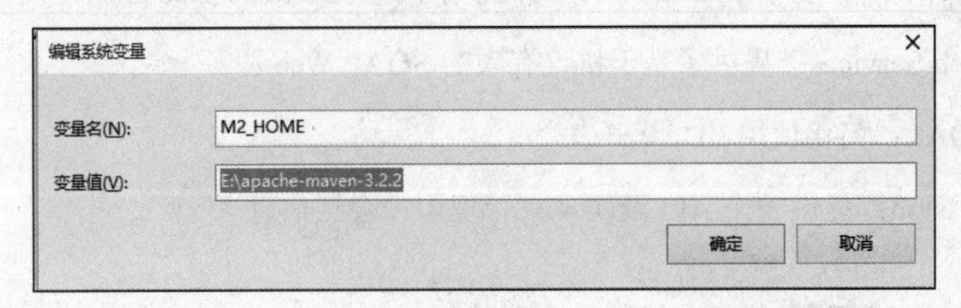

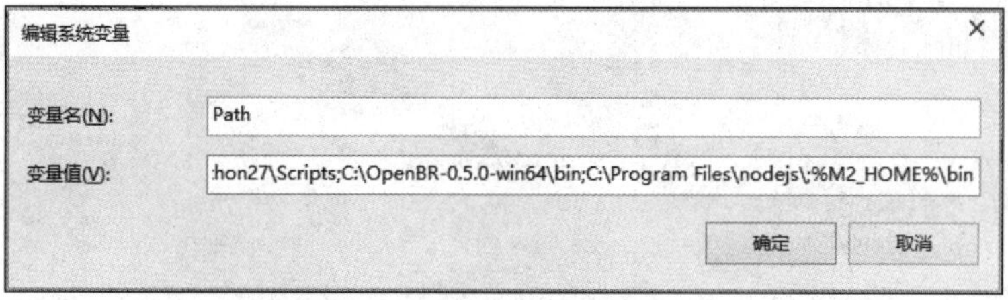

编辑系统变量

变量名(N): Path

变量值(V): hon27\Scripts;C:\OpenBR-0.5.0-win64\bin;C:\Program Files\nodejs\;%M2_HOME%\bin

确定 取消

图 1-2 配置 M2_HOME 和 Path

3. 测试安装

在控制台输入“mvn –v”，获得如图 1-3 所示信息表示安装成功。

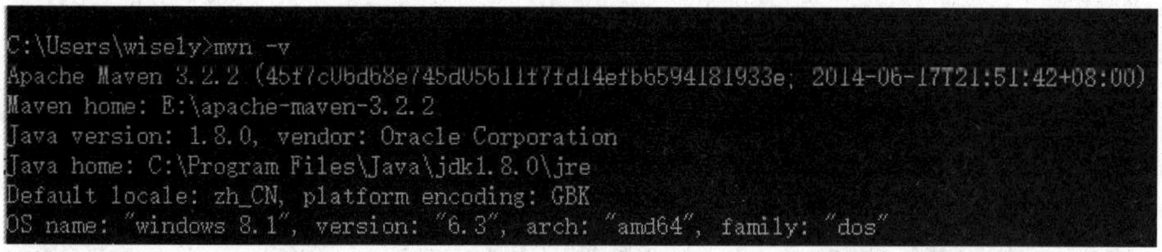

```
C:\Users\wisely>mvn -v
Apache Maven 3.2.2 (45f7c06d68e745d05611f7fd14efb6594181933e; 2014-06-17T21:51:42+08:00)
Maven home: E:\apache-maven-3.2.2
Java version: 1.8.0, vendor: Oracle Corporation
Java home: C:\Program Files\Java\jdk1.8.0\jre
Default locale: zh_CN, platform encoding: GBK
OS name: "windows 8.1", version: "6.3", arch: "amd64", family: "dos"
```

图 1-3 安装成功

1.2.3 Maven 的 pom.xml

Maven 是基于项目对象模型的概念运作的，所以 Maven 的项目都有一个 pom.xml 用来管理项目的依赖以及项目的编译等功能。

在我们的项目中，我们主要关注下面的元素。

1. dependencies 元素

<dependencies></dependencies>，此元素包含多个项目依赖需要使用的<dependency></dependency>。

2. dependency 元素

<dependency></dependency>内部通过 groupId、artifactId 以及 version 确定唯一的依赖，有人称这三个为坐标，代码如下。

groupId：组织的唯一标识。

artifactId：项目的唯一标识。

version：项目的版本。

```
<dependency>
    <groupId>org.springframework</groupId>
    <artifactId>spring-webmvc</artifactId>
    <version>4.1.5.RELEASE</version>
</dependency>
```

3. 变量定义

变量定义：<properties></ properties>可定义变量在 dependency 中引用，代码如下。

```
<properties>
    <spring-framework.version>4.1.5.RELEASE</spring-framework.version>
</properties>

<dependency>
    <groupId>org.springframework</groupId>
    <artifactId>spring-webmvc</artifactId>
    <version>${spring-framework.version}</version>
</dependency>
```

4. 编译插件

Maven 提供了编译插件，可在编译插件中涉及 Java 的编译级别，代码如下。

```
<build>
        <plugins>
            <plugin>
                <groupId>org.apache.maven.plugins</groupId>
                <artifactId>maven-compiler-plugin</artifactId>
                <version>2.3.2</version>
                <configuration>
                    <source>1.7</source>
                    <target>1.7</target>
                </configuration>
            </plugin>
        </plugins>
</build>
```

5. Maven 运作方式

Maven 会自动根据 dependency 中的依赖配置，直接通过互联网在 Maven 中心库下载相关依赖包到.m2 目录下，.m2 目录下是你本地 Maven 库。

如果你不知道你所依赖 jar 包的 dependency 怎么写的话，推荐到 http://mvnrepository.com 网站检索。

若 Maven 中心库中没有你需要的 jar 包（如 Oracle），你需要通过下面的 Maven 命令打到本地 Maven 库后应用即可，如安装 Oracle 驱动到本地库：

```
mvn install:install-file -DgroupId=com.oracle "-DartifactId=ojdbc14"
"-Dversion=10.2.0.2.0" "-Dpackaging=jar" "-Dfile=D:\ojdbc14.jar"
```

1.2.4　Spring 项目的搭建

1. 基于 Spring Tool Suite 搭建

Spring Tool Suite（简称 STS）是 Spring 官方推出的基于 Eclipsc 的开发工具，集成了 M2E（Maven Integration for Eclipse）、Spring IDE 等插件。若习惯于用 Eclipse 开发项目的话，STS 则是开发 Spring 项目的不二之选。若你当前使用的是常规的 Eclipse，请安装 M2E 插件。STS 下载地址：https://spring.io/tools/sts/all。

（1）新建 Maven 项目，如图 1-4 所示。

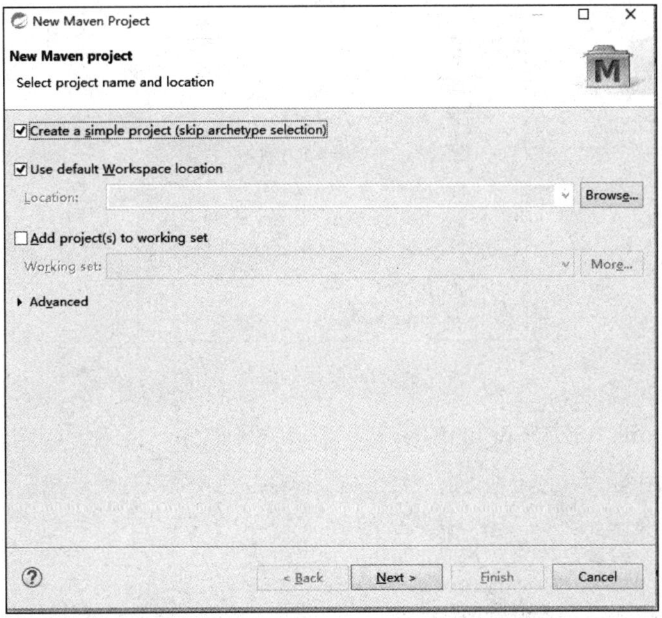

图 1-4　新建 Maven 项目

（2）输出本 Maven 项目的坐标值，如图 1-5 所示。

（3）在 STS 中生成如图 1-6 所示结构的项目。

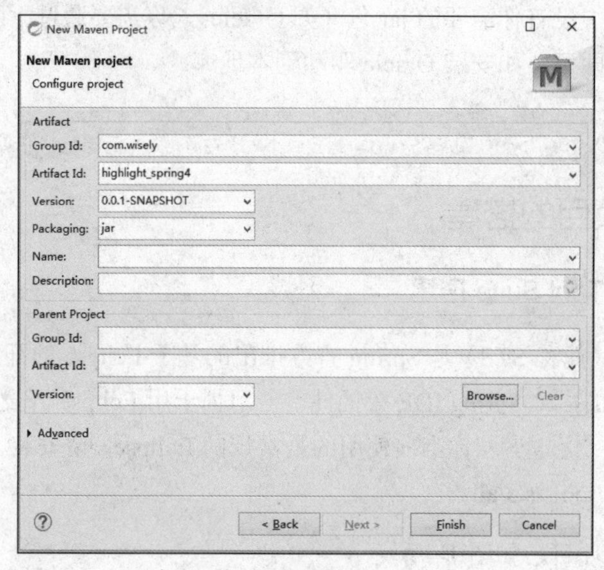

图 1-5　输出坐标值

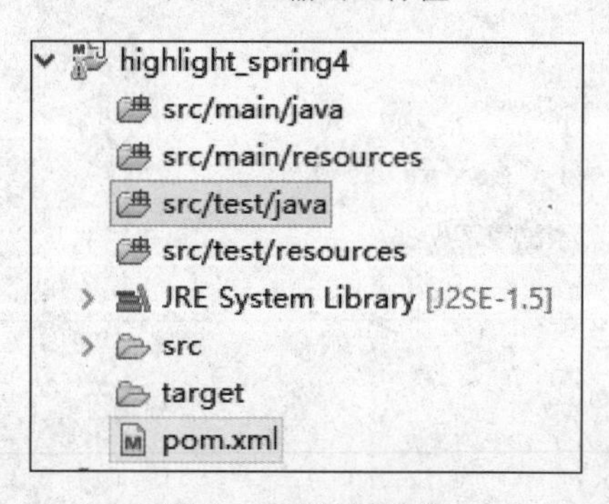

图 1-6　项目的结构

（4）修改 pom.xml。增加 Spring 的依赖，添加编译插件，将编译级别设置为 1.7。

```
<project xmlns="http://maven.apache.org/POM/4.0.0"
xmlns:xsi="http://www.w3.org/2001/XMLSchema-instance"
xsi:schemaLocation="http://maven.apache.org/POM/4.0.0
http://maven.apache.org/xsd/maven-4.0.0.xsd">
  <modelVersion>4.0.0</modelVersion>
  <groupId>com.wisely</groupId>
  <artifactId>highlight_spring4</artifactId>
```

```
 <version>0.0.1-SNAPSHOT</version>
 <properties>
   <java.version>1.7</java.version>
 </properties>
 <dependencies>
   <dependency>
       <groupId>org.springframework</groupId>
       <artifactId>spring-context</artifactId>
       <version>4.1.6.RELEASE</version>
   </dependency>
 </dependencies>
 <build>
       <plugins>
           <plugin>
               <groupId>org.apache.maven.plugins</groupId>
               <artifactId>maven-compiler-plugin</artifactId>
               <version>2.3.2</version>
               <configuration>
                   <source>${java.version}</source>
                   <target>${java.version}</target>
               </configuration>
           </plugin>
       </plugins>
   </build>
</project>
```

（5）更新项目。项目（highlight-spring4）右键→Maven→Update Project，如图 1-7 所示。

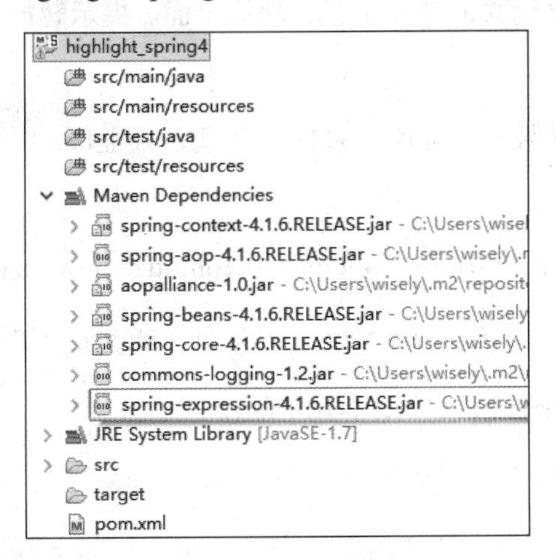

图 1-7　更新项目

（6）依赖树查看，如图 1-8 所示。

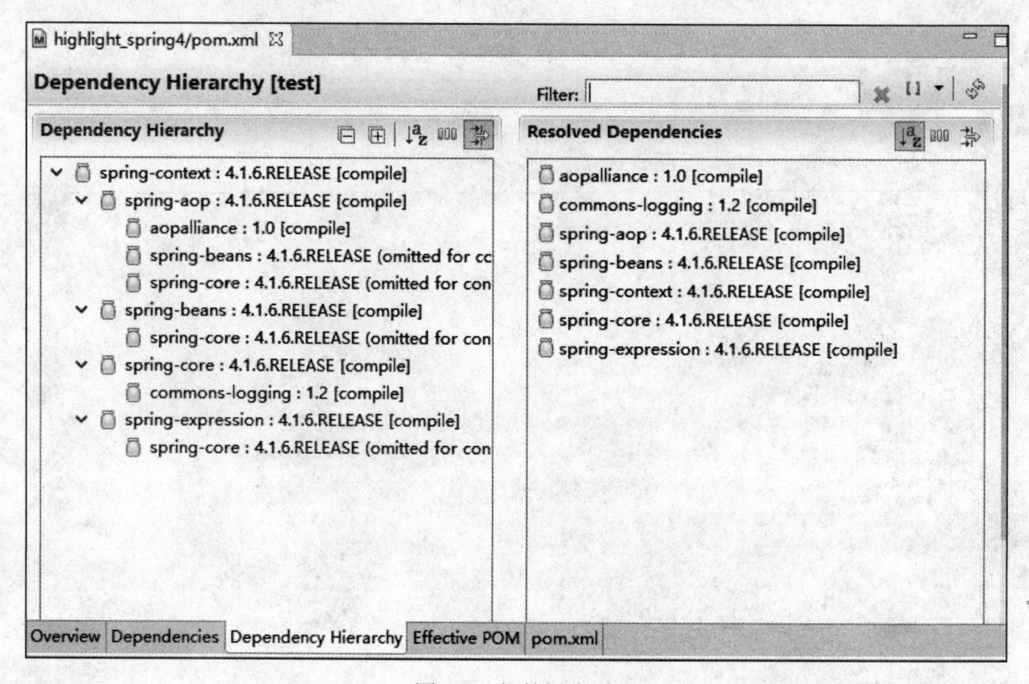

图 1-8　依赖树查看

2. 基于 IntelliJ IDEA 搭建

IntelliJ IDEA 是 Java 最优秀的开发工具：功能全面、提示智能、开发不卡顿、新技术支持快。

IntelliJ IDEA 分为社区版和商业版，社区版免费，商业版功能强大。商业版提供 30 天的试用。

IntelliJ IDEA 下载地址：https://www.jetbrains.com/idea/download/。

（1）新建 Maven 项目。单击 File→New→Project→Maven，如图 1-9 所示。

（2）输入 Maven 项目坐标值，如图 1-10 所示。

（3）选择存储路径，如图 1-11 所示。

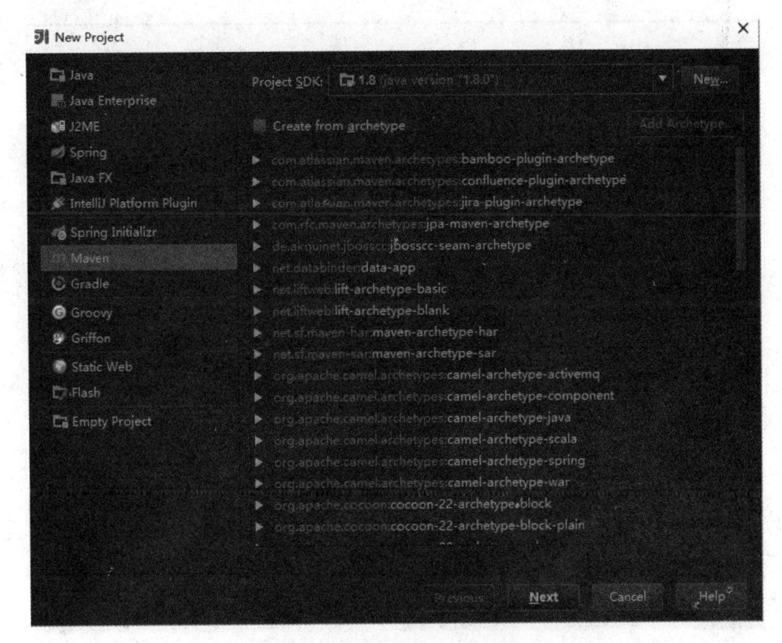

图 1-9　新建 Maven 项目

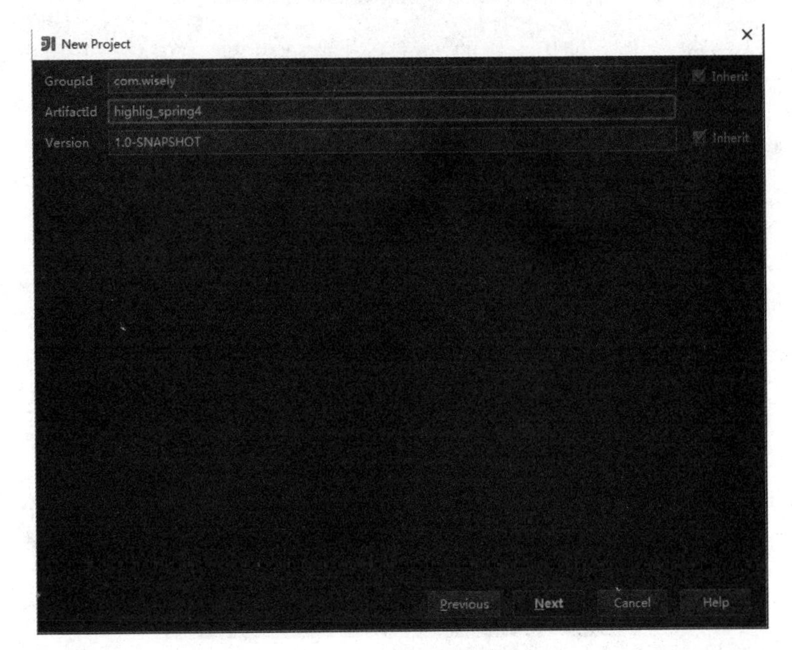

图 1-10　输入坐标值

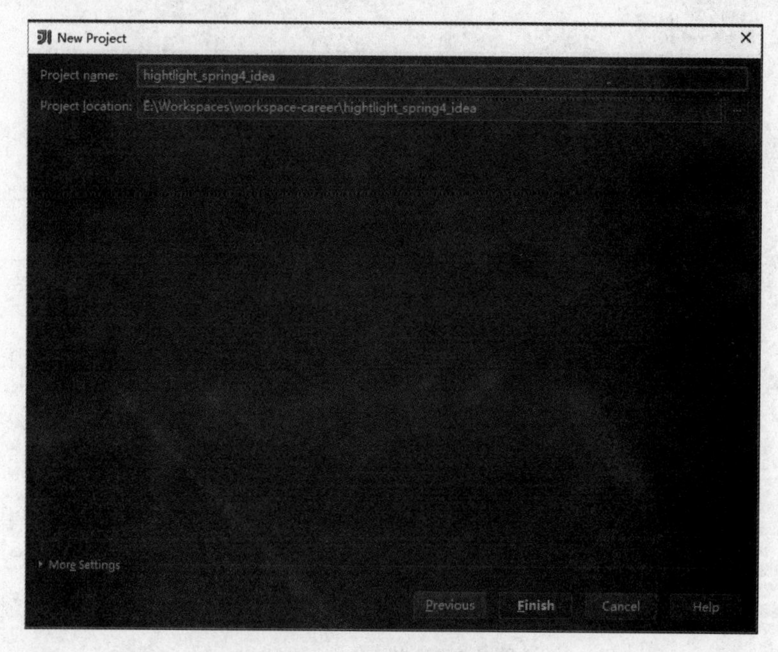

图 1-11　选择存储路径

（4）修改 pom.xml 文件，使用上例的 pom.xml 文件内容，IDEA 会开启自动导入 Maven 依赖包功能，如图 1-12 所示。

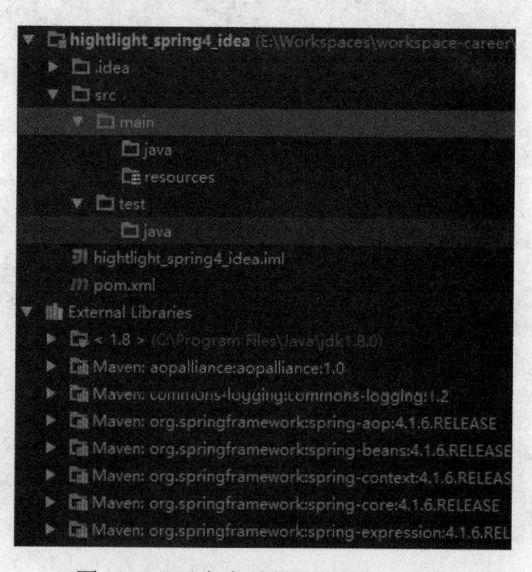

图 1-12　开启自动导入 Maven 功能

（5）依赖树查看，如图 1-13 所示。

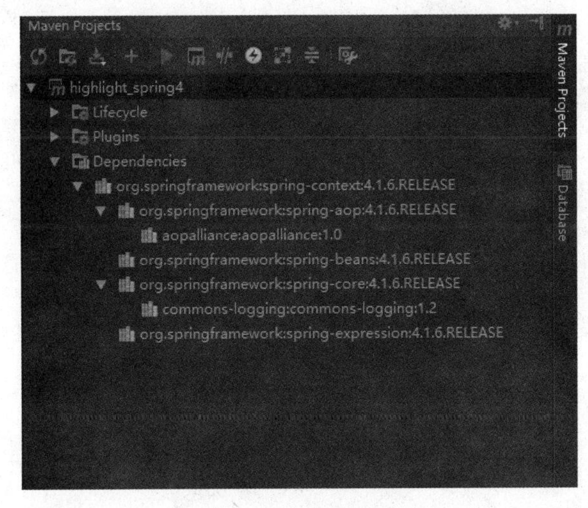

图 1-13　依赖树查看

3. 基于 NetBeans 搭建

NetBeans 是 Oracle 官方推出的 Java 开发工具，下载地址如下：https://netbeans.org/downloads/。

（1）新建 Maven 项目，如图 1-14 所示。

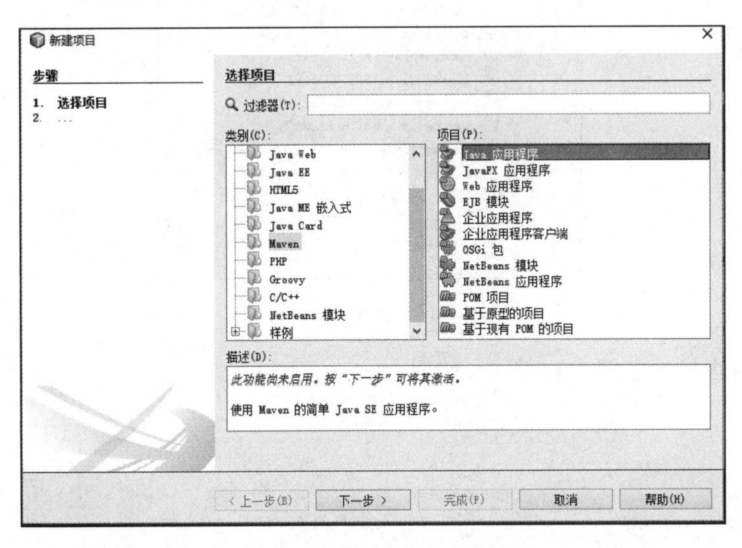

图 1-14　新建 Maven 项目

（2）输入 Maven 坐标，如图 1-15 所示。

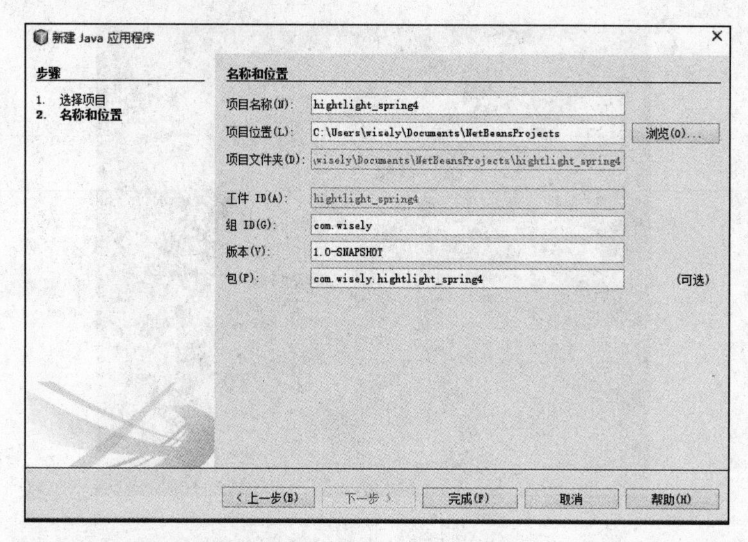

图 1-15　输入 Maven 坐标

（3）更新 pom.xml，如图 1-16 所示。

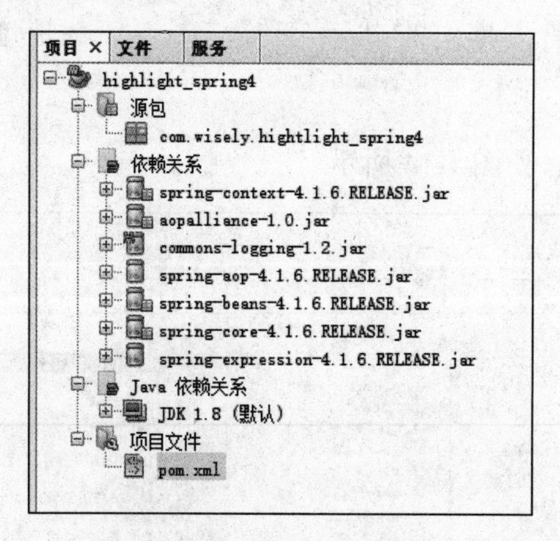

图 1-16　更新 pom.xml

（4）依赖树查看，如图 1-17 所示。

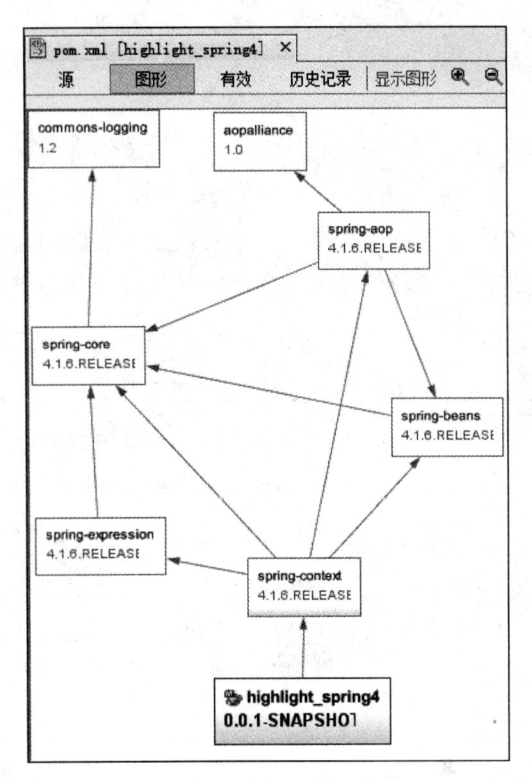

图 1-17　依赖树查看

1.3　Spring 基础配置

Spring 框架本身有四大原则：

1）使用 POJO 进行轻量级和最小侵入式开发。

2）通过依赖注入和基于接口编程实现松耦合。

3）通过 AOP 和默认习惯进行声明式编程。

4）使用 AOP 和模板（template）减少模式化代码。

Spring 所有功能的设计和实现都是基于此四大原则的。

1.3.1 依赖注入

1. 点睛

我们经常说的控制翻转（Inversion of Control-IOC）和依赖注入（dependency injection-DI）在 Spring 环境下是等同的概念，控制翻转是通过依赖注入实现的。所谓依赖注入指的是容器负责创建对象和维护对象间的依赖关系，而不是通过对象本身负责自己的创建和解决自己的依赖。

依赖注入的主要目的是为了解耦，体现了一种“组合”的理念。如果你希望你的类具备某项功能的时候，是继承自一个具有此功能的父类好呢？还是组合另外一个具有这个功能的类好呢？答案是不言而喻的，继承一个父类，子类将与父类耦合，组合另外一个类则使耦合度大大降低。

Spring IoC 容器（ApplicationContext）负责创建 Bean，并通过容器将功能类 Bean 注入到你需要的 Bean 中。Spring 提供使用 xml、注解、Java 配置、groovy 配置实现 Bean 的创建和注入。

无论是 xml 配置、注解配置还是 Java 配置，都被称为配置元数据，所谓元数据即描述数据的数据。元数据本身不具备任何可执行的能力，只能通过外界代码来对这些元数据行解析后进行一些有意义操作。Spring 容器解析这些配置元数据进行 Bean 初始化、配置和管理依赖。

声明 Bean 的注解：

- @Component 组件，没有明确的角色。
- @Service 在业务逻辑层（service 层）使用。
- @Repository 在数据访问层（dao 层）使用。
- @Controller 在展现层（MVC→Spring MVC）使用。

注入 Bean 的注解，一般情况下通用。

- @Autowired：Spring 提供的注解。
- @Inject：JSR-330 提供的注解。
- @Resource：JSR-250 提供的注解。

@Autowired、@Inject、@Resource 可注解在 set 方法上或者属性上，笔者习惯注解在属性上，优点是代码更少、层次更清晰。

在本节演示基于注解的 Bean 的初始化和依赖注入，Spring 容器类选用 AnnotationConfigApplicationContext。

2. 示例

（1）编写功能类的 Bean。

```
package com.wisely.highlight_spring4.ch1.di;
import org.springframework.stereotype.Service;
@Service //1
public class FunctionService {
    public String sayHello(String word){
        return "Hello " + word +" !";
    }

}
```

代码解释

① 使用@Service 注解声明当前 FunctionService 类是 Spring 管理的一个 Bean。其中，使用@Component、@Service、@Repository 和@Controller 是等效的，可根据需要选用。

（2）使用功能类的 Bean。

```
package com.wisely.highlight_spring4.ch1.di;

import org.springframework.beans.factory.annotation.Autowired;
import org.springframework.stereotype.Service;
@Service //1
public class UseFunctionService {
    @Autowired //2
    FunctionService functionService;

    public String SayHello(String word){
        return functionService.sayHello(word);
    }

}
```

代码解释

① 使用@Service 注解声明当前 UseFunctionService 类是 Spring 管理的一个 Bean。

② 使用@Autowired 将 FunctionService 的实体 Bean 注入到 UseFunctionService 中，让

UseFunctionService 具备 FunctionService 的功能，此处使用 JSR-330 的@Inject 注解或者 JSR-250 的@Resource 注解是等效的。

（3）配置类。

```
package com.wisely.highlight_spring4.ch1.di;
import org.springframework.context.annotation.ComponentScan;
import org.springframework.context.annotation.Configuration;
@Configuration //1
@ComponentScan("com.wisely.highlight_spring4.ch1.di") //2
public class DiConfig {

}
```

代码解释

① @Configuration 声明当前类是一个配置类，在后面 1.3.2 节的 Java 配置中有更详细的说明；

② 使用@ComponentScan，自动扫描包名下所有使用@Service、@Component、@Repository 和@Controller 的类，并注册为 Bean。

（4）运行。

```
package com.wisely.highlight_spring4.ch1.di;
import
org.springframework.context.annotation.AnnotationConfigApplicationContext;
public class Main {
    public static void main(String[] args) {
         AnnotationConfigApplicationContext context =
                 new AnnotationConfigApplicationContext(DiConfig.class); //1

UseFunctionService useFunctionService =
context.getBean(UseFunctionService.class); //2

         System.out.println(useFunctionService.SayHello("helloworld"));

        context.close();
    }
}
```

代码解释

① 使用 AnnotationConfigApplicationContext 作为 Spring 容器，接受输入一个配置类作为参数；

② 获得声明配置的 UseFunctionService 的 Bean。

结果如图 1-18 所示。

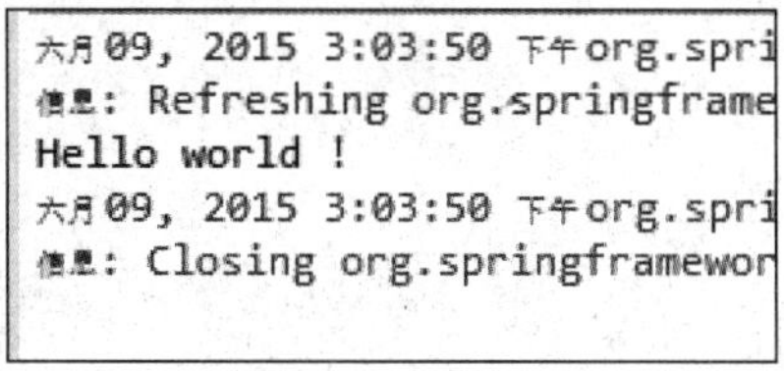

```
六月 09, 2015 3:03:50 下午 org.spri
信息: Refreshing org.springframe
Hello world !
六月 09, 2015 3:03:50 下午 org.spri
信息: Closing org.springframewor
```

图 1-18 运行结果

1.3.2 Java 配置

1. 点睛

Java 配置是 Spring 4.x 推荐的配置方式，可以完全替代 xml 配置；Java 配置也是 Spring Boot 推荐的配置方式。

Java 配置是通过@Configuration 和@Bean 来实现的。

- @Configuration 声明当前类是一个配置类，相当于一个 Spring 配置的 xml 文件。
- @Bean 注解在方法上，声明当前方法的返回值为一个 Bean。

本书通篇使用 Java 配置和注解混合配置。何时使用 Java 配置或者注解配置呢？我们主要的原则是：全局配置使用 Java 配置（如数据库相关配置、MVC 相关配置），业务 Bean 的配置使用注解配置（@Service、@Component、@Repository、@Controlle）。

本节只演示简单的 Java 配置，全书各个章节都会有大量的 Java 配置的内容。

2. 示例

（1）编写功能类的 Bean。

```
package com.wisely.highlight_spring4.ch1.javaconfig;
//1
```

```
public class FunctionService {

    public String sayHello(String word){
        return "Hello " + word +" !";
    }
}
```

代码解释

① 此处没有使用@Service 声明 Bean。

（2）使用功能类的 Bean。

```
package com.wisely.highlight_spring4.ch1.javaconfig;

import com.wisely.highlight_spring4.ch1.javaconfig.FunctionService;
//1
public class UseFunctionService {
    //2
    FunctionService functionService;

    public void setFunctionService(FunctionService functionService) {
        this.functionService = functionService;
    }

    public String SayHello(String word){
        return functionService.sayHello(word);
    }

}
```

代码解释

① 此处没有使用@Service 声明 Bean。

② 此处没有使用@Autowired 注解注入 Bean。

（3）配置类。

```
package com.wisely.highlight_spring4.ch1.javaconfig;

import org.springframework.context.annotation.Bean;
import org.springframework.context.annotation.Configuration;

@Configuration //1
```

```
public class JavaConfig {
    @Bean //2
    public FunctionService functionService(){
        return new FunctionService();
    }

    @Bean
    public UseFunctionService useFunctionService(){
        UseFunctionService useFunctionService = new UseFunctionService();
        useFunctionService.setFunctionService(functionService());//3
        return useFunctionService;

    }

//  @Bean
//  public UseFunctionService useFunctionService(FunctionService
functionService){ //4
//      UseFunctionService useFunctionService = new UseFunctionService();
//      useFunctionService.setFunctionService(functionService);
//      return useFunctionService;
//  }
}
```

代码解释

① 使用@Configuration 注解表明当前类是一个配置类，这意味着这个类里可能有 0 个或者多个@Bean 注解，此处没有使用包扫描，是因为所有的 Bean 都在此类中定义了。

② 使用@Bean 注解声明当前方法 FunctionService 的返回值是一个 Bean，Bean 的名称是方法名。

③ 注入 FunctionService 的 Bean 时候直接调用 functionService()。

④ 另外一种注入的方式，直接将 FunctionService 作为参数给 useFunctionService()，这也是 Spring 容器提供的极好的功能。在 Spring 容器中，只要容器中存在某个 Bean，就可以在另外一个 Bean 的声明方法的参数中注入。

（4）运行。

```
package com.wisely.highlight_spring4.ch1.javaconfig;

import
org.springframework.context.annotation.AnnotationConfigApplicationContext;
```

```
public class Main {
    public static void main(String[] args) {
        AnnotationConfigApplicationContext context =
                new AnnotationConfigApplicationContext(JavaConfig.class);

        UseFunctionService useFunctionService =
context.getBean(UseFunctionService.class);

        System.out.println(useFunctionService.SayHello("java config"));

        context.close();

    }
}
```

结果如图 1-19 所示。

```
六月 09, 2015 3:03:09 下午 org.springfra
信息: Refreshing org.springframework.
Hello java config !
六月 09, 2015 3:03:09 下午 org.springfra
信息: Closing org.springframework.con
```

图 1-19　运行结果

1.3.3 AOP

1. 点睛

AOP：面向切面编程，相对于 OOP 面向对象编程。

Spring 的 AOP 的存在目的是为了解耦。AOP 可以让一组类共享相同的行为。在 OOP 中只能通过继承类和实现接口，来使代码的耦合度增强，且类继承只能为单继承，阻碍更多行为添加到一组类上，AOP 弥补了 OOP 的不足。

Spring 支持 AspectJ 的注解式切面编程。

（1）使用@Aspect 声明是一个切面。

（2）使用@After、@Before、@Around 定义建言（advice），可直接将拦截规则（切点）作为参数。

（3）其中@After、@Before、@Around 参数的拦截规则为切点（PointCut），为了使切点复用，可使用@PointCut 专门定义拦截规则，然后在@After、@Before、@Around 的参数中调用。

（4）其中符合条件的每一个被拦截处为连接点（JoinPoint）。

本节示例将演示基于注解拦截和基于方法规则拦截两种方式，演示一种模拟记录操作的日志系统的实现。其中注解式拦截能够很好地控制要拦截的粒度和获得更丰富的信息，Spring 本身在事务处理（@Transcational）和数据缓存（@Cacheable 等）上面都使用此种形式的拦截。

2. 示例

（1）添加 spring aop 支持及 AspectJ 依赖。

```
<!-- spring aop 支持 -->
<dependency>
    <groupId>org.springframework</groupId>
    <artifactId>spring-aop</artifactId>
    <version>4.1.6.RELEASE</version>
</dependency>
<!-- aspectj 支持 -->
<dependency>
    <groupId>org.aspectj</groupId>
    <artifactId>aspectjrt</artifactId>
    <version>1.8.5</version>
</dependency>
<dependency>
    <groupId>org.aspectj</groupId>
    <artifactId>aspectjweaver</artifactId>
    <version>1.8.5</version>
</dependency>
```

（2）编写拦截规则的注解。

```
package com.wisely.highlight_spring4.ch1.aop;

import java.lang.annotation.Documented;
import java.lang.annotation.ElementType;
import java.lang.annotation.Retention;
import java.lang.annotation.RetentionPolicy;
import java.lang.annotation.Target;

@Target(ElementType.METHOD)
@Retention(RetentionPolicy.RUNTIME)
```

```
@Documented
public @interface Action {
    String name();
}
```

代码解释

这里讲下注解，注解本身是没有功能的，就和 xml 一样。注解和 xml 都是一种元数据，元数据即解释数据的数据，这就是所谓配置。

注解的功能来自用这个注解的地方。

（3）编写使用注解的被拦截类。

```
package com.wisely.highlight_spring4.ch1.aop;

import org.springframework.stereotype.Service;

@Service
public class DemoAnnotationService {
    @Action(name="注解式拦截的 add 操作")
    public void add(){}

}
```

（4）编写使用方法规则被拦截类。

```
package com.wisely.highlight_spring4.ch1.aop;
import org.springframework.stereotype.Service;
@Service
public class DemoMethodService {
    public void add(){}
}
```

（5）编写切面。

```
package com.wisely.highlight_spring4.ch1.aop;

import java.lang.reflect.Method;

import org.aspectj.lang.JoinPoint;
import org.aspectj.lang.annotation.After;
import org.aspectj.lang.annotation.Aspect;
import org.aspectj.lang.annotation.Before;
```

```
import org.aspectj.lang.annotation.Pointcut;
import org.aspectj.lang.reflect.MethodSignature;
import org.springframework.stereotype.Component;


@Aspect //1
@Component //2
public class LogAspect {

    @Pointcut("@annotation(com.wisely.highlight_spring4.ch1.aop.Action)") //3
    public void annotationPointCut(){};

      @After("annotationPointCut()") //4
        public void after(JoinPoint joinPoint) {
            MethodSignature signature = (MethodSignature)
joinPoint.getSignature();
            Method method = signature.getMethod();
            Action action = method.getAnnotation(Action.class);
            System.out.println("注解式拦截 " + action.name()); //5
        }

       @Before("execution(*
com.wisely.highlight_spring4.ch1.aop.DemoMethodService.*(..))") //6
        public void before(JoinPoint joinPoint){
            MethodSignature signature = (MethodSignature)
joinPoint.getSignature();
            Method method = signature.getMethod();
            System.out.println("方法规则式拦截,"+method.getName());
        }
}
```

代码解释

① 通过@Aspect 注解声明一个切面。

② 通过@Component 让此切面成为 Spring 容器管理的 Bean。

③ 通过@PointCut 注解声明切点。

④ 通过@After 注解声明一个建言，并使用@PointCut 定义的切点。

⑤ 通过反射可获得注解上的属性，然后做日志记录相关的操作，下面的相同。

⑥ 通过@Before 注解声明一个建言，此建言直接使用拦截规则作为参数。

（6）配置类。

```
package com.wisely.highlight_spring4.ch1.aop;

import org.springframework.context.annotation.ComponentScan;
import org.springframework.context.annotation.Configuration;
import org.springframework.context.annotation.EnableAspectJAutoProxy;

@Configuration
@ComponentScan("com.wisely.highlight_spring4.ch1.aop")
@EnableAspectJAutoProxy //1
public class AopConfig {

}
```

代码解释

① 使用@EnableAspectJAutoProxy 注解开启 Spring 对 AspectJ 的支持。

（7）运行。

```
package com.wisely.highlight_spring4.ch1.aop;

import
org.springframework.context.annotation.AnnotationConfigApplicationContext;

public class Main {
    public static void main(String[] args) {
         AnnotationConfigApplicationContext context =
                   new AnnotationConfigApplicationContext(AopConfig.class); //1

         DemoAnnotationService demoAnnotationService =
context.getBean(DemoAnnotationService.class);

         DemoMethodService demoMethodService =
context.getBean(DemoMethodService.class);

         demoAnnotationService.add();

         demoMethodService.add();

         context.close();
    }

}
```

结果如图 1-20 所示。

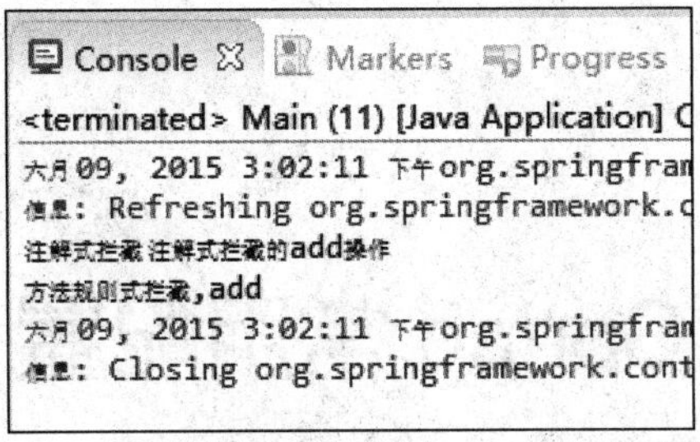

```
Console ☒ Markers Progress
<terminated> Main (11) [Java Application] C
六月 09, 2015 3:02:11 下午 org.springfram
信息: Refreshing org.springframework.c
注解式拦截 注解式拦截的add操作
方法规则式拦截,add
六月 09, 2015 3:02:11 下午 org.springfram
信息: Closing org.springframework.cont
```

图 1-20　运行结果

第2章

Spring 常用配置

2.1 Bean 的 Scope

2.1.1 点睛

Scope 描述的是 Spring 容器如何新建 Bean 的实例的。Spring 的 Scope 有以下几种，通过@Scope 注解来实现。

（1）Singleton：一个 Spring 容器中只有一个 Bean 的实例，此为 Spring 的默认配置，全容器共享一个实例。

（2）Prototype：每次调用新建一个 Bean 的实例。

（3）Request：Web 项目中，给每一个 http request 新建一个 Bean 实例。

（4）Session：Web 项目中，给每一个 http session 新建一个 Bean 实例。

（5）GlobalSession：这个只在 portal 应用中有用，给每一个 global http session 新建一个 Bean 实例。

另外，在 Spring Batch 中还有一个 Scope 是使用@StepScope，我们将在批处理一节介绍这个 Scope。

本例简单演示默认的 singleton 和 Prototype，分别从 Spring 容器中获得 2 次 Bean，判断 Bean 的实例是否相等。

2.1.2　示例

（1）编写 Singleton 的 Bean。

```
package com.wisely.highlight_spring4.ch2.scope;

import org.springframework.stereotype.Service;

@Service //1
public class DemoSingletonService {

}
```

代码解释

① 默认为 Singleton，相当于@Scope(“singleton”)。

（2）编写 Prototype 的 Bean。

```
package com.wisely.highlight_spring4.ch2.scope;

import org.springframework.context.annotation.Scope;
import org.springframework.stereotype.Service;

@Service
@Scope("prototype")//1
public class DemoPrototypeService {

}
```

代码解释

① 声明 Scope 为 Prototype。

（3）配置类。

```
package com.wisely.highlight_spring4.ch2.scope;

import org.springframework.context.annotation.ComponentScan;
import org.springframework.context.annotation.Configuration;

@Configuration
@ComponentScan("com.wisely.highlight_spring4.ch2.scope")
```

```
public class ScopeConfig {

}
```

（4）运行。

```
package com.wisely.highlight_spring4.ch2.scope;

import
org.springframework.context.annotation.AnnotationConfigApplicationContext;

public class Main {

    public static void main(String[] args) {
         AnnotationConfigApplicationContext context =
                new AnnotationConfigApplicationContext(ScopeConfig.class);

DemoSingletonService s1 = context.getBean(DemoSingletonService.class);
        DemoSingletonService s2 = context.getBean(DemoSingletonService.class);

        DemoPrototypeService p1 = context.getBean(DemoPrototypeService.class);
        DemoPrototypeService p2 = context.getBean(DemoPrototypeService.class);

        System.out.println("s1 与 s2 是否相等："+s1.equals(s2));
        System.out.println("p1 与 p2 是否相等："+p1.equals(p2));

        context.close();
    }
}
```

结果如图 2-1 所示。

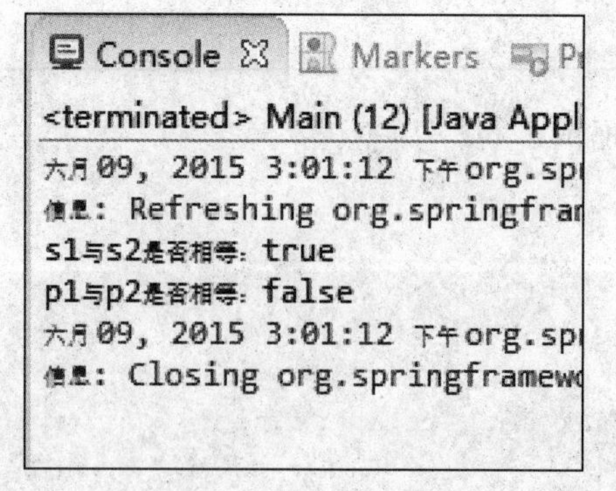

图 2-1　运行结果

2.2 Spring EL 和资源调用

2.2.1 点睛

Spring EL-Spring 表达式语言，支持在 xml 和注解中使用表达式，类似于 JSP 的 EL 表达式语言。

Spring 开发中经常涉及调用各种资源的情况，包含普通文件、网址、配置文件、系统环境变量等，我们可以使用 Spring 的表达式语言实现资源的注入。

Spring 主要在注解@Value 的参数中使用表达式。

本节演示实现以下几种情况：

（1）注入普通字符；

（2）注入操作系统属性；

（3）注入表达式运算结果；

（4）注入其他 Bean 的属性；

（5）注入文件内容；

（6）注入网址内容；

（7）注入属性文件。

2.2.2 示例

（1）准备，增加 commons-io 可简化文件相关操作，本例中使用 commons-io 将 file 转换成字符串：

```
<dependency>
            <groupId>commons-io</groupId>
            <artifactId>commons-io</artifactId>
            <version>2.3</version>
        </dependency>
```

在 com.wisely.highlight_spring4.ch2.el 包下新建 test.txt，内容随意。

在 com.wisely.highlight_spring4.ch2.el 包下新建 test.properties，内容如下：

```
book.author=wangyunfei
book.name=spring boot
```

（2）需被注入的 Bean。

```
package com.wisely.highlight_spring4.ch2.el;

import org.springframework.beans.factory.annotation.Value;
import org.springframework.stereotype.Service;

@Service
public class DemoService {
    @Value("其他类的属性") //1
    private String another;

    public String getAnother() {
        return another;
    }
    public void setAnother(String another) {
        this.another = another;
    }
}
```

代码解释

① 此处为注入普通字符串

（3）演示配置类。

```
package com.wisely.highlight_spring4.ch2.el;

import org.apache.commons.io.IOUtils;
import org.springframework.beans.factory.annotation.Autowired;
import org.springframework.beans.factory.annotation.Value;
import org.springframework.context.annotation.Bean;
import org.springframework.context.annotation.ComponentScan;
import org.springframework.context.annotation.Configuration;
import org.springframework.context.annotation.PropertySource;
import
org.springframework.context.support.PropertySourcesPlaceholderConfigurer;
import org.springframework.core.env.Environment;
import org.springframework.core.io.Resource;
```

```
@Configuration
@ComponentScan("com.wisely.highlight_spring4.ch2.el")
@PropertySource("classpath:com/wisely/highlight_spring4/ch2/el/test.propertie
s")//7
public class ElConfig {

    @Value("I Love You!") //1
    private String normal;

    @Value("#{systemProperties['os.name']}") //2
    private String osName;

    @Value("#{ T(java.lang.Math).random() * 100.0 }") //3
    private double randomNumber;

    @Value("#{demoService.another}") //4
    private String fromAnother;

    @Value("classpath:com/wisely/highlight_spring4/ch2/el/test.txt") //5
    private Resource testFile;

    @Value("http://www.baidu.com") //6
    private Resource testUrl;

    @Value("${book.name}") //7
    private String bookName;

    @Autowired
    private Environment environment; //7

    @Bean //7
    public static PropertySourcesPlaceholderConfigurer propertyConfigure() {
        return new PropertySourcesPlaceholderConfigurer();
    }

    public void outputResource() {
        try {
            System.out.println(normal);
            System.out.println(osName);
            System.out.println(randomNumber);
            System.out.println(fromAnother);

            System.out.println(IOUtils.toString(testFile.getInputStream()));
```

```
            System.out.println(IOUtils.toString(testUrl.getInputStream()));
            System.out.println(bookName);
            System.out.println(environment.getProperty("book.author"));
        } catch (Exception e) {
            e.printStackTrace();
        }

    }

}
```

代码解释

① 注入普通字符串。

② 注入操作系统属性。

③ 注入表达式结果。

④ 注入其他 Bean 属性。

⑤ 注入文件资源。

⑥ 注入网址资源。

⑦ 注入配置文件。

注入配置配件需使用@PropertySource 指定文件地址，若使用@Value 注入，则要配置一个 PropertySourcesPlaceholderConfigurer 的 Bean。注意，@Value("${book.name}")使用的是“$”，而不是“#”。

注入 Properties 还可从 Environment 中获得。

（4）运行。

```
package com.wisely.highlight_spring4.ch2.el;

import
org.springframework.context.annotation.AnnotationConfigApplicationContext;

public class Main {

    public static void main(String[] args) {
```

```
        AnnotationConfigApplicationContext context = new
                AnnotationConfigApplicationContext(ELConfig.class);

        ElConfig resourceService = context.getBean(ElConfig.class);

        resourceService.outputResource();

        context.close();
    }
}
```

结果如图 2-2 所示。

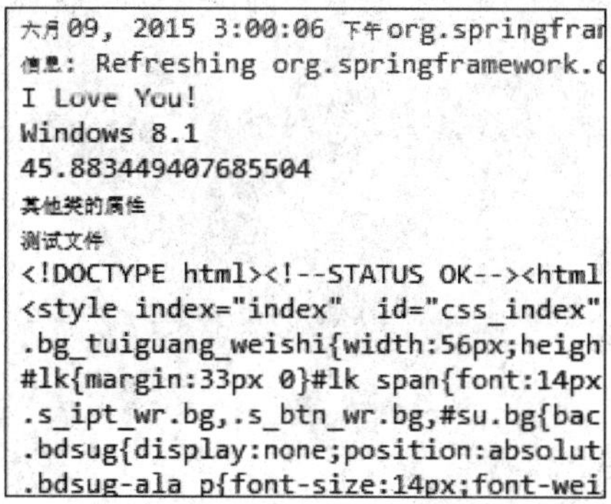

```
六月 09, 2015 3:00:06 下午 org.springfra
信息: Refreshing org.springframework.c
I Love You!
Windows 8.1
45.883449407685504
其他类的属性
测试文件
<!DOCTYPE html><!--STATUS OK--><html
<style index="index"  id="css_index"
.bg_tuiguang_weishi{width:56px;heigh
#lk{margin:33px 0}#lk span{font:14px
.s_ipt_wr.bg,.s_btn_wr.bg,#su.bg{bac
.bdsug{display:none;position:absolut
.bdsug-ala p{font-size:14px;font-wei
```

图 2-2　运行结果

2.3　Bean 的初始化和销毁

2.3.1　点睛

在我们实际开发的时候，经常会遇到在 Bean 在使用之前或者之后做些必要的操作，Spring 对 Bean 的生命周期的操作提供了支持。在使用 Java 配置和注解配置下提供如下两种方式：

（1）Java 配置方式：使用@Bean 的 initMethod 和 destroyMethod（相当于 xml 配置的 init-method 和 destory-method）。

（2）注解方式：利用 JSR-250 的@PostConstruct 和@PreDestroy。

2.3.2 演示

（1）增加 JSR250 支持。

```
<dependency>
            <groupId>javax.annotation</groupId>
            <artifactId>jsr250-api</artifactId>
            <version>1.0</version>
        </dependency>
```

（2）使用@Bean 形式的 Bean。

```
package com.wisely.highlight_spring4.ch2.prepost;
public class BeanWayService {
      public void init(){
           System.out.println("@Bean-init-method");
        }
        public BeanWayService() {
           super();
           System.out.println("初始化构造函数-BeanWayService");
        }
        public void destroy(){
           System.out.println("@Bean-destory-method");
        }
}
```

（3）使用 JSR250 形式的 Bean。

```
package com.wisely.highlight_spring4.ch2.prepost;

import javax.annotation.PostConstruct;
import javax.annotation.PreDestroy;

public class JSR250WayService {
    @PostConstruct //1
    public void init(){
        System.out.println("jsr250-init-method");
    }
    public JSR250WayService() {
        super();
        System.out.println("初始化构造函数-JSR250WayService");
    }
    @PreDestroy //2
    public void destroy(){
```

```
        System.out.println("jsr250-destory-method");
    }

}
```

代码解释

① @PostConstruct，在构造函数执行完之后执行。

② @PreDestroy，在 Bean 销毁之前执行。

（4）配置类。

```
package com.wisely.highlight_spring4.ch2.prepost;

import org.springframework.context.annotation.Bean;
import org.springframework.context.annotation.ComponentScan;
import org.springframework.context.annotation.Configuration;

@Configuration
@ComponentScan("com.wisely.highlight_spring4.ch2.prepost")
public class PrePostConfig {

    @Bean(initMethod="init",destroyMethod="destroy") //1
    BeanWayService beanWayService(){
        return new BeanWayService();
    }

    @Bean
    JSR250WayService jsr250WayService(){
        return new JSR250WayService();
    }

}
```

代码解释

① initMethod 和 destroyMethod 指定 BeanWayService 类的 init 和 destroy 方法在构造之后、Bean 销毁之前执行。

（5）运行。

```
package com.wisely.highlight_spring4.ch2.prepost;
```

```
import
org.springframework.context.annotation.AnnotationConfigApplicationContext;

public class Main {

    public static void main(String[] args) {
        AnnotationConfigApplicationContext context =
              new AnnotationConfigApplicationContext(PrePostConfig.class);

        BeanWayService beanWayService = context.getBean(BeanWayService.class);
        JSR250WayService jsr250WayService =
context.getBean(JSR250WayService.class);

        context.close();
    }

}
```

结果如图 2-3 所示。

```
六月 09, 2015 2:49:44 下午 org.springframew
信息: Refreshing org.springframework.con
初始化构造函数-BeanWayService
@Bean-init-method
初始化构造函数-JSR250WayService
jsr250-init-method
六月 09, 2015 2:49:44 下午 org.springframew
信息: Closing org.springframework.contex
jsr250-destory-method
@Bean-destory-method
```

图 2-3　运行结果

2.4 Profile

2.4.1 点睛

Profile 为在不同环境下使用不同的配置提供了支持(开发环境下的配置和生产环境下的配置肯定是不同的，例如，数据库的配置)。

（1）通过设定 Environment 的 ActiveProfiles 来设定当前 context 需要使用的配置环境。在开发中使用@Profile 注解类或者方法，达到在不同情况下选择实例化不同的 Bean。

（2）通过设定 jvm 的 spring.profiles.active 参数来设置配置环境。

（3）Web 项目设置在 Servlet 的 context parameter 中。

Servlet 2.5 及以下：

```
<servlet>
    <servlet-name>dispatcher</servlet-name>
<servlet-class>org.springframework.web.servlet.DispatcherServlet</servlet-cla
ss>
    <init-param>
        <param-name>spring.profiles.active</param-name>
        <param-value>production</param-value>
    </init-param>
</servlet>
```

Servlet 3.0 及以上：

```
public class WebInit implements WebApplicationInitializer {
    @Override
    public void onStartup(ServletContext container) throws ServletException {
        container.setInitParameter("spring.profiles.default", "dev");
    }
}
```

2.4.2　演示

（1）示例 Bean。

```
package com.wisely.highlight_spring4.ch2.profile;


public class DemoBean {

    private String content;

    public DemoBean(String content) {
        super();
        this.content = content;
    }

    public String getContent() {
        return content;
```

```
    }

    public void setContent(String content) {
        this.content = content;
    }

}
```

（2）Profile 配置。

```
package com.wisely.highlight_spring4.ch2.profile;

import org.springframework.context.annotation.Bean;
import org.springframework.context.annotation.Configuration;
import org.springframework.context.annotation.Profile;

@Configuration
public class ProfileConfig {
    @Bean
    @Profile("dev") //1
    public DemoBean devDemoBean() {
        return new DemoBean("from development profile");
    }

    @Bean
    @Profile("prod") //2
    public DemoBean prodDemoBean() {
        return new DemoBean("from production profile");
    }

}
```

代码解释

① Profile 为 dev 时实例化 devDemoBean。

② Profile 为 prod 时实例化 prodDemoBean。

（3）运行。

```
package com.wisely.highlight_spring4.ch2.profile;

import org.springframework.context.annotation.AnnotationConfigApplicationContext;

public class Main {
```

```
    public static void main(String[] args) {
        AnnotationConfigApplicationContext context =
                new AnnotationConfigApplicationContext();

        context.getEnvironment().setActiveProfiles("prod"); //1
        context.register(ProfileConfig.class);//2
        context.refresh(); //3

        DemoBean demoBean = context.getBean(DemoBean.class);

        System.out.println(demoBean.getContent());

        context.close();
    }
}
```

代码解释

① 先将活动的 Profile 设置为 prod。

② 后置注册 Bean 配置类，不然会报 Bean 未定义的错误。

③ 刷新容器。

结果如图 2-4 所示。

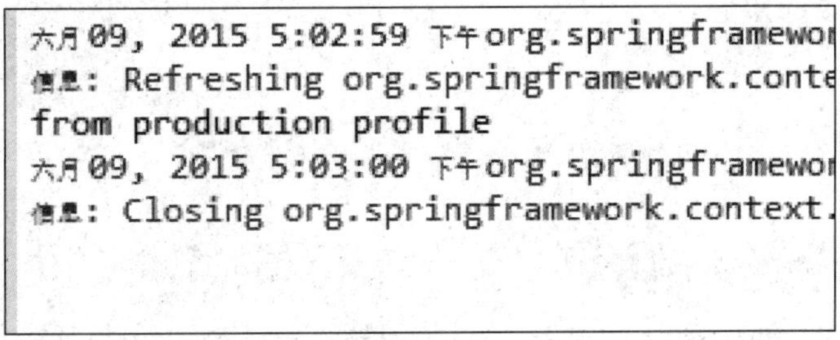

```
六月 09, 2015 5:02:59 下午org.springframewor
信息: Refreshing org.springframework.conte
from production profile
六月 09, 2015 5:03:00 下午org.springframewor
信息: Closing org.springframework.context.
```

图 2-4　运行结果

将 context.getEnvironment().setActiveProfiles(“prod”) 修 改 为 context.getEnvironment().setActiveProfiles（”dev”），效果如图 2-5 所示。

```
六月 09, 2015 5:09:00 下午 org.springframewor
信息: Refreshing org.springframework.conte
from development profile
六月 09, 2015 5:09:01 下午 org.springframewor
信息: Closing org.springframework.context.
```

图 2-5 修改的效果

2.5 事件（Application Event）

2.5.1 点睛

Spring 的事件（Application Event）为 Bean 与 Bean 之间的消息通信提供了支持。当一个 Bean 处理完一个任务之后，希望另外一个 Bean 知道并能做相应的处理，这时我们就需要让另外一个 Bean 监听当前 Bean 所发送的事件。

Spring 的事件需要遵循如下流程：

（1）自定义事件，继承 ApplicationEvent。

（2）定义事件监听器，实现 ApplicationListener。

（3）使用容器发布事件。

2.5.2 示例

（1）自定义事件。

```
package com.wisely.highlight_spring4.ch2.event;

import org.springframework.context.ApplicationEvent;

public class DemoEvent extends ApplicationEvent{
    private static final long serialVersionUID = 1L;
    private String msg;

    public DemoEvent(Object source,String msg) {
        super(source);
        this.msg = msg;
```

```
    }

    public String getMsg() {
        return msg;
    }

    public void setMsg(String msg) {
        this.msg = msg;
    }

}
```

（2）事件监听器。

```
package com.wisely.highlight_spring4.ch2.event;

import org.springframework.context.ApplicationListener;
import org.springframework.stereotype.Component;

@Component
public class DemoListener implements ApplicationListener<DemoEvent> {//1

    public void onApplicationEvent(DemoEvent event) {//2

        String msg = event.getMsg();

        System.out.println("我(bean-demoListener)接收到了 bean-demoPublisher 发布
的消息:"+ msg);

    }

}
```

代码解释

① 实现 ApplicationListener 接口，并指定监听的事件类型。

② 使用 onApplicationEvent 方法对消息进行接受处理。

（3）事件发布类。

```
package com.wisely.highlight_spring4.ch2.event;

import org.springframework.beans.factory.annotation.Autowired;
import org.springframework.context.ApplicationContext;
```

```
import org.springframework.stereotype.Component;

@Component
public class DemoPublisher {
    @Autowired
    ApplicationContext applicationContext; //1

    public void publish(String msg){
        applicationContext.publishEvent(new DemoEvent(this, msg)); //2
    }

}
```

代码解释

① 注入 ApplicationContext 用来发布事件。

② 使用 ApplicationContext 的 publishEvent 方法来发布。

（4）配置类。

```
package com.wisely.highlight_spring4.ch2.event;

import org.springframework.context.annotation.ComponentScan;
import org.springframework.context.annotation.Configuration;

@Configuration
@ComponentScan("com.wisely.highlight_spring4.ch2.event")
public class EventConfig {

}
```

（5）运行。

```
package com.wisely.highlight_spring4.ch2.event;

import
org.springframework.context.annotation.AnnotationConfigApplicationContext;

public class Main {

    public static void main(String[] args) {
         AnnotationConfigApplicationContext context =
                   new AnnotationConfigApplicationContext(EventConfig.class);
```

```
        DemoPublisher demoPublisher = context.getBean(DemoPublisher.class);

        demoPublisher.publish("hello application event");

        context.close();
    }
}
```

结果如图 2-6 所示。

```
六月 09, 2015 5:54:09 下午 org.springframework.context.annotation.AnnotationConfigA
信息: Refreshing org.springframework.context.annotation.AnnotationConfigApplicati
我(bean-demoListener)接收到了bean-demoPublisher发布的消息:hello application event
六月 09, 2015 5:54:09 下午 org.springframework.context.annotation.AnnotationConfigA
信息: Closing org.springframework.context.annotation.AnnotationConfigApplicationC
```

图 2-6　运行结果

第3章

Spring 高级话题

3.1 Spring Aware

3.1.1 点睛

Spring 的依赖注入的最大亮点就是你所有的 Bean 对 Spring 容器的存在是没有意识的。即你可以将你的容器替换成别的容器，如 Google Guice，这时 Bean 之间的耦合度很低。

但是在实际项目中，你不可避免的要用到 Spring 容器本身的功能资源，这时你的 Bean 必须要意识到 Spring 容器的存在，才能调用 Spring 所提供的资源，这就是所谓的 Spring Aware。其实 Spring Aware 本来就是 Spring 设计用来框架内部使用的，若使用了 Spring Aware，你的 Bean 将会和 Spring 框架耦合。

Spring 提供的 Aware 接口如表 3-1 所示。

表 3-1 Spring 提供的 Aware 接口

BeanNameAware	获得到容器中 Bean 的名称
BeanFactoryAware	获得当前 bean factory，这样可以调用容器的服务
ApplicationContextAware*	当前的 application context，这样可以调用容器的服务
MessageSourceAware	获得 message source，这样可以获得文本信息
ApplicationEventPublisherAware	应用事件发布器，可以发布事件，2.5 节的 DemoPublisher 也可实现这个接口来发布事件
ResourceLoaderAware	获得资源加载器，可以获得外部资源文件

Spring Aware 的目的是为了让 Bean 获得 Spring 容器的服务。因为 ApplicationContext 接口集成了 MessageSource 接口、ApplicationEventPublisher 接口和 ResourceLoader 接口，所以 Bean 继承 ApplicationContextAware 可以获得 Spring 容器的所有服务，但原则上我们还是用到什么接口，就实现什么接口。

3.1.2 示例

（1）准备。在 com.wisely.highlight_spring4.ch3.aware 包下新建一个 test.txt，内容随意，给下面的外部资源加载使用。

（2）Spring Aware 演示 Bean。

```
package com.wisely.highlight_spring4.ch3.aware;

import java.io.IOException;

import org.apache.commons.io.IOUtils;
import org.springframework.beans.factory.BeanNameAware;
import org.springframework.context.ResourceLoaderAware;
import org.springframework.core.io.Resource;
import org.springframework.core.io.ResourceLoader;
import org.springframework.stereotype.Service;

@Service
public class AwareService implements BeanNameAware,ResourceLoaderAware{//1

    private String beanName;
    private ResourceLoader loader;

    @Override
    public void setResourceLoader(ResourceLoader resourceLoader) {//2
        this.loader = resourceLoader;
    }

    @Override
    public void setBeanName(String name) {//3
        this.beanName = name;
    }

    public void outputResult(){
        System.out.println("Bean 的名称为：" + beanName);
```

```
        Resource resource =

    loader.getResource("classpath:com/wisely/highlight_spring4/ch2/aware/test
.txt");
        try{

            System.out.println("ResourceLoader加载的文件内容为: " +
IOUtils.toString(resource.getInputStream()));

           }catch(IOException e){
            e.printStackTrace();
           }
        }
}
```

代码解释

① 实现 BeanNameAware、ResourceLoaderAware 接口，获得 Bean 名称和资源加载的服务。

② 实现 ResourceLoaderAware 需重写 setResourceLoader。

③ 实现 BeanNameAware 需重写 setBeanName 方法。

（3）配置类。

```
package com.wisely.highlight_spring4.ch3.aware;

import org.springframework.context.annotation.ComponentScan;
import org.springframework.context.annotation.Configuration;
@Configuration
@ComponentScan("com.wisely.highlight_spring4.ch3.aware")
public class AwareConfig {

}
```

（4）运行。

```
package com.wisely.highlight_spring4.ch3.aware;

import
org.springframework.context.annotation.AnnotationConfigApplicationContext;

public class Main {
    public static void main(String[] args) {
```

```
        AnnotationConfigApplicationContext context =
            new AnnotationConfigApplicationContext(AwareConfig.class);

        AwareService awareService = context.getBean(AwareService.class);
        awareService.outputResult();

        context.close();
    }
}
```

结果如图 3-1 所示。

```
六月 10, 2015 10:41:00 上午 org.springframework
信息: Refreshing org.springframework.context.
Bean的名称为: awareService
ResourceLoader加载的文件内容为: 111111
六月 10, 2015 10:41:00 上午 org.springframework
信息: Closing org.springframework.context.ann
```

图 3-1　运行结果

3.2　多线程

3.2.1　点睛

Spring 通过任务执行器（TaskExecutor）来实现多线程和并发编程。使用 ThreadPoolTaskExecutor 可实现一个基于线程池的 TaskExecutor。而实际开发中任务一般是非阻碍的，即异步的，所以我们要在配置类中通过@EnableAsync 开启对异步任务的支持，并通过在实际执行的 Bean 的方法中使用@Async 注解来声明其是一个异步任务。

3.2.2　示例

（1）配置类。

```
package com.wisely.highlight_spring4.ch3.taskexecutor;

import java.util.concurrent.Executor;

import org.springframework.aop.interceptor.AsyncUncaughtExceptionHandler;
import org.springframework.context.annotation.ComponentScan;
```

```
import org.springframework.context.annotation.Configuration;
import org.springframework.scheduling.annotation.AsyncConfigurer;
import org.springframework.scheduling.annotation.EnableAsync;
import org.springframework.scheduling.concurrent.ThreadPoolTaskExecutor;
@Configuration
@ComponentScan("com.wisely.highlight_spring4.ch3.taskexecutor")
@EnableAsync //1
public class TaskExecutorConfig implements AsyncConfigurer{//2

    @Override
    public Executor getAsyncExecutor() {//2
         ThreadPoolTaskExecutor taskExecutor = new ThreadPoolTaskExecutor();
           taskExecutor.setCorePoolSize(5);
           taskExecutor.setMaxPoolSize(10);
           taskExecutor.setQueueCapacity(25);
           taskExecutor.initialize();
           return taskExecutor;
    }

    @Override
    public AsyncUncaughtExceptionHandler getAsyncUncaughtExceptionHandler() {
        return null;
    }

}
```

代码解释

① 利用@EnableAsync 注解开启异步任务支持。

② 配置类实现 AsyncConfigurer 接口并重写 getAsyncExecutor 方法，并返回一个 ThreadPoolTaskExecutor，这样我们就获得了一个基于线程池 TaskExecutor。

（2）任务执行类。

```
package com.wisely.highlight_spring4.ch3.taskexecutor;

import org.springframework.scheduling.annotation.Async;
import org.springframework.stereotype.Service;
@Service
public class AsyncTaskService {

    @Async //1
    public void executeAsyncTask(Integer i){
```

```
        System.out.println("执行异步任务: "+i);
    }

    @Async
    public void executeAsyncTaskPlus(Integer i){
        System.out.println("执行异步任务+1: "+(i+1));
    }

}
```

代码解释

① 通过@Async 注解表明该方法是个异步方法，如果注解在类级别，则表明该类所有的方法都是异步方法，而这里的方法自动被注入使用 ThreadPoolTaskExecutor 作为 TaskExecutor。

（3）运行。

```
package com.wisely.highlight_spring4.ch3.taskexecutor;

import
org.springframework.context.annotation.AnnotationConfigApplicationContext;

public class Main {

    public static void main(String[] args) {
         AnnotationConfigApplicationContext context =
                  new AnnotationConfigApplicationContext(TaskExecutorConfig.
class);

         AsyncTaskService asyncTaskService =
context.getBean(AsyncTaskService.class);

         for(int i =0 ;i<10;i++){
             asyncTaskService.executeAsyncTask(i);
             asyncTaskService.executeAsyncTaskPlus(i);
           }
           context.close();
    }
}
```

结果是并发执行而不是顺序执行的，如图 3-2 所示。

```
执行异步任务：3
执行异步任务+1：4
执行异步任务：4
执行异步任务+1：5
执行异步任务：5
执行异步任务+1：6
执行异步任务：6
执行异步任务+1：7
执行异步任务：7
执行异步任务+1：8
执行异步任务：8
执行异步任务+1：9
执行异步任务：9
执行异步任务+1：10
执行异步任务：0
执行异步任务：1
```

图 3-2 运行结果

3.3 计划任务

3.3.1 点睛

从 Spring 3.1 开始，计划任务在 Spring 中的实现变得异常的简单。首先通过在配置类注解 @EnableScheduling 来开启对计划任务的支持，然后在要执行计划任务的方法上注解 @Scheduled，声明这是一个计划任务。

Spring 通过@Scheduled 支持多种类型的计划任务，包含 cron、fixDelay、fixRate 等。

3.3.2 示例

（1）计划任务执行类。

```
package com.wisely.highlight_spring4.ch3.taskscheduler;

import java.text.SimpleDateFormat;
import java.util.Date;

import org.springframework.scheduling.annotation.Scheduled;
import org.springframework.stereotype.Service;

@Service
public class ScheduledTaskService {
```

```
    private static final SimpleDateFormat dateFormat = new
SimpleDateFormat("HH:mm:ss");

    @Scheduled(fixedRate = 5000) //1
    public void reportCurrentTime() {
        System.out.println("每隔五秒执行一次 " + dateFormat.format(new Date()));
    }

    @Scheduled(cron = "0 28 11 ? * *"  ) //2
    public void fixTimeExecution(){
        System.out.println("在指定时间 " + dateFormat.format(new Date())+"执行");
    }

}
```

代码解释

① 通过@Scheduled 声明该方法是计划任务，使用 fixedRate 属性每隔固定时间执行。

② 使用 cron 属性可按照指定时间执行，本例指的是每天 11 点 28 分执行；cron 是 UNIX 和类 UNIX（Linux）系统下的定时任务。

（2）配置类。

```
package com.wisely.highlight_spring4.ch3.taskscheduler;

import org.springframework.context.annotation.ComponentScan;
import org.springframework.context.annotation.Configuration;
import org.springframework.scheduling.annotation.EnableScheduling;

@Configuration
@ComponentScan("com.wisely.highlight_spring4.ch3.taskscheduler")
@EnableScheduling //1
public class TaskSchedulerConfig {

}
```

代码解释

① 通过@EnableScheduling 注解开启对计划任务的支持。

（3）运行。

```
package com.wisely.highlight_spring4.ch3.taskscheduler;
```

```
import
org.springframework.context.annotation.AnnotationConfigApplicationContext;

public class Main {
    public static void main(String[] args) {
         AnnotationConfigApplicationContext context =
                   new
AnnotationConfigApplicationContext(TaskSchedulerConfig.class);
    }
}
```

结果如图 3-3 所示。

```
每隔五秒执行一次 11:27:57
在指定时间 11:28:00执行
每隔五秒执行一次 11:28:02
每隔五秒执行一次 11:28:07
每隔五秒执行一次 11:28:12
每隔五秒执行一次 11:28:17
每隔五秒执行一次 11:28:22
每隔五秒执行一次 11:28:27
每隔五秒执行一次 11:28:32
每隔五秒执行一次 11:28:37
每隔五秒执行一次 11:28:42
```

图 3-3　运行结果

3.4　条件注解@Conditional

3.4.1　点睛

在 2.4 节学到，通过活动的 profile，我们可以获得不同的 Bean。Spring 4 提供了一个更通用的基于条件的 Bean 的创建，即使用@Conditional 注解。

@Conditional 根据满足某一个特定条件创建一个特定的 Bean。比方说，当某一个 jar 包在一个类路径下的时候，自动配置一个或多个 Bean；或者只有某个 Bean 被创建才会创建另外一个 Bean。总的来说，就是根据特定条件来控制 Bean 的创建行为，这样我们可以利用这个特性进行一些自动的配置。

在 Spring Boot 中将会大量应用到条件注解，更多内容见本书 6.1 节。

下面的示例将以不同的操作系统作为条件，我们将通过实现 Condition 接口，并重写其

matches 方法来构造判断条件。若在 Windows 系统下运行程序，则输出列表命令为 dir；若在 Linux 操作系统下运行程序，则输出列表命令为 ls。

3.4.2　示例

1. 判断条件定义

（1）判定 Windows 的条件。

```
package com.wisely.highlight_spring4.ch3.conditional;

import org.springframework.context.annotation.Condition;
import org.springframework.context.annotation.ConditionContext;
import org.springframework.core.type.AnnotatedTypeMetadata;

public class WindowsCondition implements Condition {

    public boolean matches(ConditionContext context,
            AnnotatedTypeMetadata metadata) {
        return
context.getEnvironment().getProperty("os.name").contains("Windows");
    }
}
```

（2）判定 Linux 的条件。

```
package com.wisely.highlight_spring4.ch3.conditional;

import org.springframework.context.annotation.Condition;
import org.springframework.context.annotation.ConditionContext;
import org.springframework.core.type.AnnotatedTypeMetadata;

public class LinuxCondition implements Condition {

    public boolean matches(ConditionContext context,
            AnnotatedTypeMetadata metadata) {
        return
context.getEnvironment().getProperty("os.name").contains("Linux");
    }
}
```

2. 不同系统下 Bean 的类

（1）接口。

```
package com.wisely.highlight_spring4.ch3.conditional;

public interface ListService {
    public String showListCmd();
}
```

（2）Windows 下所要创建的 Bean 的类。

```
package com.wisely.highlight_spring4.ch3.conditional;

public class WindowsListService implements ListService {

    @Override
    public String showListCmd() {
        return "dir";
    }
}
```

（3）Linux 下所要创建的 Bean 的类。

```
package com.wisely.highlight_spring4.ch3.conditional;

public class LinuxListService implements ListService{

    @Override
    public String showListCmd() {
        return "ls";
    }
}
```

3. 配置类

```
package com.wisely.highlight_spring4.ch3.conditional;

import org.springframework.context.annotation.Bean;
import org.springframework.context.annotation.Conditional;
import org.springframework.context.annotation.Configuration;

@Configuration
public class ConditionConifg {
    @Bean
```

```
    @Conditional(WindowsCondition.class) //1
    public ListService windowsListService() {
        return new WindowsListService();
    }

    @Bean
    @Conditional(LinuxCondition.class) //2
    public ListService linuxListService() {
        return new LinuxListService();
    }
}
```

代码解释

① 通过@Conditional 注解，符合 Windows 条件则实例化 windowsListService。

② 通过@Conditional 注解，符合 Linux 条件则实例化 linuxListService。

4. 运行

```
package com.wisely.highlight_spring4.ch3.conditional;

import
org.springframework.context.annotation.AnnotationConfigApplicationContext;

public class Main {

    public static void main(String[] args) {
        AnnotationConfigApplicationContext context =
                new AnnotationConfigApplicationContext(ConditionConifg.class);

        ListService listService = context.getBean(ListService.class);

        System.out.println(context.getEnvironment().getProperty("os.name")
                + "系统下的列表命令为: "
                + listService.showListCmd());
    }
}
```

结果如图 3-4 和图 3-5 所示。

```
六月 10, 2015 3:21:45 下午 org.springf
信息: Refreshing org.springframework
Windows 8.1系统下的列表命令为: dir
六月 10, 2015 3:21:45 下午 org.springf
信息: Closing org.springframework.co
```

图 3-4 Windows 下列表命令

```
六月 10, 2015 5:53:39 下午 org.spring
信息: Refreshing org.springframework
Linux系统下的列表命令为: ls
六月 10, 2015 5:53:40 下午 org.spring
信息: Closing org.springframework.co
```

图 3-5 Linux 下列表命令

3.5 组合注解与元注解

3.5.1 点睛

从 Spring 2 开始，为了响应 JDK 1.5 推出的注解功能，Spring 开始大量加入注解来替代 xml 配置。Spring 的注解主要用来配置和注入 Bean，以及 AOP 相关配置（@Transactional）。随着注解的大量使用，尤其相同的多个注解用到各个类或方法中，会相当繁琐。这就是所谓的样板代码（boilerplate code），是 Spring 设计原则中要消除的代码。

所谓元注解其实就是可以注解到别的注解上的注解，被注解的注解称之为组合注解（是可能有点拗口，体会含义最重要），组合注解具备注解其上的元注解的功能。Spring 的很多注解都可以作为元注解，而且 Spring 本身已经有很多组合注解，如@Configuration 就是一个组合@Component 注解，表明这个类其实也是一个 Bean。

我们前面的章节里大量使用@Configuration 和@ComponentScan 注解到配置类上，如果你跟着本书一直在敲代码的话是不是觉得已经有点麻烦了呢？下面我将这两个元注解组成一个组合注解，这样我们只需写一个注解就可以表示两个注解。

3.5.2 示例

（1）示例组合注解。

```
package com.wisely.highlight_spring4.ch3.annotation;
```

```java
import java.lang.annotation.Documented;
import java.lang.annotation.ElementType;
import java.lang.annotation.Retention;
import java.lang.annotation.RetentionPolicy;
import java.lang.annotation.Target;

import org.springframework.context.annotation.ComponentScan;
import org.springframework.context.annotation.Configuration;

@Target(ElementType.TYPE)
@Retention(RetentionPolicy.RUNTIME)
@Documented
@Configuration //1
@ComponentScan //2
public @interface WiselyConfiguration {

    String[] value() default {}; //3

}
```

代码解释

① 组合@Configuration 元注解。

② 组合@ComponentScan 元注解。

③ 覆盖 value 参数。

（2）演示服务 Bean。

```java
package com.wisely.highlight_spring4.ch3.annotation;

import org.springframework.stereotype.Service;

@Service
public class DemoService {

    public void outputResult(){
        System.out.println("从组合注解配置照样获得的bean");
    }

}
```

（3）新的配置类。

```
package com.wisely.highlight_spring4.ch3.annotation;

@WiselyConfiguration("com.wisely.highlight_spring4.ch3.annotation")//1
public class DemoConfig {

}
```

代码解释

① 使用@WiselyConfiguration 组合注解替代@Configuration 和@ComponentScan。

（4）运行。

```
package com.wisely.highlight_spring4.ch3.annotation;

import
org.springframework.context.annotation.AnnotationConfigApplicationContext;

public class Main {

    public static void main(String[] args) {
        AnnotationConfigApplicationContext context =
              new AnnotationConfigApplicationContext(DemoConfig.class);

        DemoService demoService =  context.getBean(DemoService.class);

        demoService.outputResult();

        context.close();
    }

}
```

结果如图 3-6 所示。

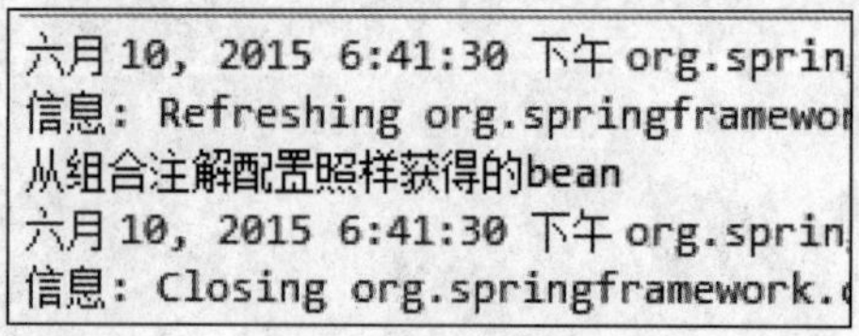

```
六月 10, 2015 6:41:30 下午 org.sprin
信息: Refreshing org.springframewo
从组合注解配置照样获得的bean
六月 10, 2015 6:41:30 下午 org.sprin
信息: Closing org.springframework.c
```

图 3-6　运行结果

3.6 @Enable*注解的工作原理

在本章的第一部分我们通过：

@EnableAspectJAutoProxy 开启对 AspectJ 自动代理的支持。

@EnableAsync 开启异步方法的支持。

@EnableScheduling 开启计划任务的支持。

在第二部分我们通过：

@EnableWebMvc 开启 Web MVC 的配置支持。

在第三部分我们通过：

@EnableConfigurationProperties 开启对@ConfigurationProperties 注解配置 Bean 的支持。

@EnableJpaRepositories 开启对 Spring Data JPA Repository 的支持。

@EnableTransactionManagement 开启注解式事务的支持。

@EnableCaching 开启注解式的缓存支持。

通过简单的@Enable*来开启一项功能的支持，从而避免自己配置大量的代码，大大降低使用难度。那么这个神奇的功能的实现原理是什么呢？我们一起来研究一下。

通过观察这些@Enable*注解的源码，我们发现所有的注解都有一个@Import 注解，@Import 是用来导入配置类的，这也就意味着这些自动开启的实现其实是导入了一些自动配置的 Bean。这些导入的配置方式主要分为以下三种类型。

3.6.1 第一类：直接导入配置类

```
@Target(ElementType.TYPE)
@Retention(RetentionPolicy.RUNTIME)
@Import(SchedulingConfiguration.class)
@Documented
public @interface EnableScheduling {
}
```

直接导入配置类 SchedulingConfiguration，这个类注解了@Configuration，且注册了一个 scheduledAnnotationProcessor 的 Bean，源码如下：

```
@Configuration
@Role(BeanDefinition.ROLE_INFRASTRUCTURE)
public class SchedulingConfiguration {

    @Bean(name =
TaskManagementConfigUtils.SCHEDULED_ANNOTATION_PROCESSOR_BEAN_NAME)
    @Role(BeanDefinition.ROLE_INFRASTRUCTURE)
    public ScheduledAnnotationBeanPostProcessor scheduledAnnotationProcessor()
{
        return new ScheduledAnnotationBeanPostProcessor();
    }

}
```

3.6.2 第二类：依据条件选择配置类

```
@Target(ElementType.TYPE)
@Retention(RetentionPolicy.RUNTIME)
@Documented
@Import(AsyncConfigurationSelector.class)
public @interface EnableAsync {
Class<? extends Annotation> annotation() default Annotation.class;
    boolean proxyTargetClass() default false;
    AdviceMode mode() default AdviceMode.PROXY;
    int order() default Ordered.LOWEST_PRECEDENCE;
}
```

AsyncConfigurationSelector 通过条件来选择需要导入的配置类，AsyncConfigurationSelector 的根接口为 ImportSelector，这个接口需重写 selectImports 方法，在此方法内进行事先条件判断。此例中，若 adviceMode 为 PORXY，则返回 ProxyAsyncConfiguration 这个配置类；若 activeMode 为 ASPECTJ，则返回 AspectJAsyncConfiguration 配置类，源码如下：

```
public class AsyncConfigurationSelector extends
AdviceModeImportSelector<EnableAsync> {

    private static final String ASYNC_EXECUTION_ASPECT_CONFIGURATION_CLASS_NAME
=
```

```
    "org.springframework.scheduling.aspectj.AspectJAsyncConfiguration";

    @Override
    public String[] selectImports(AdviceMode adviceMode) {
        switch (adviceMode) {
            case PROXY:
                return new String[] { ProxyAsyncConfiguration.class.getName() };
            case ASPECTJ:
                return new String[]
{ ASYNC_EXECUTION_ASPECT_CONFIGURATION_CLASS_NAME };
            default:
                return null;
        }
    }
}
```

3.6.3　第三类：动态注册 Bean

```
@Target(ElementType.TYPE)
@Retention(RetentionPolicy.RUNTIME)
@Documented
@Import(AspectJAutoProxyRegistrar.class)
public @interface EnableAspectJAutoProxy {
    boolean proxyTargetClass() default false;
}
```

AspectJAutoProxyRegistrar 实现了 ImportBeanDefinitionRegistrar 接口，ImportBeanDefinitionRegistrar 的作用是在运行时自动添加 Bean 到已有的配置类，通过重写方法：

```
registerBeanDefinitions(AnnotationMetadata importingClassMetadata,
                        BeanDefinitionRegistry registry)
```

其中，AnnotationMetadata 参数用来获得当前配置类上的注解；BeanDefinitionRegistry 参数用来注册 Bean。源码如下：

```
class AspectJAutoProxyRegistrar implements ImportBeanDefinitionRegistrar {
    @Override
    public void registerBeanDefinitions(
            AnnotationMetadata importingClassMetadata, BeanDefinitionRegistry
registry) {
```

```
    AopConfigUtils.registerAspectJAnnotationAutoProxyCreatorIfNecessary(regis
try);

        AnnotationAttributes enableAJAutoProxy =
                AnnotationConfigUtils.attributesFor(importingClassMetadata,
EnableAspectJAutoProxy.class);
        if (enableAJAutoProxy.getBoolean("proxyTargetClass")) {
            AopConfigUtils.forceAutoProxyCreatorToUseClassProxying(registry);
        }
    }

}
```

3.7 测试

3.7.1 点睛

测试是开发工作中不可缺少的部分。单元测试只针对当前开发的类和方法进行测试，可以简单通过模拟依赖来实现，对运行环境没有依赖；但是仅仅进行单元测试是不够的，它只能验证当前类或方法能否正常工作，而我们想要知道系统的各个部分组合在一起是否能正常工作，这就是集成测试存在的意义。

集成测试一般需要来自不同层的不同对象的交互，如数据库、网络连接、IoC 容器等。其实我们也经常通过运行程序，然后通过自己操作来完成类似于集成测试的流程。集成测试为我们提供了一种无须部署或运行程序来完成验证系统各部分是否能正常协同工作的能力。

Spring 通过 Spring TestContex Framework 对集成测试提供顶级支持。它不依赖于特定的测试框架，既可使用 Junit，也可使用 TestNG。

基于 Maven 构建的项目结构默认有关于测试的目录：src/test/java（测试代码）、src/test/resources（测试资源），区别于 src/main/java（项目源码）、src/main/resources（项目资源）。

Spring 提供了一个 SpringJUnit4ClassRunner 类，它提供了 Spring TestContext Framework 的功能。通过@ContextConfiguration 来配置 Application Context，通过@ActiveProfiles 确定活动的 profile。

在使用了 Spring 测试后，我们前面的例子的“运行”部分都可以用 Spring 测试来检验功能能否正常运作。

集成测试涉及程序中的各个分层，本节只对简单配置的 Application Context 和在测试中注入 Bean 做演示，在本书第二部分和第三部分会对 Spring 测试做更多的讲述。

3.7.2　示例

1. 准备

增加 Spring 测试的依赖包到 Maven：

```
<!-- Spring test 支持 -->
<dependency>
    <groupId>org.springframework</groupId>
    <artifactId>spring-test</artifactId>
    <version>${spring-framework.version}</version>
</dependency>
<dependency>
    <groupId>junit</groupId>
    <artifactId>junit</artifactId>
    <version>4.11</version>
</dependency>
```

2. 业务代码

在 src/main/java 下的源码：

```
package com.wisely.highlight_spring4.ch3.fortest;

public class TestBean {
    private String content;

    public TestBean(String content) {
        super();
        this.content = content;
    }

    public String getContent() {
        return content;
    }

    public void setContent(String content) {
```

```
        this.content = content;
    }

}
```

3. 配置类

在 src/main/java 下的源码：

```
package com.wisely.highlight_spring4.ch3.fortest;

import org.springframework.context.annotation.Bean;
import org.springframework.context.annotation.Configuration;
import org.springframework.context.annotation.Profile;
@Configuration
public class TestConfig {
    @Bean
    @Profile("dev")
    public TestBean devTestBean() {
        return new TestBean("from development profile");
    }

    @Bean
    @Profile("prod")
    public TestBean prodTestBean() {
        return new TestBean("from production profile");
    }

}
```

4. 测试

在 src/test/java 下的源码：

```
package com.wisely.highlight_spring4.ch3.fortest;


import org.junit.Assert;
import org.junit.Test;
import org.junit.runner.RunWith;
import org.springframework.beans.factory.annotation.Autowired;
import org.springframework.test.context.ActiveProfiles;
import org.springframework.test.context.ContextConfiguration;
import org.springframework.test.context.junit4.SpringJUnit4ClassRunner;
```

```
@RunWith(SpringJUnit4ClassRunner.class) //1
@ContextConfiguration(classes = {TestConfig.class}) //2
@ActiveProfiles("prod") //3
public class DemoBeanIntegrationTests {
    @Autowired //4
    private TestBean testBean;

    @Test //5
    public void prodBeanShouldInject(){
        String expected = "from production profile";
        String actual = testBean.getContent();
        Assert.assertEquals(expected, actual);
    }

}
```

代码解释

① SpringJUnit4ClassRunner 在 JUnit 环境下提供 Spring TestContext Framework 的功能。

② @ContextConfiguration 用来加载配置 ApplicationContext，其中 classes 属性用来加载配置类。

③ @ActiveProfiles 用来声明活动的 profile。

④ 可使用普通的@Autowired 注入 Bean。

⑤ 测试代码，通过 JUnit 的 Assert 来校验结果是否和预期一致。

结果如图 3-7 所示。

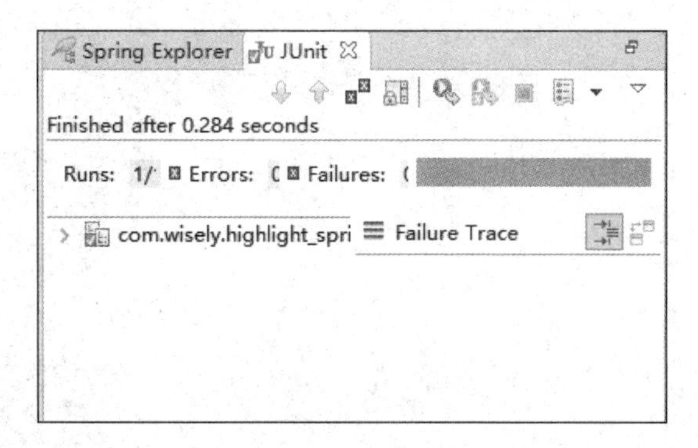

图 3-7 测试结果

将@ActiveProfiles(“prod”)改为@ActiveProfiles(“dev”)，演示测试不能通过的情景，如图 3-8 所示。

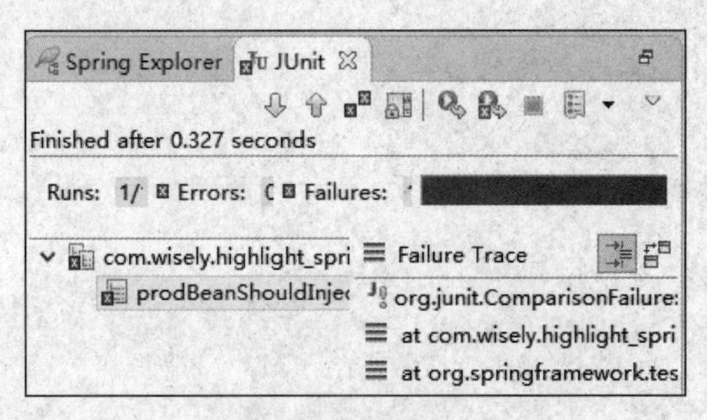

图 3-8　演示测试不能通过的情景

第二部分

点睛 Spring MVC 4.x

第4章

Spring MVC 基础

也许你还在问为什么要用 Spring MVC，Struts 2.x 不才是主流吗？看 SSH 的概念多火！其实很多初学者混淆了一个概念，SSH 实际上指的是 Struts 1.x + Spring + Hibernate，这个概念已经有十几年的历史了。在 Struts 1.x 的时代，Struts 1.x 是当之无愧的 MVC 框架的霸主，但是在新的 MVC 框架涌现的时代，形式已经完全不是这样的了，Struts 2.x 借助了 Struts 1.x 的好名声，让国内开发者认为 Struts 2.x 是霸主继任者（其实两者在技术上无任何关系），导致国内程序员大多数学习基于 Struts 2.x 的框架，又一个貌似很火的概念出来了 S2SH（Struts 2.x + Spring + Hibernate）整合开发。

一起看看世界范围内到底是什么状况吧，请看下面的调查统计。

Zeroturnaround（知名热部署软件 JRebel 厂商）统计如图 4-1 所示。

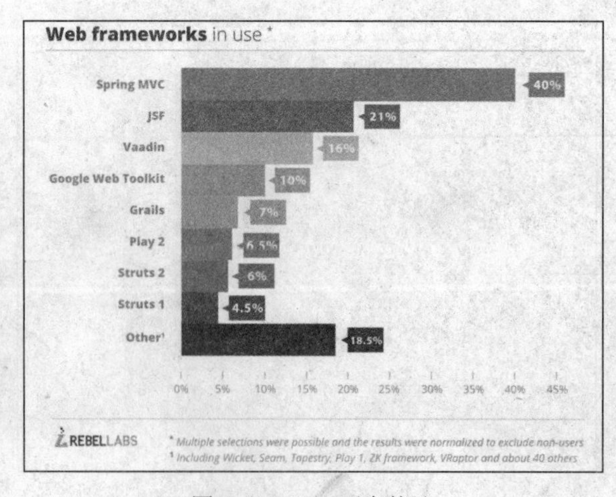

图 4-1 JRbel 厂商统计

从图 4-1 可以看出，Spring MVC 的市场占有率是 40%，而 Struts 2 只有可怜的 6%，竟然只比骨灰级的 Struts 1 高那么一点点。

vitalflux.com 对 2014—2015 年度 10 佳 Web 框架排名。

前 10 名没有 Struts 2 的身影，前五名为：

1. Spring MVC
2. Grails
3. Play
4. Spring Boot
5. Vaadin

说了这么多，不过是为了大家更有信心地学习 Spring MVC，Spring MVC 是目前 Java Web 框架当之无愧的霸主。

4.1　Spring MVC 概述

说到 Spring MVC，不得不先来谈谈什么是 MVC，它和三层架构是什么关系。可能很多读者都会抢答：

MVC：Model + View + Controller（数据模型+视图+控制器）。

三层架构：Presentation tier+ Application tier+ Data tier（展现层+应用层+数据访问层）。

那 MVC 和三层架构有什么关系呢？在我面试程序员的时候，经常会有面试者告诉我：MVC 的 M 就是数据访问层、V 就是展现层、C 就是应用层。怎么样？听上去是不是好像很有道理？

但是实际上 MVC 只存在三层架构的展现层，M 实际上是数据模型，是包含数据的对象。在 Spring MVC 里，有一个专门的类叫 Model，用来和 V 之间的数据交互、传值；V 指的是视图页面，包含 JSP、freeMarker、Velocity、Thymeleaf、Tile 等；C 当然就是控制器（Spring MVC 的注解@Controller 的类）。

在本书我很抱歉地告诉大家，本书将不会介绍太多 View 层的知识，只会简单地使用 JSP

和jstl作为演示，因为Spring MVC支持的模板引擎太多了，我们会在7.1节专门介绍Spring Boot推荐使用的模板引擎，本章关注 Spring MVC 在实际开发中的各种配置。

而三层架构是整个应用的架构，是由 Spring 框架负责管理的。一般项目结构中都有 Service 层、DAO 层，这两个反馈在应用层和数据访问层。

弄清 MVC 和三层架构的关系对我们理解 Spring MVC 和进行 Web 开发至关重要。

Spring MVC 使我们可以简单地开发灵活且松耦合的 Web 项目，本章我们将关注与基于注解和 Java 配置的零配置（无 xml 配置）的 Spring MVC 开发。

4.2 Spring MVC 项目快速搭建

4.2.1 点睛

Spring MVC 提供了一个 DispatcherServlet 来开发 Web 应用。在 Servlet 2.5 及以下的时候只要在 web.xml 下配置<servlet>元素即可。但我们在本节将使用 Servlet 3.0+无 web.xml 的配置方式，在 Spring MVC 里实现 WebApplicationInitializer 接口便可实现等同于 web.xml 的配置。

下面我们将基于 Maven 搭建零配置的 Spring MVC 原型项目，开发工具相关的内容这里将不再提及。

4.2.2 示例

1. 构建 Maven 项目

pom.xml 内容：

```
<project xmlns="http://maven.apache.org/POM/4.0.0"
xmlns:xsi="http://www.w3.org/2001/XMLSchema-instance"
xsi:schemaLocation="http://maven.apache.org/POM/4.0.0
http://maven.apache.org/xsd/maven-4.0.0.xsd">
  <modelVersion>4.0.0</modelVersion>
  <groupId>com.wisely</groupId>
  <artifactId>highlight_springmvc4</artifactId>
  <version>0.0.1-SNAPSHOT</version>
  <packaging>war</packaging>
```

```
  <properties>
      <!-- Generic properties -->
      <java.version>1.7</java.version>
      <project.build.sourceEncoding>UTF-8</project.build.sourceEncoding>

<project.reporting.outputEncoding>UTF-8</project.reporting.outputEncoding>
      <!-- Web -->
      <jsp.version>2.2</jsp.version>
      <jstl.version>1.2</jstl.version>
      <servlet.version>3.1.0</servlet.version>
      <!-- Spring -->
      <spring-framework.version>4.1.5.RELEASE</spring-framework.version>
      <!-- Logging -->
      <logback.version>1.0.13</logback.version>
      <slf4j.version>1.7.5</slf4j.version>
   </properties>

   <dependencies>
      <dependency>
         <groupId>javax</groupId>
         <artifactId>javaee-web-api</artifactId>
         <version>7.0</version>
         <scope>provided</scope>
      </dependency>

      <!-- Spring MVC -->
      <dependency>
         <groupId>org.springframework</groupId>
         <artifactId>spring-webmvc</artifactId>
         <version>${spring-framework.version}</version>
      </dependency>

      <!-- 其他 Web 依赖 -->
      <dependency>
         <groupId>javax.servlet</groupId>
         <artifactId>jstl</artifactId>
         <version>${jstl.version}</version>
      </dependency>
      <dependency>
          <groupId>javax.servlet</groupId>
          <artifactId>javax.servlet-api</artifactId>
          <version>${servlet.version}</version>
          <scope>provided</scope>
       </dependency>
```

```
<dependency>
    <groupId>javax.servlet.jsp</groupId>
    <artifactId>jsp-api</artifactId>
    <version>${jsp.version}</version>
    <scope>provided</scope>
</dependency>

<!-- Spring and Transactions -->
<dependency>
    <groupId>org.springframework</groupId>
    <artifactId>spring-tx</artifactId>
    <version>${spring-framework.version}</version>
</dependency>

<!-- 使用 SLF4J 和 LogBack 作为日志 -->
<dependency>
    <groupId>org.slf4j</groupId>
    <artifactId>slf4j-api</artifactId>
    <version>${slf4j.version}</version>
</dependency>
<dependency>
    <groupId>log4j</groupId>
    <artifactId>log4j</artifactId>
    <version>1.2.16</version>
</dependency>
<dependency>
    <groupId>org.slf4j</groupId>
    <artifactId>jcl-over-slf4j</artifactId>
    <version>${slf4j.version}</version>
</dependency>
<dependency>
    <groupId>ch.qos.logback</groupId>
    <artifactId>logback-classic</artifactId>
    <version>${logback.version}</version>
</dependency>
<dependency>
    <groupId>ch.qos.logback</groupId>
    <artifactId>logback-core</artifactId>
    <version>${logback.version}</version>
</dependency>
<dependency>
    <groupId>ch.qos.logback</groupId>
    <artifactId>logback-access</artifactId>
    <version>${logback.version}</version>
```

```
        </dependency>
    </dependencies>

     <build>
      <plugins>
        <plugin>
            <groupId>org.apache.maven.plugins</groupId>
            <artifactId>maven-compiler-plugin</artifactId>
            <version>2.3.2</version>
            <configuration>
                <source>${java.version}</source>
                <target>${java.version}</target>
            </configuration>
        </plugin>
        <plugin>
          <groupId>org.apache.maven.plugins</groupId>
          <artifactId>maven-war-plugin</artifactId>
          <version>2.3</version>
          <configuration>
             <failOnMissingWebXml>false</failOnMissingWebXml>
          </configuration>
        </plugin>
      </plugins>
    </build>
</project>
```

2. 日志配置

在 src/main/resources 目录下，新建 logback.xml 用来配置日志，内容如下：

```
<?xml version="1.0" encoding="UTF-8"?>
<configuration scan="true" scanPeriod="1 seconds">
   <contextListener class="ch.qos.logback.classic.jul.LevelChangePropagator">
      <resetJUL>true</resetJUL>
   </contextListener>

   <jmxConfigurator/>
   <appender name="console" class="ch.qos.logback.core.ConsoleAppender">
      <encoder>
         <pattern>logbak: %d{HH:mm:ss.SSS} %logger{36} - %msg%n</pattern>
      </encoder>
   </appender>
     <logger name="org.springframework.web" level="DEBUG"/> <!-- 1 -->
```

```
    <root level="info">
        <appender-ref ref="console"/>
    </root>
</configuration>
```

代码解释

① 将 org.springframework.web 包下的类的日志级别设置为 DEBUG，我们开发 Spring MVC 经常出现和参数类型相关的 4XX 错误，设置此项我们会看到更详细的错误信息。

3. 演示页面

在 src/main/resources 下建立 views 目录，并在此目录下新建 index.jsp，内容如下:

```
<%@ page language="java" contentType="text/html; charset=UTF-8"
    pageEncoding="UTF-8"%>
<!DOCTYPE html PUBLIC "-//W3C//DTD HTML 4.01 Transitional//EN"
"http://www.w3.org/TR/html4/loose.dtd">
<html>
<head>
<meta http-equiv="Content-Type" content="text/html; charset=UTF-8">
<title>Insert title here</title>
</head>
<body>
    <pre>
        Welcome to Spring MVC world
    </pre>
</body>
</html>
```

代码解释

此处也许读者会奇怪，为什么页面不放在 Maven 标准的 src/main/webapp/WEB-INF 下，此处这样建的主要目的是让大家熟悉 Spring Boot 的页面习惯的放置方式，Spring Boot 的页面就放置在 src/main/resources 下。

4. Spring MVC 配置

```
package com.wisely.highlight_springmvc4;

import org.springframework.context.annotation.ComponentScan;
import org.springframework.context.annotation.Configuration;
```

```
@Configuration
@EnableWebMvc
@ComponentScan("com.wisely.highlight_springmvc4")
public class MyMvcConfig{
    @Bean
    public InternalResourceViewResolver viewResolver(){
        InternalResourceViewResolver viewResolver = new
InternalResourceViewResolver();
        viewResolver.setPrefix("/WEB-INF/classes/views/");
        viewResolver.setSuffix(".jsp");
        viewResolver.setViewClass(JstlView.class);
        return viewResolver;
    }

}
```

代码解释

此处无任何特别，只是一个普通的 Spring 配置类。这里我们配置了一个 JSP 的 ViewResolver，用来映射路径和实际页面的位置，其中，@EnableWebMvc 注解会开启一些默认配置，如一些 ViewResolver 或者 MessageConverter 等。

在此处要特别解释一下 Spring MVC 的 ViewResolver，这是 Spring MVC 视图（JSP 下就是 html）渲染的核心机制；Spring MVC 里有一个接口叫做 ViewResolver（我们的 ViewResolver 都实现该接口），实现这个接口要重写方法 resolveViewName()，这个方法的返回值是接口 View，而 View 的职责就是使用 model、request、response 对象，并将渲染的视图（不一定是 html，可能是 json、xml、pdf）返回给浏览器。在 4.5.2 节我们会介绍更多关于 ViewResolver 的内容。

可能读者对路径前缀配置为/WEB-INF/classes/views/有些奇怪，怎么和我开发的目录不一致？因为看到的页面效果是运行时而不是开发时的代码，运行时代码会将我们的页面自动编译到/WEB-INF/classes/views/下，图 4-2 是运行时的目录结构，这样我们就能理解前缀为什么写成这样，在 Spring Boot 中，我们将使用 Thymeleaf 作为模板，因而不需要这样的配置。

图 4-2　运行时的目录结构

5. Web 配置

```
package com.wisely.highlight_springmvc4;

import javax.servlet.ServletContext;
import javax.servlet.ServletException;
import javax.servlet.ServletRegistration.Dynamic;

import org.springframework.web.WebApplicationInitializer;
import
org.springframework.web.context.support.AnnotationConfigWebApplicationContext
;
import org.springframework.web.servlet.DispatcherServlet;

public class WebInitializer implements WebApplicationInitializer {//1

    @Override
    public void onStartup(ServletContext servletContext)
            throws ServletException {
        AnnotationConfigWebApplicationContext ctx = new
AnnotationConfigWebApplicationContext();
        ctx.register(MyMvcConfig.class);
        ctx.setServletContext(servletContext); //2

        Dynamic servlet = servletContext.addServlet("dispatcher", new
DispatcherServlet(ctx)); //3
        servlet.addMapping("/");
        servlet.setLoadOnStartup(1);

    }

}
```

代码解释

① WebApplicationInitializer 是 Spring 提供用来配置 Servlet 3.0+配置的接口，从而实现了替代 web.xml 的位置。实现此接口将会自动被 SpringServletContainerInitializer（用来启动 Servlet 3.0 容器）获取到。

② 新建 WebApplicationContext，注册配置类，并将其和当前 servletContext 关联。

③ 注册 Spring MVC 的 DispatcherServlet。

6. 简单控制器

```
package com.wisely.highlight_springmvc4.web;

import org.springframework.stereotype.Controller;
import org.springframework.web.bind.annotation.RequestMapping;
import org.springframework.web.bind.annotation.ResponseBody;

@Controller//1
public class HelloController {

    @RequestMapping("/index")//2
    public  String hello(){

        return "index"; //3
    }

}
```

代码解释

① 利用@Controller 注解声明是一个控制器。

② 利用@RequestMapping 配置 URL 和方法之间的映射。

③ 通过上面 ViewResolver 的 Bean 配置，返回值为 index，说明我们的页面放置的路径为/WEB-INF/classes/views/index.jsp。

7. 运行

将程序部署到 Tomcat 中，启动 Tomcat，并访问 http://localhost:8080/highlight_springmvc4/index，如图 4-3 所示。

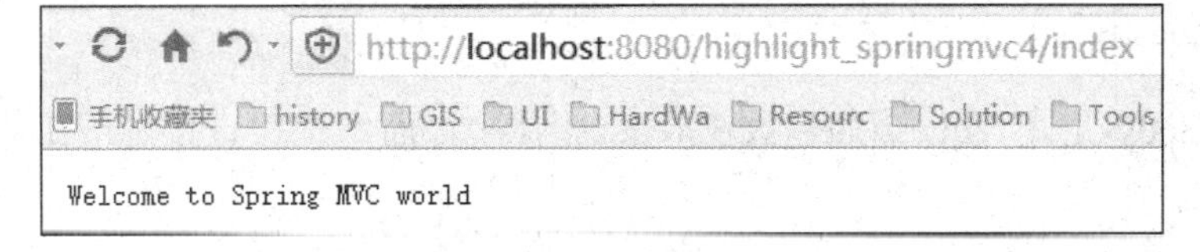

图 4-3 将程序部署到 Tomcat

4.3 Spring MVC 的常用注解

4.3.1 点睛

Spring MVC 常用以下几个注解。

（1）@Controller

@Controller 注解在类上，表明这个类是 Spring MVC 里的 Controller，将其声明为 Spring 的一个 Bean，Dispatcher Servlet 会自动扫描注解了此注解的类（这里和我们在 1.3.3 节演示用注解作为拦截方式的例子原理类似），并将 Web 请求映射到注解了@RequestMapping 的方法上。这里特别指出，在声明普通 Bean 的时候，使用@Component、@Service、@Repository 和@Controller 是等同的，因为@Service、@Repository、@Controller 都组合了@Compoment 元注解；但在 Spring MVC 声明控制器 Bean 的时候，只能使用@Controller。

（2）@RequestMapping

@RequestMapping 注解是用来映射 Web 请求（访问路径和参数）、处理类和方法的。@RequestMapping 可注解在类或方法上。注解在方法上的@RequestMapping 路径会继承注解在类上的路径，@RequestMapping 支持 Servlet 的 request 和 response 作为参数，也支持对 request 和 response 的媒体类型进行配置。

（3）@ResponseBody

@ResponseBody 支持将返回值放在 response 体内，而不是返回一个页面。我们在很多基于 Ajax 的程序的时候，可以以此注解返回数据而不是页面；此注解可放置在返回值前或者方法上。

（4）@RequestBody

@RequestBody 允许 request 的参数在 request 体中，而不是在直接链接在地址后面。此注解放置在参数前。

（5）@PathVariable

@PathVariable 用来接收路径参数，如/news/001，可接收 001 作为参数，此注解放置在参数前。

（6）@RestController

@RestController 是一个组合注解，组合了@Controller 和@ResponseBody，这就意味着当你只开发一个和页面交互数据的控制的时候，需要使用此注解。若没有此注解，要想实现上述功能，则需自己在代码中加@Controller 和@ResponseBody 两个注解。

下面的示例将演示这几个注解的使用。

4.3.2 示例

1. 传值类

添加 jackson 及相关依赖，获得对象和 json 或 xml 之间的转换：

```
<!--对 json 和 xml 格式的支持 -->
        <dependency>
            <groupId>com.fasterxml.jackson.dataformat</groupId>
            <artifactId>jackson-dataformat-xml</artifactId>
            <version>2.5.3</version>
        </dependency>
```

这里特别指出，在实际项目中，我们其实主要支持 json 数据，没必要同时支持 json 和 xml，因为 json 比 xml 更简洁。由于 JavaScript 的广泛使用，json 成为最推荐的格式，在这种情况下，我们的依赖包如下（上面的依赖包含下面的依赖）：

```
<dependency>
    <groupId>com.fasterxml.jackson.core</groupId>
    <artifactId>jackson-databind</artifactId>
    <version>2.5.3</version>
</dependency>
```

此类用来演示获取 request 对象参数和返回此对象到 response：

```
package com.wisely.highlight_springmvc4.domain;

public class DemoObj {
    private Long id;
    private String name;

    public DemoObj() { // 1
        super();
    }
    public DemoObj(Long id, String name) {
```

```
        super();
        this.id = id;
        this.name = name;
    }
    public Long getId() {
        return id;
    }
    public void setId(Long id) {
        this.id = id;
    }
    public String getName() {
        return name;
    }
    public void setName(String name) {
        this.name = name;
    }
}
```

代码解释

① jackson 对对象和 json 做转换时一定需要此空构造。

2. 注解演示控制器

```
package com.wisely.highlight_springmvc4.web.ch4_3;

import javax.servlet.http.HttpServletRequest;

import org.springframework.stereotype.Controller;
import org.springframework.web.bind.annotation.PathVariable;
import org.springframework.web.bind.annotation.RequestMapping;
import org.springframework.web.bind.annotation.ResponseBody;

import com.wisely.highlight_springmvc4.domain.DemoObj;

@Controller // 1
@RequestMapping("/anno") //2
public class DemoAnnoController {

    @RequestMapping(produces = "text/plain;charset=UTF-8") // 3
    public @ResponseBody String index(HttpServletRequest request) { // 4
        return "url:" + request.getRequestURL() + " can access";
    }
```

```
    @RequestMapping(value = "/pathvar/{str}", produces =
"text/plain;charset=UTF-8")// 5
    public @ResponseBody String demoPathVar(@PathVariable String str,
            HttpServletRequest request) {
        return "url:" + request.getRequestURL() + " can access,str: " + str;
    }

    @RequestMapping(value = "/requestParam", produces =
"text/plain;charset=UTF-8") //6
    public @ResponseBody String passRequestParam(Long id,
            HttpServletRequest request) {

        return "url:" + request.getRequestURL() + " can access,id: " + id;

    }

    @RequestMapping(value = "/obj", produces =
"application/json;charset=UTF-8")//7
    @ResponseBody //8
    public String passObj(DemoObj obj, HttpServletRequest request) {

         return "url:" + request.getRequestURL()
                    + " can access, obj id: " + obj.getId()+" obj name:" +
obj.getName();

    }

    @RequestMapping(value = { "/name1", "/name2" }, produces =
"text/plain;charset=UTF-8")//9
    public @ResponseBody String remove(HttpServletRequest request) {

        return "url:" + request.getRequestURL() + " can access";
    }

}
```

代码解释

① @Controller 注解声明此类是一个控制器。

② @RequestMapping("/anno")映射此类的访问路径是/anno。

③ 此方法未标注路径，因此使用类级别的路径/anno；produces 可定制返回的 response 的

媒体类型和字符集，或需返回值是 json 对象，则设置 produces="application/json;charset=UTF-8"，在后面的章节我们会演示此项特性。

④ 演示可接受 HttpServletRequest 作为参数，当然也可以接受 HttpServletReponse 作为参数。此处的@ReponseBody 用在返回值前面。

⑤ 演示接受路径参数，并在方法参数前结合@PathVariable 使用，访问路径为/anno/pathvar/xx。

⑥ 演示常规的 request 参数获取，访问路径为/anno/requestParam?id=1。

⑦ 演示解释参数到对象，访问路径为/anno/obj?id=1&name=xx。

⑧ @ReponseBody 也可以用在方法上。

⑨ 演示映射不同的路径到相同的方法，访问路径为/anno/name1 或/anno/name2。

3. @RestController 演示

```
package com.wisely.highlight_springmvc4.web.ch4_3;

import org.springframework.web.bind.annotation.RequestMapping;
import org.springframework.web.bind.annotation.RestController;

import com.wisely.highlight_springmvc4.domain.DemoObj;

@RestController //1
@RequestMapping("/rest")
public class DemoRestController {

    @RequestMapping(value =
"/getjson",produces={"application/json;charset=UTF-8"}) //2
    public DemoObj getjson (DemoObj obj){
        return new DemoObj(obj.getId()+1, obj.getName()+"yy");//3
    }
    @RequestMapping(value =
"/getxml",produces={"application/xml;charset=UTF-8"})//4
    public DemoObj getxml(DemoObj obj){
        return new DemoObj(obj.getId()+1, obj.getName()+"yy");//5
    }

}
```

代码解释

① 使用@RestController，声明是控制器，并且返回数据时不需要@ResponseBody。

② 返回数据的媒体类型为 json。

③ 直接返回对象，对象会自动转换成 json。

④ 返回数据的媒体类型为 xml。

⑤ 直接返回对象，对象会自动转换为 xml。

结果如图 4-4 和图 4-5 所示。

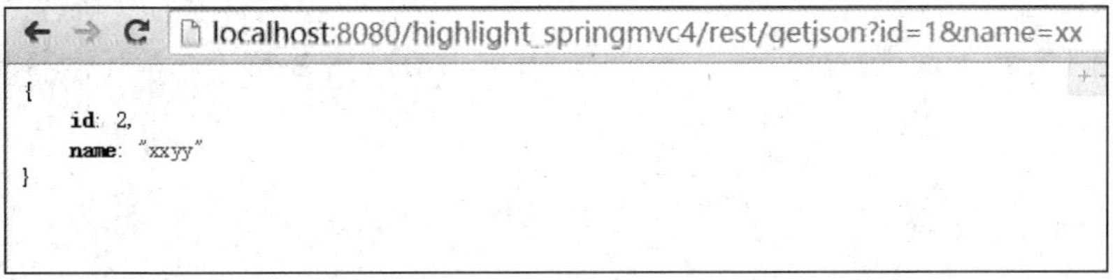

localhost:8080/highlight_springmvc4/rest/getjson?id=1&name=xx

```
{
    id: 2,
    name: "xxyy"
}
```

图 4-4 访问 http://localhost:8080/highlight_springmvc4/rest/getjson?id=1&name=xx

localhost:8080/highlight_springmvc4/rest/getxml?id=1&name=xx

This XML file does not appear to have any style information associated with it.
document tree is shown below.

```
▼<DemoObj xmlns="">
    <id>2</id>
    <name>xxyy</name>
  </DemoObj>
```

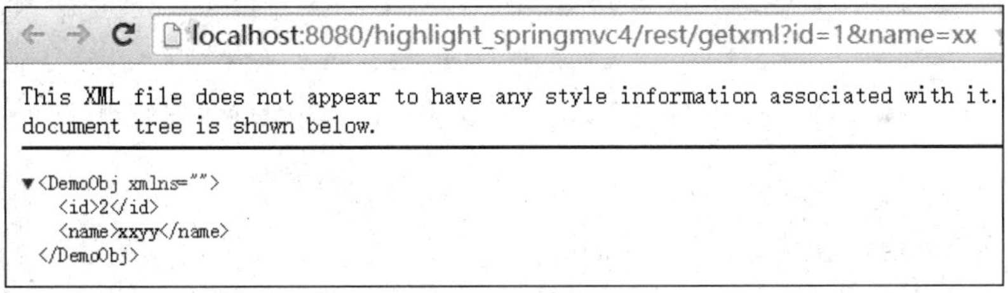

图 4-5 访问 http://localhost:8080/highlight_springmvc4/rest/getxml?id=1&name=xx

4.4 Spring MVC 基本配置

Spring MVC 的定制配置需要我们的配置类继承一个 WebMvcConfigurerAdapter 类，并在此类使用@EnableWebMvc 注解，来开启对 Spring MVC 的配置支持，这样我们就可以重写这个类的方法，完成我们的常用配置。

我们将前面的 MyMvcConfig 配置类继承 WebMvcConfigurerAdapter，本章若不做特别说明，则关于配置的相关内容都在 MyMvcConfig 里编写。

4.4.1 静态资源映射

1. 点睛

程序的静态文件（js、css、图片）等需要直接访问，这时我们可以在配置里重写 addResourceHandlers 方法来实现。

2. 示例

（1）添加静态资源

同上，我们在 src/main/resources 下建立 assets/js 目录，并复制一个 jquery.js 放置在此目录下，如图 4-6 所示。

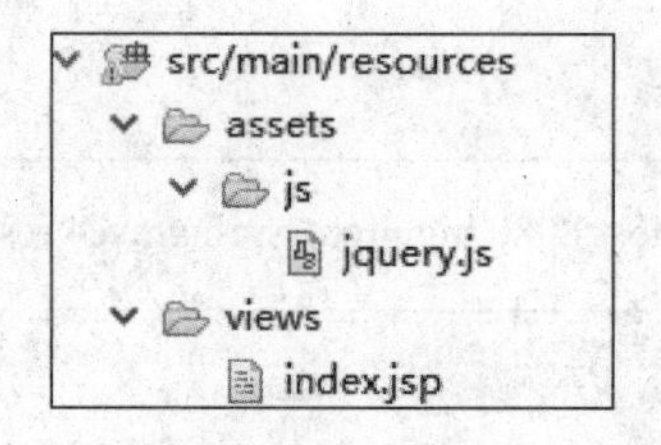

图 4-6 复制一个 jquery.js 放置在 assetsl.js 目录下

配置代码：

```
package com.wisely.highlight_springmvc4;

import org.springframework.context.annotation.Bean;
import org.springframework.context.annotation.ComponentScan;
import org.springframework.context.annotation.Configuration;
import org.springframework.web.servlet.config.annotation.EnableWebMvc;
import
org.springframework.web.servlet.config.annotation.ResourceHandlerRegistry;
import
org.springframework.web.servlet.config.annotation.WebMvcConfigurerAdapter;
import org.springframework.web.servlet.view.InternalResourceViewResolver;
import org.springframework.web.servlet.view.JstlView;

@Configuration
@EnableWebMvc//1
@ComponentScan("com.wisely.highlight_springmvc4")
```

```
public class MyMvcConfig extends WebMvcConfigurerAdapter{//2、

    @Bean
    public InternalResourceViewResolver viewResolver(){
        InternalResourceViewResolver viewResolver =
                new InternalResourceViewResolver();
        viewResolver.setPrefix("/WEB-INF/classes/views/");
        viewResolver.setSuffix(".jsp");
        viewResolver.setViewClass(JstlView.class);
        return viewResolver;
    }

    @Override
    public void addResourceHandlers(ResourceHandlerRegistry registry) {


    registry.addResourceHandler("/assets/**").addResourceLocations("classpath
:/assets/");//3

    }

}
```

代码解释

① @EnableWebMvc 开启 SpringMVC 支持，若无此句，重写 WebMvcConfigurerAdapter 方法无效。

② 继承 WebMvcConfigurerAdapter 类，重写其方法可对 Spring MVC 进行配置。

③ addResourceLocations 指的是文件放置的目录，addResourceHandler 指的是对外暴露的访问路径。

4.4.2 拦截器配置

1. 点睛

拦截器（Interceptor）实现对每一个请求处理前后进行相关的业务处理，类似于 Servlet 的 Filter。

可让普通的 Bean 实现 HanlderInterceptor 接口或者继承 HandlerInterceptorAdapter 类来实现自定义拦截器。

通过重写 WebMvcConfigurerAdapter 的 addInterceptors 方法来注册自定义的拦截器，本节演示一个简单的拦截器的开发和配置，业务含义为计算每一次请求的处理时间。

2. 示例

（1）示例拦截器。

```
package com.wisely.highlight_springmvc4.interceptor;

import javax.servlet.http.HttpServletRequest;
import javax.servlet.http.HttpServletResponse;

import org.springframework.web.servlet.ModelAndView;
import org.springframework.web.servlet.handler.HandlerInterceptorAdapter;

public class DemoInterceptor extends HandlerInterceptorAdapter {//1

    @Override
    public boolean preHandle(HttpServletRequest request, //2
            HttpServletResponse response, Object handler) throws Exception {
        long startTime = System.currentTimeMillis();
        request.setAttribute("startTime", startTime);
        return true;
    }

    @Override
    public void postHandle(HttpServletRequest request, //3
            HttpServletResponse response, Object handler,
            ModelAndView modelAndView) throws Exception {
        long startTime = (Long) request.getAttribute("startTime");
        request.removeAttribute("startTime");
        long endTime = System.currentTimeMillis();
            System.out.println("本次请求处理时间为:" + new Long(endTime -
startTime)+"ms");
        request.setAttribute("handlingTime", endTime - startTime);
    }

}
```

代码解释

① 继承 HandlerInterceptorAdapter 类来实现自定义拦截器。

② 重写 preHandle 方法，在请求发生前执行。

③ 重写 postHandle 方法，在请求完成后执行。

（2）配置。

```
@Bean //1
public DemoInterceptor demoInterceptor(){
    return new DemoInterceptor();
}

@Override
public void addInterceptors(InterceptorRegistry registry) {//2
registry.addInterceptor(demoInterceptor());
}
```

代码解释

① 配置拦截器的 Bean。

② 重写 addInterceptors 方法，注册拦截器。

（3）运行。在浏览器访问任意路径，如 http://localhost:8080/highlight_springmvc4/ index，查看控制台如图 4-7 所示。

```
logbak: 15:07:44.482 o.s.web.servlet.Disp
logbak: 15:07:44.485 o.s.w.s.m.m.a.Reques
logbak: 15:07:44.487 o.s.w.s.m.m.a.Reques
logbak: 15:07:44.488 o.s.web.servlet.Disp
本次请求处理时间为:12ms
logbak: 15:07:44.503 o.s.web.servlet.Disp
logbak: 15:07:44.506 o.s.web.servlet.view
logbak: 15:07:44.516 o.s.web.servlet.Disp
```

图 4-7　控制台

4.4.3　@ControllerAdvice

1. 点睛

通过@ControllerAdvice，我们可以将对于控制器的全局配置放置在同一个位置，注解了@Controller 的类的方法可使用@ExceptionHandler、@InitBinder、@ModelAttribute 注解到方法上，这对所有注解了@RequestMapping 的控制器内的方法有效。

@ExceptionHandler：用于全局处理控制器里的异常。

@InitBinder：用来设置 WebDataBinder，WebDataBinder 用来自动绑定前台请求参数到 Model 中。

@ModelAttribute：@ModelAttribute 本来的作用是绑定键值对到 Model 里，此处是让全局的@RequestMapping 都能获得在此处设置的键值对。

本节将演示使用@ExceptionHandler 处理全局异常，更人性化的将异常输出给用户。

2. 示例

（1）定制 ControllerAdvice。

```
package com.wisely.highlight_springmvc4.advice;

import org.springframework.ui.Model;
import org.springframework.web.bind.WebDataBinder;
import org.springframework.web.bind.annotation.ControllerAdvice;
import org.springframework.web.bind.annotation.ExceptionHandler;
import org.springframework.web.bind.annotation.InitBinder;
import org.springframework.web.bind.annotation.ModelAttribute;
import org.springframework.web.context.request.WebRequest;
import org.springframework.web.servlet.ModelAndView;

@ControllerAdvice //1
public class ExceptionHandlerAdvice {

    @ExceptionHandler(value = Exception.class) //2
    public ModelAndView exception(Exception exception, WebRequest request) {
        ModelAndView modelAndView = new ModelAndView("error");// error页面
        modelAndView.addObject("errorMessage", exception.getMessage());
        return modelAndView;
    }

    @ModelAttribute //3
    public void addAttributes(Model model) {
        model.addAttribute("msg", "额外信息"); //3
    }

    @InitBinder //4
    public void initBinder(WebDataBinder webDataBinder) {
        webDataBinder.setDisallowedFields("id"); //5
    }
}
```

代码解释

① @ControllerAdvice 声明一个控制器建言，@ControllerAdvice 组合了@Component 注解，所以自动注册为 Spring 的 Bean。

② @ExceptionHandler 在此处定义全局处理，通过@ExceptionHandler 的 value 属性可过滤拦截的条件，在此处我们可以看出我们拦截所有的 Exception。

③ 此处使用@ModelAttribute 注解将键值对添加到全局，所有注解的@RequestMapping 的方法可获得此键值对。

④ 通过@InitBinder 注解定制 WebDataBinder。

⑤ 此处演示忽略 request 参数的 id，更多关于 WebDataBinder 的配置，请参考 WebDataBinder 的 API 文档。

（2）演示控制器。

```
package com.wisely.highlight_springmvc4.web.ch4_4;

import org.springframework.stereotype.Controller;
import org.springframework.web.bind.annotation.ModelAttribute;
import org.springframework.web.bind.annotation.RequestMapping;

import com.wisely.highlight_springmvc4.domain.DemoObj;

@Controller
public class AdviceController {
    @RequestMapping("/advice")
    public String getSomething(@ModelAttribute("msg") String msg,DemoObj
obj){//1

        throw new IllegalArgumentException("非常抱歉，参数有误/"+"来自
@ModelAttribute:"+ msg);
    }

}
```

（3）异常展示页面。

在 src/main/resources/views 下，新建 error.jsp，内容如下：

```
<%@ taglib uri="http://java.sun.com/jsp/jstl/core" prefix="c" %>
```

```
<%@ page language="java" contentType="text/html; charset=UTF-8"
    pageEncoding="UTF-8"%>
<!DOCTYPE html PUBLIC "-//W3C//DTD HTML 4.01 Transitional//EN"
"http://www.w3.org/TR/html4/loose.dtd">
<html>
<head>
<meta http-equiv="Content-Type" content="text/html; charset=UTF-8">
<title>@ControllerAdvice Demo</title>
</head>
<body>
    ${errorMessage}
</body>
</html>
```

（4）运行。

访问 http://localhost:8080/highlight_springmvc4/advice?id=1&name=xx。

调试查看 DemoObj，id 被过滤掉了，且获得了@ModelAttribute 的 msg 信息，如图 4-8 所示。

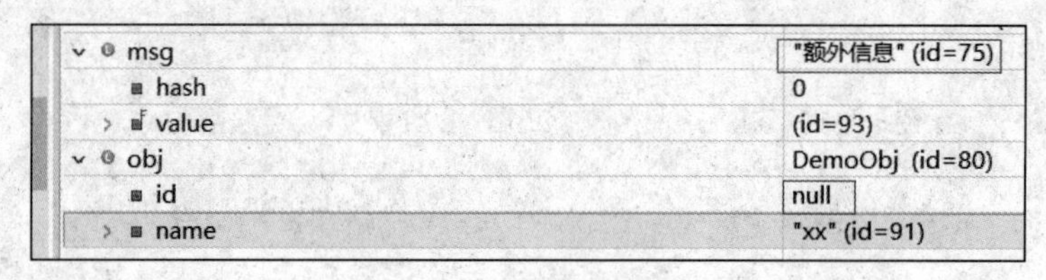

图 4-8 页面效果

页面效果如图 4-9 所示。

图 4-9 页面效果

4.4.4 其他配置

1. 快捷的 ViewController

在 4.2.2 节我们配置页面转向的时候使用的代码如下：

```
@RequestMapping("/index")//2
public  String hello(){
```

```
        return "index"; //3
    }
```

此处无任何业务处理，只是简单的页面转向，写了至少三行有效代码；在实际开发中会涉及大量这样的页面转向，若都这样写会很麻烦，我们可以通过在配置中重写 addViewControllers 来简化配置：

```
@Override
    public void addViewControllers(ViewControllerRegistry registry) {
        registry.addViewController("/index").setViewName("/index");
}
```

这样实现的代码更简洁，管理更集中。

2. 路径匹配参数配置

在 Spring MVC 中，路径参数如果带“.”的话，“.”后面的值将被忽略，例如，访问 http://localhost:8080/highlight_springmvc4/anno/pathvar/xx.yy，此时“.”后面的 yy 被忽略，如图 4-10 所示。

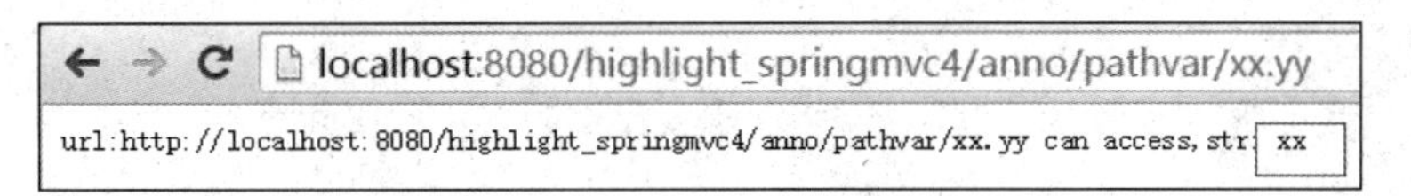

图 4-10　忽略“.”后面的 yy

通过重写 configurePathMatch 方法可不忽略“.”后面的参数，代码如下：

```
    @Override
    public void configurePathMatch(PathMatchConfigurer configurer) {
     configurer.setUseSuffixPatternMatch(false);
    }
```

这时再访问 http://localhost:8080/highlight_springmvc4/anno/pathvar/xx.yy ，就可以接受“.”后面的 yy 了，如图 4-11 所示。

localhost:8080/highlight_springmvc4/anno/pathvar/xx.yy

url:http://localhost:8080/highlight_springmvc4/anno/pathvar/xx.yy can access,str: xx.yy

图 4-11　接受“.”后面 yy

3. 更多配置

更多配置请查看 WebMvcConfigurerAdapter 类的 API。因其是 WebMvcConfigurer 接口的实现，所以 WebMvcConfigurer 的 API 内的方法也可以用来配置 MVC。下面我们列出了 WebMvcConfigurerAdapter 和 WebMvcConfigurer 的源码。

4. WebMvcConfigurerAdapter

```
public abstract class WebMvcConfigurerAdapter implements WebMvcConfigurer {
    @Override
    public void addFormatters(FormatterRegistry registry) {
    }
    @Override
    public void configureMessageConverters(List<HttpMessageConverter<?>>
converters) {
    }
    @Override
    public void extendMessageConverters(List<HttpMessageConverter<?>>
converters) {
    }
    @Override
    public Validator getValidator() {
        return null;
    }
    @Override
    public void configureContentNegotiation(ContentNegotiationConfigurer
configurer) {
    }
    @Override
    public void configureAsyncSupport(AsyncSupportConfigurer configurer) {
    }
    @Override
    public void configurePathMatch(PathMatchConfigurer configurer) {
    }
    @Override
    public void addArgumentResolvers(List<HandlerMethodArgumentResolver>
argumentResolvers) {
    }
    @Override
    public void addReturnValueHandlers(List<HandlerMethodReturnValueHandler>
returnValueHandlers) {
    }
    @Override
```

```
    public void
configureHandlerExceptionResolvers(List<HandlerExceptionResolver>
exceptionResolvers) {
    }
    @Override
    public MessageCodesResolver getMessageCodesResolver() {
        return null;
    }
    @Override
    public void addInterceptors(InterceptorRegistry registry) {
    }
    @Override
    public void addViewControllers(ViewControllerRegistry registry) {
    }
    @Override
    public void configureViewResolvers(ViewResolverRegistry registry) {
    }
    @Override
    public void addResourceHandlers(ResourceHandlerRegistry registry) {
    }
    @Override
    public void configureDefaultServletHandling(DefaultServletHandlerConfigurer
configurer) {
    }

}
```

5. WebMvcConfigurer

```
public interface WebMvcConfigurer {

    void addFormatters(FormatterRegistry registry);
    void configureMessageConverters(List<HttpMessageConverter<?>> converters);
    void extendMessageConverters(List<HttpMessageConverter<?>> converters);
    Validator getValidator();
    void configureContentNegotiation(ContentNegotiationConfigurer configurer);
    void configureAsyncSupport(AsyncSupportConfigurer configurer);
    void configurePathMatch(PathMatchConfigurer configurer);
    void addArgumentResolvers(List<HandlerMethodArgumentResolver>
argumentResolvers);


    void addReturnValueHandlers(List<HandlerMethodReturnValueHandler>
returnValueHandlers);
```

```
    void configureHandlerExceptionResolvers(List<HandlerExceptionResolver>
exceptionResolvers);
    void addInterceptors(InterceptorRegistry registry);
    MessageCodesResolver getMessageCodesResolver();
    void addViewControllers(ViewControllerRegistry registry);
    void configureViewResolvers(ViewResolverRegistry registry);
    void addResourceHandlers(ResourceHandlerRegistry registry);
    void configureDefaultServletHandling(DefaultServletHandlerConfigurer
configurer);

}
```

4.5 Spring MVC 的高级配置

4.5.1 文件上传配置

1. 点睛

文件上传是一个项目里经常要用的功能，Spring MVC 通过配置一个 MultipartResolver 来上传文件。

在 Spring 的控制器中，通过 MultipartFile file 来接收文件，通过 MultipartFile[] files 接收多个文件上传。

2. 示例

（1）添加文件上传依赖。

```
        <!-- file upload -->
        <dependency>
            <groupId>commons-fileupload</groupId>
            <artifactId>commons-fileupload</artifactId>
            <version>1.3.1</version>
        </dependency>
        <!-- 非必需，可简化 I/O 操作 -->
        <dependency>
            <groupId>commons-io</groupId>
            <artifactId>commons-io</artifactId>
            <version>2.3</version>
        </dependency>
```

（2）上传页面。在 src/main/resources/views 下新建 upload.jsp。

```
<%@ page language="java" contentType="text/html; charset=UTF-8"
   pageEncoding="UTF-8"%>
<!DOCTYPE html PUBLIC "-//W3C//DTD HTML 4.01 Transitional//EN"
"http://www.w3.org/TR/html4/loose.dtd">
<html>
<head>
<meta http-equiv="Content-Type" content="text/html; charset=UTF-8">
<title>upload page</title>

</head>
<body>


<div class="upload">
    <form action="upload" enctype="multipart/form-data" method="post">
        <input type="file" name="file"/><br/>
        <input type="submit" value="上传">
    </form>
</div>


</body>
</html>
```

（3）添加转向到 upload 页面的 ViewController。

```
   @Override
   public void addViewControllers(ViewControllerRegistry registry) {
      registry.addViewController("/index").setViewName("/index");
      registry.addViewController("/toUpload").setViewName("/upload");
   }
```

（4）MultipartResolver 配置。

```
@Bean
    public MultipartResolver multipartResolver() {
        CommonsMultipartResolver multipartResolver =
new CommonsMultipartResolver();
        multipartResolver.setMaxUploadSize(1000000);
        return multipartResolver;
    }
```

（5）控制器。

```
package com.wisely.highlight_springmvc4.web.ch4_5;

import java.io.File;
import java.io.IOException;

import org.apache.commons.io.FileUtils;
import org.springframework.stereotype.Controller;
import org.springframework.web.bind.annotation.RequestMapping;
import org.springframework.web.bind.annotation.RequestMethod;
import org.springframework.web.bind.annotation.ResponseBody;
import org.springframework.web.multipart.MultipartFile;

@Controller
public class UploadController {

    @RequestMapping(value = "/upload",method = RequestMethod.POST)
    public @ResponseBody String upload(MultipartFile file) {//1

            try {
                FileUtils.writeByteArrayToFile(new
File("e:/upload/"+file.getOriginalFilename()),
                        file.getBytes()); //2
                return "ok";
            } catch (IOException e) {
                e.printStackTrace();
                return "wrong";
            }


    }

}
```

代码解释

① 使用 MultipartFile file 接受上传的文件。

② 使用 FileUtils.writeByteArrayToFile 快速写文件到磁盘。

（6）运行。访问 http://localhost:8080/highlight_springmvc4/toUpload，如图 4-12 所示。

图 4-12　访问

单击“上传”按钮后，查看 e:\upload 文件夹，如图 4-13 所示。

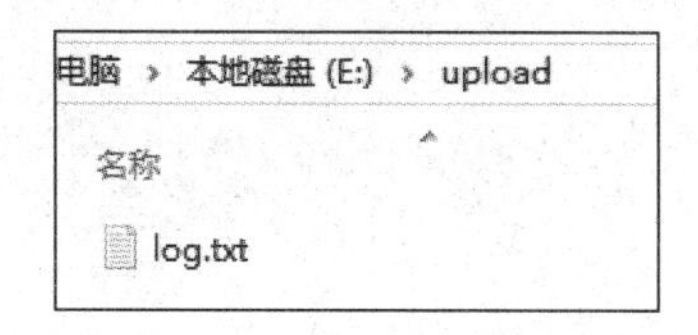

图 4-13　查看 upload 文件夹

4.5.2　自定义 HttpMessageConverter

1. 点睛

HttpMessageConverter 是用来处理 request 和 response 里的数据的。Spring 为我们内置了大量的 HttpMessageConverter，例如，MappingJackson2HttpMessageConverter、StringHttpMessageConverter 等。本节将演示自定义的 HttpMessageConverter，并注册这个 HttpMessageConverter 到 Spring MVC。

2. 示例

（1）自定义 HttpMessageConverter。

```
package com.wisely.highlight_springmvc4.messageconverter;

import java.io.IOException;
import java.nio.charset.Charset;

import org.springframework.http.HttpInputMessage;
import org.springframework.http.HttpOutputMessage;
import org.springframework.http.MediaType;
import org.springframework.http.converter.AbstractHttpMessageConverter;
import org.springframework.http.converter.HttpMessageNotReadableException;
import org.springframework.http.converter.HttpMessageNotWritableException;
import org.springframework.util.StreamUtils;
```

```
import com.wisely.highlight_springmvc4.domain.DemoObj;

public class MyMessageConverter extends AbstractHttpMessageConverter<DemoObj>
{//1

    public MyMessageConverter() {
        super(new MediaType("application",
"x-wisely",Charset.forName("UTF-8")));//2
    }

    /**
     * 3
     */

    @Override
    protected DemoObj readInternal(Class<? extends DemoObj> clazz,
            HttpInputMessage inputMessage) throws IOException,
            HttpMessageNotReadableException {
        String temp = StreamUtils.copyToString(inputMessage.getBody(),

        Charset.forName("UTF-8"));
        String[] tempArr = temp.split("-");
        return new DemoObj(new Long(tempArr[0]), tempArr[1]);
    }

    /**
     * 4
     */
    @Override
    protected boolean supports(Class<?> clazz) {
        return DemoObj.class.isAssignableFrom(clazz);
    }

    /**
     * 5
     */
    @Override
    protected void writeInternal(DemoObj obj, HttpOutputMessage outputMessage)
            throws IOException, HttpMessageNotWritableException {
        String out = "hello:" + obj.getId() + "-"
                + obj.getName();
        outputMessage.getBody().write(out.getBytes());
    }

}
```

代码解释

① 继承 AbstractHttpMessageConverter 接口来实现自定义的 HttpMessageConverter。

② 新建一个我们自定义的媒体类型 application/x-wisely。

③ 重写 readIntenal 方法，处理请求的数据。代码表明我们处理由"-"隔开的数据，并转成 DemoObj 的对象。

④ 表明本 HttpMessageConverter 只处理 DemoObj 这个类。

⑤ 重写 writeInternal，处理如何输出数据到 response。此例中，我们在原样输出前面加上"hello："。

（2）配置。在 addViewControllers 中添加 viewController 映射页面访问演示页面，代码如下：

```
registry.addViewController("/converter").setViewName("/converter");
```

配置自定义的 HttpMessageConverter 的 Bean，在 Spring MVC 里注册 HttpMessageConverter 有两个方法：

- configureMessageConverters：重载会覆盖掉 Spring MVC 默认注册的多个 HttpMessageConverter。
- extendMessageConverters：仅添加一个自定义的 HttpMessageConverter，不覆盖默认注册的 HttpMessageConverter。

所以在此例中我们重写 extendMessageConverters：

```
    @Override
   public void extendMessageConverters(List<HttpMessageConverter<?>> converters)
{
       converters.add(converter());
   }

    @Bean
    public MyMessageConverter converter(){
        return new MyMessageConverter();
    }
```

（3）演示控制器。

```
package com.wisely.highlight_springmvc4.web.ch4_5;
```

```
import org.springframework.stereotype.Controller;
import org.springframework.web.bind.annotation.RequestBody;
import org.springframework.web.bind.annotation.RequestMapping;
import org.springframework.web.bind.annotation.ResponseBody;

import com.wisely.highlight_springmvc4.domain.DemoObj;

@Controller
public class ConverterController {

    @RequestMapping(value = "/convert", produces = { "application/x-wisely" })
//1
   public @ResponseBody DemoObj convert(@RequestBody DemoObj demoObj) {

       return demoObj;

   }

}
```

代码解释

① 指定返回的媒体类型为我们自定义的媒体类型 application/x-wisely。

（4）演示页面。在 src/main/resources 下新建 conventer.jsp：

```
<%@ page language="java" contentType="text/html; charset=UTF-8"
   pageEncoding="UTF-8"%>
<!DOCTYPE html PUBLIC "-//W3C//DTD HTML 4.01 Transitional//EN"
"http://www.w3.org/TR/html4/loose.dtd">
<html>
<head>
<meta http-equiv="Content-Type" content="text/html; charset=UTF-8">
<title>HttpMessageConverter Demo</title>
</head>
<body>
   <div id="resp"></div><input type="button" onclick="req();" value="请求"/>
<script src="assets/js/jquery.js" type="text/javascript"></script>
<script>
   function req(){
       $.ajax({
           url: "convert",
           data: "1-wangyunfei", //1
           type:"POST",
```

```
            contentType:"application/x-wisely", //2
            success: function(data){
                $("#resp").html(data);
            }
        });
    }

</script>
</body>
</html>
```

代码解释

① 注意这里的数据格式，后台处理按此格式处理，用“-”隔开。

② contentType 设置的媒体类型是我们自定义的 application/x-wisely。

（5）运行。访问 http://localhost:8080/highlight_springmvc4/converter，如图 4-14 所示。

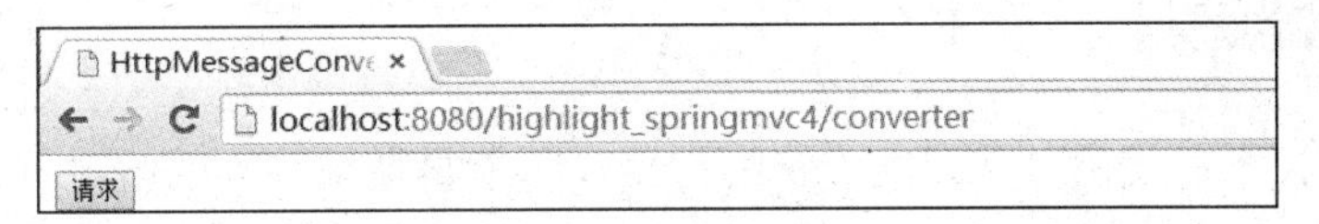

图 4-14　访问 http://localhost:8080/highlight_springmvc4/converter

单击“请求”按钮，做如下观察。

请求类型如图 4-15 所示。

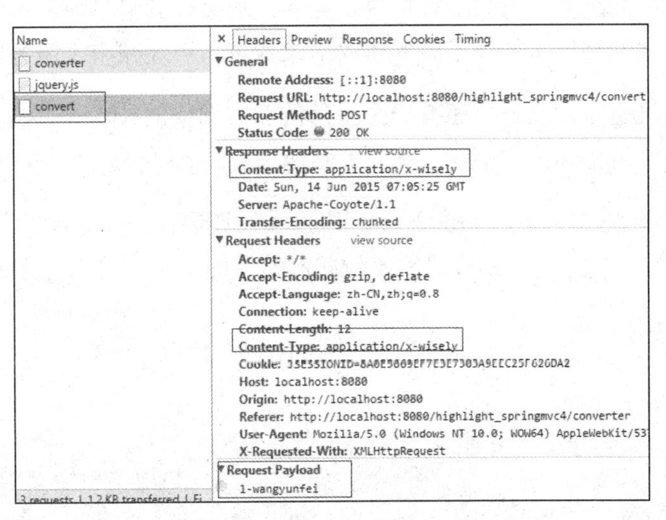

图 4-15　请求类型

后台获得我们自定义的数据格式，如图 4-16 所示。

Name	Value
this	ConverterController (id=122)
demoObj	DemoObj (id=123)
id	Long (id=132)
name	"wangyunfei" (id=136)

图 4-16　自定义的数据格式

页面效果如图 4-17 所示。

图 4-17　页面效果

4.5.3　服务器端推送技术

服务端推送技术在我们日常开发中较为常用，可能早期很多人的解决方案是使用 Ajax 向服务器轮询消息，使浏览器尽可能第一时间获得服务端的消息，因为这种方式的轮询频率不好控制，所以大大增加了服务端的压力。

本节的服务器端推送方案都是基于：当客户端向服务端发送请求，服务端会抓住这个请求不放，等有数据更新的时候才返回给客户端，当客户端接收到消息后，再向服务端发送请求，周而复始。这种方式的好处是减少了服务器的请求数量，大大减少了服务器的压力。

除了服务器端推送技术以外，还有一个另外的双向通信的技术——WebSocket，我们将在本书第三部分实战 Spring Boot 中演示。

本节将提供基于 SSE（Server Send Event 服务端发送事件）的服务器端推送和基于 Servlet 3.0+的异步方法特性，其中第一种方式需要新式浏览器的支持，第二种方式是跨浏览器的。

1. SSE

（1）演示控制器。

```
package com.wisely.highlight_springmvc4.web.ch4_5;

import java.util.Random;
```

```
import org.springframework.stereotype.Controller;
import org.springframework.web.bind.annotation.RequestMapping;
import org.springframework.web.bind.annotation.ResponseBody;

@Controller
public class SseController {

    @RequestMapping(value="/push",produces="text/event-stream") //1
    public @ResponseBody String push(){
         Random r = new Random();
       try {
             Thread.sleep(5000);
       } catch (InterruptedException e) {
             e.printStackTrace();
       }
       return "data:Testing 1,2,3" + r.nextInt() +"\n\n";
    }

}
```

代码解释

① 注意，这里使用输出的媒体类型为 text/event-stream，这是服务器端 SSE 的支持，本例演示每 5 秒钟向浏览器推送随机消息。

（2）演示页面。在 src/main/resources/views 下新建 sse.jsp：

```
<%@ taglib uri="http://java.sun.com/jsp/jstl/core" prefix="c" %>
<%@ page language="java" contentType="text/html; charset=UTF-8"
   pageEncoding="UTF-8"%>
<!DOCTYPE html PUBLIC "-//W3C//DTD HTML 4.01 Transitional//EN"
"http://www.w3.org/TR/html4/loose.dtd">
<html>
<head>
<meta http-equiv="Content-Type" content="text/html; charset=UTF-8">
<title>SSE Demo</title>

</head>
<body>


<div id="msgFrompPush"></div>
```

```
<script type="text/javascript" src="<c:url value="assets/js/jquery.js"
/>"></script>
<script type="text/javascript">


 if (!!window.EventSource) { //1
       var source = new EventSource('push');
       s='';
       source.addEventListener('message', function(e) {//2
            s+=e.data+"<br/>";
            $("#msgFrompPush").html(s);

       });

       source.addEventListener('open', function(e) {
            console.log("连接打开.");
       }, false);

       source.addEventListener('error', function(e) {
            if (e.readyState == EventSource.CLOSED) {
               console.log("连接关闭");
            } else {
                console.log(e.readyState);
            }
       }, false);
    } else {
            console.log("你的浏览器不支持 SSE");
    }
</script>
</body>
</html>
```

代码解释

① EventSource 对象只有新式的浏览器才有（Chrome、Firefox）等，EventSource 是 SSE 的客户端；

② 添加 SSE 客户端监听，在此获得服务器端推送的消息。

（3）配置。

添加转向 sse.jsp 页面的映射：

```
registry.addViewController("/sse").setViewName("/sse");
```

（4）运行。访问 http://localhost:8080/highlight_springmvc4/sse，如图 4-18 所示。

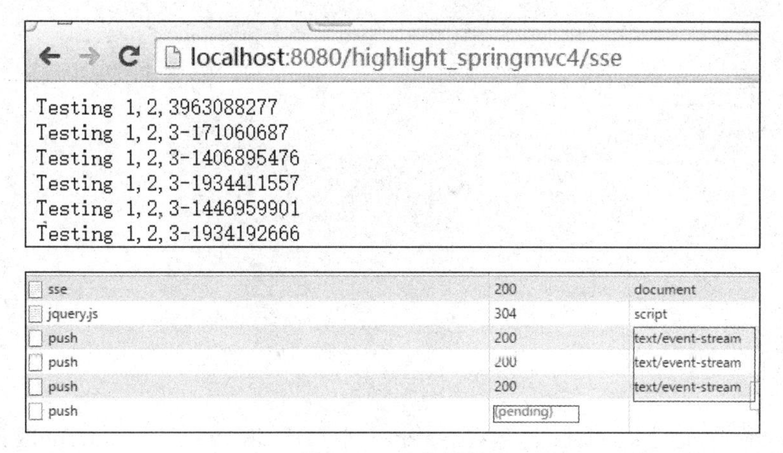

图 4-18　运行效果

2. Servlet 3.0+异步方法处理

（1）开启异步方法支持：

```
    Dynamic servlet = servletContext.addServlet("dispatcher", new
DispatcherServlet(ctx)); //3
        servlet.addMapping("/");
        servlet.setLoadOnStartup(1);
        servlet.setAsyncSupported(true);//1
```

代码解释

① 此句开启异步方法支持。

（2）演示控制器：

```
package com.wisely.highlight_springmvc4.web.ch4_5;

import org.springframework.beans.factory.annotation.Autowired;
import org.springframework.stereotype.Controller;
import org.springframework.web.bind.annotation.RequestMapping;
import org.springframework.web.bind.annotation.ResponseBody;
import org.springframework.web.context.request.async.DeferredResult;

import com.wisely.highlight_springmvc4.service.PushService;
```

```
@Controller
public class AysncController {
    @Autowired
    PushService pushService; //1

    @RequestMapping("/defer")
    @ResponseBody
    public DeferredResult<String> deferredCall() { //2
        return pushService.getAsyncUpdate();
    }

}
```

代码解释

异步任务的实现是通过控制器从另外一个线程返回一个 DeferredResult，这里的 DeferredResult 是从 pushService 中获得的。

① 定时任务，定时更新 DeferredResult。

② 返回给客户端 DeferredResult。

（3）定时任务：

```
package com.wisely.highlight_springmvc4.service;

import org.springframework.scheduling.annotation.Scheduled;
import org.springframework.stereotype.Service;
import org.springframework.web.context.request.async.DeferredResult;

@Service
public class PushService {
    private DeferredResult<String> deferredResult; //1

    public DeferredResult<String> getAsyncUpdate() {//1
        deferredResult = new DeferredResult<String>();
        return deferredResult;
    }

    @Scheduled(fixedDelay = 5000)
    public void refresh() {//1
        if (deferredResult != null) {
```

```
        deferredResult.setResult(new Long(System.currentTimeMillis())
                .toString());
        }
    }

}
```

代码解释

① 在PushService里产生DeferredResult给控制器使用，通过@Scheduled注解的方法定时更新DeferredResult。

（4）演示页面

在src/main/resources/views下新建async.jsp：

```
<%@ page language="java" contentType="text/html; charset=UTF-8"
   pageEncoding="UTF-8"%>
<!DOCTYPE html PUBLIC "-//W3C//DTD HTML 4.01 Transitional//EN"
"http://www.w3.org/TR/html4/loose.dtd">
<html>
<head>
<meta http-equiv="Content-Type" content="text/html; charset=UTF-8">
<title>servlet async support</title>

</head>
<body>
<script type="text/javascript" src="assets/js/jquery.js"></script>
<script type="text/javascript">

    deferred();//1

    function deferred(){
        $.get('defer',function(data){
            console.log(data); //2
            deferred(); //3
        });
    }
</script>
</body>
</html>
```

代码解释

此处的代码使用的是 jQuery 的 Ajax 请求，所以没有浏览器兼容性问题。

① 页面打开就向后台发送请求。

② 在控制台输出服务端推送的数据。

③ 一次请求完成后再向后台发送请求。

（5）配置。

在 MyMvcConfig 上开始计划任务的支持，使用@EnableScheduling：

```
@Configuration
@EnableWebMvc
@EnableScheduling
@ComponentScan("com.wisely.highlight_springmvc4")
public class MyMvcConfig extends WebMvcConfigurerAdapter{

}
```

添加 viewController：

```
registry.addViewController("/async").setViewName("/async");
```

（6）运行。访问 http://localhost:8080/highlight_springmvc4/async，如图 4-19 所示。

Name	Status	Type	Initiator	Size	Time
async	200	docum...	Other	804 B	73 ms
jquery.js	304	script	async:13	93 B	20 ms
defer	200	xhr	jquery.js:7829	161 B	3.87 s
defer	200	xhr	jquery.js:7829	161 B	4.98 s
defer	200	xhr	jquery.js:7829	161 B	5.00 s
defer	200	xhr	jquery.js:7829	161 B	5.01 s
defer	(pending)	xhr	jquery.js:7829	0 B	Pending

图 4-19 运行效果

控制台输出如图 4-20 所示。

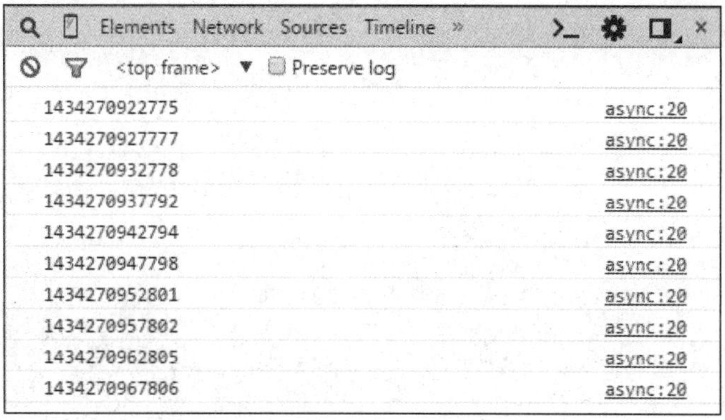

```
Elements  Network  Sources  Timeline  »
<top frame>  ▼  Preserve log
1434270922775                                   async:20
1434270927777                                   async:20
1434270932778                                   async:20
1434270937792                                   async:20
1434270942794                                   async:20
1434270947798                                   async:20
1434270952801                                   async:20
1434270957802                                   async:20
1434270962805                                   async:20
1434270967806                                   async:20
```

图 4-20　控制台输出

4.6　Spring MVC 的测试

4.6.1　点睛

测试是保证软件质量的关键，所以我们在“第一部分 点睛 Spring 4.x”、“第二部分 点睛 Spring MVC 4.x”和“第三部分 实战 Spring Boot”中都将会有测试相关的内容。

在第一部分，我们只谈了简单的测试。在本节，我们要进行一些和 Spring MVC 相关的测试，主要涉及控制器的测试。

为了测试 Web 项目通常不需要启动项目，我们需要一些 Servlet 相关的模拟对象，比如：MockMVC、MockHttpServletRequest、MockHttpServletResponse、MockHttpSession 等。

在 Spring 里，我们使用@WebAppConfiguration 指定加载的 ApplicationContext 是一个 WebApplicationContext。

可能许多人，包括我自己以前也觉得测试有什么用，自己启动一下，点点弄弄，就像我们前面的例子不也都是这样测试的吗？其实在现实开发中，我们是先有需求的，也就是说先知道我们想要的是什么样的，然后按照我们想要的样子去开发。在这里我也要引入一个概念叫测试驱动开发（Test Driven Development，TDD），我们（设计人员）按照需求先写一个自己预期结果的测试用例，这个测试用例刚开始肯定是失败的测试，随着不断的编码和重构，最终让测试用例通过测试，这样才能保证软件的质量和可控性。

在下面的示例里我们借助 JUnit 和 Spring TestContext framework，分别演示对普通页面转向形控制器和 RestController 进行测试。

4.6.2 示例

（1）测试依赖：

```
<dependency>
            <groupId>org.springframework</groupId>
            <artifactId>spring-test</artifactId>
            <version>${spring-framework.version}</version>
            <scope>test</scope>
        </dependency>

        <dependency>
            <groupId>junit</groupId>
            <artifactId>junit</artifactId>
            <version>4.11</version>
            <scope>test</scope>
        </dependency>
```

代码解释

这里<scope>test</scope>说明这些包的存活是在 test 周期，也就意味着发布时我们将不包含这些 jar 包。

（2）演示服务：

```
package com.wisely.highlight_springmvc4.service;

import org.springframework.stereotype.Service;

@Service
public class DemoService {

    public String saySomething(){
        return "hello";
    }

}
```

（3）测试用例，在 src/test/java 下：

```
package com.wisely.highlight_springmvc4.web.ch4_6;
```

```
import static
org.springframework.test.web.servlet.request.MockMvcRequestBuilders.get;
import static
org.springframework.test.web.servlet.result.MockMvcResultMatchers.content;
import static
org.springframework.test.web.servlet.result.MockMvcResultMatchers.forwardedUr
l;
import static
org.springframework.test.web.servlet.result.MockMvcResultMatchers.model;
import static
org.springframework.test.web.servlet.result.MockMvcResultMatchers.status;
import static
org.springframework.test.web.servlet.result.MockMvcResultMatchers.view;

import org.junit.Before;
import org.junit.Test;
import org.junit.runner.RunWith;
import org.springframework.beans.factory.annotation.Autowired;
import org.springframework.mock.web.MockHttpServletRequest;
import org.springframework.mock.web.MockHttpSession;
import org.springframework.test.context.ContextConfiguration;
import org.springframework.test.context.junit4.SpringJUnit4ClassRunner;
import org.springframework.test.context.web.WebAppConfiguration;
import org.springframework.test.web.servlet.MockMvc;
import org.springframework.test.web.servlet.setup.MockMvcBuilders;
import org.springframework.web.context.WebApplicationContext;

import com.wisely.highlight_springmvc4.MyMvcConfig;
import com.wisely.highlight_springmvc4.service.DemoService;

@RunWith(SpringJUnit4ClassRunner.class)
@ContextConfiguration(classes = {MyMvcConfig.class})
@WebAppConfiguration("src/main/resources") //1
public class TestControllerIntegrationTests {
    private MockMvc mockMvc; //2

    @Autowired
    private DemoService demoService;//3

    @Autowired
    WebApplicationContext wac; //4

   @Autowired
```

```
    MockHttpSession session; //5

    @Autowired
    MockHttpServletRequest request; //6

    @Before //7
    public void setup() {
     this.mockMvc =
            MockMvcBuilders.webAppContextSetup(this.wac).build(); //2
     }

     @Test
     public void testNormalController() throws Exception{
         mockMvc.perform(get("/normal")) //8
                 .andExpect(status().isOk())//9
                 .andExpect(view().name("page"))//10

     .andExpect(forwardedUrl("/WEB-INF/classes/views/page.jsp"))//11
                 .andExpect(model().attribute("msg",
demoService.saySomething()));//12

     }

     @Test
     public void testRestController() throws Exception{
         mockMvc.perform(get("/testRest")) //13
        .andExpect(status().isOk())
         .andExpect(content().contentType("text/plain;charset=UTF-8"))//14
        .andExpect(content().string(demoService.saySomething()));//15
     }

}
```

代码解释

① @WebAppConfiguration 注解在类上，用来声明加载的 ApplicationContex 是一个 WebApplicationContext。它的属性指定的是 Web 资源的位置，默认为 src/main/webapp，本例修改为 src/main/resources。

② MockMvc-模拟 MVC 对象，通过 MockMvcBuilders.*webAppContextSetup* (this.wac).build() 初始化。

③ 可以在测试用例中注入 Spring 的 Bean。

④ 可注入 WebApplicationContext。

⑤ 可注入模拟的 http session，此处仅作演示，没有使用。

⑥ 可注入模拟的 http request，此处仅作演示，没有使用。

⑦ @Before 在测试开始前进行的初始化工作。

⑧ 模拟向/normal 进行 get 请求。

⑨ 预期控制返回状态为 200。

⑩ 预期 view 的名称为 page。

⑪ 预期页面转向的真正路径为/WEB-INF/classes/views/page.jsp。

⑫ 预期 model 里的值是 demoService.saySomething()返回值 hello。

⑬ 模拟向/testRest 进行 get 请求。

⑭ 预期返回值的媒体类型为 text/plain;charset=UTF-8。

⑮ 预期返回值的内容为 demoService.saySomething()返回值 hello。

此时运行该测试效果如图 4-21 所示。

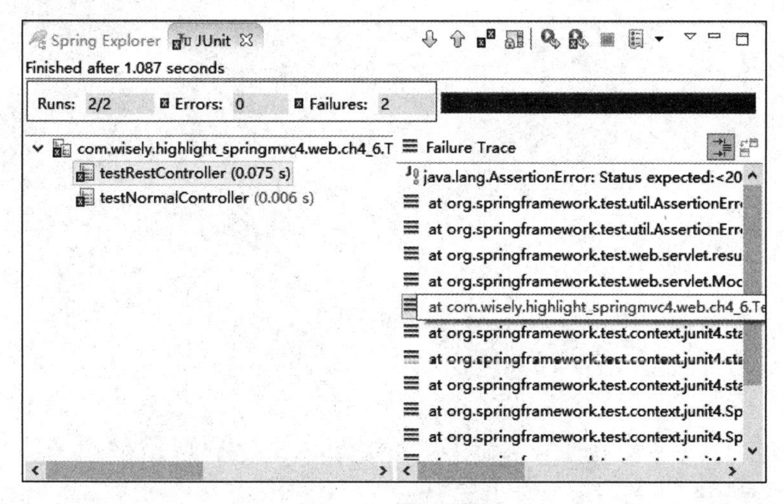

图 4-21　测试效果

（4）编写普通控制器。

```
package com.wisely.highlight_springmvc4.web.ch4_6;

import org.springframework.beans.factory.annotation.Autowired;
import org.springframework.stereotype.Controller;
import org.springframework.ui.Model;
import org.springframework.web.bind.annotation.RequestMapping;

import com.wisely.highlight_springmvc4.service.DemoService;

@Controller
public class NormalController {
    @Autowired
    DemoService demoService;



    @RequestMapping("/normal")
    public  String testPage(Model model){
        model.addAttribute("msg", demoService.saySomething());
        return "page";
    }

}
```

（5）编写普通控制器的演示页面，在 src/main/resources/views 下新建 page.jsp：

```
<%@ page language="java" contentType="text/html; charset=UTF-8"
   pageEncoding="UTF-8"%>
<!DOCTYPE html PUBLIC "-//W3C//DTD HTML 4.01 Transitional//EN"
"http://www.w3.org/TR/html4/loose.dtd">
<html>
<head>
<meta http-equiv="Content-Type" content="text/html; charset=UTF-8">
<title>Test page</title>
</head>
<body>
    <pre>
        Welcome to Spring MVC world
    </pre>
</body>
</html>
```

（6）编写 RestController 控制器：

```
package com.wisely.highlight_springmvc4.web.ch4_6;

import org.springframework.beans.factory.annotation.Autowired;
import org.springframework.web.bind.annotation.RequestMapping;
import org.springframework.web.bind.annotation.ResponseBody;
import org.springframework.web.bind.annotation.RestController;

import com.wisely.highlight_springmvc4.service.DemoService;

@RestController
public class MyRestController {

    @Autowired
    DemoService demoService;

    @RequestMapping(value = "/testRest" ,produces="text/plain;charset=UTF-8")
    public @ResponseBody String testRest(){
        return demoService.saySomething();
    }

}
```

（7）运行测试，效果加图 4-22 所示。

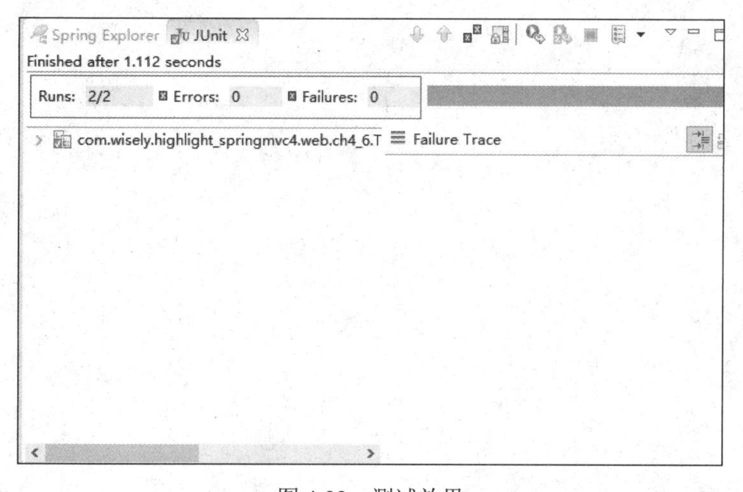

图 4-22　测试效果

第三部分

实战 Spring Boot

第 5 章

Spring Boot 基础

5.1 Spring Boot 概述

5.1.1 什么是 Spring Boot

随着动态语言的流行（Ruby、Groovy、Scala、Node.js），Java 的开发显得格外的笨重：繁多的配置、低下的开发效率、复杂的部署流程以及第三方技术集成难度大。

在上述环境下，Spring Boot 应运而生。它使用“习惯优于配置”（项目中存在大量的配置，此外还内置一个习惯性的配置，让你无须手动进行配置）的理念让你的项目快速运行起来。使用 Spring Boot 很容易创建一个独立运行（运行 jar，内嵌 Servlet 容器）、准生产级别的基于 Spring 框架的项目，使用 Spring Boot 你可以不用或者只需要很少的 Spring 配置。

5.1.2 Spring Boot 核心功能

1. 独立运行的 Spring 项目

Spring Boot 可以以 jar 包的形式独立运行，运行一个 Spring Boot 项目只需通过 java –jar xx.jar 来运行。

2. 内嵌 Servlet 容器

Spring Boot 可选择内嵌 Tomcat、Jetty 或者 Undertow，这样我们无须以 war 包形式部署项目。

3. 提供 starter 简化 Maven 配置

Spring 提供了一系列的 starter pom 来简化 Maven 的依赖加载，例如，当你使用了 spring-boot-starter-web 时，会自动加入如图 5-1 所示的依赖包。

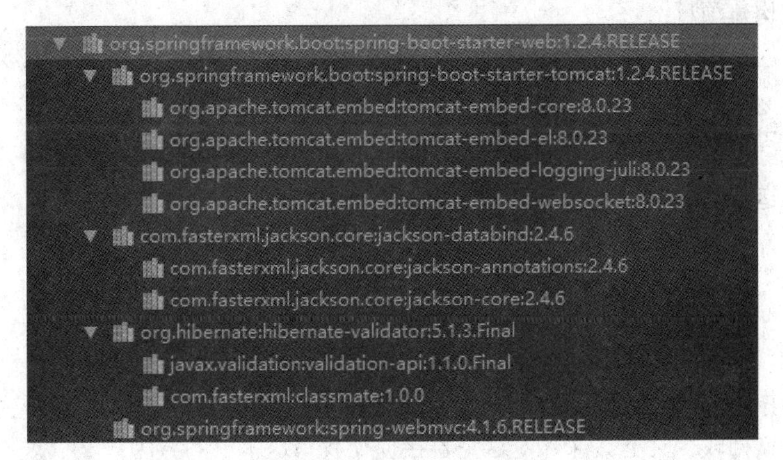

图 5-1 自动加入的依赖包

4. 自动配置 Spring

Spring Boot 会根据在类路径中的 jar 包、类，为 jar 包里的类自动配置 Bean，这样会极大地减少我们要使用的配置。当然，Spring Boot 只是考虑了大多数的开发场景，并不是所有的场景，若在实际开发中我们需要自动配置 Bean，而 Spring Boot 没有提供支持，则可以自定义自动配置（见 6.5 节）。

5. 准生产的应用监控

Spring Boot 提供基于 http、ssh、telnet 对运行时的项目进行监控（见第 10 章）。

6. 无代码生成和 xml 配置

Spring Boot 的神奇的不是借助于代码生成来实现的，而是通过条件注解来实现的，这是 Spring 4.x 提供的新特性，在 3.5 节有过简单的演示，本章将用大量的篇幅讲解 Spring Boot 实现的核心技术。

Spring 4.x 提倡使用 Java 配置和注解配置组合，而 Spring Boot 不需要任何 xml 配置即可实现 Spring 的所有配置。

5.1.3 Spring Boot 的优缺点

优点

（1）快速构建项目；

（2）对主流开发框架的无配置集成；

（3）项目可独立运行，无须外部依赖 Servlet 容器；

（4）提供运行时的应用监控；

（5）极大地提高了开发、部署效率；

（6）与云计算的天然集成。

缺点

（1）书籍文档较少且不够深入，这是直接促使我写这本书的原因；

（2）如果你不认同 Spring 框架。这也许算是它的缺点，但建议你一定要使用 Spring 框架。

5.1.4 关于本书的 Spring Boot 版本

在我写这本书的时候，Spring Boot 的最新正式版是 1.2.4.RELEASE。Spring Boot 1.3.0.M2 里程碑版本已经发布。

Spring Boot 1.3.x 提供了大量新特性，最令人瞩目的是添加了 spring-boot-devtools 来进行开发热部署，为了提高本书的时效性和先进性，本书将以 Spring Boot 1.3.0 版本作为演示讲解版本。

5.2 Spring Boot 快速搭建

5.2.1 http://start.spring.io

（1）打开浏览器，在地址栏中输入 http://start.spring.io，如图 5-2 所示。

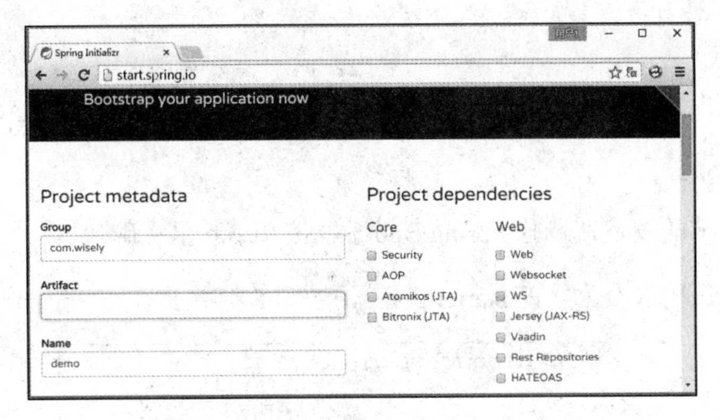

图 5-2 打开 Spring.io

（2）填写项目信息，如图 5-3 所示。

Project metadata

Group	com.wisely
Artifact	ch5_2_1
Name	setup
Description	Spring Boot Setup Demo
Package Name	com.wisely.ch5_2_1
Type 1	Maven Project
Packaging 2	Jar
Java Version 3	1.8
Language 4	Java
Spring Boot Version5	1.3.0 M1

图 5-3 填写项目信息

内容解释

① 我们在此以 Maven 作为项目构建方式，Spring Boot 还支持以 Gradle 作为项目构建工具；

② 部署形式以 jar 包形式，当然也可以用传统的 war 包形式，我们将在 10.2.2 节进行讲解；

③ Java 版本我们选用 1.8，Spring Boot 最低要求为 1.6，和 Spring 框架 4.x 的最低要

求一致；

④ Spring boot 还支持以 Groovy 语言开发，考虑到本书的受众，本书以 Java 作为开发语言；

⑤ 按照 5.1.4 节的阐述，选择 Spring Boot 版本为 1.3.0 里程碑版本。

（3）选择项目选用的技术（即 starter pom），如图 5-4 所示。

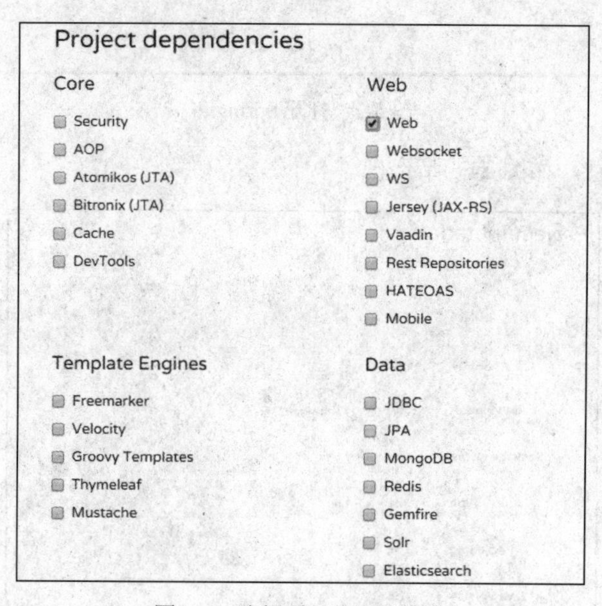

图 5-4　选择项目选用的技术

内容解释

这里备选的每一项技术都是 Spring boot 的 starter pom，例如我们选中的 Web，就是在 Maven 里依赖 spring-boot-starter-web。

当这些技术的 starter pom 被选中后，与这项技术相关的 Spring 的 Bean 将会被自动配置，我们将在第三部分讲述常用的 starter pom。

（4）下载代码，如图 5-5 所示。

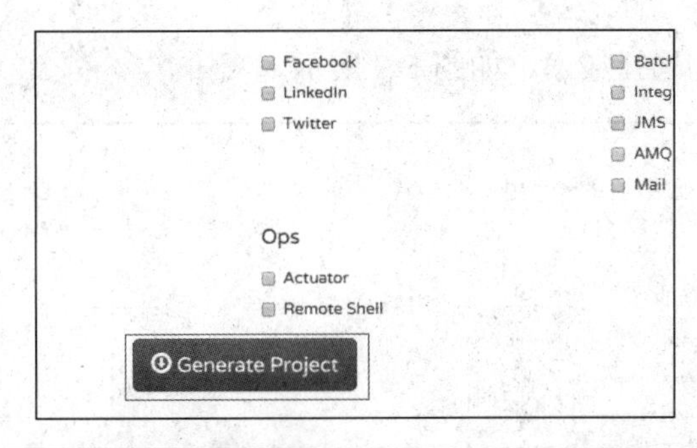

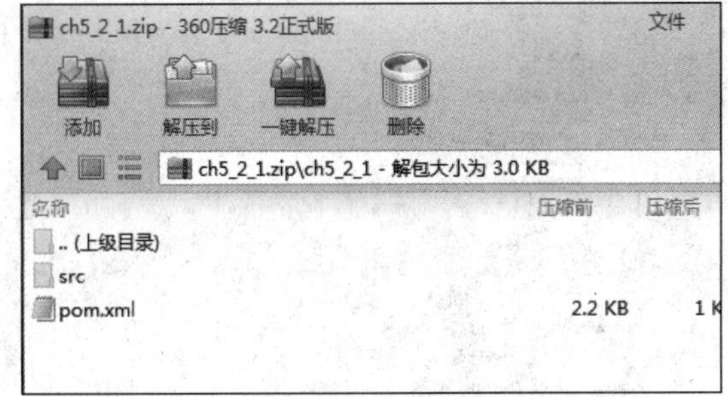

图 5-5　下载代码

内容解释

此处生成的是一个简单的基于 Maven 的项目，无任何特别，可将这个项目导入到你常用的开发工具中（见附录 A.2。）

5.2.2　Spring Tool Suite

对于习惯于 Eclipse 开发项目的读者，使用 STS 来构建 Spring Boot 也十分简单。

（1）新建 Spring Starter Project，如图 5-6 所示。

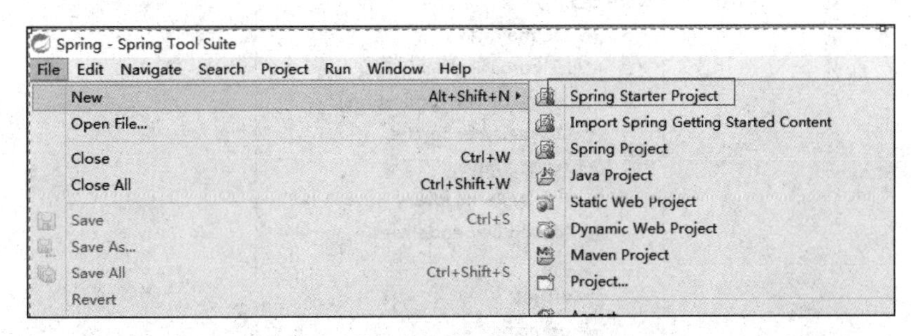

图 5-6　新建 Spring Starter Project

（2）填写项目信息和选择技术，如图 5-7 所示。

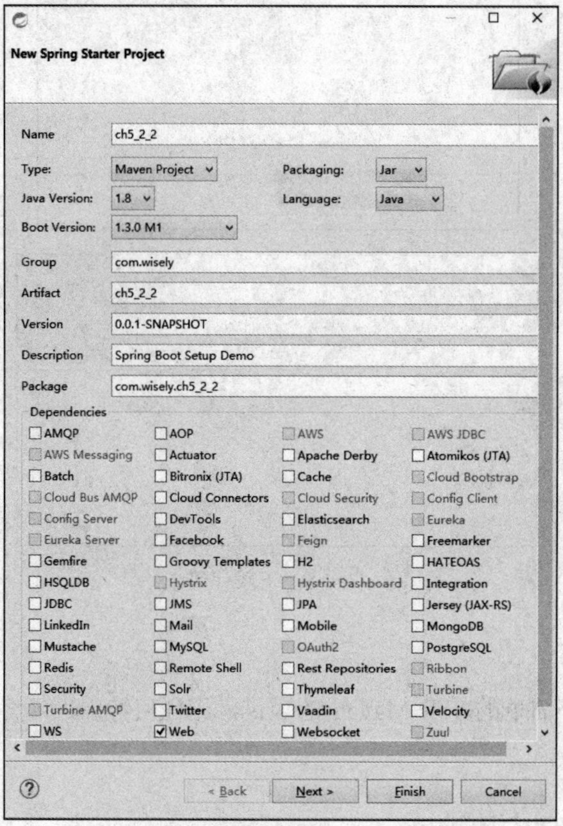

图 5-7　填写项目信息和选择技术

（3）项目结构如图 5-8 所示。

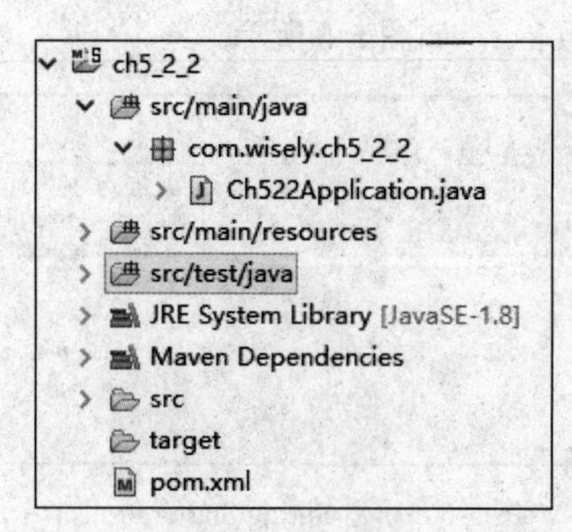

图 5-8　项目结构

（4）依赖树如图 5-9 所示。

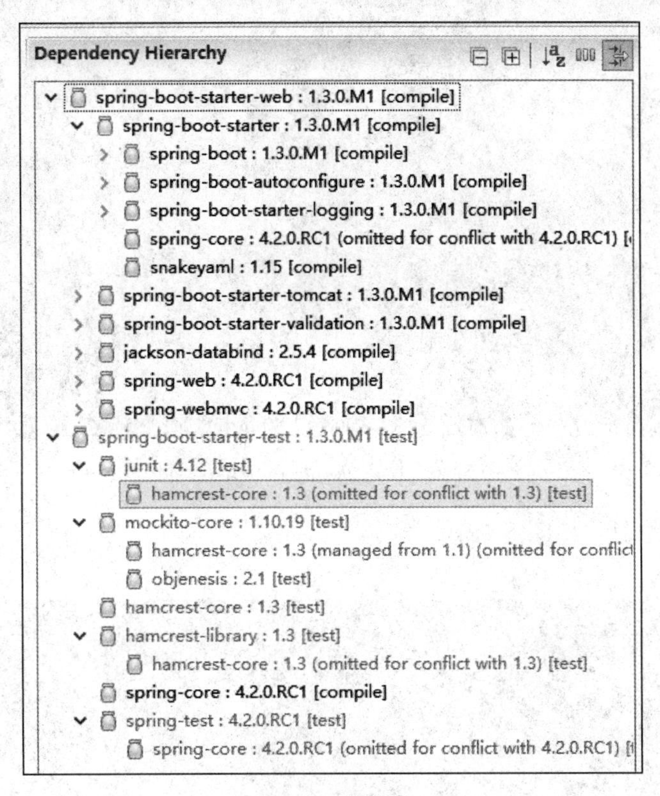

图 5-9　依赖树

5.2.3　IntelliJ IDEA

IntelliJ IDEA 是我比较推崇的开发工具，对新技术有第一时间的支持；使用 IntelliJ IDEA 14.1 版本可直接新建 Spring Boot 项目。

（1）新建 Spring Initializr 项目，如图 5-10 所示。

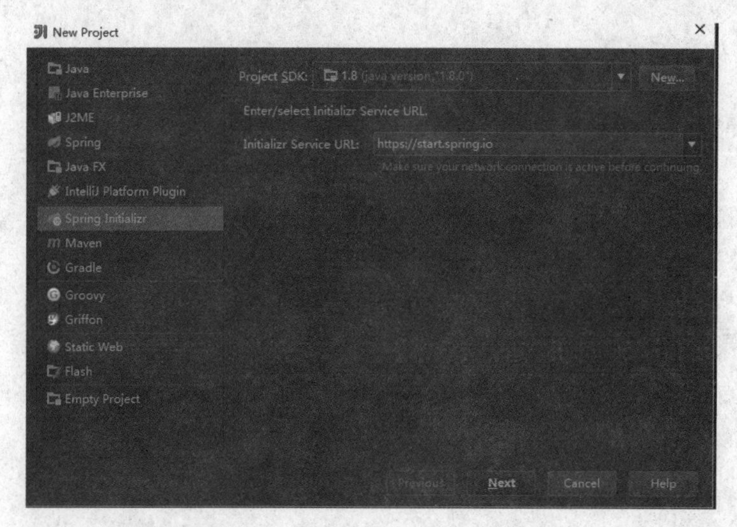

图 5-10　新建 Spring Initializr 项目

（2）填写项目信息，如图 5-11 所示。

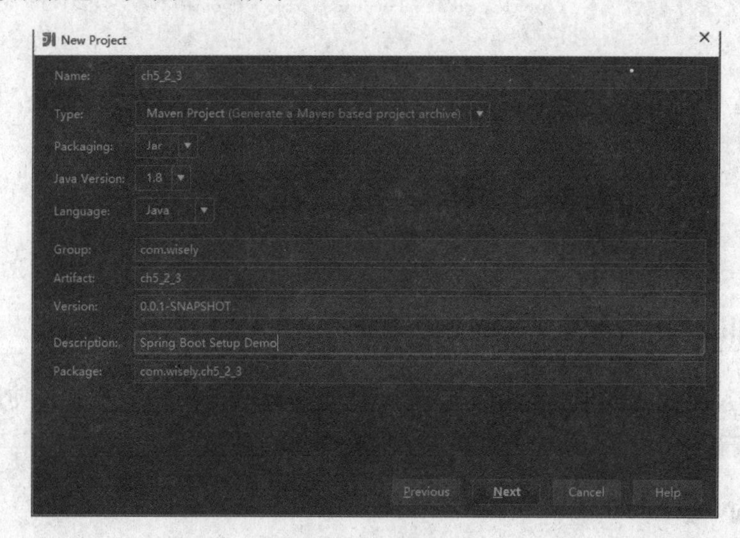

图 5-11　填写项目信息

（3）选择项目使用技术，如图 5-12 所示。

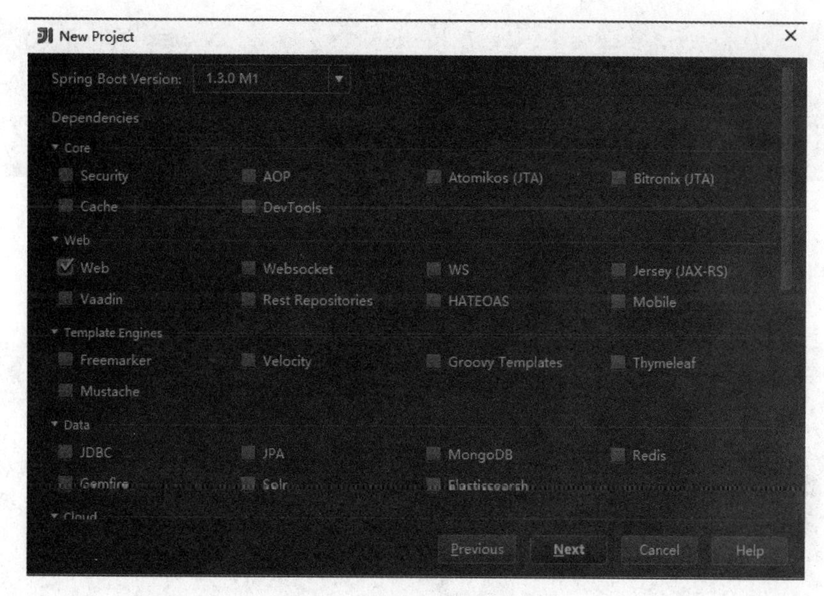

图 5-12　选择项目使用技术

（4）填写项目名称，如图 5-13 所示。

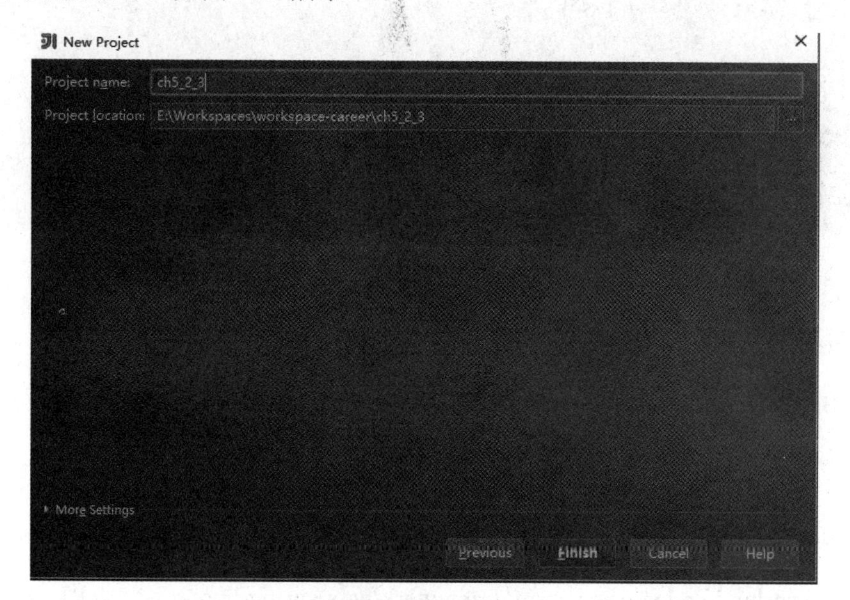

图 5-13　填写项目名称

（5）将项目设置为 Maven 项目，如图 5-14 所示。

图 5-14 设置为 Maven 项目

（6）项目结构及依赖树如图 5-15 所示。

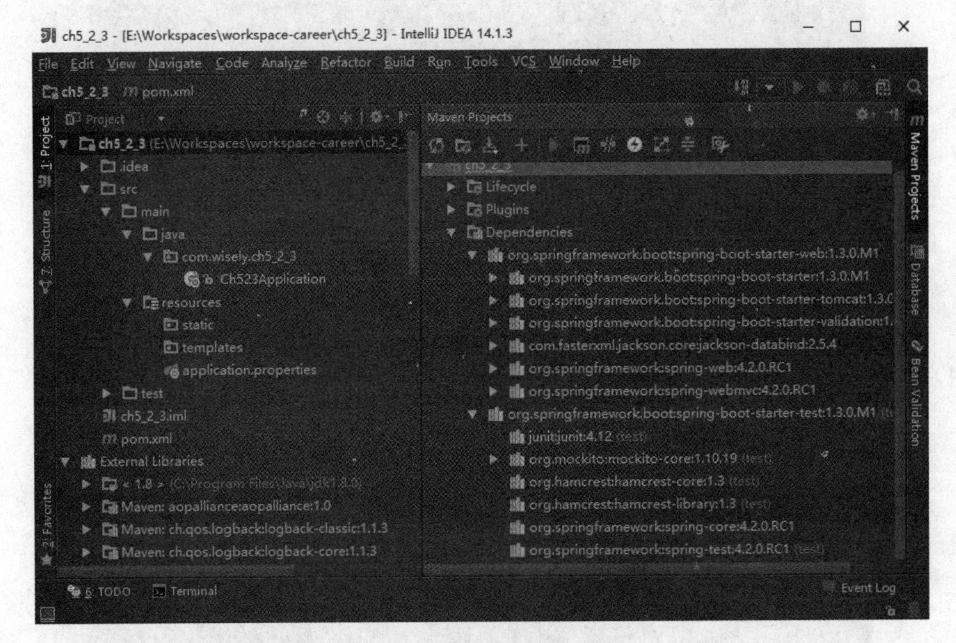

图 5-15 项目结构及依赖树

5.2.4 Spring Boot CLI

Spring Boot CLI 是 Spring Boot 提供的控制台命令工具。

1. 下载 Spring Boot CLI

Spring Boot 1.3.0. RELEASE 的下载地址是：

http://repo.spring.io/release/org/springframework/boot/spring-boot-cli/1.3.0.RELEASE/spring-boot-cli-1.3.0.RELEASE-bin.zip

2. 解压并配置到环境变量

解压后将 CLI 的 bin 目录添加到环境变量的 Path 中，这样我们就可以在控制台直接调用 Spring Boot CLI 了，如图 5-16 所示。

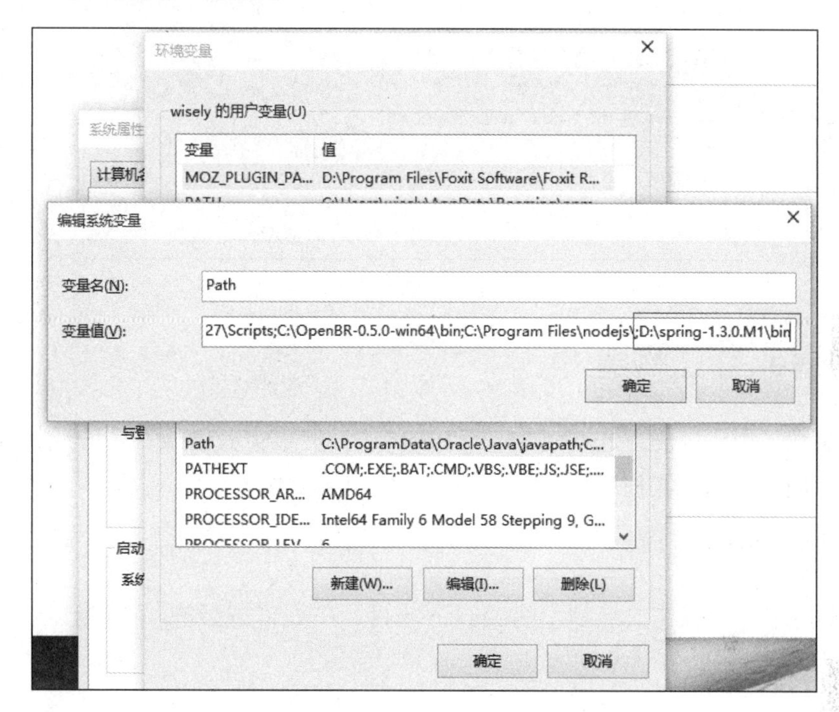

图 5-16　将 bin 目录添加到环境变量的 Path 中

3. 使用命令初始化项目

要想实现上面几个例子的效果，需在控制台输入以下命令：

```
spring init --build=maven --java-version=1.8 --dependencies=web --packaging=jar
--boot-version=1.3.0.M1 --groupId=com.wisely  --artifactId=ch5_2_4
```

运行效果如图 5-17 所示。

```
C:\Users\wisely>spring init --build=maven --java-version=1.8 --dependencies=web --pa
ckaging=jar --boot-version=1.3.0.M1 --groupId=com.wisely  --artifactId=ch5_2_4
Using service at https://start.spring.io
Content saved to 'ch5_2_4.zip'
```

图 5-17　运行效果

4. 项目结构

从图 5-18 同样可以看出这是一个普通的 Maven 项目。

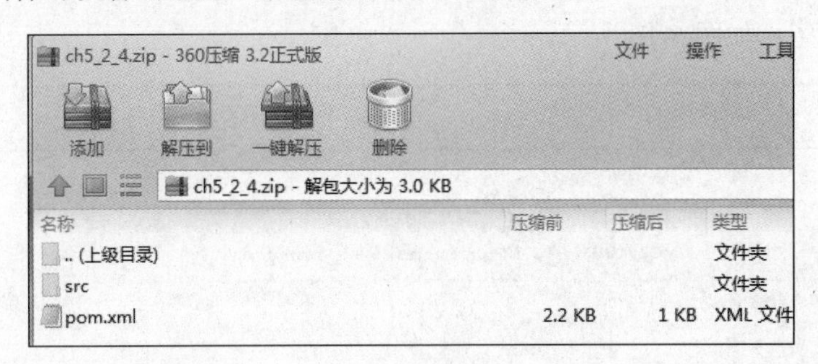

图 5-18 项目结构

5.2.5 Maven 手工构建

前面我讲述了用不同的方式构建 Spring Boot 项目，但事实上建立的只是一个 Maven 项目，如果不借助上面的方式，我们应如何构建 Spring Boot 项目呢？

1. Maven 项目构建

我们可以用任意开发工具新建空的 Maven 项目，在 1.2 节已经做了较为详细的讲解。

2. 修改 pom.xml

（1）添加 Spring Boot 的父级依赖，这样当前的项目就是 Spring Boot 项目了。spring-boot-starter-parent 是一个特殊的 starter，它用来提供相关的 Maven 默认依赖，使用它之后，常用的包依赖可以省去 version 标签，关于 Spring Boot 提供了哪些 jar 包的依赖，可查看 C:\Users\用户\.m2\repository\org\springframework\boot\spring-boot-dependencies\1.3.0.M1\spring-boot-dependencies-1.3.0.M1.pom 文件中的声明。

```
<parent>
    <groupId>org.springframework.boot</groupId>
    <artifactId>spring-boot-starter-parent</artifactId>
    <version>1.3.0.M1</version>
    <relativePath/>
</parent>
```

（2）在 dependencies 添加 Web 支持的 starter pom，这样就添加了 Web 的依赖。

```
        <dependency>
            <groupId>org.springframework.boot</groupId>
            <artifactId>spring-boot-starter-web</artifactId>
        </dependency>
```

（3）添加 Spring Boot 的编译插件。

```
<build>
        <plugins>
            <plugin>
                <groupId>org.springframework.boot</groupId>
                <artifactId>spring-boot-maven-plugin</artifactId>
            </plugin>
        </plugins>
</build>
```

（4）因为我们使用的是里程碑版的 Spring Boot，若使用的是正式版则不需要下面的配置。

```
<repositories>
        <repository>
            <id>spring-snapshots</id>
            <name>Spring Snapshots</name>
            <url>https://repo.spring.io/snapshot</url>
            <snapshots>
                <enabled>true</enabled>
            </snapshots>
        </repository>
        <repository>
            <id>spring-milestones</id>
            <name>Spring Milestones</name>
            <url>https://repo.spring.io/milestone</url>
            <snapshots>
                <enabled>false</enabled>
            </snapshots>
        </repository>
    </repositories>
    <pluginRepositories>
        <pluginRepository>
            <id>spring-snapshots</id>
            <name>Spring Snapshots</name>
            <url>https://repo.spring.io/snapshot</url>
            <snapshots>
                <enabled>true</enabled>
```

```
            </snapshots>
        </pluginRepository>
        <pluginRepository>
            <id>spring-milestones</id>
            <name>Spring Milestones</name>
            <url>https://repo.spring.io/milestone</url>
            <snapshots>
                <enabled>false</enabled>
            </snapshots>
        </pluginRepository>
    </pluginRepositories>
```

5.2.6 简单演示

1. 新建 Spring Boot 项目

使用上述方法新建 Spring Boot 项目后，生成的项目的根包目录下会有一个 artifactId+Application 命名规则的入口类。如图 5-19 所示。

图 5-19　入口类

2. 添加测试控制器

为了演示简单，我们不再新建控制器类，而是直接在入口类中编写代码。

```
package com.wisely.ch5_2_2;

import org.springframework.boot.SpringApplication;
import org.springframework.boot.autoconfigure.SpringBootApplication;
import org.springframework.web.bind.annotation.RequestMapping;
import org.springframework.web.bind.annotation.RestController;

@RestController
@SpringBootApplication //1
public class Ch522Application {

    @RequestMapping("/")
      String index() {
          return "Hello Spring Boot";
      }
```

```
    public static void main(String[] args) { //2
        SpringApplication.run(Ch522Application.class, args);
    }
}
```

代码解释

① @SpringBootApplication

@SpringBootApplication 是 Spring Boot 项目的核心注解，主要目的是开启自动配置。我们将在 6.1.2 节中做更详细的讲解。

② main 方法

这是一个标准的 Java 应用的 main 方法，主要作用是作为项目启动的入口。我们将在 6.1.1 节做更详细的讲解。

3. 运行效果

我们可以通过 Maven 命令，运行项目。

```
mvn spring-boot:run
```

或单击 Ch522Application 右键，在右键菜单中选择以 Spring Boot APP 或 Java Application 运行项目，如图 5-20 所示。

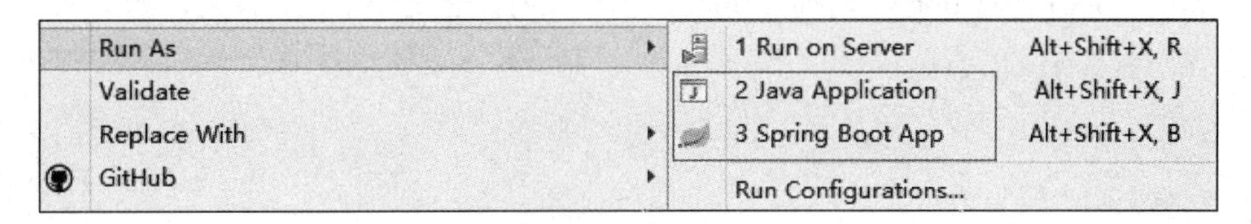

图 5-20　右键菜单

访问 http://localhost:8080，结果如图 5-21 所示。

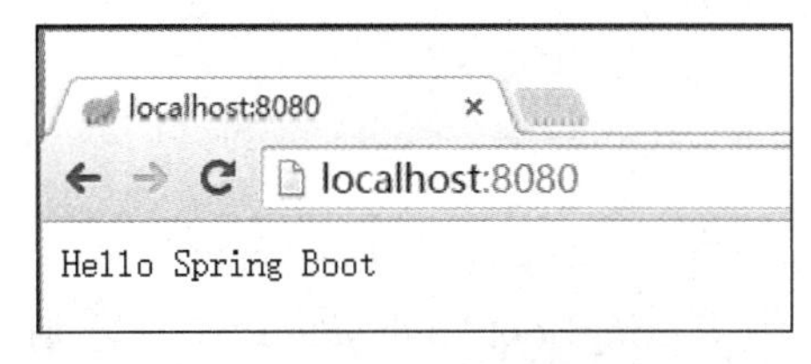

图 5-21　运行结果

第 6 章

Spring Boot 核心

6.1 基本配置

6.1.1 入口类和@SpringBootApplication

Spring Boot 通常有一个名为*Application 的入口类，入口类里有一个 main 方法，这个 main 方法其实就是一个标准的 Java 应用的入口方法。在 main 方法中使用 SpringApplication.*run*（Ch522Application.class，args），启动 Spring Boot 应用项目。

@SpringBootApplication 是 Spring Boot 的核心注解，它是一个组合注解，源码如下：

```
@Target(ElementType.TYPE)
@Retention(RetentionPolicy.RUNTIME)
@Documented
@Inherited
@Configuration
@EnableAutoConfiguration
@ComponentScan
public @interface SpringBootApplication {
    Class<?>[] exclude() default {};
    String[] excludeName() default {};
}
```

@SpringBootApplication 注解主要组合了@Configuration、@EnableAutoConfiguration、@ComponentScan；若不使用@SpringBootApplication 注解，则可以在入口类上直接使用@Configuration、@EnableAutoConfiguration、@ComponentScan。

其中，@EnableAutoConfiguration 让 Spring Boot 根据类路径中的 jar 包依赖为当前项目进行自动配置。

例如，添加了 spring-boot-starter-web 依赖，会自动添加 Tomcat 和 Spring MVC 的依赖，那么 Spring Boot 会对 Tomcat 和 Spring MVC 进行自动配置。

又如，添加了 spring-boot-starter-data-jpa 依赖，Spring Boot 会自动进行 JPA 相关的配置。

Spring Boot 会自动扫描@SpringBootApplication 所在类的同级包（如 com.wisely.ch5_2_2）以及下级包里的 Bean（若为 JPA 项目还可以扫描标注@Entity 的实体类）。建议入口类放置的位置在 groupId+arctifactID 组合的包名下。

6.1.2　关闭特定的自动配置

通过上面的@SpringBootApplication 的源码我们可以看出，关闭特定的自动配置应该使用@SpringBootApplication 注解的 exclude 参数，例如：

```
@SpringBootApplication(exclude ={DataSourceAutoConfiguration.class})
```

6.1.3　定制 Banner

1. 修改 Banner

（1）在 Spring Boot 启动的时候会有一个默认启动图案，如图 6-1 所示。

图 6-1　默认启动图案

（2）我们在 src/main/resources 下新建一个 banner.txt。

（3）通过 http://patorjk.com/software/taag 网站生成字符，如敲入的为“WISELY”，将网站生成的字符复制到 banner.txt 中。

（4）这时再启动程序，图案将变为如图 6-2 所示。

```
'##::::'##:'####::'######::'########:'##:::::::'##:::'##:
 ##:'##: ##:. ##::'##... ##: ##.....:: ##::::::. ##:'##::
 ##: ##: ##:: ##:: ##:::..:: ##::::::: ##:::::::. ####:::
 ##: ##: ##:: ##::. ######:: ######::: ##::::::::. ##::::
 ##: ##: ##:: ##:::..... ##: ##...:::: ##::::::::: ##::::
 ##: ##: ##:: ##::'##::: ##: ##::::::: ##::::::::: ##::::
. ###. ###::'####:. ######:: ########: ########::: ##::::
:...::...:::....::......:::........::........::::..::::::
2015-06-23 17:06:39.235  INFO 4936 --- [           main] com.w:
```

图 6-2　改变后的图案

2. 关闭 banner

（1）main 里的内容修改为：

```
SpringApplication app = new SpringApplication(Ch522Application.class);
app.setShowBanner(false);
app.run(args);
```

（2）或使用 fluent API 修改为：

```
new SpringApplicationBuilder(Ch522Application.class)
            .showBanner(false)
            .run(args);
```

6.1.4 Spring Boot 的配置文件

Spring Boot 使用一个全局的配置文件 application.properties 或 application.yml，放置在 src/main/resources 目录或者类路径的/config 下。

Spring Boot 不仅支持常规的 properties 配置文件，还支持 yaml 语言的配置文件。yaml 是以数据为中心的语言，在配置数据的时候具有面向对象的特征。

Spring Boot 的全局配置文件的作用是对一些默认配置的配置值进行修改。

1. 简单示例

将 Tomcat 的默认端口号 8080 修改为 9090，并将默认的访问路径“/”修改为“/helloboot”。

可以在 application.properties 中添加：

```
server.port=9090
server.context-path=/helloboot
```

或在 application.yml 中添加：

```
server:
  port: 9090
  contextPath: /helloboot
```

从上面的配置可以看出，在 Spring Boot 中，context-path、contextPath 或者 CONTEXT_PATH 形式其实是通用的。并且，yaml 的配置更简洁清晰。目前 STS 3.7.0 已开始支持 yaml 语言配置，而 IntelliJ IDEA 则只对 Spring Boot 的 properties 配置提供了自动提示的功能，且 @PropertySource 注解也不支持加载 yaml 文件。在日常开发中，我们习惯于用 properties 文件来配置，所以目前推荐使用 properties 进行配置。

在附录 A.2 中有 Spring Boot 常用配置的列表。

6.1.5　starter pom

Spring Boot 为我们提供了简化企业级开发绝大多数场景的 starter pom，只要使用了应用场景所需要的 starter pom，相关的技术配置将会消除，就可以得到 Spring Boot 为我们提供的自动配置的 Bean。

1. 官方 starter pom

Spring Boot 官方提供了如表 6-1 所示的 starter pom。

表 6-1　官方提供的 starter pom

名　称	描　述
spring-boot-starter	Spring Boot 核心 starter，包含自动配置、日志、yaml 配置文件的支持
spring-boot-starter-actuator	准生产特性，用来监控和管理应用
spring-boot-starter-remote-shell	提供基于 ssh 协议的监控和管理
spring-boot-starter-amqp	使用 spring-rabbit 来支持 AMQP
spring-boot-starter-aop	使用 spring-aop 和 AspectJ 支持面向切面编程
spring-boot-starter-batch	对 Spring Batch 的支持
spring-boot-starter-cache	对 Spring Cache 抽象的支持
spring-boot-starter-cloud-connectors	对云平台（Cloud Foundry、Heroku）提供的服务提供简化的连接方式

续表

名　称	描　述
spring-boot-starter-data-elasticsearch	通过 spring-data-elasticsearch 对 Elasticsearch 支持
spring-boot-starter-data-gemfire	通过 spring-data-gemfire 对分布式存储 GemFire 的支持
spring-boot-starter-data-jpa	对 JPA 的支持，包含 spring-data-jpa、spring-orm 和 Hibernate
spring-boot-starter-data-mongodb	通过 spring-data-mongodb，对 MongoDB 进行支持
spring-boot-starter-data-rest	通过 spring-data-rest-webmvc 将 Spring Data repository 暴露为 REST 形式的服务
spring-boot-starter-data-solr	通过 spring-data-solr 对 Apache Solr 数据检索平台的支持
spring-boot-starter-freemarker	对 FreeMarker 模板引擎的支持
spring-boot-starter-groovy-templates	对 Groovy 模板引擎的支持
spring-boot-starter-hateoas	通过 spring-hateoas 对基于 HATEOAS 的 REST 形式的网络服务的支持
spring-boot-starter-hornetq	通过 HornetQ 对 JMS 的支持
spring-boot-starter-integration	对系统集成框架 spring-integration 的支持
spring-boot-starter-jdbc	对 JDBC 数据库的支持
spring-boot-starter-jersey	对 Jersery REST 形式的网络服务的支持
spring-boot-starter-jta-atomikos	通过 Atomikos 对分布式事务的支持
spring-boot-starter-jta-bitronix	通过 Bitronix 对分布式事务的支持
spring-boot-starter-mail	对 javax.mail 的支持
spring-boot-starter-mobile	对 spring-mobile 的支持
spring-boot-starter-mustache	对 Mustache 模板引擎的支持
spring-boot-starter-redis	对键值对内存数据库 Redis 的支持，包含 spring-redis
spring-boot-starter-security	对 spring-security 的支持
spring-boot-starter-social-facebook	通过 spring-social-facebook 对 Facebook 的支持
spring-boot-starter-social-linkedin	通过 spring-social-linkedin 对 Linkedin 的支持
spring-boot-starter-social-twitter	通过 spring-social-twitter 对 Twitter 的支持
spring-boot-starter-test	对常用的测试框架 JUnit、Hamcrest 和 Mockito 的支持，包含 spring-test 模块
spring-boot-starter-thymeleaf	对 Thymeleaf 模板引擎的支持，包含于 Spring 整合的配置
spring-boot-starter-velocity	对 Velocity 模板引擎的支持
spring-boot-starter-web	对 Web 项目开发的支持，包含 Tomcat 和 spring-webmvc
spring-boot-starter-Tomcat	Spring Boot 默认的 Servlet 容器 Tomcat
spring-boot-starter-Jetty	使用 Jetty 作为 Servlet 容器替换 Tomcat
spring-boot-starter-undertow	使用 Undertow 作为 Servlet 容器替换 Tomcat
spring-boot-starter-logging	Spring Boot 默认的日志框架 Logback
spring-boot-starter-log4j	支持使用 Log4J 日志框架
spring-boot-starter-websocket	对 WebSocket 开发的支持
spring-boot-starter-ws	对 Spring Web Services 的支持

2. 第三方 starter pom

除官方的 starter pom 外，还有第三方为 Spring Boot 所写的 starter pom，如表 6-2 所示。

表 6-2 第三方所写的 starter pom

名 称	地 址
Handlebars	https://github.com/allegro/handlebars-spring-boot-starter
Vaadin	https://github.com/vaadin/spring/tree/master/vaadin-spring-boot-starter
Apache Camel	https://github.com/apache/camel/tree/master/components/camel-spring-boot
WRO4J	https://github.com/sbuettner/spring-boot-autoconfigure-wro4j
Spring Batch（高级用法）	https://github.com/codecentric/spring-boot-starter-batch-web
HDIV	https://github.com/hdiv/spring-boot-starter-hdiv
Jade Templates（Jade4J）	https://github.com/domix/spring-boot-starter-jade4j
Actitivi	https://github.com/Activiti/Activiti/tree/master/modules/activiti-spring-boot/spring-boot-starters

6.1.6 使用 xml 配置

Spring Boot 提倡零配置，即无 xml 配置，但是在实际项目中，可能有一些特殊要求你必须使用 xml 配置，这时我们可以通过 Spring 提供的@ImportResource 来加载 xml 配置，例如：

```
@ImportResource({"classpath:some-context.xml","classpath:another-context.xml"
})
```

6.2 外部配置

Spring Boot 允许使用 properties 文件、yaml 文件或者命令行参数作为外部配置。

6.2.1 命令行参数配置

Spring Boot 可以是基于 jar 包运行的，打成 jar 包的程序可以直接通过下面命令运行：

```
java -jar xx.jar
```

可以通过以下命令修改 Tomcat 端口号：

```
java -jar xx.jar --server.port=9090
```

6.2.2 常规属性配置

在 2.2 节我们讲述了在常规 Spring 环境下，注入 properties 文件里的值的方式，通过@PropertySource 指明 properties 文件的位置，然后通过@Value 注入值。在 Spring Boot 里，我们只需在 application.properties 定义属性，直接使用@Value 注入即可。

1. 实战

在上例的基础上，进行如下的修改。

（1）application.properties 增加属性：

```
book.author=wangyunfei
book.name=spring boot
```

（2）修改入口类：

```
package com.wisely.ch5_2_2;

import org.springframework.beans.factory.annotation.Value;
import org.springframework.boot.SpringApplication;
import org.springframework.boot.autoconfigure.SpringBootApplication;
import org.springframework.web.bind.annotation.RequestMapping;
import org.springframework.web.bind.annotation.RestController;

@RestController
@SpringBootApplication
public class Ch522Application {

    @Value("${book.author}")
    private String bookAuthor;
    @Value("${book.name}")
    private String bookName;

    @RequestMapping("/")
       String index() {
          return "book name is:"+bookName+" and book author is:" + bookAuthor;
       }

   public static void main(String[] args) {
      SpringApplication.run(Ch522Application.class, args);
   }
}
```

（3）运行，访问 http://localhost:9090/helloboot/，效果如图 6-3 所示。

图 6-3　运行效果

6.2.3　类型安全的配置（基于 properties）

上例中使用@Value 注入每个配置在实际项目中会显得格外麻烦，因为我们的配置通常会是许多个，若使用上例的方式则要使用@Value 注入很多次。

Spring Boot 还提供了基于类型安全的配置方式，通过@ConfigurationProperties 将 properties 属性和一个 Bean 及其属性关联，从而实现类型安全的配置。

1. 实战

（1）新建 Spring Boot 项目，如图 6-4 所示。

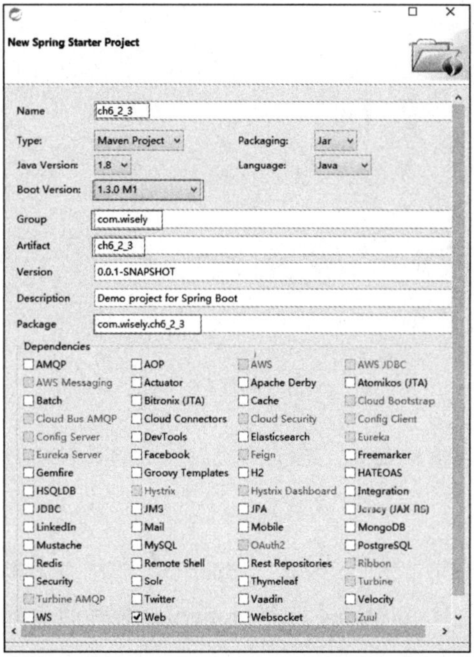

图 6-4　新建 Spring Boot 项目

（2）添加配置，即在 application.properties 上添加：

```
author.name=wyf
author.age=32
```

当然，我们也可以新建一个 properties 文件，这就需要我们在@ConfigurationProperties 的属性 locations 里指定 properties 的位置，且需要在入口类上配置。

（3）类型安全的 Bean，代码如下：

```
package com.wisely.ch6_2_3.config;

import org.springframework.boot.context.properties.ConfigurationProperties;

@Component
@ConfigurationProperties(prefix = "author") //1
public class AuthorSettings {
   private String name;
   private Long age;

   public String getName() {
      return name;
   }

   public void setName(String name) {
      this.name = name;
   }

   public Long getAge() {
      return age;
   }

   public void setAge(Long age) {
      this.age = age;
   }
}
```

代码解释

① 通过@ConfigurationProperties 加载 properties 文件内的配置，通过 prefix 属性指定 properties 的配置的前缀，通过 locations 指定 properties 文件的位置，例如：

```
@ConfigurationProperties(prefix = "author",locations =
{"classpath:config/author.properties"})
```

本例不需要配置 locations。

（4）检验代码：

```
package com.wisely.ch6_2_3;

import org.springframework.beans.factory.annotation.Autowired;
import org.springframework.boot.SpringApplication;
import org.springframework.boot.autoconfigure.SpringBootApplication;
import org.springframework.web.bind.annotation.RequestMapping;
import org.springframework.web.bind.annotation.RestController;

import com.wisely.ch6_2_3.config.AuthorSettings;
@RestController
@SpringBootApplication
public class Ch623Application {

    @Autowired
    private AuthorSettings authorSettings; //1

    @RequestMapping("/")
    public String index(){
        return "author name is "+ authorSettings.getName()+" and author age is
"+authorSettings.getAge();
    }

    public static void main(String[] args) {
        SpringApplication.run(Ch623Application.class, args);
    }
}
```

代码解释

① 可以用@Autowired 直接注入该配置。

（5）运行，访问：http://localhost:8080/，效果如图 6-5 所示。

图 6-5　运行效果

6.3　日志配置

Spring Boot 支持 Java Util Logging、Log4J、Log4J2 和 Logback 作为日志框架，无论使用哪种日志框架，Spring Boot 已为当前使用日志框架的控制台输出及文件输出做好了配置，可对比 4.2.2 节中没有 Spring Boot 时日志配置的方式。

默认情况下，Spring Boot 使用 Logback 作为日志框架。

配置日志文件：

```
logging.file=D:/mylog/log.log
```

配置日志级别，格式为 logging.level.包名=级别：

```
logging.level.org.springframework.web= DEBUG
```

6.4　Profile 配置

Profile 是 Spring 用来针对不同的环境对不同的配置提供支持的，全局 Profile 配置使用 application-{profile}.properties（如 application-prod.properties）。

通过在 application.properties 中设置 spring.profiles.active= prod 来指定活动的 Profile。

下面将做一个最简单的演示，如我们分为生产（prod）和开发（dev）环境，生产环境下端口号为 80，开发环境下端口为 8888。

实战

（1）新建 Spring Boot 项目，如图 6-6 所示。

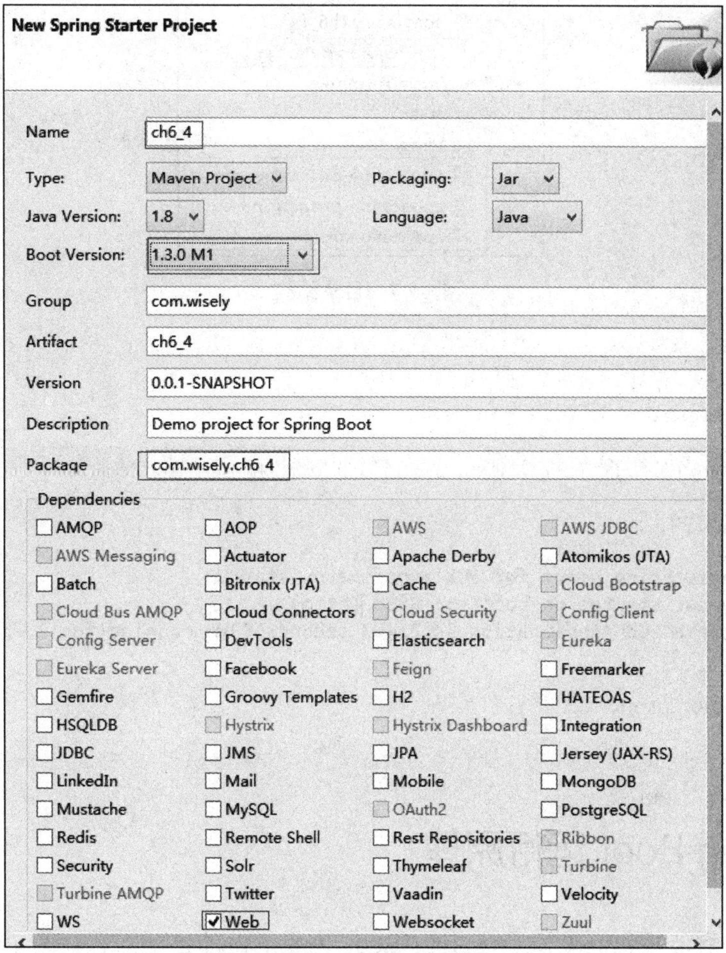

New Spring Starter Project

Name: ch6_4

Type: Maven Project　Packaging: Jar

Java Version: 1.8　Language: Java

Boot Version: 1.3.0 M1

Group: com.wisely

Artifact: ch6_4

Version: 0.0.1-SNAPSHOT

Description: Demo project for Spring Boot

Package: com.wisely.ch6_4

Dependencies

AMQP	AOP	AWS	AWS JDBC
AWS Messaging	Actuator	Apache Derby	Atomikos (JTA)
Batch	Bitronix (JTA)	Cache	Cloud Bootstrap
Cloud Bus AMQP	Cloud Connectors	Cloud Security	Config Client
Config Server	DevTools	Elasticsearch	Eureka
Eureka Server	Facebook	Feign	Freemarker
Gemfire	Groovy Templates	H2	HATEOAS
HSQLDB	Hystrix	Hystrix Dashboard	Integration
JDBC	JMS	JPA	Jersey (JAX-RS)
LinkedIn	Mail	Mobile	MongoDB
Mustache	MySQL	OAuth2	PostgreSQL
Redis	Remote Shell	Rest Repositories	Ribbon
Security	Solr	Thymeleaf	Turbine
Turbine AMQP	Twitter	Vaadin	Velocity
WS	☑ Web	Websocket	Zuul

图 6-6　新建 Spring Boot 项目

（2）生产和开发环境下的配置文件如下：

application-prod.properties：

```
server.port=80
```

application-dev.properties：

```
server.port=8888
```

此时目录结构如图 6-7 所示。

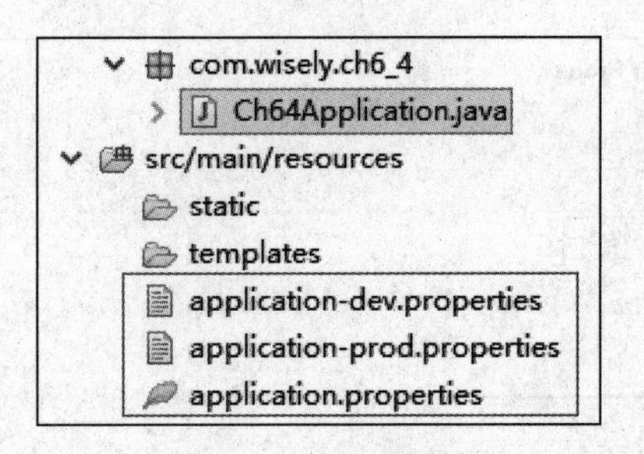

图 6-7　目录结构

（3）运行。

application.properties 增加：

```
spring.profiles.active=dev
```

启动程序结果为：

```
Registering beans for JMX exposure on startup
Tomcat started on port(s): 8888 (http)
Started Ch64Application in 2.403 seconds (JVM running for 2.755)
```

修改 application.properties：

```
spring.profiles.active=prod
```

6.5　Spring Boot 运行原理

在前面几个章节，我们见识了 Spring Boot 为我们做的自动配置，为了让大家快速领略 Spring Boot 的魅力，我们将在本节先通过分析 Spring Boot 的运行原理后，根据已掌握的知识自定义一个 starter pom。

在 3.5 章中我们了解到 Spring 4.x 提供了基于条件来配置 Bean 的能力，其实 Spring Boot 的神奇的实现也是基于这一原理的。

本节虽然没有摆在书的显著位置，但是本节的内容是理解 Spring Boot 运作原理的关键。我们可以借助这一特性来理解 Spring Boot 运行自动配置的原理，并实现自己的自动配置。

Spring Boot 关于自动配置的源码在 spring-boot-autoconfigure-1.3.0.x.jar 内，主要包含了如图 6-8 所示的配置。

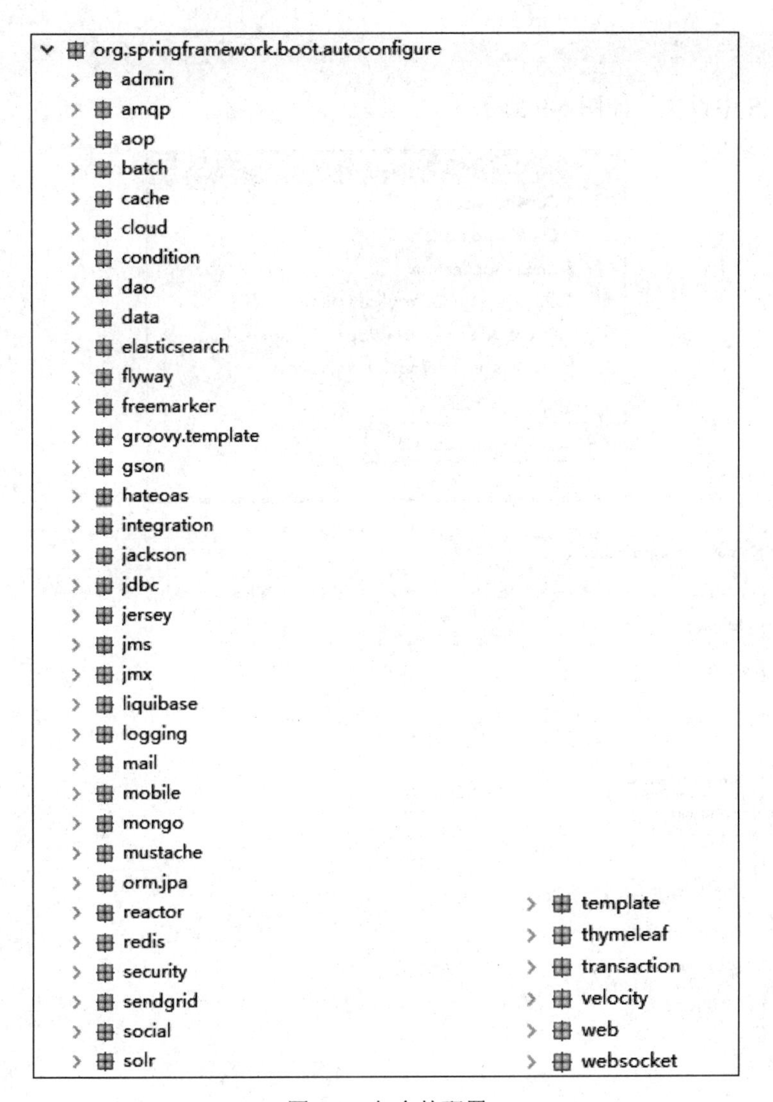

图 6-8　包含的配置

若想知道 Spring Boot 为我们做了哪些自动配置，可以查看这里的源码。

可以通过下面三种方式查看当前项目中已启用和未启用的自动配置的报告。

（1）运行 jar 时增加--debug 参数：

```
java -jar xx.jar --debug
```

（2）在 application.properties 中设置属性：

```
debug=true
```

（3）在 STS 中设置，如图 6-9 所示。

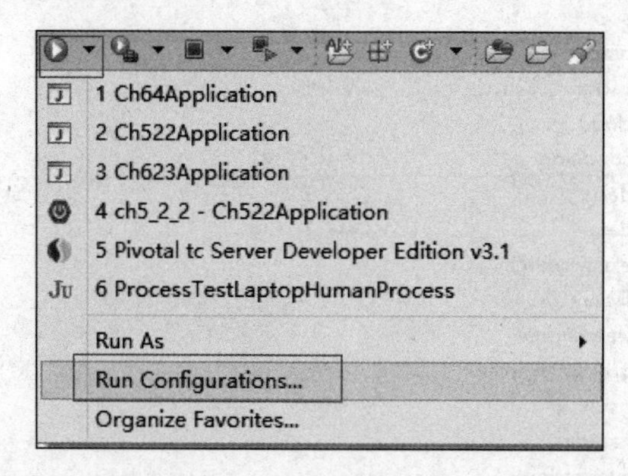

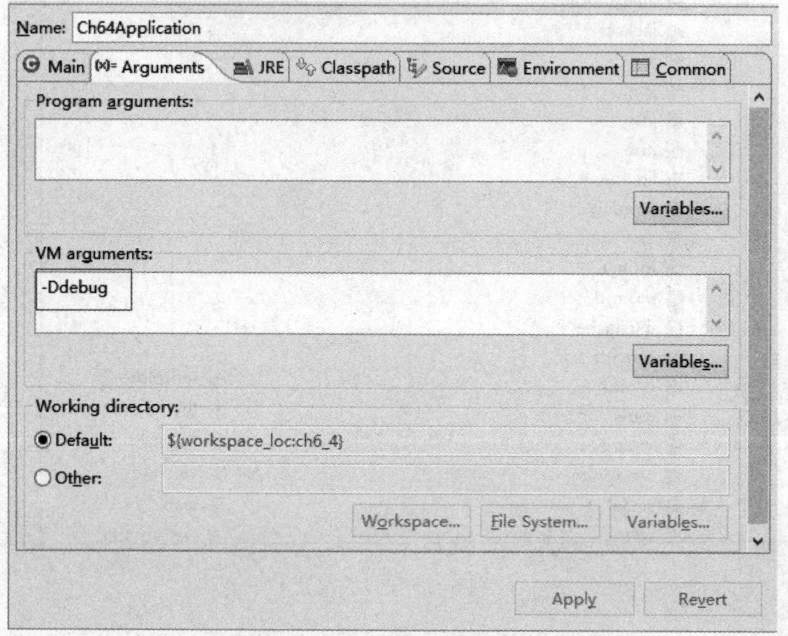

图 6-9　在 STS 中设置

此时启动，可在控制台输出。已启用的自动配置为：

```
=========================
AUTO-CONFIGURATION REPORT
=========================


Positive matches:
-----------------

   DispatcherServletAutoConfiguration
      - @ConditionalOnClass classes found: org.springframework.web.servlet.DispatcherServlet (OnClassCondition)
      - found web application StandardServletEnvironment (OnWebApplicationCondition)

   DispatcherServletAutoConfiguration.DispatcherServletConfiguration
      - @ConditionalOnClass classes found: javax.servlet.ServletRegistration (OnClassCondition)
      - no ServletRegistrationBean found (DispatcherServletAutoConfiguration.DefaultDispatcherServletCondition)

   EmbeddedServletContainerAutoConfiguration
      - found web application StandardServletEnvironment (OnWebApplicationCondition)
```

未启用的自动配置为：

```
Negative matches:
-----------------

   ActiveMQAutoConfiguration
      - required @ConditionalOnClass classes not found: javax.jms.ConnectionFactory,org.apache.activemq.ActiveMQCo

   AopAutoConfiguration
      - required @ConditionalOnClass classes not found: org.aspectj.lang.annotation.Aspect,org.aspectj.lang.reflec

   BatchAutoConfiguration
      - required @ConditionalOnClass classes not found: org.springframework.batch.core.launch.JobLauncher,org.spri

   CacheAutoConfiguration
      - @ConditionalOnClass classes found: org.springframework.cache.CacheManager (OnClassCondition)
      - @ConditionalOnBean (types: org.springframework.cache.interceptor.CacheAspectSupport; SearchStrategy: all)
```

6.5.1　运作原理

关于 Spring Boot 的运作原理，我们还是回归到@SpringBootApplication 注解上来，这个注解是一个组合注解，它的核心功能是由@EnableAutoConfiguration 注解提供的。

下面我们来看下@EnableAutoConfiguration 注解的源码：

```
@Target(ElementType.TYPE)
@Retention(RetentionPolicy.RUNTIME)
@Documented
@Inherited
@Import({ EnableAutoConfigurationImportSelector.class,
        AutoConfigurationPackages.Registrar.class })
public @interface EnableAutoConfiguration {
    Class<?>[] exclude() default {};
    String[] excludeName() default {};
}
```

这里的关键功能是@Import 注解导入的配置功能，EnableAutoConfigurationImportSelector 使用

SpringFactoriesLoader.loadFactoryNames 方法来扫描具有 META-INF/spring.factories 文件的 jar 包，而我们的 spring-boot-autoconfigure-1.3.0.x.jar 里就有一个 spring.factories 文件，此文件中声明了有哪些自动配置，如图 6-10 所示。

```
spring.factories
1 # Initializers
2 org.springframework.context.ApplicationContextInitializer=\
3 org.springframework.boot.autoconfigure.logging.AutoConfigurationReportLoggingInitializer
4
5 # Auto Configure
6 org.springframework.boot.autoconfigure.EnableAutoConfiguration=\
7 org.springframework.boot.autoconfigure.admin.SpringApplicationAdminJmxAutoConfiguration,\
8 org.springframework.boot.autoconfigure.aop.AopAutoConfiguration,\
9 org.springframework.boot.autoconfigure.amqp.RabbitAutoConfiguration,\
10 org.springframework.boot.autoconfigure.MessageSourceAutoConfiguration,\
11 org.springframework.boot.autoconfigure.PropertyPlaceholderAutoConfiguration,\
12 org.springframework.boot.autoconfigure.batch.BatchAutoConfiguration,\
13 org.springframework.boot.autoconfigure.cache.CacheAutoConfiguration,\
14 org.springframework.boot.autoconfigure.cloud.CloudAutoConfiguration,\
15 org.springframework.boot.autoconfigure.dao.PersistenceExceptionTranslationAutoConfiguration,\
16 org.springframework.boot.autoconfigure.data.elasticsearch.ElasticsearchRepositoriesAutoConfiguration,\
17 org.springframework.boot.autoconfigure.data.jpa.JpaRepositoriesAutoConfiguration,\
18 org.springframework.boot.autoconfigure.data.mongo.MongoRepositoriesAutoConfiguration,\
19 org.springframework.boot.autoconfigure.data.solr.SolrRepositoriesAutoConfiguration,\
20 org.springframework.boot.autoconfigure.data.rest.RepositoryRestMvcAutoConfiguration,\
21 org.springframework.boot.autoconfigure.data.web.SpringDataWebAutoConfiguration,\
22 org.springframework.boot.autoconfigure.freemarker.FreeMarkerAutoConfiguration,\
23 org.springframework.boot.autoconfigure.gson.GsonAutoConfiguration,\
24 org.springframework.boot.autoconfigure.hateoas.HypermediaAutoConfiguration,\
25 org.springframework.boot.autoconfigure.integration.IntegrationAutoConfiguration,\
26 org.springframework.boot.autoconfigure.jackson.JacksonAutoConfiguration,\
27 org.springframework.boot.autoconfigure.jdbc.DataSourceAutoConfiguration,\
28 org.springframework.boot.autoconfigure.jdbc.JndiDataSourceAutoConfiguration,\
29 org.springframework.boot.autoconfigure.jdbc.XADataSourceAutoConfiguration,\
30 org.springframework.boot.autoconfigure.jdbc.DataSourceTransactionManagerAutoConfiguration,\
31 org.springframework.boot.autoconfigure.jms.JmsAutoConfiguration,\
32 org.springframework.boot.autoconfigure.jmx.JmxAutoConfiguration,\
33 org.springframework.boot.autoconfigure.jms.JndiConnectionFactoryAutoConfiguration,\
```

图 6-10 自动配置

6.5.2 核心注解

打开上面任意一个 AutoConfiguration 文件，一般都有下面的条件注解，在 spring-boot-autoconfigure-1.3.0.x.jar 的 org.springframwork.boot.autoconfigure.condition 包下，条件注解如下。

@ConditionalOnBean：当容器里有指定的 Bean 的条件下。

@ConditionalOnClass：当类路径下有指定的类的条件下。

@ConditionalOnExpression：基于 SpEL 表达式作为判断条件。

@ConditionalOnJava：基于 JVM 版本作为判断条件。

@ConditionalOnJndi：在 JNDI 存在的条件下查找指定的位置。

@ConditionalOnMissingBean：当容器里没有指定 Bean 的情况下。

@ConditionalOnMissingClass：当类路径下没有指定的类的条件下。

@ConditionalOnNotWebApplication：当前项目不是 Web 项目的条件下。

@ConditionalOnProperty：指定的属性是否有指定的值。

@ConditionalOnResource：类路径是否有指定的值。

@ConditionalOnSingleCandidate：当指定 Bean 在容器中只有一个，或者虽然有多个但是指定首选的 Bean。

@ConditionalOnWebApplication：当前项目是 Web 项目的条件下。

这些注解都是组合了@Conditional 元注解，只是使用了不同的条件（Condition），我们在 3.5 节已做过阐述定义一个根据条件创建不同 Bean 的演示。

下面我们用在 3.5 节学过的知识简单分析一下@ConditionalOnWebApplication 注解。

```
package org.springframework.boot.autoconfigure.condition;

import java.lang.annotation.Documented;
import java.lang.annotation.ElementType;
import java.lang.annotation.Retention;
import java.lang.annotation.RetentionPolicy;
import java.lang.annotation.Target;

import org.springframework.context.annotation.Conditional;
@Target({ ElementType.TYPE, ElementType.METHOD })
@Retention(RetentionPolicy.RUNTIME)
@Documented
@Conditional(OnWebApplicationCondition.class)
public @interface ConditionalOnWebApplication {
}
```

从源码可以看出，此注解使用的条件是 OnWebApplicationCondition，下面我们看看这个条件是如何构造的：

```
package org.springframework.boot.autoconfigure.condition;
```

```
import org.springframework.context.annotation.Condition;
import org.springframework.context.annotation.ConditionContext;
import org.springframework.core.Ordered;
import org.springframework.core.annotation.Order;
import org.springframework.core.type.AnnotatedTypeMetadata;
import org.springframework.util.ClassUtils;
import org.springframework.util.ObjectUtils;
import org.springframework.web.context.WebApplicationContext;
import org.springframework.web.context.support.StandardServletEnvironment;

@Order(Ordered.HIGHEST_PRECEDENCE + 20)
class OnWebApplicationCondition extends SpringBootCondition {

    private static final String WEB_CONTEXT_CLASS =
"org.springframework.web.context."
            + "support.GenericWebApplicationContext";

    @Override
    public ConditionOutcome getMatchOutcome(ConditionContext context,
            AnnotatedTypeMetadata metadata) {
        boolean webApplicationRequired = metadata
                .isAnnotated(ConditionalOnWebApplication.class.getName());
        ConditionOutcome webApplication = isWebApplication(context, metadata);

        if (webApplicationRequired && !webApplication.isMatch()) {
            return ConditionOutcome.noMatch(webApplication.getMessage());
        }

        if (!webApplicationRequired && webApplication.isMatch()) {
            return ConditionOutcome.noMatch(webApplication.getMessage());
        }

        return ConditionOutcome.match(webApplication.getMessage());
    }

    private ConditionOutcome isWebApplication(ConditionContext context,
            AnnotatedTypeMetadata metadata) {

        if (!ClassUtils.isPresent(WEB_CONTEXT_CLASS, context.getClassLoader()))
{
            return ConditionOutcome.noMatch("web application classes not found");
        }
```

```
        if (context.getBeanFactory() != null) {
            String[] scopes =
context.getBeanFactory().getRegisteredScopeNames();
            if (ObjectUtils.containsElement(scopes, "session")) {
                return ConditionOutcome.match("found web application 'session'
scope");
            }
        }

        if (context.getEnvironment() instanceof StandardServletEnvironment) {
            return ConditionOutcome
                    .match("found web application StandardServletEnvironment");
        }

        if (context.getResourceLoader() instanceof WebApplicationContext) {
            return ConditionOutcome.match("found web application
WebApplicationContext");
        }

        return ConditionOutcome.noMatch("not a web application");
    }

}
```

从 isWebApplication 方法可以看出，判断条件是：

（1）GenericWebApplicationContext 是否在类路径中；

（2）容器里是否有名为 session 的 scope；

（3）当前容器的 Enviroment 是否为 StandardServletEnvironment；

（4）当前的 ResourceLoader 是否为 WebApplicationContext（ResourceLoader 是 ApplicationContext 的顶级接口之一)；

（5）我们需要构造 ConditionOutcome 类的对象来帮助我们，最终通过 ConditionOutcome.isMatch 方法返回布尔值来确定条件。

6.5.3 实例分析

在了解了 Spring Boot 的运作原理和主要的条件注解后，现在来分析一个简单的 Spring Boot 内置的自动配置功能：http 的编码配置。

我们在常规项目中配置 http 编码的时候是在 web.xml 里配置一个 filter，如：

```
<filter>
  <filter-name>encodingFilter</filter-name>
  <filter-class>org.springframework.web.filter.CharacterEncodingFilter
  </filter-class>
  <init-param>
   <param-name>encoding</param-name>
   <param-value>UTF-8</param-value>
  </init-param>
  <init-param>
   <param-name>forceEncoding</param-name>
   <param-value>true</param-value>
  </init-param>
 </filter>
```

自动配置要满足两个条件：

（1）能配置 CharacterEncodingFilter 这个 Bean；

（2）能配置 encoding 和 forceEncoding 这两个参数。

1. 配置参数

在 6.2.3 节我们讲述了类型安全的配置，Spring Boot 的自动配置也是基于这一点实现的，这里的配置类可以在 application.properties 中直接设置，源码如下：

```
@ConfigurationProperties(prefix = "spring.http.encoding")//1
public class HttpEncodingProperties {

    public static final Charset DEFAULT_CHARSET = Charset.forName("UTF-8");//2

    private Charset charset = DEFAULT_CHARSET; //2

    private boolean force = true; //3

    public Charset getCharset() {
        return this.charset;
    }

    public void setCharset(Charset charset) {
        this.charset = charset;
    }
```

```
    public boolean isForce() {
        return this.force;
    }

    public void setForce(boolean force) {
        this.force = force;
    }

}
```

代码解释

① 在 application.properties 配置的时候前缀是 spring.http.encoding；

② 默认编码方式为 UTF-8，若修改可使用 spring.http.encoding.charset=编码；

③ 设置 forceEncoding，默认为 true，若修改可使用 spring.http.encoding.force=false。

2. 配置 Bean

通过调用上述配置，并根据条件配置 CharacterEncodingFilter 的 Bean，我们来看看源码：

```
@Configuration
@EnableConfigurationProperties(HttpEncodingProperties.class) //1
@ConditionalOnClass(CharacterEncodingFilter.class) //2
@ConditionalOnProperty(prefix = "spring.http.encoding", value = "enabled",
matchIfMissing = true) //3
public class HttpEncodingAutoConfiguration {

    @Autowired
    private HttpEncodingProperties httpEncodingProperties; //3

    @Bean//4
    @ConditionalOnMissingBean(CharacterEncodingFilter.class) //5
    public CharacterEncodingFilter characterEncodingFilter() {
        CharacterEncodingFilter filter = new OrderedCharacterEncodingFilter();
        filter.setEncoding(this.httpEncodingProperties.getCharset().name());
        filter.setForceEncoding(this.httpEncodingProperties.isForce());
        return filter;
    }

}
```

代码解释

① 开启属性注入，通过@EnableConfigurationProperties 声明，使用@Autowired 注入；

② 当 CharacterEncodingFilter 在类路径的条件下；

③ 当设置 spring.http.encoding=enabled 的情况下，如果没有设置则默认为 true，即条件符合；

④ 像使用 Java 配置的方式配置 CharacterEncodingFilter 这个 Bean；

⑤ 当容器中没有这个 Bean 的时候新建 Bean。

6.5.4 实战

看完前面几节的讲述，是不是觉得 Spring Boot 的自动配置其实很简单，是不是跃跃欲试地想让自己的项目也具备这样的功能。其实我们完全可以仿照上面 http 编码配置的例子自己写一个自动配置，不过这里再做的彻底点，我们自己写一个 starter pom，这意味着我们不仅有自动配置的功能，而且具有更通用的耦合度更低的配置。

为了方便理解，在这里举一个简单的实战例子，包含当某个类存在的时候，自动配置这个类的 Bean，并可将 Bean 的属性在 application.properties 中配置。

（1）新建 starter 的 Maven 项目，如图 6-11 所示。

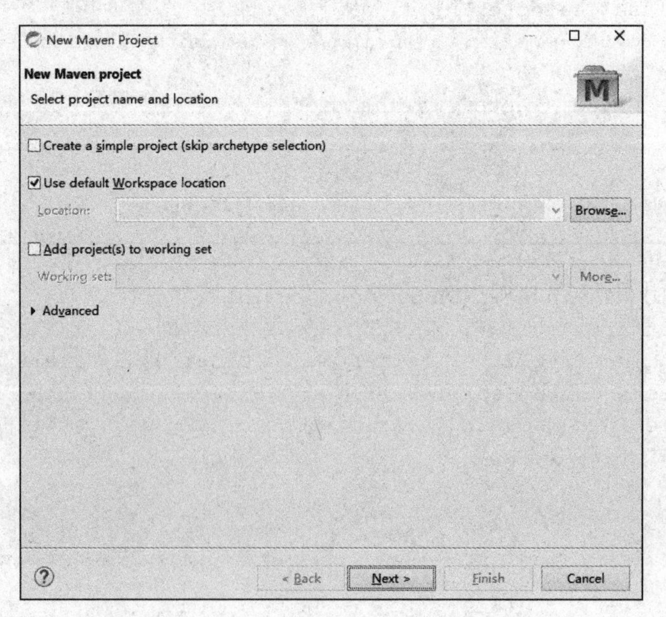

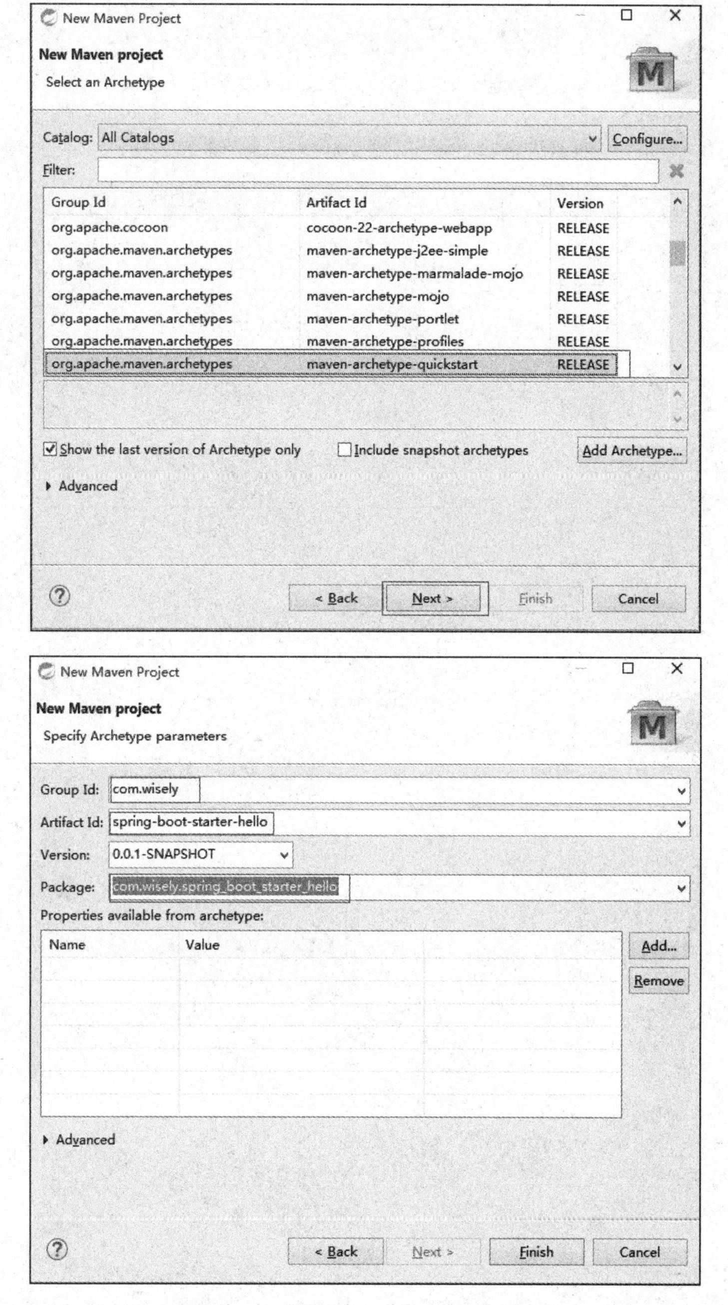

图 6-11　新建 starter 的 Maven 项目

在 pom.xml 中修改代码如下：

```
<project xmlns="http://maven.apache.org/POM/4.0.0"
xmlns:xsi="http://www.w3.org/2001/XMLSchema-instance"
  xsi:schemaLocation="http://maven.apache.org/POM/4.0.0
http://maven.apache.org/xsd/maven-4.0.0.xsd">
  <modelVersion>4.0.0</modelVersion>

  <groupId>com.wisely</groupId>
  <artifactId>spring-boot-starter-hello</artifactId>
  <version>0.0.1-SNAPSHOT</version>
  <packaging>jar</packaging>

  <name>spring-boot-starter-hello</name>
  <url>http://maven.apache.org</url>

  <properties>
    <project.build.sourceEncoding>UTF-8</project.build.sourceEncoding>
  </properties>

  <dependencies>
    <dependency>
        <groupId>org.springframework.boot</groupId>
        <artifactId>spring-boot-autoconfigure</artifactId>
        <version>1.3.0.M1</version>
     </dependency>
    <dependency>
      <groupId>junit</groupId>
      <artifactId>junit</artifactId>
      <version>3.8.1</version>
      <scope>test</scope>
    </dependency>
  </dependencies>
  <!-- 使用 Spring Boot 正式版时，无须下列配置 -->
  <repositories>
        <repository>
            <id>spring-snapshots</id>
            <name>Spring Snapshots</name>
            <url>https://repo.spring.io/snapshot</url>
            <snapshots>
                <enabled>true</enabled>
            </snapshots>
        </repository>
        <repository>
            <id>spring-milestones</id>
            <name>Spring Milestones</name>
```

```
            <url>https://repo.spring.io/milestone</url>
            <snapshots>
                <enabled>false</enabled>
            </snapshots>
        </repository>
    </repositories>
    <pluginRepositories>
        <pluginRepository>
            <id>spring-snapshots</id>
            <name>Spring Snapshots</name>
            <url>https://repo.spring.io/snapshot</url>
            <snapshots>
                <enabled>true</enabled>
            </snapshots>
        </pluginRepository>
        <pluginRepository>
            <id>spring-milestones</id>
            <name>Spring Milestones</name>
            <url>https://repo.spring.io/milestone</url>
            <snapshots>
                <enabled>false</enabled>
            </snapshots>
        </pluginRepository>
    </pluginRepositories>
</project>
```

代码解释

在此处增加 Spring Boot 自身的自动配置作为依赖。

（2）属性配置，代码如下：

```
package com.wisely.spring_boot_starter_hello;

import org.springframework.boot.context.properties.ConfigurationProperties;

@ConfigurationProperties(prefix="hello")
public class HelloServiceProperties {

    private static final String MSG = "world";

    private String msg = MSG;
```

```
    public String getMsg() {
        return msg;
    }

    public void setMsg(String msg) {
        this.msg = msg;
    }


}
```

代码解释

这里配置与 6.2.3 节是一样的，是类型安全的属性获取。在 application.properties 中通过 hello.msg= 来设置，若不设置，默认为 hello.msg=world。

（3）判断依据类，代码如下：

```
package com.wisely.spring_boot_starter_hello;

public class HelloService {

    private String msg;


     public String sayHello(){
         return "Hello" + msg;
     }


    public String getMsg() {
        return msg;
    }


    public void setMsg(String msg) {
        this.msg = msg;
    }


}
```

代码解释

本例根据此类的存在与否来创建这个类的Bean，这个类可以是第三方类库的类。

（4）自动配置类，代码如下：

```
package com.wisely.spring_boot_starter_hello;

import org.springframework.beans.factory.annotation.Autowired;
import org.springframework.boot.autoconfigure.condition.ConditionalOnClass;
import
org.springframework.boot.autoconfigure.condition.ConditionalOnMissingBean;
import org.springframework.boot.autoconfigure.condition.ConditionalOnProperty;
import
org.springframework.boot.context.properties.EnableConfigurationProperties;
import org.springframework.context.annotation.Bean;
import org.springframework.context.annotation.Configuration;

@Configuration
@EnableConfigurationProperties(HelloServiceProperties.class)
@ConditionalOnClass(HelloService.class)
@ConditionalOnProperty(prefix = "hello", value = "enabled", matchIfMissing = true)
public class HelloServiceAutoConfiguration {

    @Autowired
    private HelloServiceProperties helloServiceProperties;

    @Bean
    @ConditionalOnMissingBean(HelloService.class)
    public HelloService helloService(){
        HelloService helloService =  new HelloService();
        helloService.setMsg(helloServiceProperties.getMsg());
        return helloService;
    }
}
```

代码解释

根据 HelloServiceProperties 提供的参数，并通过@ConditionalOnClass 判断 HelloService 这个类在类路径中是否存在，且当容器中没有这个 Bean 的情况下自动配置这个 Bean。

（5）注册配置。在 6.5.1 中我们知道，若想自动配置生效，需要注册自动配置类。在 src/main/resources 下新建 META-INF/spring.factories，结构如图 6-12 所示。

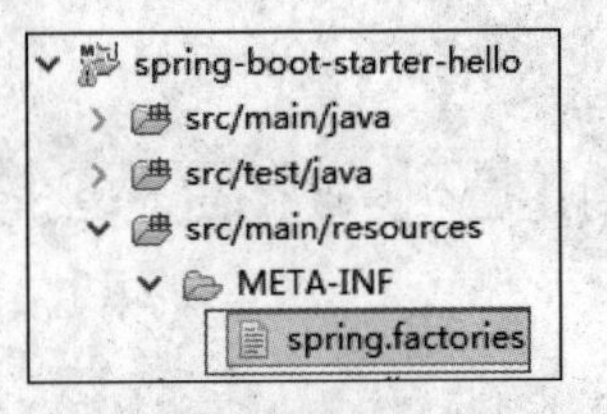

图 6-12　结构

在 spring.factories 中填写如下内容注册：

```
org.springframework.boot.autoconfigure.EnableAutoConfiguration=\
com.wisely.spring_boot_starter_hello.HelloServiceAutoConfiguration
```

若有多个自动配置，则用“,”隔开，此处“\”是为了换行后仍然能读到属性。

另外，若在此例新建的项目中无 src/main/resources 文件夹，需执行如图 6-13 所示操作。

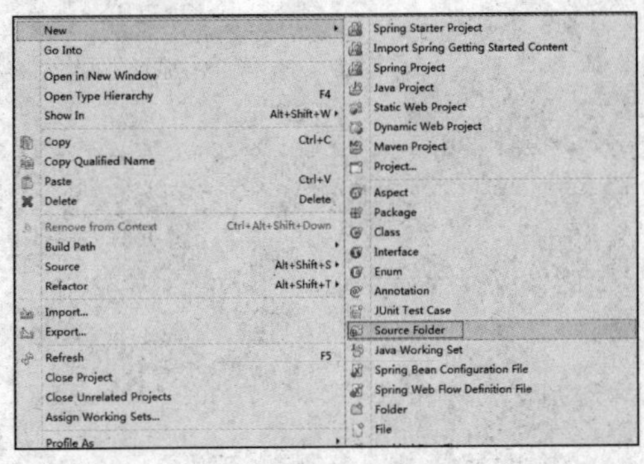

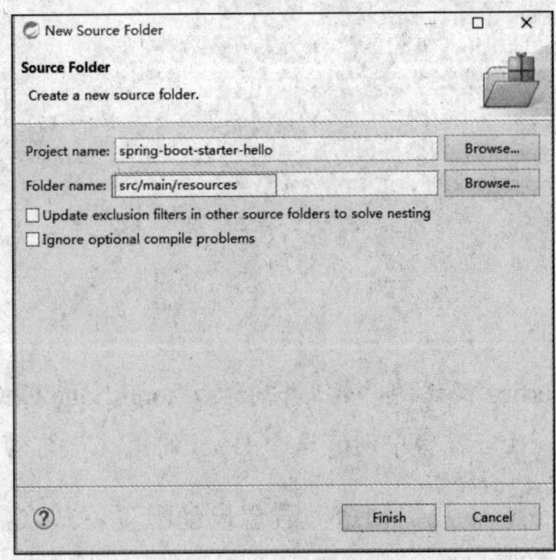

图 6-13　调出 src/maln/resources 文件夹

（5）使用 starter。新建 Spring Boot 项目，并将我们的 starter 作为依赖，如图 6-14 所示。

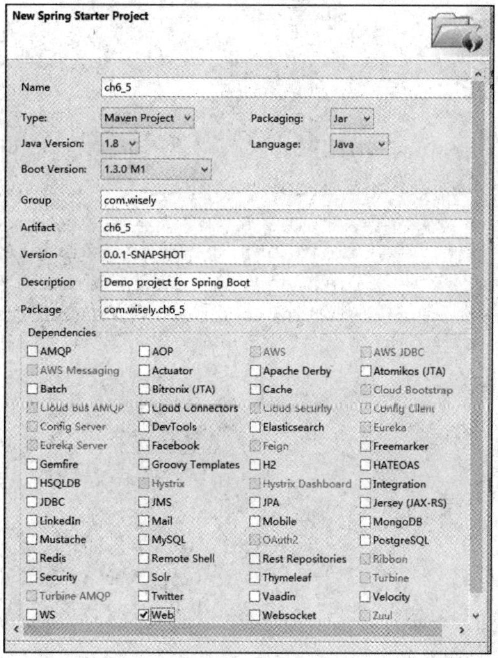

图 6-14　新建 Spring Boot 项目

在 pom.xml 中添加 spring-boot-starter-hello 的依赖，代码如下：

```
<dependency>
        <groupId>com.wisely</groupId>
        <artifactId>spring-boot-starter-hello</artifactId>
        <version>0.0.1-SNAPSHOT</version>
</dependency>
```

我们可以在 Maven 的依赖里查看 spring-boot-starter-hello，如图 6-15 所示。

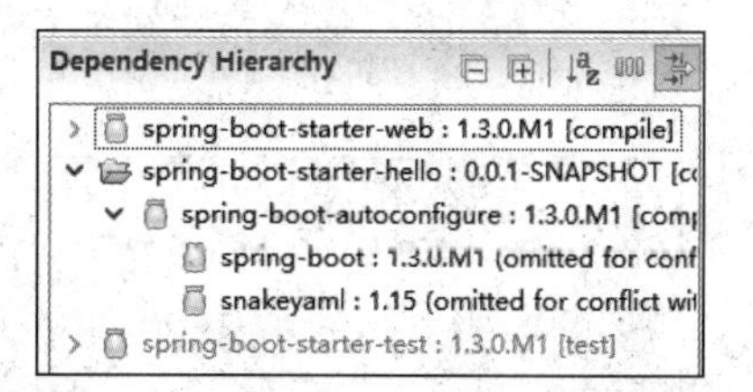

图 6-15　查看 spring-Doot-starter-hello

在开发阶段，我们引入的依赖是 spring-boot-starter-hello 这个项目。在 starter 稳定之后，我们可以将 spring-boot-starter-hello 通过“mvn install”安装到本地库，或者将这个 jar 包发布到 Maven 私服上。

简单的运行类代码如下：

```
package com.wisely.ch6_5;

import org.springframework.beans.factory.annotation.Autowired;
import org.springframework.boot.SpringApplication;
import org.springframework.boot.autoconfigure.SpringBootApplication;
import org.springframework.web.bind.annotation.RequestMapping;
import org.springframework.web.bind.annotation.RestController;

import com.wisely.spring_boot_starter_hello.HelloService;
@RestController
@SpringBootApplication
public class Ch65Application {

    @Autowired
    HelloService helloService;

    @RequestMapping("/")
    public String index(){
        return helloService.sayHello();
    }

   public static void main(String[] args) {
      SpringApplication.run(Ch65Application.class, args);
   }
}
```

在代码中可以直接注入 HelloService 的 Bean，但在项目中我们并没有配置这个 Bean，这是通过自动配置完成的。

访问 http://localhost:8080，效果如图 6-16 所示。

图 6-16　访问 http://local host:8080

这时在 application.properties 中配置 msg 的内容：

```
hello.msg= wangyunfei
```

此时再次访问 http://localhost:8080，效果如图 6-17 所示。

图 6-17　查看效果

在 application.properties 中添加 debug 属性，查看自动配置报告：

```
debug=true
```

我们新增的自动配置显示在控制台的报告中，如图 6-18 所示。

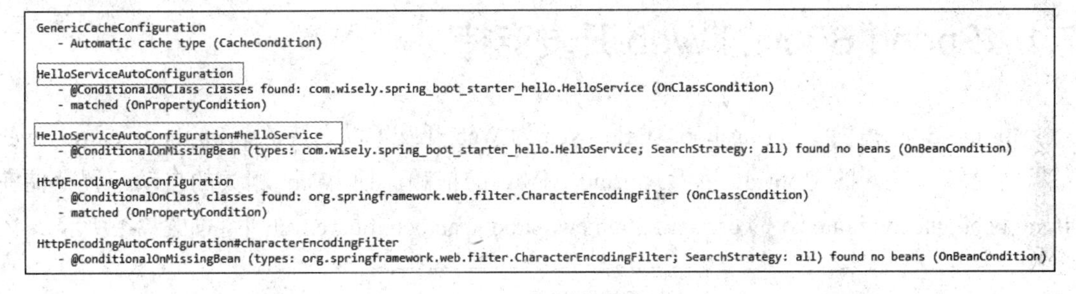

图 6-18　控制台报告

第 7 章

Spring Boot 的 Web 开发

Web 开发是开发中至关重要的一部分，Web 开发的核心内容主要包括内嵌 Servlet 容器和 Spring MVC。

7.1 Spring Boot 的 Web 开发支持

Spring Boot 提供了 spring-boot-starter-web 为 Web 开发予以支持，spring-boot-starter- web 为我们提供了嵌入的 Tomcat 以及 Spring MVC 的依赖。而 Web 相关的自动配置存储在 spring-boot-autoconfigure.jar 的 org.springframework.boot. autoconfigure.web 下，如图 7-1 所示。

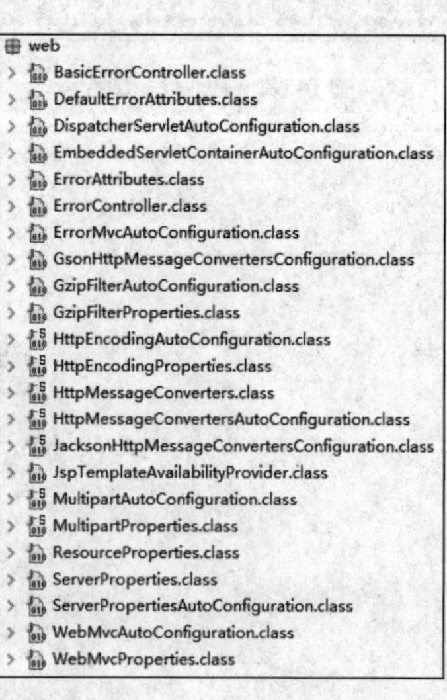

图 7-1　Web 相关的自动配置

从这些文件名可以看出：

- ServerPropertiesAutoConfiguration 和 ServerProperties 自动配置内嵌 Servlet 容器；
- HttpEncodingAutoConfiguration 和 HttpEncodingProperties 用来自动配置 http 的编码；
- MultipartAutoConfiguration 和 MultipartProperties 用来自动配置上传文件的属性；
- JacksonHttpMessageConvertersConfiguration 用来自动配置 mappingJackson2HttpMessageConverter 和 mappingJackson2XmlHttpMessage Converter；
- WebMvcAutoConfiguration 和 WebMvcProperties 配置 Spring MVC。

7.2 Thymeleaf 模板引擎

本书前面的内容很少用到页面模板引擎相关的内容，偶尔使用了 JSP 页面，但是尽可能少地涉及 JSP 相关知识，这是因为 JSP 在内嵌的 Servlet 的容器上运行有一些问题（内嵌 Tomcat、Jetty 不支持以 jar 形式运行 JSP，Undertow 不支持 JSP）。

Spring Boot 提供了大量模板引擎，包含括 FreeMarker、Groovy、Thymeleaf、Velocity 和 Mustache，Spring Boot 中推荐使用 Thymeleaf 作为模板引擎，因为 Thymeleaf 提供了完美的 Spring MVC 的支持。

7.2.1 Thymeleaf 基础知识

Thymeleaf 是一个 Java 类库，它是一个 xml/xhtml/html5 的模板引擎，可以作为 MVC 的 Web 应用的 View 层。

Thymeleaf 还提供了额外的模块与 Spring MVC 集成，所以我们可以使用 Thymeleaf 完全替代 JSP。

下面我们演示日常工作中常用的 Thymeleaf 用法，我们将把本节的内容在 7.2.4 节运行演示。

1. 引入 Thymeleaf

下面的代码是一个基本的 Thymeleaf 模板页面，在这里我们引入了 Bootstrap（作为样式控制）和 jQuery（DOM 操作），当然它们不是必需的：

```
<html xmlns:th="http://www.thymeleaf.org"><!-- 1 -->
```

```
 <head>
     <meta content="text/html;charset=UTF-8"/>
    <link th:src="@{bootstrap/css/bootstrap.min.css}" rel="stylesheet"/> <!-- 2
-->
    <link th:src="@{bootstrap/css/bootstrap-theme.min.css}"
rel="stylesheet"/><!-- 2 -->
 </head>
 <body>

 <script th:src="@{jquery-1.10.2.min.js}" type="text/javascript"></script><!--
2 -->
 <script th:src="@{bootstrap/js/bootstrap.min.js}"></script><!-- 2 -->
 </body>
</html>
```

代码解释

① 通过 xmlns:th=http://www.thymeleaf.org 命名空间，将静态页面转换为动态的视图。需要进行动态处理的元素将使用“th:”为前缀；

② 通过“@{}”引用 Web 静态资源，这在 JSP 下是极易出错的。

2. 访问 model 中的数据

通过“${}”访问 model 中的属性，这和 JSP 极为相似。

```
<div class="panel panel-primary">
   <div class="panel-heading">
       <h3 class="panel-title">访问 model</h3>
   </div>
   <div class="panel-body">
        <span th:text="${singlePerson.name}"></span>
   </div>
</div>
```

代码解释

使用<span th:text=*"${singlePerson.name}"*></span>访问 model 中的 singlePerson 的 name 属性。注意：需要处理的动态内容需要加上“th:”前缀。

3. model 中的数据迭代

Thymeleaf 的迭代和 JSP 的写法也很相似，代码如下：

```
<div class="panel panel-primary">
  <div class="panel-heading">
      <h3 class="panel-title">列表</h3>
  </div>
  <div class="panel-body">
      <ul class="list-group">
          <li class="list-group-item" th:each="person:${people}">
              <span th:text="${person.name}"></span>
                <span th:text="${person.age}"></span>
          </li>
      </ul>
  </div>
</div>
```

代码解释

使用 th:each 来做循环迭代（th:each=*"person:${people}"*），person 作为迭代元素来使用，然后像上面一样访问迭代元素中的属性。

4. 数据判断

代码如下：

```
<div th:if="${not #lists.isEmpty(people)}">
     <div class="panel panel-primary">
       <div class="panel-heading">
           <h3 class="panel-title">列表</h3>
       </div>
       <div class="panel-body">
           <ul class="list-group">
               <li class="list-group-item" th:each="person:${people}">
                   <span th:text="${person.name}"></span>
                     <span th:text="${person.age}"></span>
               </li>
           </ul>
       </div>
   </div>
</div>
```

代码解释

通过${not #lists.isEmpty(people)}表达式判断 people 是否为空。Thymeleaf 支持 **>**、**<**、**>=**、**<=** **==**、**!=** 作为比较条件，同时也支持将 SpringEL 表达式语言用于条件中。

5. 在 JavaScript 中访问 model

在项目中，我们经常需要在 JavaScript 访问 model 中的值，在 Thymeleaf 里实现代码如下：

```
<script th:inline="javascript">
    var single = [[${singlePerson}]];
    console.log(single.name+"/"+single.age)
</script>
```

代码解释

- 通过 th:inline="*javascript*"添加到 script 标签，这样 JavaScript 代码即可访问 model 中的属性；
- 通过“[[${}]]”格式获得实际的值。

还有一种是需要在 html 的代码里访问 model 中的属性，例如，我们需要在列表后单击每一行后面的按钮获得 model 中的值，可做如下处理：

```
<li class="list-group-item" th:each="person:${people}">
   <span th:text="${person.name}"></span>
    <span th:text="${person.age}"></span>
    <button class="btn" th:onclick="'getName(\'' + ${person.name} + '\');'">获
得名字</button>
</li>
```

代码解释

注意格式 th:onclick="'getName(\'' + ${person.name} + '\');'"。

6. 其他知识

更多更完整的 Thymeleaf 的知识，请查看 http://www.thymeleaf.org 的官网。

7.2.2 与 Spring MVC 集成

在 Spring MVC 中，若我们需要集成一个模板引擎的话，需要定义 ViewResolver，而 ViewResolver 需要定义一个 View，如 4.2.2 节中我们为 JSP 定义的 ViewResolver 的代码：

```
@Bean
    public InternalResourceViewResolver viewResolver(){
         InternalResourceViewResolver viewResolver = new
InternalResourceViewResolver();
         viewResolver.setPrefix("/WEB-INF/classes/views/");
```

```
        viewResolver.setSuffix(".jsp");
        viewResolver.setViewClass(JstlView.class);
        return viewResolver;
    }
```

通过上面的代码可以看出，使用 JsltView 定义了一个 InternalResourceViewResolver，因而使用 Thymeleaf 作为我们的模板引擎也应该做类似的定义。庆幸的是，Thymeleaf 为我们定义好了 org.thymeleaf.spring4.view.ThymeleafView 和 org.thymeleaf.spring4.view.ThymeleafViewResolver（默认使用 ThymeleafView 作为 View）。Thymeleaf 给我们提供了一个 SpringTemplateEngine 类，用来驱动在 Spring MVC 下使用 Thymeleaf 模板引擎，另外还提供了一个 TemplateResolver 用来设置通用的模板引擎（包含前缀、后缀等），这使我们在 Spring MVC 中集成 Thymeleaf 引擎变得十分简单，代码如下：

```
    @Bean
    public  TemplateResolver templateResolver(){
     TemplateResolver templateResolver = new ServletContextTemplateResolver();
     templateResolver.setPrefix("/WEB-INF/templates");
     templateResolver.setSuffix(".html");
     templateResolver.setTemplateMode("HTML5");
     return templateResolver;

    }

    @Bean
    public SpringTemplateEngine templateEngine(){
     SpringTemplateEngine templateEngine = new SpringTemplateEngine();
     templateEngine.setTemplateResolver(templateResolver());
     return templateEngine;
    }

    @Bean
    public ThymeleafViewResolver thymeleafViewResolver(){
     ThymeleafViewResolver thymeleafViewResolver = new ThymeleafViewResolver();
     thymeleafViewResolver.setTemplateEngine(templateEngine());
//      thymeleafViewResolver.setViewClass(ThymeleafView.class);
     return thymeleafViewResolver;
    }
```

7.2.3 Spring Boot 的 Thymeleaf 支持

在上一节我们讲述了 Thymeleaf 与 Spring MVC 集成的配置，讲述的目的是为了方便大家理解 Spring MVC 和 Thymeleaf 集成的原理。但在 Spring Boot 中这一切都是不需要的，Spring Boot 通过 org.springframework.boot.autoconfigure.thymeleaf 包对 Thymeleaf 进行了自动配置，如图 7-2 所示。

thymeleaf
ThymeleafAutoConfiguration.class
ThymeleafProperties.class
ThymeleafTemplateAvailabilityProvider.class

图 7-2 thymeleaf 包

通过 ThymeleafAutoConfiguration 类对集成所需要的 Bean 进行自动配置，包括 templateResolver、templateEngine 和 thymeleafViewResolver 的配置。

通过 ThymeleafProperties 来配置 Thymeleaf，在 application.properties 中，以 spring.thymeleaf 开头来配置，通过查看 ThymeleafProperties 的主要源码，我们可以看出如何设置属性以及默认配置：

```
@ConfigurationProperties("spring.thymeleaf")
public class ThymeleafProperties {

    public static final String DEFAULT_PREFIX = "classpath:/templates/";

    public static final String DEFAULT_SUFFIX = ".html";

    /**
     *前缀设置，Spring Boot 默认模板，放置在 classpath:/templates/ 目录下
     */
    private String prefix = DEFAULT_PREFIX;

    /**
     * 后缀设置，默认为 html
     */
    private String suffix = DEFAULT_SUFFIX;

    /**
     * 模板模式设置，默认为 HTML 5
     */
    private String mode = "HTML5";

    /**
     * 模板的编码设置，默认为 UTF-8
     */
```

```
    private String encoding = "UTF-8";

    /**
     * 模板的媒体类型设置，默认为 text/html.
     */
    private String contentType = "text/html";

    /**
     * 是否开启模板缓存，默认是开启，开发时请关闭
     */
    private boolean cache = true;
    //….
}
```

7.2.4　实战

1. 新建 Spring Boot 项目

选择 Thymeleaf 依赖，spring-boot-starter-thymeleaf 会自动包含 spring-boot-starter-web，如图 7-3 所示。

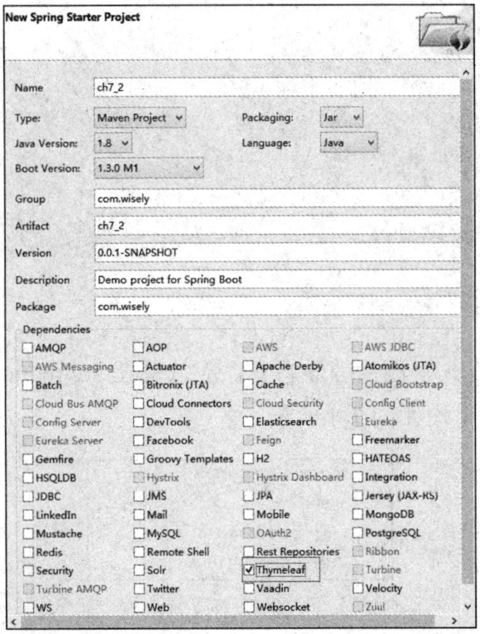

图 7-3　新建 Spring Boot 项目

2. 示例 JavaBean

此类用来在模板页面展示数据用，包含 name 属性和 age 属性：

```
package com.wisely;

public class Person {
    private String name;
    private Integer age;

    public Person() {
        super();
    }
    public Person(String name, Integer age) {
        super();
        this.name = name;
        this.age = age;
    }
    public String getName() {
        return name;
    }
    public void setName(String name) {
        this.name = name;
    }
    public Integer getAge() {
        return age;
    }
    public void setAge(Integer age) {
        this.age = age;
    }
}
```

3. 脚本样式静态文件

根据默认原则，脚本样式、图片等静态文件应放置在 src/main/resources/static 下，这里引入了 Bootstrap 和 jQuery，结构如图 7-4 所示。

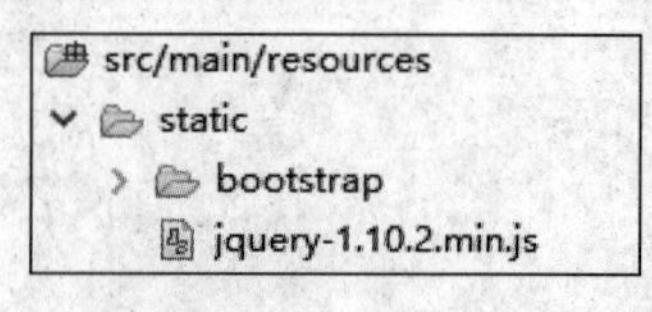

图 7-4　文件位置

4. 演示页面

根据默认原则，页面应放置在 src/main/resources/templates 下。在 src/main/resources/templates 下新建 index.html，如图 7-5 所示。

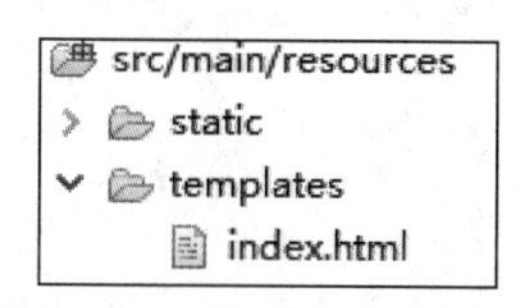

图 7-5　新建 index.html

代码如下：

```
<html xmlns:th="http://www.thymeleaf.org">
  <head>
     <meta content="text/html;charset=UTF-8"/>
     <meta http-equiv="X-UA-Compatible" content="IE=edge"/>
    <meta name="viewport" content="width=device-width, initial-scale=1"/>
   <link th:href="@{bootstrap/css/bootstrap.min.css}" rel="stylesheet"/>
   <link th:href="@{bootstrap/css/bootstrap-theme.min.css}" rel="stylesheet"/>
  </head>
  <body>

  <div class="panel panel-primary">
    <div class="panel-heading">
        <h3 class="panel-title">访问 model</h3>
    </div>
    <div class="panel-body">
         <span th:text="${singlePerson.name}"></span>
    </div>
  </div>

  <div th:if="${not #lists.isEmpty(people)}">
      <div class="panel panel-primary">
        <div class="panel-heading">
            <h3 class="panel-title">列表</h3>
        </div>
        <div class="panel-body">
            <ul class="list-group">
                 <li class="list-group-item" th:each="person:${people}">
                    <span th:text="${person.name}"></span>
                     <span th:text="${person.age}"></span>
```

```
                <button class="btn" th:onclick="'getName(\'' + ${person.name}
+ '\');'">获得名字</button>
              </li>
          </ul>
       </div>
    </div>
</div>

 <script th:src="@{jquery-1.10.2.min.js}" type="text/javascript"></script><!--
2 -->
 <script th:src="@{bootstrap/js/bootstrap.min.js}"></script><!-- 2 -->

 <script th:inline="javascript">
   var single = [[${singlePerson}]];
   console.log(single.name+"/"+single.age)

   function getName(name){
       console.log(name);
   }
 </script>

 </body>
</html>
```

5. 数据准备

代码如下：

```
package com.wisely;

import java.util.ArrayList;
import java.util.List;

import org.springframework.boot.SpringApplication;
import org.springframework.boot.autoconfigure.SpringBootApplication;
import org.springframework.stereotype.Controller;
import org.springframework.ui.Model;
import org.springframework.web.bind.annotation.RequestMapping;
@Controller
@SpringBootApplication
public class Ch72Application {

    @RequestMapping("/")
    public String index(Model model){
```

```
        Person single = new Person("aa",11);

        List<Person> people = new ArrayList<Person>();
        Person p1 = new Person("xx",11);
        Person p2 = new Person("yy",22);
        Person p3 = new Person("zz",33);
        people.add(p1);
        people.add(p2);
        people.add(p3);

        model.addAttribute("singlePerson", single);
        model.addAttribute("people", people);

        return "index";
    }

    public static void main(String[] args) {
        SpringApplication.run(Ch72Application.class, args);
    }
}
```

6. 运行

访问 http://localhost:8080，效果如图 7-6 所示。

单击“获得名字”选项，效果如图 7-7 所示。

图 7-6　访问 http://localhost：8080

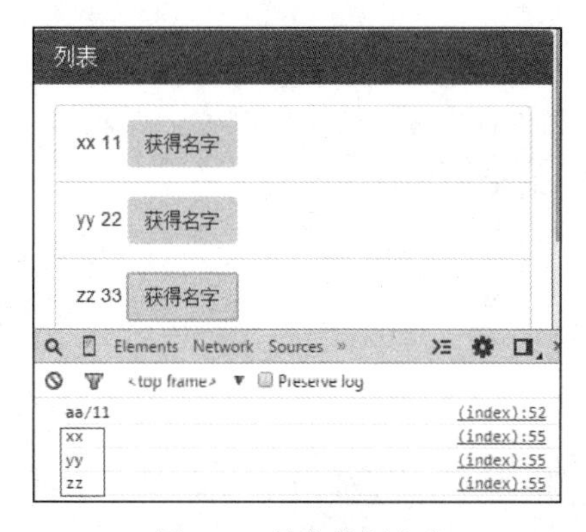

图 7-7　单击获得名字

7.3 Web 相关配置

7.3.1 Spring Boot 提供的自动配置

通过查看 WebMvcAutoConfiguration 及 WebMvcProperties 的源码，可以发现 Spring Boot 为我们提供了如下的自动配置。

1. 自动配置的 ViewResolver

（1）ContentNegotiatingViewResolver

这是 Spring MVC 提供的一个特殊的 ViewResolver，ContentNegotiatingViewResolver 不是自己处理 View，而是代理给不同的 ViewResolver 来处理不同的 View，所以它有最高的优先级。

（2）BeanNameViewResolver

在控制器（@Controller）中的一个方法的返回值的字符串（视图名）会根据 BeanNameViewResolver 去查找 Bean 的名称为返回字符串的 View 来渲染视图。是不是不好理解，下面举个小例子。

定义 BeanNameViewResolver 的 Bean：

```
@Bean
        public BeanNameViewResolver beanNameViewResolver() {
            BeanNameViewResolver resolver = new BeanNameViewResolver();
            return resolver;
        }
```

定义一个 View 的 Bean，名称为 jsonView：

```
@Bean
    public MappingJackson2JsonView jsonView(){
        MappingJackson2JsonView jsonView = new MappingJackson2JsonView();
        return jsonView;
    }
```

在控制器中，返回值为字符串 jsonView，它会找 Bean 的名称为 jsonView 的视图来渲染：

```
@RequestMapping(value = "/json",produces={MediaType.APPLICATION_JSON_VALUE})
    public String json(Model model) {
        Person single = new Person("aa",11);
        model.addAttribute("single", single);
```

```
        return "jsonView";
    }
```

（3）InternalResourceViewResolver

这个是一个极为常用的 ViewResolver，主要通过设置前缀、后缀，以及控制器中方法来返回视图名的字符串，以得到实际页面，Spring Boot 的源码如下：

```
    @Bean
    @ConditionalOnMissingBean(InternalResourceViewResolver.class)
    public InternalResourceViewResolver defaultViewResolver() {
        InternalResourceViewResolver resolver = new
InternalResourceViewResolver();
        resolver.setPrefix(this.prefix);
        resolver.setSuffix(this.suffix);
        return resolver;
    }
```

2. 自动配置的静态资源

在自动配置类的 addResourceHandlers 方法中定义了以下静态资源的自动配置。

（1）类路径文件

把类路径下的/static、/public、/resources 和 /META-INF/resources 文件夹下的静态文件直接映射为/**，可以通过 http://localhost:8080/**来访问。

（2）webjar

何谓 webjar，webjar 就是将我们常用的脚本框架封装在 jar 包中的 jar 包，更多关于 webjar 的内容请访问 http://www.webjars.org 网站。

把 webjar 的/META-INF/resources/webjars/下的静态文件映射为/webjar/**，可以通过 http://localhost:8080/webjar/**来访问。

3. 自动配置的 Formatter 和 Converter

关于自动配置 Formatter 和 Converter，我们可以看一下 WebMvcAutoConfiguration 类中的定义：

```
@Override
    public void addFormatters(FormatterRegistry registry) {
        for (Converter<?, ?> converter : getBeansOfType(Converter.class)){
```

```
                registry.addConverter(converter);
            }

            for (GenericConverter converter :
getBeansOfType(GenericConverter.class)) {
                registry.addConverter(converter);
            }

            for (Formatter<?> formatter : getBeansOfType(Formatter.class)) {
                registry.addFormatter(formatter);
            }
        }

        private <T> Collection<T> getBeansOfType(Class<T> type) {
            return this.beanFactory.getBeansOfType(type).values();
        }
```

从代码中可以看出，只要我们定义了 Converter、GenericConverter 和 Formatter 接口的实现类的 Bean，这些 Bean 就会自动注册到 Spring MVC 中。

4. 自动配置的 HttpMessageConverters

在 WebMvcAutoConfiguration 中，我们注册了 messageConverters，代码如下：

```
@Autowired
        private HttpMessageConverters messageConverters;

        @Override
        public void configureMessageConverters(List<HttpMessageConverter<?>>
converters) {
            converters.addAll(this.messageConverters.getConverters());
        }
```

在这里直接注入了 HttpMessageConverters 的 Bean，而这个 Bean 是在 HttpMessageConvertersAutoConfiguration 类中定义的，我们自动注册的 HttpMessage Converter 除了 Spring MVC 默认的 ByteArrayHttpMessageConverter、StringHttpMessage Converter、Resource HttpMessageConverter、SourceHttpMessageConverter、AllEncompassing FormHttpMessageConverter 外，在我们的 HttpMessageConverters AutoConfiguration 的自动配置文件里还引入了 JacksonHttpMessageConverters Configuration 和 GsonHttpMessage ConverterConfiguration，使我们获得了额外的 HttpMessageConverter：

- 若 jackson 的 jar 包在类路径上，则 Spring Boot 通过 JacksonHttpMessage Converters Configuration 增加 MappingJackson2HttpMessage Converter 和 Mapping Jackson2 XmlHttpMessageConverter；
- 若 gson 的 jar 包在类路径上，则 Spring Boot 通过 GsonHttpMessageConverter Configuration 增加 GsonHttpMessageConverter。

在 Spring Boot 中，如果要新增自定义的 HttpMessageConverter，则只需定义一个你自己的 HttpMessageConverters 的 Bean，然后在此 Bean 中注册自定义 HttpMessageConverter 即可，例如：

```
@Bean
public HttpMessageConverters customConverters() {
    HttpMessageConverter<?> customConverter1= new CustomConverter1();
    HttpMessageConverter<?> customConverter2= new CustomConverter2();
    return new HttpMessageConverters(customConverter1, customConverter2);
}
```

5. 静态首页的支持

把静态 index.html 文件放置在如下目录。

- classpath:/META-INF/resources/index.html
- classpath:/resources/index.html
- classpath:/static/index.html
- classpath:/public/index.html

当我们访问应用根目录 http://localhost:8080/时，会直接映射。

7.3.2 接管 Spring Boot 的 Web 配置

如果 Spring Boot 提供的 Spring MVC 默认配置不符合你的需求，则可以通过一个配置类（注解有@Configuration 的类）加上@EnableWebMvc 注解来实现完全自己控制的 MVC 配置。

当然，通常情况下，Spring Boot 的自动配置是符合我们大多数需求的。在你既需要保留 Spring Boot 提供的便利，又需要增加自己的额外的配置的时候，可以定义一个配置类并继承 WebMvcConfigurerAdapter，无须使用@EnableWebMvc 注解，然后按照第 4 章讲解的 Spring MVC 的配置方法来添加 Spring Boot 为我们所做的其他配置，例如：

```
@Configuration
public class WebMvcConfig  extends WebMvcConfigurerAdapter{
```

```
    @Override
    public void addViewControllers(ViewControllerRegistry registry) {
        registry.addViewController("/xx").setViewName("/xx");
    }

}
```

值得指出的是，在这里重写的 addViewControllers 方法，并不会覆盖 WebMvcAutoConfiguration 中的 addViewControllers（在此方法中，Spring Boot 将“/”映射至 index.html），这也就意味着我们自己的配置和 Spring Boot 的自动配置同时有效，这也是我们推荐添加自己的 MVC 配置的方式。

7.3.3 注册 Servlet、Filter、Listener

当使用嵌入式的 Servlet 容器（Tomcat、Jetty 等）时，我们通过将 Servlet、Filter 和 Listener 声明为 Spring Bean 而达到注册的效果；或者注册 ServletRegistrationBean、FilterRegistrationBean 和 ServletListenerRegistrationBean 的 Bean。

（1）直接注册 Bean 示例，代码如下：

```
 @Bean
public XxServlet xxServlet (){
        return new XxServlet();
    }
    @Bean
    public YyFilter yyFilter (){
        return new YyFilter();
    }

    @Bean
    public ZzListener zzListener (){
        return new ZzListener();
    }
```

（2）通过 RegistrationBean 示例：

```
 @Bean
    public ServletRegistrationBean servletRegistrationBean(){
        return new ServletRegistrationBean(new XxServlet(),"/xx/*");
    }
    @Bean
    public FilterRegistrationBean filterRegistrationBean(){
```

```
        FilterRegistrationBean registrationBean = new FilterRegistrationBean();
        registrationBean.setFilter( new YyFilter());
        registrationBean.setOrder(2);
        return registrationBean;
    }

    @Bean
    public ServletListenerRegistrationBean<ZzListener>
zzListenerServletRegistrationBean(){
        return new ServletListenerRegistrationBean<ZzListener>(new
ZzListener());
    }
```

7.4 Tomcat配置

本节虽然叫Tomcat配置，但其实指的是servlet容器的配置，因为Spring Boot默认内嵌的Tomcat为servlet容器，所以本节只讲对Tomcat配置，其实本节的配置对Tomcat、Jetty和Undertow都是通用的。

7.4.1 配置Tomcat

关于Tomcat的所有属性都在org.springframework.boot.autoconfigure.web.ServerProperties配置类中做了定义，我们只需在application.properties配置属性做配置即可。通用的Servlet容器配置都以“server”作为前缀，而Tomcat特有配置都以“server.tomcat”作为前缀。下面举一些常用的例子。

配置Servlet容器:

```
server.port= #配置程序端口，默认为8080
server.session-timeout= #用户会话session过期时间，以秒为单位
server.context-path= #配置访问路径，默认为/
```

配置Tomcat：

```
server.tomcat.uri-encoding = #配置Tomcat编码，默认为UTF-8
server.tomcat.compression= # Tomcat是否开启压缩，默认为关闭off
```

更为详细的Servlet容器配置及Tomcat配置，请查看附录A中以“server”和“server. tomcat”为前缀的配置。

7.4.2 代码配置 Tomcat

如果你需要通过代码的方式配置 servlet 容器，则可以注册一个实现 EmbeddedServletContainerCustomizer 接口的 Bean；若想直接配置 Tomcat、Jetty、Undertow，则可以直接定定义 TomcatEmbeddedServletContainerFactory、JettyEmbeddedServletContainerFactory、UndertowEmbeddedServletContainerFactory。

1. 通用配置

（1）新建类的配置：

```
package com.wisely.ch7_4;

import java.util.concurrent.TimeUnit;

import
org.springframework.boot.context.embedded.ConfigurableEmbeddedServletContaine
r;
import
org.springframework.boot.context.embedded.EmbeddedServletContainerCustomizer;
import org.springframework.boot.context.embedded.ErrorPage;
import org.springframework.http.HttpStatus;
import org.springframework.stereotype.Component;

@Component
public class CustomServletContainer implements
EmbeddedServletContainerCustomizer{

    @Override
    public void customize(ConfigurableEmbeddedServletContainer container) {
        container.setPort(8888); //1
        container.addErrorPages(new ErrorPage(HttpStatus.NOT_FOUND,
"/404.html"));//2
        container.setSessionTimeout(10,TimeUnit.MINUTES); //3

    }
}
```

（2）当前配置文件内配置。若要在当前已有的配置文件内添加类的 Bean 的话，则在 Spring 配置中，注意当前类要声明为 static：

```
@SpringBootApplication
```

```
public class Ch74Application {

    public static void main(String[] args) {
        SpringApplication.run(Ch74Application.class, args);
    }

    @Component
    public static class CustomServletContainer implements
EmbeddedServletContainerCustomizer{

        @Override
        public void customize(ConfigurableEmbeddedServletContainer container) {
            container.setPort(8888); //1
            container.addErrorPages(new ErrorPage(HttpStatus.NOT_FOUND,
"/404.html"));//2
            container.setSessionTimeout(10,TimeUnit.MINUTES); //3
        }

    }

}
```

2. 特定配置

下面以 Tomcat 为例（Jetty 使用 JettyEmbeddedServletContainerFactory，Undertow 使用 UndertowEmbeddedServletContainerFactory）：

```
@Bean
    public EmbeddedServletContainerFactory servletContainer() {
    TomcatEmbeddedServletContainerFactory factory = new
TomcatEmbeddedServletContainerFactory();
factory.setPort(8888); //1
factory.addErrorPages(new ErrorPage(HttpStatus.NOT_FOUND, "/404.html"));//2
    factory.setSessionTimeout(10, TimeUnit.MINUTES); //3
    return factory;
}
```

代码解释

上面两个例子的代码都实现了这些功能：

① 配置端口号；

② 配置错误页面，根据 HttpStatus 中的错误状态信息，直接转向错误页面，其中 404.html

放置在 src/main/resources/static 下即可；

③ 配置 Servlet 容器用户会话（session）过期时间。

7.4.3 替换 Tomcat

Spring Boot 默认使用 Tomcat 作为内嵌 Servlet 容器，查看 spring-boot-starter-web 依赖，如图 7-8 所示。

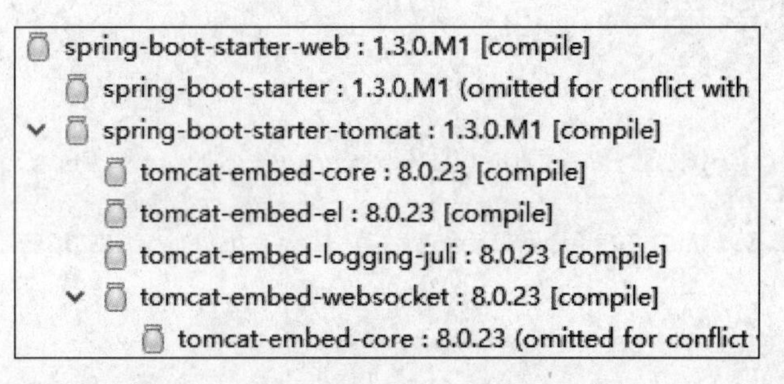

图 7-8 查看 Spring-boot-starter-web 依赖

如果要使用 Jetty 或者 Undertow 为 sevvlet 容器，只需修改 spring-boot-starter-web 的依赖即可。

1. 替换为 Jetty

在 pom.xml 中，将 spring-boot-starter-web 的依赖由 spring-boot-starter-tomcat 替换为 spring-boot-starter-Jetty：

```
<dependency>
        <groupId>org.springframework.boot</groupId>
        <artifactId>spring-boot-starter-web</artifactId>
        <exclusions>
            <exclusion>
                <groupId>org.springframework.boot</groupId>
                <artifactId>spring-boot-starter-tomcat</artifactId>
            </exclusion>
        </exclusions>
    </dependency>
    <dependency>
        <groupId>org.springframework.boot</groupId>
        <artifactId>spring-boot-starter-jetty</artifactId>
    </dependency>
```

此时启动 Spring Boot，控制台输出效果如图 7-9 所示。

```
Started ServerConnector@106cb08{HTTP/1.1}{0.0.0.0:8080}
Jetty started on port(s) 8080 (http/1.1)
Started Ch72Application in 4.077 seconds (JVM running for 4.408)
```

图 7-9　控制台输出效果

2. 替换为 Undertow

在 pom.xml 中，将 spring-boot-starter-web 的依赖由 spring-boot-starter-tomcat 替换为 spring-boot-starter-undertow：

```
<dependency>
            <groupId>org.springframework.boot</groupId>
            <artifactId>spring-boot-starter-web</artifactId>
            <exclusions>
                <exclusion>
                    <groupId>org.springframework.boot</groupId>
                    <artifactId>spring-boot-starter-tomcat</artifactId>
                </exclusion>
            </exclusions>
        </dependency>

        <dependency>
            <groupId>org.springframework.boot</groupId>
            <artifactId>spring-boot-starter-undertow</artifactId>
    </dependency>
```

此时启动 Spring Boot，控制台输出效果如图 7-10 所示。

```
Undertow started on port(s) 8080 (http)
Started Ch72Application in 2.26 seconds (JVM running for 2.578)
```

图 7-10　控制台输出效果

7.4.4　SSL 配置

SSL 的配置也是我们在实际应用中经常遇到的场景。

SSL（Secure Sockets Layer，安全套接层）是为网络通信提供安全及数据完整性的一种安全协议，SSL 在网络传输层对网络连接进行加密。SSL 协议位于 TCP/IP 协议与各种应用层协议之间，为数据通信提供安全支持。SSL 协议可分为两层： SSL 记录协议（SSL Record Protocol），它建立在可靠的传输协议（如 TCP）之上，为高层协议提供数据封装、压缩、加密等基本功能的支持。SSL 握手协议（SSL Handshake Protocol），它建立在 SSL 记录协议之上，用于在实际数据传输开始前，通信双方进行身份认证、协商加密算法、交换加密密钥等。

而在基于 B/S 的 Web 应用中，是通过 HTTPS 来实现 SSL 的。HTTPS 是以安全为目标的 HTTP 通道，简单讲是 HTTP 的安全版，即在 HTTP 下加入 SSL 层，HTTPS 的安全基础是 SSL。

因为 Spring Boot 用的是内嵌的 Tomcat，因而我们做 SSL 配置的时候需要做如下的操作。

1. 生成证书

使用 SSL 首先需要一个证书，这个证书既可以是自签名的，也可以是从 SSL 证书授权中心获得的。本例为了演示方便，演示自授权证书的生成。

每一个 JDK 或者 JRE 里都有一个工具叫 keytool，它是一个证书管理工具，可以用来生成自签名的证书，如图 7-11 所示。

jdk1.8.0 › bin
名称
jvisualvm.exe
keytool.exe
kinit.exe
jre8 › bin ›
名称
kcms.dll
keytool.exe
kinit.exe

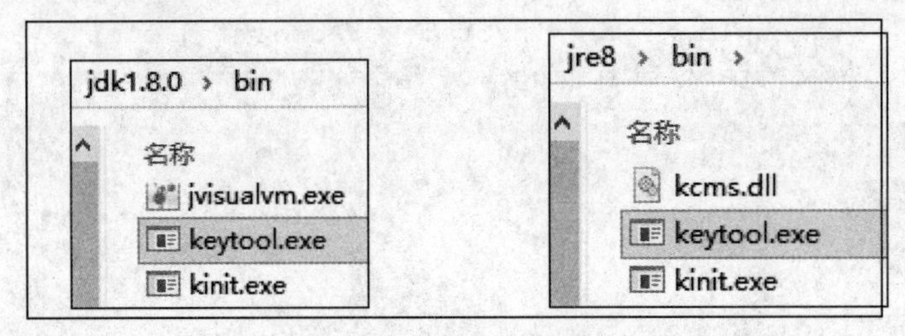

图 7-11 keytool

在配置了 JAVA_HOME，并将 JAVA_HOME 的 bin 目录加入到 Path 后，即可在控制台调用该命令，如图 7-12 所示。

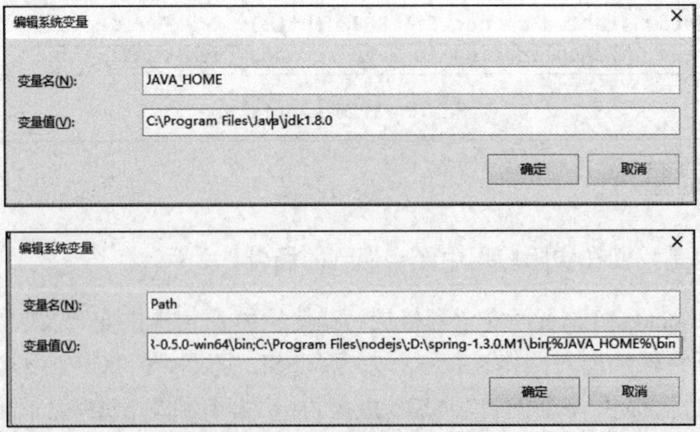

编辑系统变量
变量名(N):
JAVA_HOME
变量值(V):
C:\Program Files\Java\jdk1.8.0
确定
取消
编辑系统变量
变量名(N):
Path
变量值(V):
-0.5.0-win64\bin;C:\Program Files\nodejs\;D:\spring-1.3.0.M1\bin;%JAVA_HOME%\bin
确定
取消

图 7-12 将 bin 目录加入到 Path

在控制台输入如下命令，然后按照提示操作，如图 7-13 所示。

```
keytool -genkey  -alias tomcat
```

```
C:\Users\wisely>keytool -genkey -alias tomcat
输入密钥库口令:
再次输入新口令:
您的名字与姓氏是什么?
  [Unknown]:  wang
您的组织单位名称是什么?
  [Unknown]:  wisely
您的组织名称是什么?
  [Unknown]:  wisely
您所在的城市或区域名称是什么?
  [Unknown]:  hefei
您所在的省/市/自治区名称是什么?
  [Unknown]:  anhui
该单位的双字母国家/地区代码是什么?
  [Unknown]:  86
CN=wang, OU=wisely, O=wisely, L=hefei, ST=anhui, C=86是否正确?
  [否]:  y

输入 <tomcat> 的密钥口令
        (如果和密钥库口令相同, 按回车):
再次输入新口令:
```

图 7-13　按照提示操作

这时候我们在当前目录下生成了一个.keystore 文件，这就是我们要用的证书文件，如图 7-14 所示。

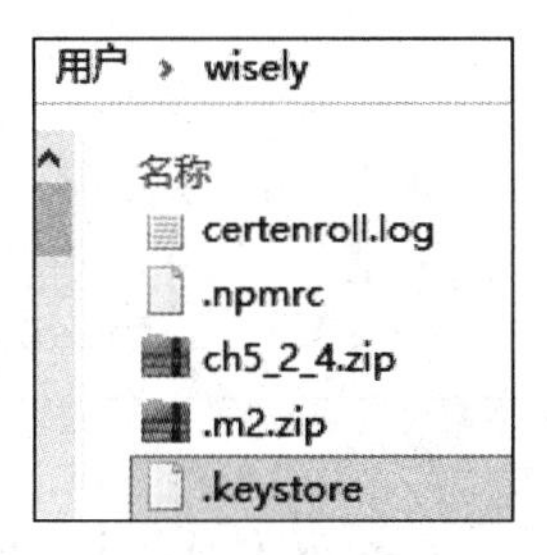

图 7-14　keystore 文件

2. Spring Boot 配置 SSL

添加一个 index.html 到 src/main/resources/static 下，作为测试。

将.keystore 文件复制到项目的根目录，然后在 application.properties 中做如下 SSL 的配置：

```
server.port = 8443
server.ssl.key-store = .keystore
server.ssl.key-store-password= 111111
server.ssl.keyStoreType= JKS
```

```
server.ssl.keyAlias: tomcat
```

此时启动 Spring Boot，控制台输出效果如图 7-15 所示。

```
Tomcat started on port(s): 8443 (https)
Started Ch74Application in 2.659 seconds (JVM running for 2.957)
```

图 7-15　控制台输出效果

此时访问 https://localhost:8443，效果如图 7-16 所示。

图 7-16　访问 localhost:8443

3. http 转向 https

很多时候我们在地址栏输入的是 http，但是会自动转向到 https，例如我们访问百度的时候，如图 7-17 所示。

图 7-17　http 自动转向 https

要实现这个功能，我们需配置 TomcatEmbeddedServletContainerFactory，并且添加 Tomcat 的 connector 来实现。

这时我们需要在配置文件里增加如下配置：

```
import org.apache.catalina.Context;
import org.apache.catalina.connector.Connector;
import org.apache.tomcat.util.descriptor.web.SecurityCollection;
```

```
import org.apache.tomcat.util.descriptor.web.SecurityConstraint;
import org.springframework.boot.SpringApplication;
import org.springframework.boot.autoconfigure.SpringBootApplication;
import
org.springframework.boot.context.embedded.EmbeddedServletContainerFactory;
import
org.springframework.boot.context.embedded.tomcat.TomcatEmbeddedServletContain
erFactory;
import org.springframework.context.annotation.Bean;

@SpringBootApplication
public class Ch74Application {

    public static void main(String[] args) {
        SpringApplication.run(Ch74Application.class, args);
    }


    @Bean
    public EmbeddedServletContainerFactory servletContainer() {
      TomcatEmbeddedServletContainerFactory tomcat = new
TomcatEmbeddedServletContainerFactory() {
          @Override
          protected void postProcessContext(Context context) {
            SecurityConstraint securityConstraint = new SecurityConstraint();
            securityConstraint.setUserConstraint("CONFIDENTIAL");
            SecurityCollection collection = new SecurityCollection();
            collection.addPattern("/*");
            securityConstraint.addCollection(collection);
            context.addConstraint(securityConstraint);
          }
        };

      tomcat.addAdditionalTomcatConnectors(httpConnector());
      return tomcat;
    }
    @Bean
    public Connector httpConnector() {
      Connector connector = new
Connector("org.apache.coyote.http11.Http11NioProtocol");
      connector.setScheme("http");
      connector.setPort(8080);
      connector.setSecure(false);
      connector.setRedirectPort(8443);
      return connector;
```

```
    }
}
```

此时启动 Spring Boot，控制台输出效果如图 7-18 所示。

```
Tomcat started on port(s): 8443 (https) 8080 (http)
Started Ch74Application in 2.464 seconds (JVM running for 2.786)
```

图 7-18　启动 Spring Boot

此时我们访问:http://localhost:8080，会自动转到 https://localhost:8443，如图 7-19 所示。

图 7-19　自动转到 https://localhost:8443

7.5　Favicon 配置

7.5.1　默认的 Favicon

Spring Boot 提供了一个默认的 Favicon，每次访问应用的时候都能看到，如图 7-20 所示。

7.5.2　关闭 Favicon

我们可以在 application.properties 中设置关闭 Favicon，默认为开启，如图 7-21 所示。

```
spring.mvc.favicon.enabled=false
```

图 7-20　默认的 Favicon

图 7-21　关闭 Favicon

7.5.3 设置自己的 Favicon

若需要设置自己的 Favicon，则只需将自己的 favicon.ico（文件名不能变动）文件放置在类路径根目录、类路径 META-INF/resources/下、类路径 resources/下、类路径 static/下或类路径 public/下。这里将 favicon.ico 放置在 src/main/resources/static 下，运行效果如图 7-22 所示。

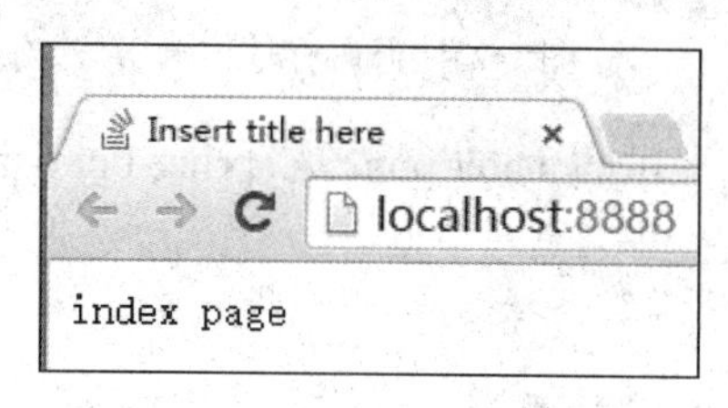

图 7-22 运行效果

7.6 WebSocket

7.6.1 什么是 WebSocket

WebSocket 为浏览器和服务端提供了双工异步通信的功能，即浏览器可以向服务端发送消息，服务端也可以向浏览器发送消息。WebSocket 需浏览器的支持，如 IE 10+、Chrome 13+、Firefox 6+，这对我们现在的浏览器来说都不是问题。

WebSocket 是通过一个 socket 来实现双工异步通信能力的。但是直接使用 WebSocket（或者 SockJS：WebSocket 协议的模拟，增加了当浏览器不支持 WebSocket 的时候的兼容支持）协议开发程序显得特别烦琐，我们会使用它的子协议 STOMP，它是一个更高级别的协议，STOMP 协议使用一个基于帧（frame）的格式来定义消息，与 HTTP 的 request 和 response 类似（具有类似于@RequestMapping 的@MessageMapping），我们会在后面实战内容中观察 STOMP 的帧。

7.6.2 Spring Boot 提供的自动配置

Spring Boot 对内嵌的 Tomcat（7 或者 8）、Jetty9 和 Undertow 使用 WebSocket 提供了支持。配置源码存于 org.springframework.boot.autoconfigure.websocket 下，如图 7-23 所示。

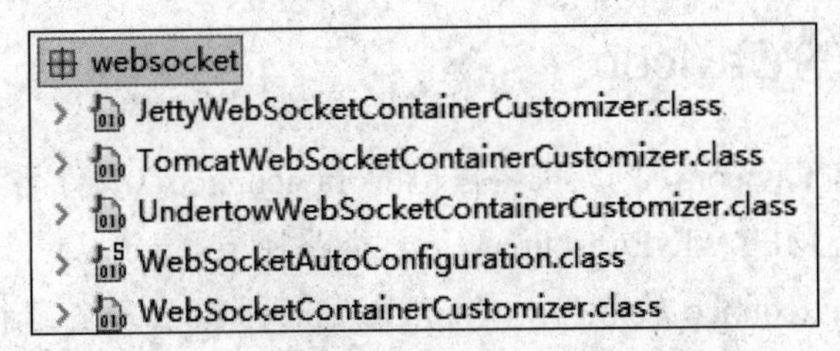

图 7-23　源码存放位置

Spring Boot 为 WebSocket 提供的 stater pom 是 spring-boot-starter-websocket。

7.6.3　实战

1. 准备

新建 Spring Boot 项目，选择 Thymeleaf 和 Websocket 依赖，如图 7-24 所示。

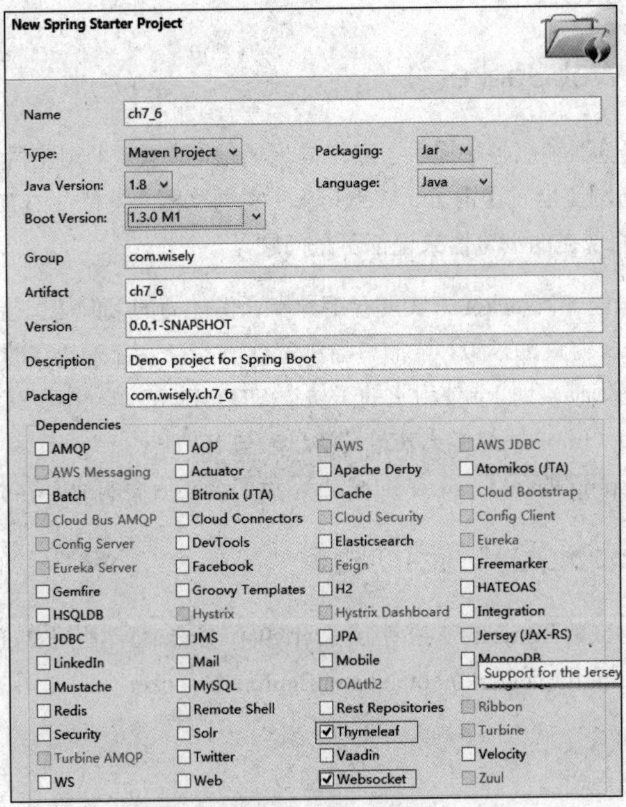

图 7-24　选择 Thymeleaf 和 Websocket

2. 广播式

广播式即服务端有消息时，会将消息发送给所有连接了当前 endpoint 的浏览器。

（1）配置 WebSocket，需要在配置类上使用@EnableWebSocketMessageBroker 开启 WebSocket 支持，并通过继承 AbstractWebSocketMessageBrokerConfigurer 类，重写其方法来配置 WebSocket。

代码如下：

```
package com.wisely.ch7_6;

import org.springframework.context.annotation.Configuration;
import org.springframework.messaging.simp.config.MessageBrokerRegistry;
import
org.springframework.web.socket.config.annotation.AbstractWebSocketMessageBrok
erConfigurer;
import
org.springframework.web.socket.config.annotation.EnableWebSocketMessageBroker
;
import org.springframework.web.socket.config.annotation.StompEndpointRegistry;

@Configuration
@EnableWebSocketMessageBroker//1
public class WebSocketConfig extends AbstractWebSocketMessageBrokerConfigurer{

    @Override
    public void registerStompEndpoints(StompEndpointRegistry registry) { //2
        registry.addEndpoint("/endpointWisely").withSockJS(); //3
    }


    @Override
    public void configureMessageBroker(MessageBrokerRegistry registry) {//4
        registry.enableSimpleBroker("/topic"); //5
    }

}
```

代码解释

① 通过@EnableWebSocketMessageBroker 注解开启使用 STOMP 协议来传输基于代理（message broker）的消息，这时控制器支持使用@MessageMapping，就像使用@RequestMapping

一样。

② 注册 STOMP 协议的节点（endpoint），并映射的指定的 URL。

③ 注册一个 STOMP 的 endpoint，并指定使用 SockJS 协议。

④ 配置消息代理（Message Broker）。

⑤ 广播式应配置一个/topic 消息代理。

（2）浏览器向服务端发送的消息用此类接受：

```
package com.wisely.ch7_6.domain;

public class WiselyMessage {
    private String name;

    public String getName(){
        return name;
    }
}
```

（3）服务端向浏览器发送的此类的消息：

```
package com.wisely.ch7_6.domain;

public class WiselyResponse {
    private String responseMessage;
    public WiselyResponse(String responseMessage){
        this.responseMessage = responseMessage;
    }
    public String getResponseMessage(){
        return responseMessage;
    }
}
```

（4）演示控制器，代码如下：

```
package com.wisely.ch7_6.web;

import org.springframework.messaging.handler.annotation.MessageMapping;
import org.springframework.messaging.handler.annotation.SendTo;
import org.springframework.stereotype.Controller;

import com.wisely.ch7_6.domain.WiselyMessage;
```

```
import com.wisely.ch7_6.domain.WiselyResponse;

@Controller
public class WsController {
@MessageMapping("/welcome") //1
@SendTo("/topic/getResponse") //2
    public WiselyResponse say(WiselyMessage message) throws Exception {
            Thread.sleep(3000);
            return new WiselyResponse("Welcome, " + message.getName() + "!");
    }
}
```

代码解释

① 当浏览器向服务端发送请求时，通过@MessageMapping 映射/welcome 这个地址，类似于@RequestMapping。

② 当服务端有消息时，会对订阅了@SendTo 中的路径的浏览器发送消息。

（5）添加脚本。将 stomp.min.js（STOMP 协议的客户端脚本）、sockjs.min.js（SockJS 的客户端脚本）以及 jQuery 放置在 src/main/resources/static 下。读者可在这一章的源码里找到这几个脚本，或者自行下载。

（6）演示页面。在 src/main/resources/templates 下新建 ws.html，代码如下：

```
<!DOCTYPE html>
<html xmlns:th="http://www.thymeleaf.org">
<head>
    <meta charset="UTF-8" />
    <title>Spring Boot+WebSocket+广播式</title>

</head>
<body onload="disconnect()">
<noscript><h2 style="color: #ff0000">貌似你的浏览器不支持websocket</h2></noscript>
<div>
    <div>
        <button id="connect" onclick="connect();">连接</button>
        <button id="disconnect" disabled="disabled" onclick="disconnect();">断开
连接</button>
    </div>
    <div id="conversationDiv">
        <label>输入你的名字</label><input type="text" id="name" />
        <button id="sendName" onclick="sendName();">发送</button>
```

```
        <p id="response"></p>
    </div>
</div>
<script th:src="@{sockjs.min.js}"></script>
<script th:src="@{stomp.min.js}"></script>
<script th:src="@{jquery.js}"></script>
<script type="text/javascript">
    var stompClient = null;

    function setConnected(connected) {
        document.getElementById('connect').disabled = connected;
        document.getElementById('disconnect').disabled = !connected;
        document.getElementById('conversationDiv').style.visibility = connected ?
'visible' : 'hidden';
        $('#response').html();
    }

    function connect() {
        var socket = new SockJS('/endpointWisely'); //1
        stompClient = Stomp.over(socket); //2
        stompClient.connect({}, function(frame) { //3
            setConnected(true);
            console.log('Connected: ' + frame);
            stompClient.subscribe('/topic/getResponse', function(respnose){ //4
                showResponse(JSON.parse(respnose.body).responseMessage);
            });
        });
    }
    function disconnect() {
        if (stompClient != null) {
            stompClient.disconnect();
        }
        setConnected(false);
        console.log("Disconnected");
    }

    function sendName() {
        var name = $('#name').val();
         //5
        stompClient.send("/welcome", {}, JSON.stringify({ 'name': name }));
    }

    function showResponse(message) {
          var response = $("#response");
```

```
heart-beat:10000,10000
```

连接成功的返回为：

```
CONNECTED
version:1.1
heart-beat:0,0
```

订阅目标（destination）/topic/getResponse：

```
SUBSCRIBE
id:sub-0
destination:/topic/getResponse
```

向目标（destination）/welcome 发送消息的格式为：

```
SEND
destination:/welcome
content-length:14
{\"name\":\"wyf\"}
```

从目标（destination）/topic/getResponse 接收的格式为：

```
MESSAGE
destination:/topic/getResponse
content-type:application/json;charset=UTF-8
subscription:sub-0
message-id:zxj4wyau-0
content-length:35
{\"responseMessage\":\"Welcome, wyf!\"}
```

3. 点对点式

广播式有自己的应用场景，但是广播式不能解决我们一个常见的场景，即消息由谁发送、由谁接收的问题。

本例中演示了一个简单的聊天室程序。例子中只有两个用户，互相发送消息给彼此，因需要用户相关的内容，所以先在这里引入最简单的 Spring Security 相关内容。

（1）添加 Spring Security 的 starter pom：

```
<dependency>
            <groupId>org.springframework.boot</groupId>
            <artifactId>spring-boot-starter-security</artifactId>
        </dependency>
```

（2）Spring Security 的简单配置。这里不对 Spring Security 做过多解释，只解释对本项目有帮助的部分：

```
@Configuration
@EnableWebSecurity
public class WebSecurityConfig extends WebSecurityConfigurerAdapter{
    @Override
    protected void configure(HttpSecurity http) throws Exception {
        http
                .authorizeRequests()
                .antMatchers("/","/login").permitAll()//1
                .anyRequest().authenticated()
                .and()
                .formLogin()
                .loginPage("/login") //2
                .defaultSuccessUrl("/chat") //3
                .permitAll()
                .and()
                .logout()
                .permitAll();
    }

    //4
    @Override
    protected void configure(AuthenticationManagerBuilder auth) throws Exception
{
         auth
                .inMemoryAuthentication()
                .withUser("wyf").password("wyf").roles("USER")
                .and()
                .withUser("wisely").password("wisely").roles("USER");
    }
    //5
    @Override
    public void configure(WebSecurity web) throws Exception {
        web.ignoring().antMatchers("/resources/static/**");
    }

}
```

代码解释

① 设置 Spring Security 对/和/“login”路径不拦截。

② 设置 Spring Security 的登录页面访问的路径为/login。

③ 登录成功后转向/chat 路径。

④ 在内存中分别配置两个用户 wyf 和 wisely，密码和用户名一致，角色是 USER。

⑤ /resources/static/目录下的静态资源，Spring Security 不拦截。

（3）配置 WebSocket：

```
@Configuration
@EnableWebSocketMessageBroker
public class WebSocketConfig extends AbstractWebSocketMessageBrokerConfigurer{

    @Override
    public void registerStompEndpoints(StompEndpointRegistry registry) {
        registry.addEndpoint("/endpointWisely").withSockJS();
        registry.addEndpoint("/endpointChat").withSockJS();//1
    }


    @Override
    public void configureMessageBroker(MessageBrokerRegistry registry) {
        registry.enableSimpleBroker("/queue","/topic"); //2
    }

}
```

代码解释

① 注册一个名为/endpointChat 的 endpoint。

② 点对点式应增加一个/queue 消息代理。

（4）控制器。在 WsController 内添加如下代码：

```
    @Autowired
    private SimpMessagingTemplate messagingTemplate;//1

    @MessageMapping("/chat")
    public void handleChat(Principal principal, String msg) { //2
        if (principal.getName().equals("wyf")) {//3
            messagingTemplate.convertAndSendToUser("wisely",
                    "/queue/notifications", principal.getName() + "-send:"
```

```
                        + msg); //4
        } else {
            messagingTemplate.convertAndSendToUser("wyf",
                    "/queue/notifications", principal.getName() + "-send:"
                        + msg);
        }
    }
```

代码解释

① 通过 SimpMessagingTemplate 向浏览器发送消息。

② 在 Spring MVC 中，可以直接在参数中获得 principal，pinciple 中包含当前用户的信息。

③ 这里是一段硬编码，如果发送人是 wyf，则发送给 wisely；如果发送人是 wisely，则发送给 wyf，读者可以根据项目实际需要改写此处代码。

④ 通过 messagingTemplate.convertAndSendToUser 向用户发送消息，第一个参数是接收消息的用户，第二个是浏览器订阅的地址，第三个是消息本身。

（5）登录页面。在 src/main/resources/templates 下新建 login.html，代码如下：

```
<!DOCTYPE html>
<html xmlns="http://www.w3.org/1999/xhtml" xmlns:th="http://www.thymeleaf.org"
      xmlns:sec="http://www.thymeleaf.org/thymeleaf-extras-springsecurity3">
<meta charset="UTF-8" />
<head>
    <title>登录页面</title>
</head>
<body>
<div th:if="${param.error}">
    无效的账号和密码
</div>
<div th:if="${param.logout}">
    你已注销
</div>
<form th:action="@{/login}" method="post">
    <div><label> 账号 : <input type="text" name="username"/> </label></div>
    <div><label> 密码: <input type="password" name="password"/> </label></div>
    <div><input type="submit" value="登陆"/></div>
</form>
</body>
</html>
```

（6）聊天页面。在 src/main/resources/templates 下新建 chat.html，代码如下：

```
<!DOCTYPE html>

<html xmlns:th="http://www.thymeleaf.org">
<meta charset="UTF-8" />
<head>
    <title>Home</title>
    <script th:src="@{sockjs.min.js}"></script>
    <script th:src="@{stomp.min.js}"></script>
    <script th:src="@{jquery.js}"></script>
</head>
<body>
<p>
    聊天室
</p>

<form id="wiselyForm">
    <textarea rows="4" cols="60" name="text"></textarea>
    <input type="submit"/>
</form>

<script th:inline="javascript">
    $('#wiselyForm').submit(function(e){
        e.preventDefault();
        var text = $('#wiselyForm').find('textarea[name="text"]').val();
        sendSpittle(text);
    });

    var sock = new SockJS("/endpointChat"); //1
    var stomp = Stomp.over(sock);
    stomp.connect('guest', 'guest', function(frame) {
        stomp.subscribe("/user/queue/notifications", handleNotification);//2
    });


    function handleNotification(message) {
        $('#output').append("<b>Received: " + message.body + "</b><br/>")
    }

    function sendSpittle(text) {
        stomp.send("/chat", {}, text);//3
    }
    $('#stop').click(function() {sock.close()});
```

```
</script>

<div id="output"></div>
</body>
</html>
```

代码解释

① 连接 endpoint 名称为“/endpointChat”的 endpoint。

② 订阅/user/queue/notifications 发送的消息，这里与在控制器的 messagingTemplate. convertAndSendToUser 中定义的订阅地址保持一致。这里多了一个/user，并且这个/user 是必须的，使用了/user 才会发送消息到指定的用户。

（7）增加页面的 viewController：

```
@Configuration
publicclass WebMvcConfig  extends WebMvcConfigurerAdapter{

    @Override
    publicvoid addViewControllers(ViewControllerRegistry registry) {
    registry.addViewController("/ws").setViewName("/ws");
    registry.addViewController("/login").setViewName("/login");
    registry.addViewController("/chat").setViewName("/chat");
       }

}
```

（8）运行。我们预期的效果是：两个用户登录系统，可以互发消息。但是一个浏览器的用户会话 session 是共享的，我们可以在谷歌浏览器设置两个独立的用户，从而实现用户会话 session 隔离，如图 7-29 所示。

现在分别在两个用户下的浏览器访问：http://localhost:8080/login，并登录，如图 7-30 所示。

wyf 用户向 wisely 用户发送消息，如图 7-31 所示。

wisely 用户向 wyf 用户发送消息如图 7-32 所示。

图 7-29　两个独立的用户

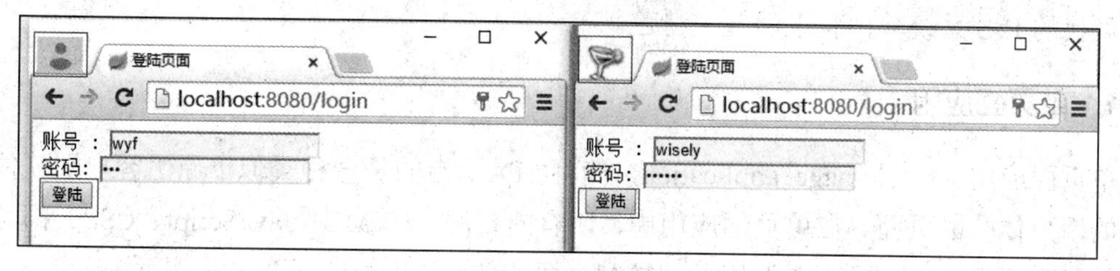

图 7-30　分别登录

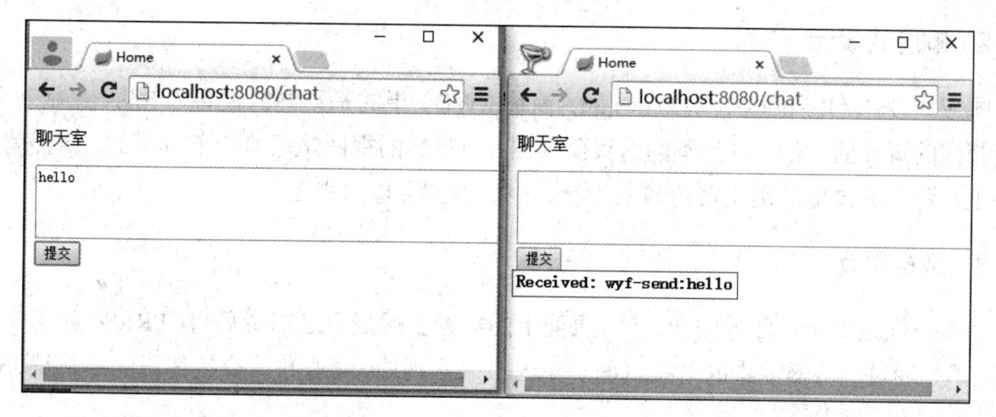

图 7-31　wyf 用户向 wisely 用户发送消息

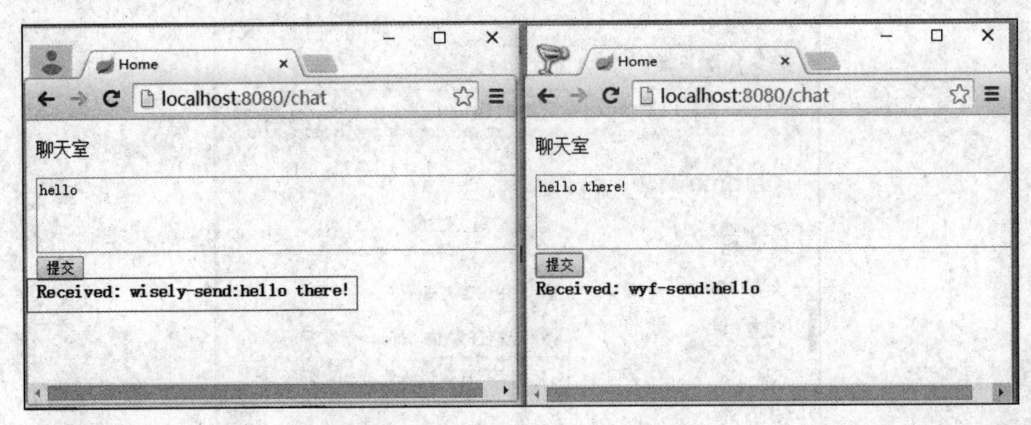

图 7-32 wisely 用户向 wyf 用户发送消息

7.7 基于 Bootstrap 和 AngularJS 的现代 Web 应用

现代的 B/S 系统软件有下面几个特色。

1. 单页面应用

单页面应用（single-page application，简称 SPA）指的是一种类似于原生客户端软件的更流畅的用户体验的页面。在单页面应用中，所有的资源（HTML、JavaScript、CSS）都是按需动态加载到页面上的，且不需要服务端控制页面的转向。

2. 响应式设计

响应式设计（Responsive web design，简称 RWD）指的是不同的设备（电脑、平板、手机）访问相同的页面的时候，得到不同的页面视图，而得到的视图是适应当前屏幕的。当然就算在电脑上，我们通过拖动浏览器窗口的大小，也能得到合适的视图。

3. 数据导向

数据导向是对于页面导向而言的，页面上的数据获得是通过消费后台的 REST 服务来实现的，而不是通过服务器渲染的动态页面（如 JSP）来实现的，一般数据交换使用的格式是 JSON。

本节将针对 Bootstrap 和 AngularJS 进行快速入门式的引导，如需深入学习，请参考官网或相关专题书籍。

7.7.1　Bootstrap

1. 什么是 Bootstrap

Bootstrap 官方定义：Bootstrap 是开发响应式和移动优先的 Web 应用的最流行的 HTML、CSS、JavaScript 框架。

Boostrap 实现了只使用一套代码就可以在不同的设备显示你想要的视图的功能。Bootstrap 还为我们提供了大量美观的 HTML 元素前端组件和 jQuery 插件。

2. 下载并引入 Bootstrap

下载地址：http://getbootstrap.com/getting-started/，如图 7-33 所示。

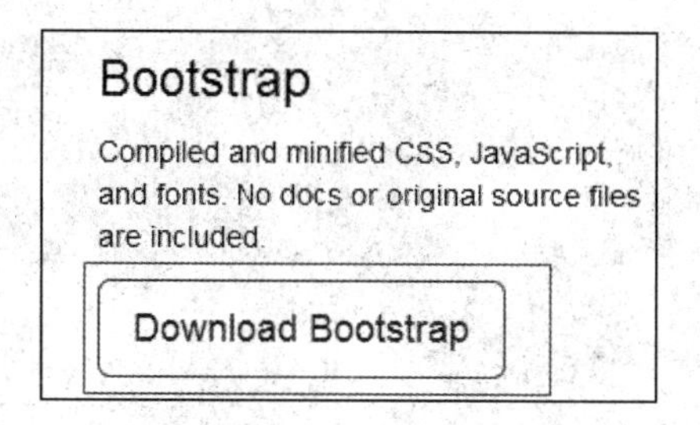

图 7-33　下载页面

下载的压缩包的目录结构如图 7-34 所示。

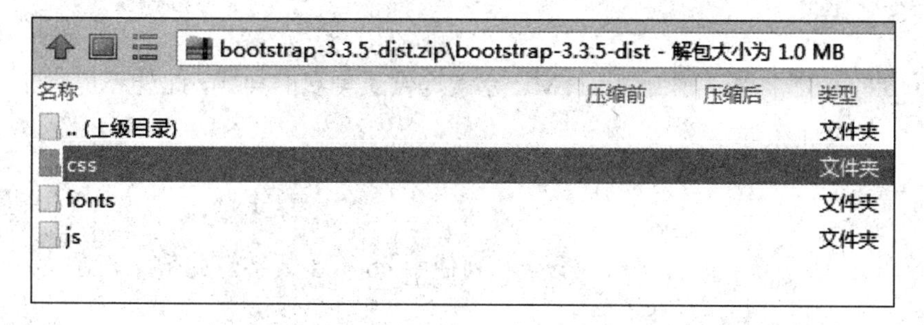

图 7-34　目录结构

最简单的 Bootstrap 页面模板如下：

```
<!DOCTYPE html>
<html lang="zh-cn">
  <head>
    <meta charset="utf-8">
    <meta http-equiv="X-UA-Compatible" content="IE=edge">
```

```
    <meta name="viewport" content="width=device-width, initial-scale=1">
    <!-- 上面 3 个 meta 标签必须是 head 的头三个标签，其余的 head 内标签在此 3 个之后 The above
3 meta tags *must* come first in the head; any other head content must come *after*
these tags -->
    <title>Bootstrap 基本模板</title>

    <!-- Bootstrap 的 CSS -->
    <link href="bootstrap/css/bootstrap.min.css" rel="stylesheet">

    <!-- HTML5 shim and Respond.js 用来让 IE 8 支持 HTML 5 元素和媒体查询 -->

    <!--[if lt IE 9]>
      <script src="js/html5shiv.min.js"></script>
      <script src="js/respond.min.js"></script>
    <![endif]-->
  </head>
  <body>
    <h1>你好, Bootstrap!</h1>

    <!-- jQuery 是 Bootstrap 脚本插件必需的 -->
    <script src="js/jquery.min.js"></script>
    <!-- 包含所有编译的插件 -->
    <script src="bootstrap/js/bootstrap.min.js"></script>
  </body>
</html>
```

3. CSS 支持

Bootstrap 的 CSS 样式为基础的 HTML 元素提供了美观的样式，此外还提供了一个高级的网格系统用来做页面布局。

（1）布局网格

在 Bootstrap 里，行使用的样式为 row，列使用 col-md-数字，此数字范围为 1～12，所有列加起来的和也是 12，代码如下：

```
<div class="row">
    <div class="col-md-1">.col-md-1</div>
    <div class="col-md-1">.col-md-1</div>
    <div class="col-md-1">.col-md-1</div>
    <div class="col-md-1">.col-md-1</div>
    <div class="col-md-1">.col-md-1</div>
    <div class="col-md-1">.col-md-1</div>
```

```
        <div class="col-md-1">.col-md-1</div>
        <div class="col-md-1">.col-md-1</div>
        <div class="col-md-1">.col-md-1</div>
        <div class="col-md-1">.col-md-1</div>
        <div class="col-md-1">.col-md-1</div>
        <div class="col-md-1">.col-md-1</div>
    </div>
    <div class="row">
        <div class="col-md-8">.col-md-8</div>
        <div class="col-md-4">.col-md-4</div>
    </div>
    <div class="row">
        <div class="col-md-4">.col-md-4</div>
        <div class="col-md-4">.col-md-4</div>
        <div class="col-md-4">.col-md-4</div>
    </div>
    <div class="row">
        <div class="col-md-6">.col-md-6</div>
        <div class="col-md-6">.col-md-6</div>
    </div>
```

布局效果如图 7-35 所示。

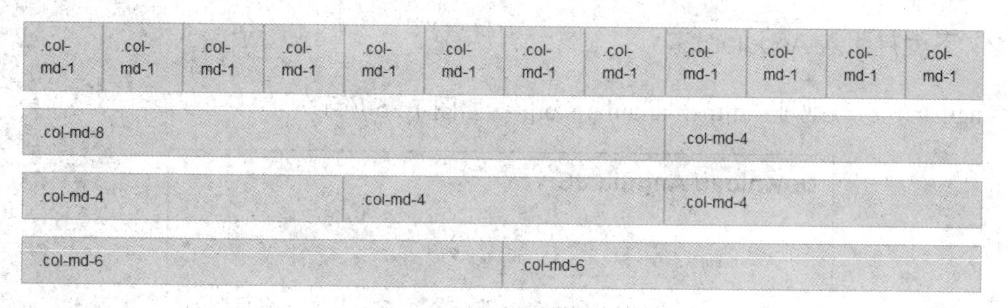

图 7-35 布局效果

（2）html 元素

Bootstrap 为 html 元素提供了大量的样式，如表单元素、按钮、图标等。更多内容请查看：http://getbootstrap.com/css/。

4. 页面组件支持

Bootstrap 为我们提供了大量的页面组件，包括字体图标、下拉框、导航条、进度条、缩略图等，更多请阅读 http://getbootstrap.com/components/。

5. Javascript 支持

Bootstrap 为我们提供了大量的 JavaScript 插件，包含模式对话框、标签页、提示、警告等，更多内容请查看 http://getbootstrap.com/javascript/。

7.7.2 AngularJS

1. 什么是 AngularJS

AngularJS 官方定义：AngularJS 是 HTML 开发本应该的样子，它是用来设计开发 Web 应用的。

AngularJS 使用声名式模板+数据绑定（类似于 JSP、Thymeleaf）、MVW（Model-View-Whatever）、MVVM（Model-View-ViewModel）、MVC（Model-View-Controller）、依赖注入和测试，但是这一切的实现却只借助纯客户端的 JavaScript。

HTML 一般是用来声明静态页面的，但是通常情况下我们希望页面是基于数据动态生成的，这也是我们很多服务端模板引擎出现的原因；而 AngularJS 可以只通过前端技术就实现动态的页面。

2. 下载并引入 AngularJS

AngularJS 下载地址：https://angularjs.org/，如图 7-36 所示。

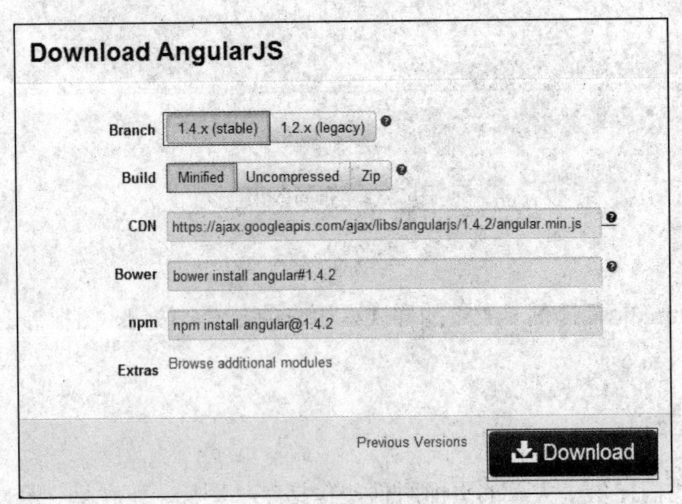

图 7-36 下载页面

最简单的 AngularJS 页面：

```
<!doctype html>
<html ng-app><!-- 1 -->
  <head>
    <script src="js/angular.min.js"></script><!-- 2 -->
  </head>
  <body>
    <div>
      <label>名字:</label>
      <input type="text" ng-model="yourName" placeholder="輸入你的名字"><!-- 3 -->
      <hr>
      <h1>你好 {{yourName}}!</h1><!-- 4 -->
    </div>
  </body>
</html>
```

代码解释

① ng-app 所作用的范围是 AngularJS 起效的范围，本例是整个页面有效。

② 载入 AngularJS 的脚本。

③ ng-model 定义整个 AngularJS 的前端数据模型，模型的名称为 yourName，模型的值来自你输入的值若输入的值改变，则数据模型值也会改变。

④ 使用{{模型名}}来读取模型中的值。

效果如图 7-37 所示。

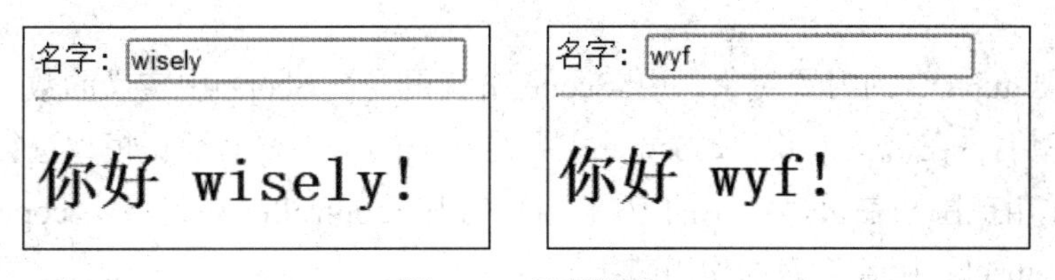

图 7-37　运行效果

3. 模块、控制器和数据绑定

我们对 MVC 的概念已经烂熟于心了，但是平时的 MVC 都是服务端的 MVC，这里用 AngularJS 实现了纯页面端的 MVC，即实现了视图模板、数据模型、代码控制的分离。

再来看看数据绑定，数据绑定是将视图和数据模型绑定在一起。如果视图变了，则模型的值就变了；如果模型值变了，则视图也会跟着改变。

AngularJS 为了分离代码达到复用的效果，提供了一个 module（模块）。定义一个模块需使用下面的代码。

无依赖模块：

```
angular.module('firstModule',[]);
```

有依赖模块：

```
angular.module('firstModule',['moduleA','moduleB']);
```

我们看到了 V 就是我们的页面元素，M 就是我们的 ng-model，那 C 呢？我们可以通过下面的代码来定义控制器，页面使用 ng-controller 来和其关联：

```
angular.module('firstModule',[])
    .controller('firstController',function(){
    ...
};
);
```

```
<div ng-controller="firstController">
...
</div>
```

4. Scope 和 Event

（1）Scope

Scope 是 AngularJS 的内置对象，用$Scope 来获得。在 Scope 中定义的数据是数据模型，可以通过{{模型名}}在视图上获得。Scope 主要是在编码中需要对数据模型进行处理的时候使用，Scope 的作用范围与在页面声明的范围一致（如在 controller 内使用，scope 的作用范围是页面声明 ng-controller 标签元素的作用范围）。

定义：

```
$scope.greeting='Hello'
```

获取：

```
{{greeting}}
```

（2）Event

因为 Scope 的作用范围不同，所以不同的 Scope 之间若要交互的话需要通过事件（Event）来完成。

1）冒泡事件（Emit）冒泡事件负责从子 Scope 向上发送事件，示例如下。

子 Scope 发送：

```
$scope.$emit('EVENT_NAME_EMIT ', 'message');
```

父 Scope 接受：

```
$scope.$on(''EVENT_NAME_EMIT', function(event, data) {
...
})
```

2）广播事件（Broadcast）。广播事件负责从父 Scope 向下发送事件，示例如下。

父 Scope 发送：

```
$scope.$broadcast('EVENT_NAME_BROAD ', 'message');
```

子 scope 接受

```
$scope.$on(''EVENT_NAME_BROAD', function(event, data) {
...
})
```

5. 多视图和路由

多视图和路由是 AngularJS 实现单页面应用的技术关键，AngularJS 内置了一个 $routeProvider 对象来负责页面加载和页面路由转向。

需要注意的是，1.2.0 之后的 AngularJS 将路由功能移出，所以使用路由功能要另外引入 angular-route.js

例如：

```
angular.module('firstModule').config(function($routeProvider) {
$routeProvider.when('/view1', { //1
    controller: 'Controller1', //2
    templateUrl: 'view1.html', //3
}).when('/view2', {
    controller: 'Controller2',
```

```
    templateUrl: 'view2.html',
});
})
```

代码解释

① 此处定义的是某个页面的路由名称。

② 此处定义的是当前页面使用的控制器。

③ 此处定义的要加载的真实页面。

在页面上可以用下面代码来使用我们定义的路由：

```
<ul>
    <li><a href="#/view1">view1</a></li>
    <li><a href="#/view2">view2</a></li>
</ul>
<ng-view></ng-view> <!-- 此处为加载进来的页面显示的位置-->
```

6. 依赖注入

依赖注入是 AngularJS 的一大酷炫功能。可以实现对代码的解耦，在代码里可以注入 AngularJS 的对象或者我们自定义的对象。下面示例是在控制器中注入$scope，注意使用依赖注入的代码格式。

```
  angular.module('firstModule')
   .controller("diController", ['$scope',
         function ($scope) {
             ...
      }]);
```

7. Service 和 Factory

AngularJS 为我们内置了一些服务，如$location、$timeout、$rootScope（请读者自行学习相关的知识）。很多时候我们需要自己定制一些服务，AngularJS 为我们提供了 Service 和 Factory。

Service 和 Factory 的区别是：使用 Service 的话，AngularJS 会使用 new 来初始化对象；而使用 Factory 会直接获得对象。

（1）Service

定义：

```
angular.module('firstModule').service('helloService',function(){
    this.sayHello=function(name){
        alert('Hello '+name);
    }
});
```

注入调用：

```
  angular.module('firstModule')
    .controller("diController", ['$scope', 'helloService',
            function ($scope,helloService) {
                helloService.sayHello('wyf');
        }]);
```

（2）Factory

定义：

```
angular.module('firstModule').service('helloFactory',function(){
    return{
    sayHello:function(name){
            alert('Hello '+name);
        }
    }
});
```

注入调用：

```
  angular.module('firstModule')
    .controller("diController", ['$scope', 'helloFactory',
            function ($scope, helloFactory) {
                helloFactory.sayHello('wyf');
        }]);
```

8. http 操作

AngularJS 内置了$http 对象用来进行 Ajax 的操作：

```
$http.get(url)
$http.post(url,data)
$http.put(url,data)
```

```
$http.delete(url)
$http.head(url)
```

9. 自定义指令

AngularJS 内置了大量的指令（directive），如 ng-repeat、ng-show、ng-model 等。即使用一个简短的指令可实现一个前端组件。

比方说，有一个日期的 js/jQuery 插件，使用 AngularJS 封装后，在页面上调用此插件可以通过指令来实现，例如：

```
元素指令：<date-picker></date-picker>
属性指令：<input type="text" date-picker/>
样式指令：<input type="text" class="date-picker"/>
注释指令 ：<!--directive:date-picker-->
```

定义指令：

```
angular.module('myApp',[]).directive('helloWorld', function() {
return {
    restrict: 'AE',//支持使用属性、元素
    replace: true,
    template: '<h3>Hello, World!</h3>'
};
});
```

调用指令，元素标签：

```
<hello-world/>

<hello:world/>
```

或者属性方式：

```
<div hello-world />
```

7.7.3 实战

在前面两节，我们快速介绍了 Bootstrap 和 AngularJS，本节我们将它们和 Spring Boot 串起来做个例子。

在例子中，我们使用 Bootstrap 制作导航，使用 AngularJS 实现导航切换页面的路由功能，并演示 AngularJS 通过$http 服务和 Spring Boot 提供的 REST 服务，最后演示用指令封装 jQuery

UI 的日期选择器。

1. 新建 Spring Boot 项目

初始化一个 Spring Boot 项目，依赖只需选择 Web（spring-boot-starter-web）。

项目信息：

```
groupId: com.wisely
arctifactId:ch7_7
package: com.wisely.ch7_7
```

准备 Bootstrap、AngularJS、jQuery、jQueryUI 相关的资源到 src/main/resources/static 下，结构如图 7-38 所示。

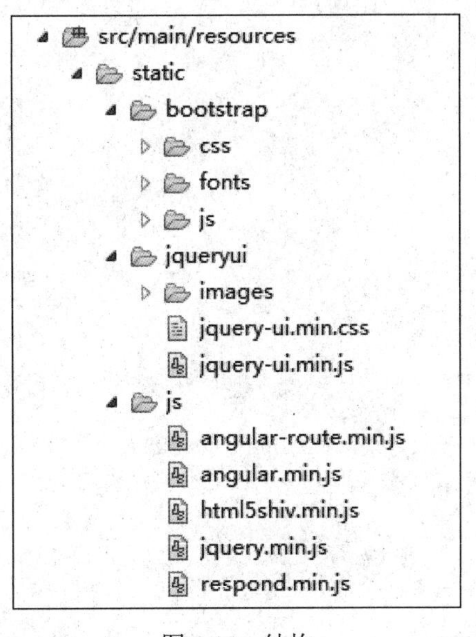

图 7-38　结构

另外要说明的是，本例的页面都是静态页面，所以全部放置在/static 目录下。

2. 制作导航

页面位置：src/main/resources/static/action.html：

```
<!DOCTYPE html>
<html lang="zh-cn" ng-app="actionApp">
<head>
```

```
<meta charset="utf-8">
<meta http-equiv="X-UA-Compatible" content="IE=edge">
<meta name="viewport" content="width=device-width, initial-scale=1">
<title>实战</title>

<link href="bootstrap/css/bootstrap.min.css" rel="stylesheet">
<link href="jqueryui/jquery-ui.min.css" rel="stylesheet">
<style type="text/css">

.content {
  padding: 100px 15px;
  text-align: center;
}
</style>

<!--[if lt IE 9]>
     <script src="js/html5shiv.min.js"></script>
     <script src="js/respond.min.js"></script>
   <![endif]-->
</head>
<body>
<!-- 1 -->
    <nav class="navbar navbar-inverse navbar-fixed-top">
     <div class="container">

       <div id="navbar" class="collapse navbar-collapse">
         <ul class="nav navbar-nav">
           <li><a href="#/oper">后台交互</a></li>
           <li><a href="#/directive">自定义指令</a></li>
         </ul>
       </div>
     </div>
   </nav>

    <!-- 2 -->
    <div class="content">
       <ng-view></ng-view>
</div>
<!-- 3 -->
    <script src="js/jquery.min.js"></script>
    <script src="jqueryui/jquery-ui.min.js"></script>
    <script src="bootstrap/js/bootstrap.min.js"></script>
    <script src="js/angular.min.js"></script>
    <script src="js/angular-route.min.js"></script>
```

```
    <script src="js-action/app.js"></script>
   <script src="js-action/directives.js"></script>
    <script src="js-action/controllers.js"></script>
</body>
</html>
```

代码解释

① 使用 Bootstrap 定义的导航,并配合 AngularJS 的路由,通过路由名称#/oper 和#/directive 切换视图；

② 通过<ng-view></ng-view>展示载入的页面。

③ 加载本例所需的脚本，其中 jquery-ui.min.js 的脚本是为我们定制指令所用；app.js 定义 AngularJS 的模块和路由；directives.js 为自定义的指令；controllers.js 是控制器定义之处。

3. 模块和路由定义

页面位置：src/main/resources/static/js-action/app.js：

```
var actionApp = angular.module('actionApp',['ngRoute']); //1

actionApp.config(['$routeProvider' , function($routeProvider) {//2
    $routeProvider.when('/oper', { //3
        controller: 'View1Controller', //4
        templateUrl: 'views/view1.html', //5
    }).when('/directive', {
        controller: 'View2Controller',
        templateUrl: 'views/view2.html',
    });
}]);
```

代码解释

① 定义模块 actionApp，并依赖于路由模块 ngRout。

② 配置路由，并注入$routeProvider 来配置。

③ /oper 为路由名称。

④ controller 定义的是路由的控制器名称。

⑤ templateUrl 定义的是视图的真正地址。

4. 控制器定义

脚本位置：src/main/resources/static/js-action/ controllers.js：

```
//1
actionApp.controller('View1Controller', ['$rootScope', '$scope', '$http',
function($rootScope, $scope,$http) {
    //2
   $scope.$on('$viewContentLoaded', function() {
        console.log('页面加载完成');
   });
   //3
   $scope.search = function(){//3.1
     personName = $scope.personName; //3.2
     $http.get('search',{ //3.3
                     params:{personName:personName}//3.4
        }).success(function(data){ //3.5
             $scope.person=data; //3.6
        });


   };
}]);

actionApp.controller('View2Controller', ['$rootScope', '$scope',
function($rootScope, $scope) {
   $scope.$on('$viewContentLoaded', function() {
        console.log('页面加载完成');
   });
}]);
```

代码解释

① 定义控制器 View1Controller，并注入$rootScope、$scope 和$http。

② 使用$scope.$on 监听$viewContentLoaded 事件，可以在页面内容加载完成后进行一些操作。

③ 这段代码是这个演示的核心代码，请结合下面的 Viewl 的界面一起理解：

- 在 scope 内定义一个方法 search，在页面上通过 ng-click 调用。
- 通过$scope.personName 获取页面定义的 ng-model= “personName” 的值。
- 使用$http.get 向服务端地址 search 发送 get 请求。
- 使用 params 增加请求参数。

- 用 success 方法作为请求成功后的回调。
- 将服务端返回的数据 data 通过$scope.person 赋给模型 person，这样页面视图上可以通过{{person.name}}、{{person.age}}、{{person.address}}来调用，且模型 person 值改变后，视图是自动更新的。

5. View1 的界面（演示与服务端交互）

页面位置：src/main/resources/static/views/view1.html。

```
  <div class="row">
    <label for="attr" class="col-md-2 control-label">名称</label>
<div class="col-md-2">
      <!-- 1 -->
     <input type="text" class="form-control" ng-model="personName">
    </div>
<div class="col-md-1">
<!-- 2 -->
    <button class="btn btn-primary" ng-click="search()">查询</button>
    </div>
  </div>

   <div class="row">
    <div class="col-md-4">
         <ul class="list-group">
           <!-- 3 -->
           <li class="list-group-item">名字： {{person.name}}</li>
           <li class="list-group-item">年龄：  {{person.age}}</li>
           <li class="list-group-item">地址：  {{person.address}}</li>
         </ul>
    </div>
  </div>
```

代码解释

① 定义数据模型 ng-model="personName"。

② 通过 ng-click="search()"调用控制器中定义的方法。

③ 通过{{person.name}}、{{person.age}}、{{person.address}}访问控制器的 scope 里定义的 person 模型，模型和视图是绑定的。

6. 服务端代码

传值对象 Javabean：

```
package com.wisely.ch7_7;

public class Person {
    private String name;
    private Integer age;
    private String address;


    public Person() {
        super();
    }
    public Person(String name, Integer age, String address) {
        super();
        this.name = name;
        this.age = age;
        this.address = address;
    }
    public String getName() {
        return name;
    }
    public void setName(String name) {
        this.name = name;
    }
    public Integer getAge() {
        return age;
    }
    public void setAge(Integer age) {
        this.age = age;
    }
    public String getAddress() {
        return address;
    }
    public void setAddress(String address) {
        this.address = address;
    }



}
```

控制器：

```
package com.wisely.ch7_7;

import org.springframework.boot.SpringApplication;
import org.springframework.boot.autoconfigure.SpringBootApplication;
import org.springframework.http.MediaType;
import org.springframework.web.bind.annotation.RequestMapping;
import org.springframework.web.bind.annotation.RestController;

@RestController
@SpringBootApplication
public class Ch77Application {

    @RequestMapping(value="/search",produces={MediaType.APPLICATION_JSON_VALU
E})
    public Person search(String personName){

        return new Person(personName, 32, "hefei");

    }

   public static void main(String[] args) {
      SpringApplication.run(Ch77Application.class, args);
   }
}
```

代码解释

这里我们只是模拟一个查询，即接受前台传入的 personName，然后返回 Person 类，因为我们使用的是@RestController，且返回值类型是 Person，所以 Spring MVC 会自动将对象输出为 JSON。

7. 自定义指令

脚本位置：src/main/resources/static/js-action/directives.js：

```
actionApp.directive('datePicker',function(){//1
   return {
      restrict: 'AC', //2
      link:function(scope,elem,attrs) { //3
         elem.datepicker();//4
      }
```

```
    };
});
```

代码解释

① 定义一个指令名为 datePicker。

② 限制为属性指令和样式指令。

③ 使用 link 方法来定义指令，在 link 方法内可使用当前 scope、当前元素及元素属性。

④ 初始化 jqueryui 的 datePicker（jquery 的写法是$('#id').datePicker()）。

通过上面的代码我们就定制了一个封装 jqueryui 的 datePicker 的指令，本例只是为了演示的目的，主流的脚本框架已经被很多人封装过了，有兴趣的读者可以访问 http://ngmodules.org/ 网站，这个网站包含了大量 AngularJS 的第三方模块、插件和指令。

8. View2 的页面（演示自定义指令）

页面地址：src/main/resources/static/views/view2.html：

```
 <div class="row">
   <label for="attr" class="col-md-2 control-label">属性形式</label>
<div class="col-md-2">
     <!-- 1 -->
    <input type="text" class="form-control" date-picker>
   </div>
 </div>

 <div class="row">
   <label for="style" class="col-md-2 control-label">样式形式</label>
<div class="col-md-2">
     <!-- 2 -->
    <input type="text" class="form-control date-picker" >
   </div>
 </div>
```

代码解释

① 使用属性形式调用指令。

② 使用样式形式调用指令。

9. 运行

菜单及路由切换如图 7-39 所示。

localhost:8080/action.html#/oper

后台交互　自定义指令

名称　查询

名字：

年龄：

地址：

localhost:8080/action.html#/directive

后台交互　自定义指令

属性形式

样式形式

图 7-39　菜单及路由交换

与后台交互如图 7-40 所示。

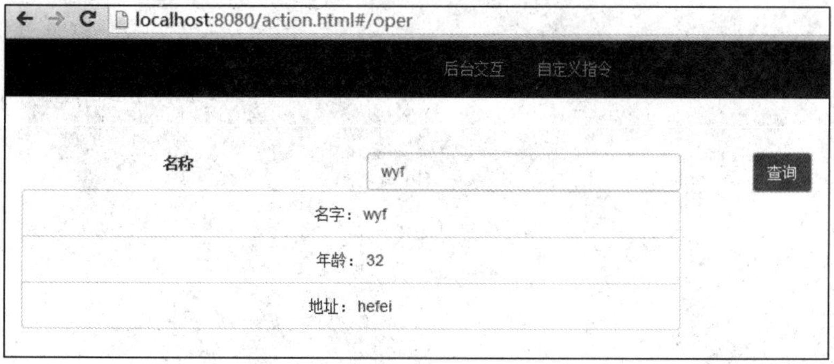

localhost:8080/action.html#/oper

后台交互　自定义指令

名称　wyf　查询

名字：wyf

年龄：32

地址：hefei

图 7-40　与后台交互

自定义指令如图 7-41 所示。

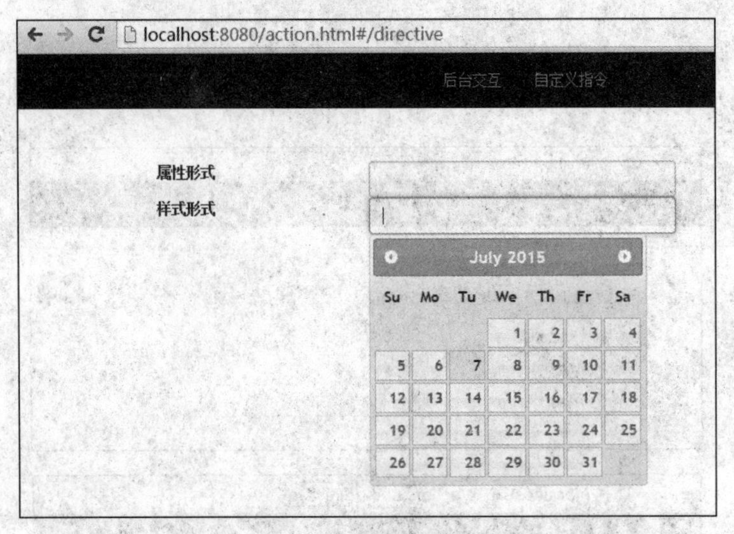
localhost:8080/action.html#/directive
后台交互
自定义指令
属性形式
样式形式
July 2015
Su
Mo
Tu
We
Th
Fr
Sa

图 7-41　自定义指令

第8章

Spring Boot 的数据访问

Spring Data 项目是 Spring 用来解决数据访问问题的一揽子解决方案，Spring Data 是一个伞形项目，包含了大量关系型数据库及非关系型数据库的数据访问解决方案。Spring Data 使我们可以快速且简单地使用普通的数据访问技术及新的数据访问技术。

Spring Data 包含的子项目如表 8-1 所示。

表 8-1　SpringData 包括的子项目

项目名称	Maven 坐标
Spring Data JPA	<dependency> <groupId>org.springframework.data</groupId> <artifactId>spring-data-jpa</artifactId> <version>1.8.1.RELEASE</version> </dependency>
Spring Data MongoDB	<dependency> <groupId>org.springframework.data</groupId> <artifactId>spring-data-mongodb</artifactId> <version>1.7.1.RELEASE</version> </dependency>
Spring Data Neo4J	<dependency> <groupId>org.springframework.data</groupId> <artifactId>spring-data-neo4j</artifactId> <version>3.3.1.RELEASE</version> </dependency>

续表

项目名称	Maven 坐标
Spring Data Redis	<dependency> <groupId>org.springframework.data</groupId> <artifactId>spring-data-redis</artifactId> <version>1.5.1.RELEASE</version> </dependency>
Spring Data Solr	<dependency> <groupId>org.springframework.data</groupId> <artifactId>spring-data-solr</artifactId> <version>1.4.1.RELEASE</version> </dependency>
Spring Data Hadoop	<dependency> <groupId>org.springframework.data</groupId> <artifactId>spring-data-hadoop</artifactId> <version>2.2.0.RELEASE</version> </dependency>
Spring Data GemFire	<dependency> <groupId>org.springframework.data</groupId> <artifactId> spring-data-gemfire </artifactId> <version>1.6.1.RELEASE </version> </dependency>
Spring Data REST	<dependency> <groupId>org.springframework.data</groupId> <artifactId>spring-data-rest-webmvc</artifactId> <version>2.3.1.RELEASE</version> </dependency>
Spring Data JDBC Extensions	<dependency> <groupId>org.springframework.data</groupId> <artifactId>spring-data-oracle</artifactId> <version>1.1.0.RELEASE</version> </dependency>
Spring Data CouchBase	<dependency> <groupId>org.springframework.data</groupId> <artifactId>spring-data-couchbase</artifactId> <version>1.3.1.RELEASE</version> </dependency>

续表

项目名称	Maven 坐标
Spring Data Elasticsearch	<dependency> <groupId>org.springframework.data</groupId> <artifactId>spring-data-elasticsearch</artifactId> <version>1.2.1.RELEASE</version> </dependency>
Spring Data Cassandra	<dependency> <groupId>org.springframework.data</groupId> <artifactId>spring-data-cassandra</artifactId> <version>1.2.1.RELEASE</version> </dependency>
Spring Data DynamoDB	<repository> <id>opensourceagility-release</id> <url>http://repo.opensourceagility.com/release</url> </repository> <dependency> <groupId>org.socialsignin</groupId> <artifactId>spring-data-dynamodb</artifactId> <version>1.0.2.RELEASE</version> </dependency>

Spring Data 为我们使用统一的 API 来对上述的数据存储技术进行数据访问操作提供了支持。这是 Spring 通过提供 Spring Data Commons 项目来实现的，它是上述各种 Spring Data 项目的依赖。Spring Data Commons 让我们在使用关系型或非关系型数据访问技术时都使用基于 Spring 的统一标准，该标准包含 CRUD（创建、获取、更新、删除）、查询、排序和分页的相关的操作。

此处介绍下 Spring Data Commons 的一个重要概念：Spring Data Repository 抽象。使用 Spring Data Repository 可以极大地减少数据访问层的代码。既然是数据访问操作的统一标准，那肯定是定义了各种各样和数据访问相关的接口，Spring Data Repository 抽象的根接口是 Repository 接口：

```
package org.springframework.data.repository;
import java.io.Serializable;
public interface Repository<T, ID extends Serializable> {
}
```

从源码中可以看出，它接受领域类（JPA 为实体类）和领域类的 id 类型作为类型参数。

它的子接口 CrudRepository 定义了和 CRUD 操作相关的内容：

```
package org.springframework.data.repository;
import java.io.Serializable;
@NoRepositoryBean
public interface CrudRepository<T, ID extends Serializable> extends Repository<T,
ID> {
    <S extends T> S save(S entity);
    <S extends T> Iterable<S> save(Iterable<S> entities);
    T findOne(ID id);
    boolean exists(ID id);
    Iterable<T> findAll();
    Iterable<T> findAll(Iterable<ID> ids);
    long count();
    void delete(ID id);
    void delete(T entity);
    void delete(Iterable<? extends T> entities);
    void deleteAll();
}
```

CrudRepository 的子接口 PagingAndSortingRepository 定义了与分页和排序操作相关的内容：

```
package org.springframework.data.repository;
import java.io.Serializable;
import org.springframework.data.domain.Page;
import org.springframework.data.domain.Pageable;
import org.springframework.data.domain.Sort;

@NoRepositoryBean
public interface PagingAndSortingRepository<T, ID extends Serializable> extends
CrudRepository<T, ID> {
    Iterable<T> findAll(Sort sort);
    Page<T> findAll(Pageable pageable);
}
```

不同的数据访问技术也提供了不同的 Repository，如 Spring Data JPA 有 JpaRepository、Spring Data MongoDB 有 MongoRepository。

Spring Data 项目还给我们提供了一个激动人心的功能，即可以根据属性名进行计数、删除、查询方法等操作，例如：

```
public interface PersonRepository extends Repository<Person, Long> {
    //按照年龄计数
    Long countByAge(Integer age);
    //按照名字删除
    Long deleteByName(String name);
    //按照名字查询
    List<Person> findByName(String name);
    //按照名字和地址查询
    List<Person> findByNameAndAddress(String name,String address);

}
```

我们将在 8.2 节对 Spring Data 提供的简化数据访问操作进行更为详细的讲解。

本章将学习 Spring Data JPA、Spring Data MongoDB、Spring Data REST、Spring Data Redis。通过对这些 Spring Data 项目的学习，并按照 Spring Data 提供的统一标准，当你有需要的时候，也会快速掌握 Spring Data 的其他项目。

8.1 引入 Docker

大家也许很奇怪为什么本书在此处要引入 Docker，Docker 究竟是什么，它能干什么?

Docker 这两年大受追捧，风光无二。Docker 是一个轻量级容器技术，类似于虚拟机技术（xen、kvm、vmware、virtualbox）。Docker 是直接运行在当前操作系统（Linux）之上，而不是运行在虚拟机中，但是也实现了虚拟机技术的资源隔离，性能远远高于虚拟机技术。

Docker 支持将软件编译成一个镜像（image），在这个镜像里做好对软件的各种配置，然后发布这个镜像，使用者可以运行这个镜像，运行中的镜像称之为容器（container），容器的启动是非常快的，一般都是以秒为单位。这个有点像我们平时安装 ghost 操作系统？系统安装好后软件都有了，虽然完全不是一种东西，但是思路是类似的。

目前各大主流云计算平台都支持 Docker 容器技术，包括阿里云、百度云平台（资源隔离通过 Docker 实现）、Cloud Foundry（和 Spring 一家公司的，目前最成熟也最稳定）、HeroKu、DigitalOcean、OpenShift（JBoss 的）、Apache Stratos、Apache MesOS（批处理平台，支持搭建基于 Docker 的云平台）、Deis（开源 PaaS 平台）；连微软也会在下一个版本的 Windows Server 及其云平台 Azure 上支持 Docker ，这样看来 Docker 大有统一云计算的趋势。

这里的云计算平台一般指的是 PaaS（平台即服务），它是一个这样的云计算：平台提供了存储、数据库、网络、负载均衡、自动扩展等功能，你只需将你的程序交给云计算平台就可以了。你的程序可以是用不同的编程语言开发的，而使用的 Docker 的云计算平台就是用 Docker 来实现以上功能及不同程序之间的隔离的。

目前主流的软件以及非主流的软件大部分都有人将其封装成 Docker 镜像，我们只需下载 Docker 镜像，然后运行镜像就可以快速获得已做好配置可运行的软件。

从本章开始，我们的数据库将使用 Oracle XE、需安装 Redis 作为缓存和 NoSQL 数据库的演示、需安装 MongoDB 进行 NoSQL 数据库演示。

在第 9 章需要安装 ActiveMQ 以及 RabbitMQ 进行异步消息的演示。在第 10 章我们会演示基于 Docker 的 Spring Boot 的部署。使用 Docker 后我们将不用手动下载、安装和配置这些软件。

另外要特别指出的是，Docker 并不是为开发测试方便而提供的小工具，而是可以用于实际生产环境的一种极好的部署方式。

当然，如果你觉得目前没有迫切学习 Docker 的必要，可以略过此节，并自行下载安装本书示例中所需要的软件，不过这么简单易用的技术还是强烈建议学习一下。

当然，本书中涉及的 Docker 内容主要是为了方便我们开发测试所需安装的软件，不会涉及 Docker 所有的内容，当然也不失于学习 Docker 入门的好材料。通过学习本书的 Docker 内容，可以快速入门 Docker，然后按照自己的需求看是否需要继续深入学习。

8.1.1 Docker 的安装

因为 Docker 的运行原理是基于 Linux 的，所以 Docker 只能在 Linux 下运行。不要紧张，这只能说明在真正的生产环节下，基于 Docker 的部署只能在 Linux 上，但是我们在开发测试的时候，Docker 是可以在 Windows 以及 Mac OS X 系统下的，运行的原理是启动一个 VirtualBox 虚拟机，在此虚拟机里运行 Docker。

1. Linux 下安装

CentOS 安装命令：

```
sudo yum update
sudo yum install docker
```

Ubuntu：

```
sudo apt-get update
sudo apt-get docker.io
```

2. Windows 下安装

Windows 下运行 Docker 是通过这个 Boot2Docker 这个软件来实现的，这个软件包含了一个 VirtualBox。在 Windows 下的 Docker 只适合于开发测试，不适合于生产环境。

Boot2Docker 下载地址：https://github.com/boot2docker/windows-installer/releases/latest。

因在 Windows 下运行的 Docker 是基于 VirtualBox 虚拟机软件，因此在安装前请确认电脑的 BIOS 设置中的 CPU 虚拟化技术支持已经开启。

在我们目前测试的版本（1.7.0）中，Boot2Docker 暂时不支持 Windows 10 系统。

双击 docker-install.exe 开始安装，如图 8-1 所示。

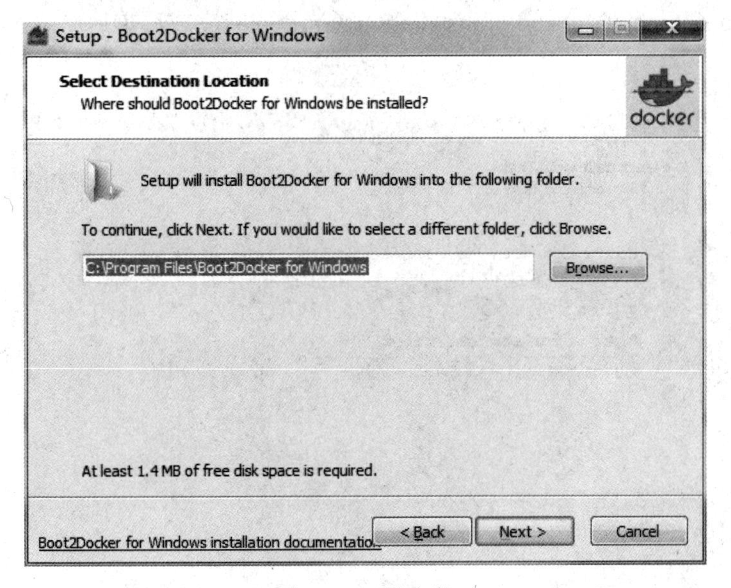

图 8-1　开始安装

选择完整安装，其中，MSYS-git UNIX tools 是在 Windows 下运行 UNIX（Linux）命令的工具，如图 8-2 所示。

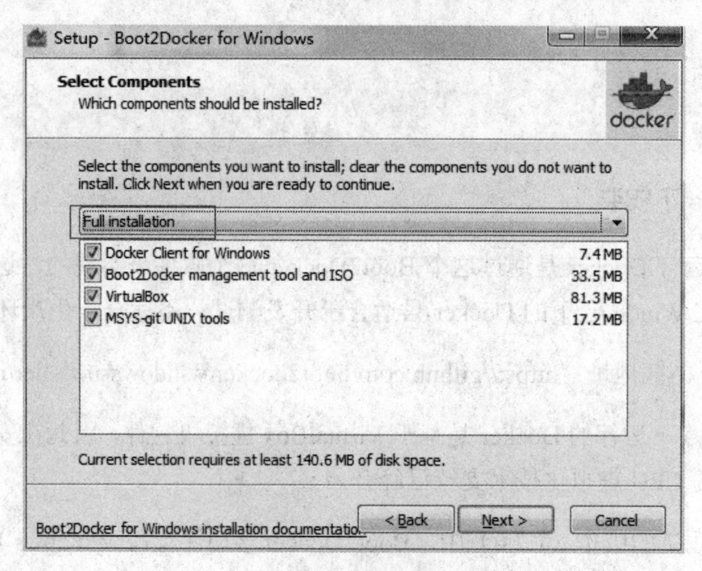

图 8-2　完整安装

勾选“Reboot Windows at end of installation（选择安装完成后重启电脑）”选项，如图 8-3 所示。

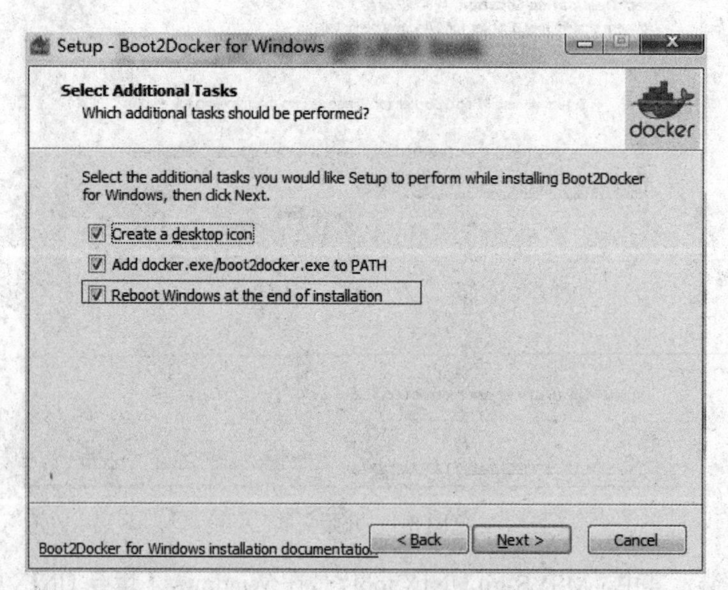

图 8-3　勾选“Reboot Windows at the end of installation(安装完成后重启电脑)选项

安装“通用串行总线控制器”，如图 8-4 所示。

图 8-4　安装“通用串行总控制器”

安装完成后，自动重启电脑。启动 Docker，选择桌面图标 Boot2Docker Start，如图 8-5 所示。

图 8-5　桌面图标 Boot2Docker Start

安装成功验证，输入下面命令验证 Docker 版本，如图 8-6 所示。

```
docker  -v
```

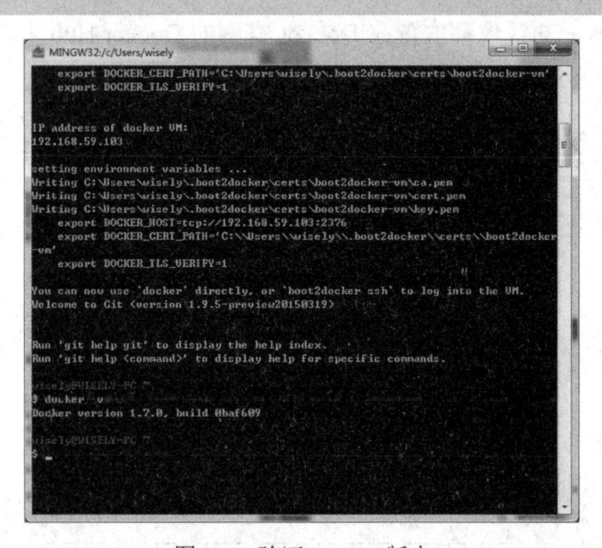

图 8-6　验证 Docker 版本

此时 VirtualBox 运行了一个虚拟机。打开 VirtualBox 软件，如图 8-7 所示。

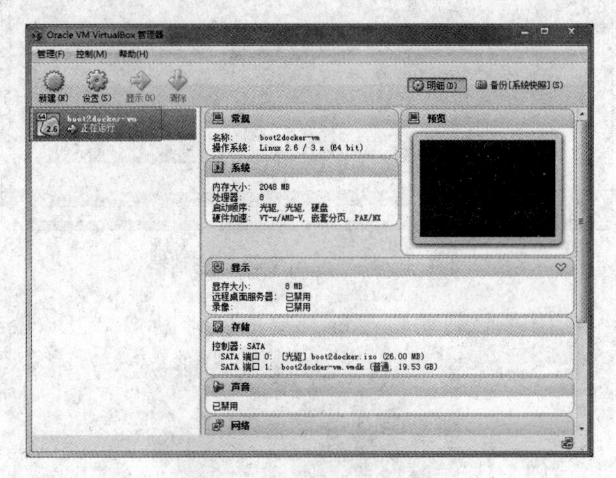

图 8-7 VirtualBox 软件

8.1.2 Docker 常用命令及参数

1. Docker 镜像命令

基于 Docker 镜像是可以自己编译的，我们将在 10.3 节讲解如何编译自己的 Docker 镜像，本节我们讲述与 Docker 镜像操作相关的命令。

通常情况下，Docker 的镜像都放置在 Docker 官网的 Docker Hub 上，地址是 https://registry.hub.docker.com，如图 8-8 所示。

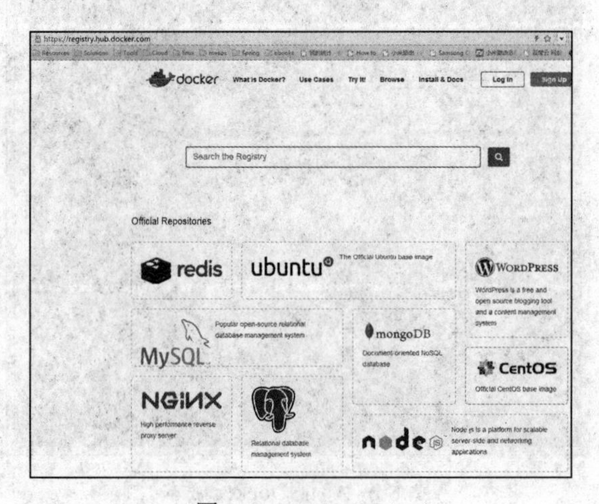

图 8-8 Docker Hub

（1）Docker 镜像检索

除了可以在 https://registry.hub.docker.com 网站检索镜像以外，还可以用下面命令检索：

```
docker search 镜像名
```

检索 Redis，输入：

```
docker search redis
```

（2）镜像下载

下载镜像通过下面命令实现：

```
docker pull 镜像名
```

下载 Redis 镜像，运行：

```
docker pull redis
```

这根据据网络情况可能要花费一段时间。

（3）镜像列表

查看本地镜像列表，如图 8-9 所示，通过下面命令：

```
docker images
```

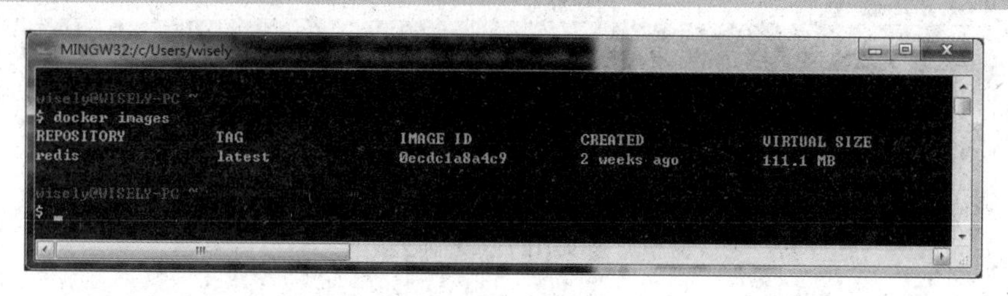

图 8-9　镜像列表

其中 REPOSITORY 是镜像名；TAG 是软件版本，latest 为最新版；IMAGE ID 是当前镜像的唯一标识；CREATED 是当前镜像创建时间；VIRTUAL SIZE 是当前镜像的大小。

（4）镜像删除

删除指定镜像通过下面命令：

```
docker rmi image-id
```

删除所有镜像通过下面命令：

```
docker rmi $(docker images -q)
```

2. Docker 容器命令

（1）容器基本操作

最简单的运行镜像为容器的命令如下：

```
docker run --name container-name -d image-name
```

运行一个容器只要通过 Docker run 命令即可实现，其中，--name 参数是为容器取得名称；-d 表示 detached，意味着执行完这句命令后控制台将不会被阻碍，可继续输入命令操作；最后的 image-name 是要使用哪个镜像来运行容器。

我们来运行一个 Redis 容器：

```
docker run --name test-redis -d redis
```

Docker 会为我们的容器生成唯一的标识。

（2）容器列表

通过下面命令，查看运行中的容器列表，如图 8-10 所示。

```
docker ps
```

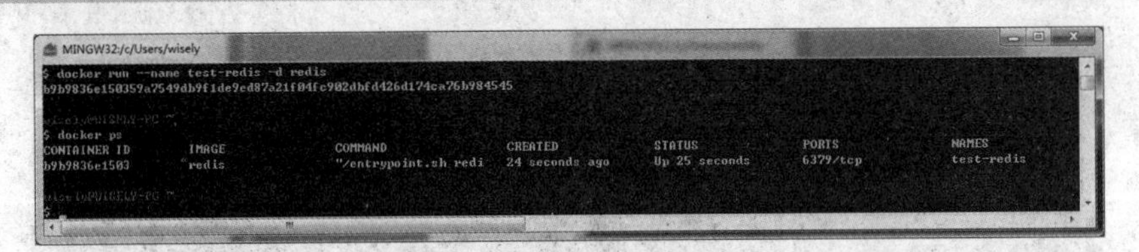

图 8-10 容器列表

其中 CONTAINER ID 是在启动的时候生成的 ID；IMAGE 是该容器使用的镜像；COMMAND 是容器启动时调用的命令；CREATED 是容器创建时间；STATUS 是当前容器的状态；PORTS 是容器系统所使用的端口号，Redis 默认使用 6379 端口；NAMES 是刚才给容器定义的名称。

通过下列命令可查看运行和停止状态的容器：

```
docker ps -a
```

（3）停止和启动容器

1）停止容器

停止容器通过下面的命令：

```
docker stop container-name/container-id
```

我们可以通过容器名称或者容器 id 来停止容器，以停止上面的 Redis 容器为例：

```
docker stop test-redis
```

此时运行中的容器列表为空。查看所有容器命令，可看出此时的 STATUS 为退出。

2）启动容器

启动容器通过下面命令：

```
docker start container-name/container-id
```

再次启动我们刚才停止的容器：

```
docker start test-redis
```

此时查看容器列表如图 8-11 所示。

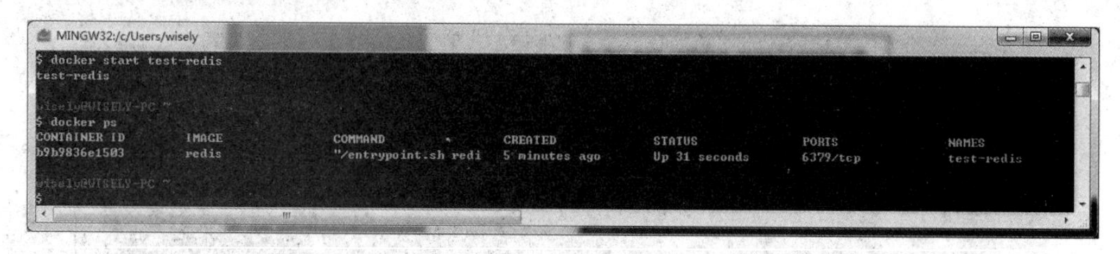

图 8-11　启动刚才停止的容器

3）端口映射

Docker 容器中运行的软件所使用的端口，在本机和本机的局域网是不能访问的，所以我们需要将 Docker 容器中的端口映射到当前主机的端口上，这样我们在本机和本机所在的局域网就能够访问该软件了。

Docker 的端口映射是通过一个-p 参数来实现的。我们以刚才的 Redis 为例，映射容器的 6379 端口到本机的 6378 端口，命令如下：

```
docker run -d -p 6378:6379 --name port-redis redis
```

目前在 Windows 下运行的 Docker 其实是运行在 VirtualBox 虚拟机中的，即我们当前的本机并不是我们当前的开发机器，而是 VirtualBox 虚拟机，所以我们还需要再做一次端口映射，将 VirtualBox 虚拟的端口映射到当前的开发机器。这部分内容将在实际部署软件的时候进行演示。

4）删除容器

删除单个容器，可通过下面的命令：

```
docker rm container-id
```

删除所有容器，可通过下面的命令：

```
docker rm $(docker ps -a -q)
```

5）容器日志

查看当前容器日志，可通过下面的命令：

```
docker logs container-name/container-id
```

我们查看下上面一个容器的日志，如图 8-12 所示，命令如下：

```
docker logs port-redis
```

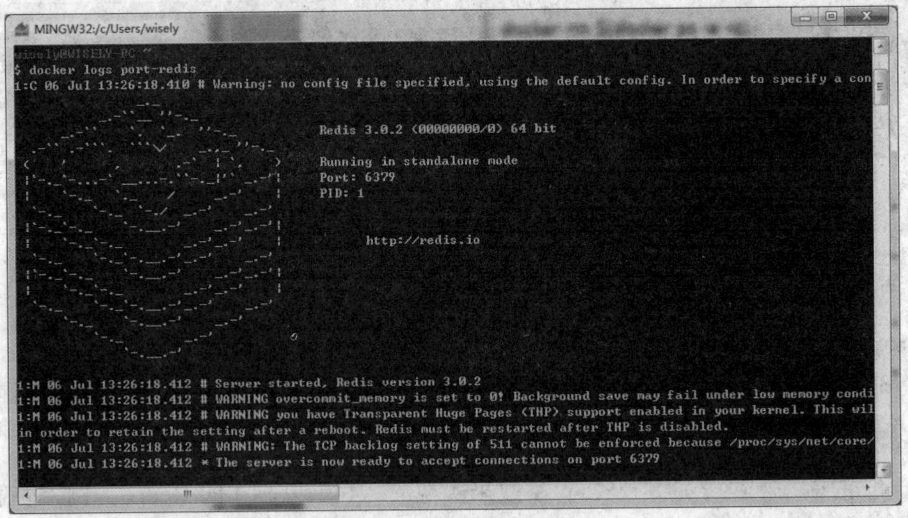

图 8-12 容器的日志

6）登录容器

运行中的容器其实是一个功能完备的 Linux 操作系统，所以我们可以像常规的系统一样登录并访问容器。

我们可以使用下面命令，登录访问当前容器，登录后我们可以在容器中进行常规的 Linux 系统操作命令，还可以使用 exit 命令退出登录。

```
docker exec -it container-id/container-name bash
```

8.1.3　下载本书所需的 Docker 镜像

有些需要下载的镜像还是比较大的，所以在此处先下载下来，以备后面使用。

Oracle xe、MongoDB、Redis、和 ActiveMQRabbit MQ 以及带有管理界面的 RabbitMQ 的镜像分别如下：RabbitMQ 以及带有管理界面的 RabbitMQ：

```
docker pull wnameless/oracle-xe-11g
docker pull mongo
docker pull redis:2.8.21
docker pull cloudesire/activemq
docker pull rabbitmq
docker pull rabbitmq:3-management
```

下载完成后，查看 Docker 镜像列表，如 8-13 所示。

```
cloudesire/activemq      latest          f5d621561b07    5 days ago     561.2 MB
redis                    2.8.21          8d79c535f2e4    6 days ago     109.2 MB
rabbitmq                 3-management    7a92d3b54aee    9 days ago     143.7 MB
rabbitmq                 latest          85b590597f95    2 weeks ago    143.5 MB
mongo                    latest          a7b01f71af86    2 weeks ago    260.8 MB
wnameless/oracle-xe-11g  latest          0803d64ebc69    4 weeks ago    2.241 GB
```

图 8-13　Docker 镜像列表

8.1.4　异常处理

若出现命令不能执行的错误，则直接使用下面命令登录 VirtualBox 虚拟机执行命令：

```
boot2docker ssh
```

在登录虚拟机后，再执行常规命令，如图 8-14 所示。

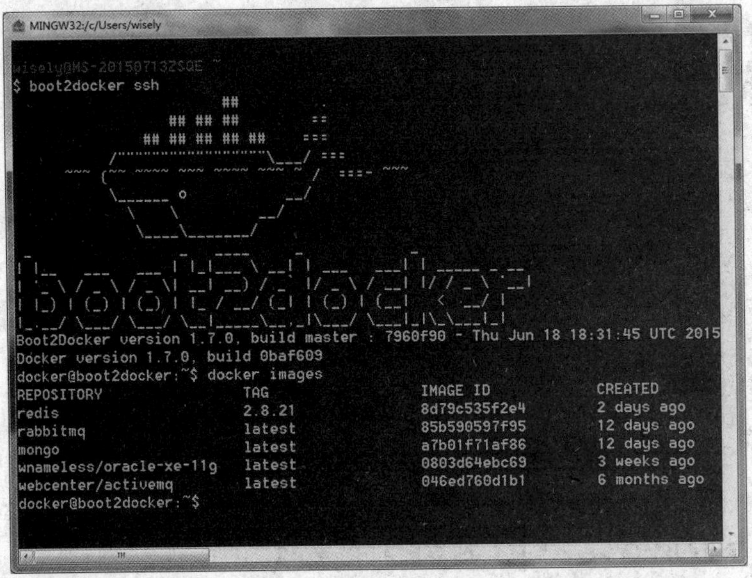

```
MINGW32:/c/Users/wisely
wisely@MS-20150713ZSQE ~
$ boot2docker ssh
Boot2Docker version 1.7.0, build master : 7960f90 - Thu Jun 18 18:31:45 UTC 2015
Docker version 1.7.0, build 0baf609
docker@boot2docker:~$ docker images
REPOSITORY                  TAG       IMAGE ID       CREATED
redis                       2.8.21    8d79c535f2e4   2 days ago
rabbitmq                    latest    85b590597f95   12 days ago
mongo                       latest    a7b01f71af86   12 days ago
wnameless/oracle-xe-11g     latest    0803d64ebc69   3 weeks ago
webcenter/activemq          latest    046ed760d1b1   6 months ago
docker@boot2docker:~$
```

图 8-14　登录虚拟机

8.2　Spring Data JPA

8.2.1　点睛 Spring Data JPA

1. 什么是 Spring Data JPA

在介绍 Spring Data JPA 的时候，我们首先认识下 Hibernate。Hibernate 是数据访问解决技术的绝对霸主，使用 O/R 映射（Object-Relational Mapping）技术实现数据访问，O/R 映射即将领域模型类和数据库的表进行映射，通过程序操作对象而实现表数据操作的能力，让数据访问操作无须关注数据库相关的技术。

随着 Hibernate 的盛行，Hibernate 主导了 EJB 3.0 的 JPA 规范，JPA 即 Java Persistence API。JPA 是一个基于 O/R 映射的标准规范（目前最新版本是 JPA 2.1）。所谓规范即只定义标准规则（如注解、接口），不提供实现，软件提供商可以按照标准规范来实现，而使用者只需按照规范中定义的方式来使用，而不用和软件提供商的实现打交道。JPA 的主要实现由 Hibernate、EclipseLink 和 OpenJPA 等，这也意味着我们只要使用 JPA 来开发，无论是哪一个开发方式都是一样的。

Spring Data JPA 是 Spring Data 的一个子项目，它通过提供基于 JPA 的 Repository 极大地减少了 JPA 作为数据访问方案的代码量。

2. 定义数据访问层

使用 Spring Data JPA 建立数据访问层十分简单，只需定义一个继承 JpaRepository 的接口即可，定义如下：

```
public interface PersonRepository extends JpaRepository<Person, Long> {
    //定义数据访问操作的方法
}
```

继承 JpaRepository 接口意味着我们默认已经有了下面的数据访问操作方法：

```
@NoRepositoryBean
public interface JpaRepository<T, ID extends Serializable> extends
PagingAndSortingRepository<T, ID> {
    List<T> findAll();
    List<T> findAll(Sort sort);
    List<T> findAll(Iterable<ID> ids);
    <S extends T> List<S> save(Iterable<S> entities);
    void flush();
    <S extends T> S saveAndFlush(S entity);
    void deleteInBatch(Iterable<T> entities);
    void deleteAllInBatch();
    T getOne(ID id);
}
```

3. 配置使用 Spring Data JPA

在 Spring 环境中，使用 Spring Data JPA 可通过@EnableJpaRepositories 注解来开启 Spring Data JPA 的支持，@EnableJpaRepositories 接收的 value 参数用来扫描数据访问层所在包下的数据访问的接口定义。

```
@Configuration
@EnableJpaRepositories("com.wisely.repos")
public class JpaConfiguration {
    @Bean
    public EntityManagerFactory entityManagerFactory() {
        //...
    }
    //还需配置 DataSource、PlatformTransactionManager 等相关必须 bean
}
```

4. 定义查询方法

在讲解查询方法前，假设我们有一张数据表叫 PERSON，有 ID（Number）、NAME（Varchar2）、AGE（Number）、ADDRESS（Varchar2）几个字段；对应的实体类叫 Person，分别有 id（Long）、name（String）、age（Integer）、address（String）。下面我们就以这个简单的实体查询作为演示。

（1）根据属性名查询

Spring Data JPA 支持通过定义在 Repository 接口中的方法名来定义查询，而方法名是根据实体类的属性名来确定的。

1）常规查询。根据属性名来定义查询方法，示例如下：

```
public interface PersonRepository extends JpaRepository<Person, Long> {
    /**
     *
     * 通过名字相等查询，参数为 name
     * 相当于 JPQL:select p from Person p where p.name=?1
     */
    List<Person> findByName(String name);
    /**
     *
     * 通过名字 like 查询，参数为 name
     * 相当于 JPQL: select p from Person p where p.name like ?1
     */
    List<Person> findByNameLike(String name);
    /**
     *
     * 通过名字和地址查询,参数为 name 和 address
     * 相当于 JPQL: select p from Person p where p.name=?1 and p.address=?2
     */
    List<Person> findByNameAndAddress(String name,String address);
}
```

从代码可以看出，这里使用了 findBy、Like、And 这样的关键字。其中 findBy 可以用 find、read、readBy、query、queryBy、get、getBy 来代替。

而 Like 和 and 这类查询关键字，如表 8-2 所示：

表 8-2　查询关键字

关键字	示　　例	同功能 JPQL
And	findByLastnameAndFirstname	where x.lastname = ?1 and x.firstname = ?2
Or	findByLastnameOrFirstname	where x.lastname = ?1 or x.firstname = ?2
Is,Equals	findByFirstname,findByFirstnameIs,findByFirstnameEquals	where x.firstname = 1?
Between	findByStartDateBetween	where x.startDate between 1? and ?2
LessThan	findByAgeLessThan	where x.age < ?1
LessThanEqual	findByAgeLessThanEqual	where x.age <= ?1
GreaterThan	findByAgeGreaterThan	where x.age > ?1
GreaterThanEqual	findByAgeGreaterThanEqual	where x.age >= ?1
After	findByStartDateAfter	where x.startDate > ?1
Before	findByStartDateBefore	where x.startDate < ?1
IsNull	findByAgeIsNull	where x.age is null
IsNotNull,NotNull	findByAge(Is)NotNull	where x.age not null
Like	findByFirstnameLike	where x.firstname like ?1
NotLike	findByFirstnameNotLike	where x.firstname not like ?1
StartingWith	findByFirstnameStartingWith	where x.firstname like ?1 (参数前面加%)
EndingWith	findByFirstnameEndingWith	where x.firstname like ?1 (参数后面加%)
Containing	findByFirstnameContaining	where x.firstname like ?1 (参数两边加%)
OrderBy	findByAgeOrderByLastnameDesc	where x.age = ?1 order by x.lastname desc
Not	findByLastnameNot	where x.lastname <> ?1
In	findByAgeIn(Collection<Age> ages)	where x.age in ?1
NotIn	findByAgeNotIn(Collection<Age> age)	where x.age not in ?1
True	findByActiveTrue()	where x.active = true
False	findByActiveFalse()	where x.active = false
IgnoreCase	findByFirstnameIgnoreCase	where UPPER(x.firstame) = UPPER(?1)

2）限制结果数量。结果数量是用 top 和 first 关键字来实现的，例如：

```
public interface PersonRepository extends JpaRepository<Person, Long> {
    /**
     *
     * 获得符合查询条件的前 10 条数据
     *
     */
    List<Person> findFirst10ByName(String name);
```

```
    /**
     *
     * 获得符合查询条件的前 30 条数据
     *
     */
    List<Person> findTop30ByName(String name);
}
```

（2）使用 JPA 的 NamedQuery 查询

Spring Data JPA 支持用 JPA 的 NameQuery 来定义查询方法，即一个名称映射一个查询语句。定义如下：

```
@Entity
@NamedQuery(name = "Person.findByName",
    query = "select p from Person p where p.name=?1")
public class Person {

}
```

使用如下语句：

```
public interface PersonRepository extends JpaRepository<Person, Long> {
    /**
     *
     * 这时我们使用的是 NamedQuery 里定义的查询语句，而不是根据方法名称查询
     *
     */
    List<Person> findByName(String name);

}
```

（3）使用@Query 查询

1）使用参数索引。Spring Data JPA 还支持用@Query 注解在接口的方法上实现查询，例如：

```
public interface PersonRepository extends JpaRepository<Person, Long> {
    @Query("select p from Person p where p.address=?1")
    List<Person> findByAddress(String address);

}
```

2）使用命名参数。上面的例子是使用参数的索引号来查询的，在 Spring Data JPA 里还支

持在语句里用名称来匹配查询参数，例如：

```
public interface PersonRepository extends JpaRepository<Person, Long> {
    @Query("select p from Person p where p.address= :address")
    List<Person> findByAddress(@Param("address") String address);
}
```

3）更新查询。Spring Data JPA 支持@Modifying 和@Query 注解组合来事件更新查询，例如：

```
public interface PersonRepository extends JpaRepository<Person, Long> {

    @Modifying
@Transactional
    @Query("update Person p set p.name=?1")
    int setName(String name);
}
```

其中返回值 int 表示更新语句影响的行数。

（4）Specification

JPA 提供了基于准则查询的方式，即 Criteria 查询。而 Spring Data JPA 提供了一个 Specification（规范）接口让我们可以更方便地构造准则查询，Specification 接口定义了一个 toPredicate 方法用来构造查询条件。

1）定义。我们的接口类必需实现 JpaSpecificationExecutor 接口，代码如下：

```
public interface PersonRepository extends JpaRepository<Person, Long>,
                                             JpaSpecificationExecutor<Person> {

}
```

然后需要定义 Criterial 查询，代码如下：

```
import javax.persistence.criteria.CriteriaBuilder;
import javax.persistence.criteria.CriteriaQuery;
import javax.persistence.criteria.Predicate;
import javax.persistence.criteria.Root;

import org.springframework.data.jpa.domain.Specification;

import com.wisely.domain.Person;
```

```
public class CustomerSpecs {

    public static Specification<Person> personFromHefei() {
        return new Specification<Person>() {

            @Override
            public Predicate toPredicate(Root<Person> root, CriteriaQuery<?> 
query, CriteriaBuilder cb) {

                return cb.equal(root.get("address"), "合肥");
            }

        };
    }

}
```

我们使用 Root 来获得需要查询的属性，通过 CriteriaBuilder 构造查询条件，本例的含义是查出所有来自合肥的人。

注意：CriteriaBuilder、CriteriaQuery、Predicate、Root 都是来自 JPA 的接口。

CriteriaBuilder 包含的条件构造有：exists、and、or、not、conjunction、disjunction、isTrue、isFalse、isNull、isNotNull、equal、notEqual、greaterThan、greaterThanOrEqualTo、lessThan、lessThanOrEqualTo、between 等，详细请查看 CriteriaBuilder 的 API。

2）使用。静态导入：

```
import static com.wisely.specs.CustomerSpecs.*;
```

注入 personRepository 的 Bean 后：

```
List<Person> people = personRepository.findAll(personFromHefei());
```

（5）排序与分页

Spring Data JPA 充分考虑了在实际开发中所必需的排序和分页的场景，为我们提供了 Sort 类以及 Page 接口和 Pageable 接口。

1）定义：

```
package com.wisely.repos;
```

```
import java.util.List;

import org.springframework.data.domain.Page;
import org.springframework.data.domain.Pageable;
import org.springframework.data.domain.Sort;
import org.springframework.data.jpa.repository.JpaRepository;
import org.springframework.data.jpa.repository.Modifying;
import org.springframework.data.jpa.repository.Query;
import org.springframework.data.repository.query.Param;

import com.wisely.domain.Person;

public interface PersonRepository extends JpaRepository<Person, Long> {
    List<Person> findByName(String name,Sort sort);
    Page<Person> findByName(String name,Pageable pageable);

}
```

2）使用排序：

```
List<Person> people = personRepository.findByName("xx", new
Sort(Direction.ASC,"age"));
```

3）使用分页：

```
Page<Person> people2 = personRepository.findByName("xx", new PageRequest(0, 10));
```

其中 Page 接口可以获得当前页面的记录、总页数、总记录数、是否有上一页或下一页等。

5. 自定义 Repository 的实现

Spring Data 提供了和 CrudRepository、PagingAndSortingRepository；Spring Data JPA 也提供了 JpaRepository。如果我们想把自己常用的数据库操作封装起来，像 JpaRepository 一样提供给我们领域类的 Repository 接口使用，应该怎么操做呢？

（1）定义自定义 Repository 接口：

```
@NoRepositoryBean//1
public interface CustomRepository<T, ID extends Serializable>extends
PagingAndSortingRepository<T, ID> {//2

    public void doSomething(ID id);//3

}
```

代码解释

① @NoRepositoryBean 指明当前这个接口不是我们领域类的接口(如 PersonRepository。

② 我们自定义的 Repository 实现 PagingAndSortingRepository 接口，具备分页和排序的能力。

③ 要定义的数据操作方法在接口中的定义。

（2）定义接口实现：

```
public class CustomRepositoryImpl <T, ID extends Serializable>
                    extends SimpleJpaRepository<T, ID>  implements
CustomRepository<T,ID> {//1

    private final EntityManager entityManager;//2

    public CustomRepositoryImpl(Class<T> domainClass, EntityManager
entityManager) {//3
        super(domainClass, entityManager);
        this.entityManager = entityManager;
    }

    @Override
    public void doSomething(ID id) {
        // 4

    }

}
```

代码解释

① 首先要实现 CustomRepository 接口，继承 SimpleJpaRepository 类让我们可以使用其提供的方法（如 findAll）。

② 让数据操作方法中可以使用 entityManager。

③ CustomRepositoryImpl 的构造函数，需当前处理的领域类类型和 entityManager 作为构造参数，在这里也给我们的 entityManager 赋值了。

④ 在此处定义数据访问操作，如调用 findAll 方法并构造一些查询条件。

（3）自定义 RepositoryFactoryBean。自定义 JpaRepositoryFactoryBean 替代默认

RepositoryFactoryBean，我们会获得一个 RepositoryFactory，RepositoryFactory 将会注册我们自定义的 Repository 的实现：

```
public class CustomRepositoryFactoryBean<T extends JpaRepository<S, ID>, S, ID
extends Serializable>
        extends JpaRepositoryFactoryBean<T, S, ID> {// 1

    @Override
    protected RepositoryFactorySupport createRepositoryFactory(EntityManager
entityManager) {// 2
        return new CustomRepositoryFactory(entityManager);
    }

    private static class CustomRepositoryFactory extends JpaRepositoryFactory {//
3


        public CustomRepositoryFactory(EntityManager entityManager) {
            super(entityManager);
        }

        @Override
        @SuppressWarnings({"unchecked"})
        protected <T, ID extends Serializable> SimpleJpaRepository<?, ?>
getTargetRepository(
                RepositoryInformation information, EntityManager entityManager)
{// 4
            return new CustomRepositoryImpl<T, ID>((Class<T>)
information.getDomainType(), entityManager);

        }

        @Override
        protected Class<?> getRepositoryBaseClass(RepositoryMetadata metadata)
{// 5
            return CustomRepositoryImpl.class;
        }
    }
}
```

代码解释

① 自定义 RepositoryFactoryBean，继承 JpaRepositoryFactoryBean。

② 重写 createRepositoryFactory 方法，用当前的 CustomRepositoryFactory 创建实例。

③ 创建 CustomRepositoryFactory，并继承 JpaRepositoryFactory。

④ 重写 getTargetRepository 方法，获得当前自定义的 Repository 实现。

⑤ 重写 getRepositoryBaseClass，获得当前自定义的 Repository 实现的类型。

（4）开启自定义支持使用@EnableJpaRepositories 的 repositoryFactoryBeanClass 来指定 FactoryBean 即可，代码如下：

```
@EnableJpaRepositories(repositoryFactoryBeanClass=
CustomRepositoryFactoryBean.class)
```

8.2.2 Spring Boot 的支持

1. JDBC 的自动配置

spring-boot-starter-data-jpa 依赖于 spring-boot-starter-jdbc，而 Spring Boot 对 JDBC 做了一些自动配置。源码放置在 org.springframework.boot.autoconfigure.jdbc 下，如图 8-15 所示。

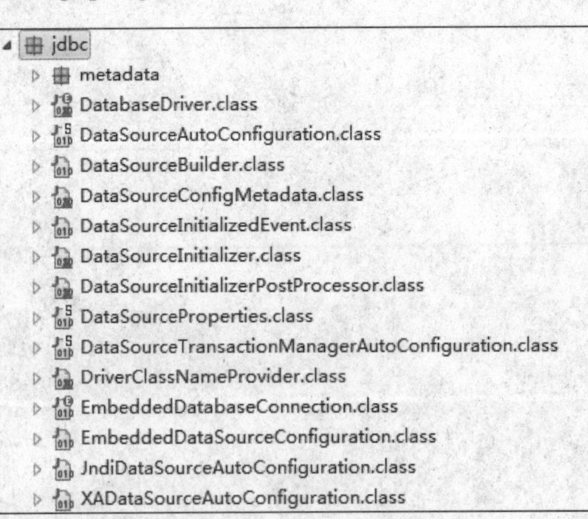

图 8-15　JDBC 源码位置

从源码分析可以看出，我们通过“spring.datasoure”为前缀的属性自动配置 dataSource；

Spring Boot 自动开启了注解事务的支持（@EnableTransactionManagement）；还配置了一个 jdbcTemplate。

Spring Boot 还提供了一个初始化数据的功能：放置在类路径下的 schema.sql 文件会自动用来初始化表结构；放置在类路径下的 data.sql 文件会自动用来填充表数据。

2. 对 JPA 的自动配置

Spring Boot 对 JPA 的自动配置放置在 org.springframework.boot.autoconfigure.orm.jpa 下，如图 8-16 所示。

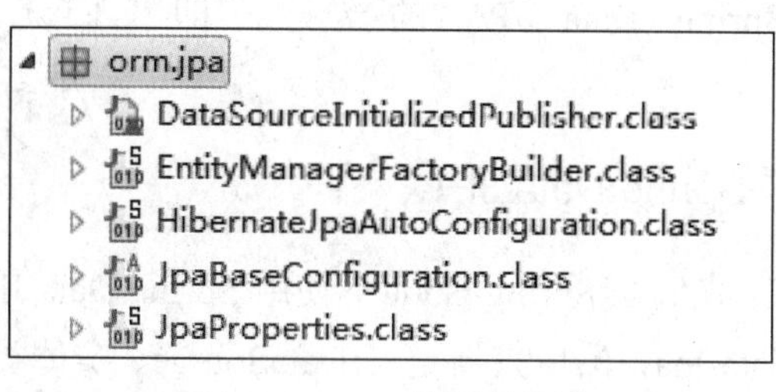

图 8-16　JPA 的源码位置

从 HibernateJpaAutoConfiguration 可以看出，Spring Boot 默认 JPA 的实现者是 Hibernate；HibernateJpaAutoConfiguration 依赖于 DataSourceAutoConfiguration。

从 JpaProperties 的源码可以看出，配置 JPA 可以使用 spring.jpa 为前缀的属性在 application.properties 中配置。

从 JpaBaseConfiguration 的源码中可以看出，Spring Boot 为我们配置了 transactionManager、jpaVendorAdapter、entityManagerFactory 等 Bean。JpaBaseConfiguration 还有一个 getPackagesToScan 方法，可以自动扫描注解有@Entity 的实体类。

在 Web 项目中我们经常会遇到在控制器或者页面访问数据的时候出现会话连接已关闭的错误，这时候我们会配置一个 Open EntityManager（Session） In View 这个过滤器。令人惊喜的是，Spring Boot 为我们自动配置了 OpenEntityManagerInViewInterceptor 这个 Bean，并注册到 Spring MVC 的拦截器中。

3. 对 Spring Data JPA 的自动配置

而 Spring Boot 对 Spring Data JPA 的自动配置放置在 org.springframework.boot.autoconfigure.data.jpa 下，如图 8-17 所示。

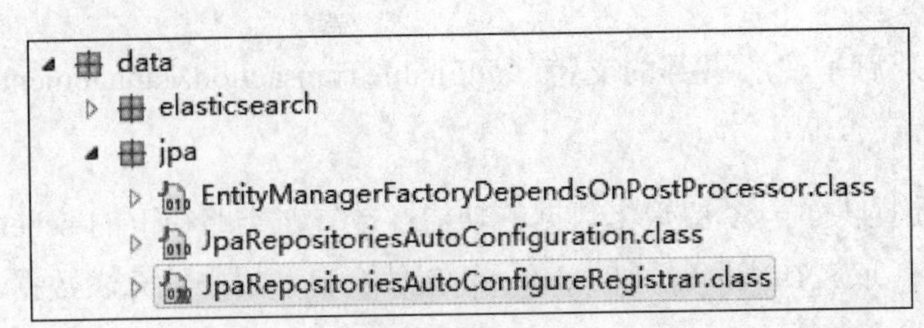

图 8-17 Spring Data JPA 的自动配置

从 JpaRepositoriesAutoConfiguration 和 JpaRepositoriesAutoConfigureRegistrar 源码可以看出，JpaRepositoriesAutoConfiguration 是依赖于 HibernateJpaAutoConfiguration 配置的，且 Spring Boot 自动开启了对 Spring Data JPA 的支持，即我们无须在配置类显示声明 @EnableJpaRepositories。

4. Spring Boot 下的 Spring Data JPA

通过上面的分析可知，我们在 Spring Boot 下使用 Spring Data JPA，在项目的 Maven 依赖里添加 spring-boot-stater-data-jpa，然后只需定义 DataSource、实体类和数据访问层，并在需要使用数据访问的地方注入数据访问层的 Bean 即可，无须任何额外配置。

8.2.3 实战

在本节的实战里，我们将演示基于方法名的查询、基于@Query 的查询、分页及排序，最后我们将结合 Specification 和自定义 Repository 实现来完成一个通用实体查询，即对于任意类型的实体类的传值对象，只要对象有值的属性我们就进行自动构造查询（字符型用 like，其他类型用等于）。这里起一个抛砖引玉的功能，感兴趣的读者可以继续扩展，如构造范围查询及关联表查询等。

1. 安装 Oracle XE

因大部分 Java 程序员在实际开发中一般使用的是 Oracle，所以此处选择用 Oracle XE 作为开发测试数据库。

Oracle XE 是 Oracle 公司提供的免费开发测试用途的数据库，可自由使用，功能和使用与 Oracle 完全一致，但数据大小限制为 4G。

（1）非 Docker 安装

不打算使用 Docker 安装 Oracle XE 的读者请至 http://www.oracle.com/technetwork/database/database-technologies/express-edition/downloads/index.html 下载 Oracle XE 安装。

（2）Docker 安装

我们在 8.13 节已经下载了 Oracle XE 的镜像，现在我们运行启动一个 Oracle XE 的容器。

运行命令：

```
docker run -d -p 9090:8080 -p 1521:1521 wnameless/oracle-xe-11g
```

将容器中的 Oracle XE 管理界面的 8080 端口映射为本机的 9090 端口，将 Oracle XE 的 1521 端口映射为本机的 1521 端口。

本容器提供如下的安装信息：

```
hostname:localhost
端口:1521
SID: XE
username:system/sys
password:oracle
```

管理界面访问：

```
url:http://localhost:9090/apex
workspace:internal
username:admin
password:oracle
```

（3）端口映射

我们在 8.1 节曾经提到，容器暴露的端口只是映射到 VirtualBox 虚拟机上，而本机要访问容器的话需要我们把 VirtualBox 的虚拟机的端口映射到当前开发机器上。这确实有点麻烦，但是在生产环境我们一般都是基于 Linux 部署 Docker 的，所以不会存在这个问题。

下面我们演示将 VirtualBox 虚拟机的端口映射到当前开发机器。

打开 VirtualBox 软件，如图 8-18 所示。

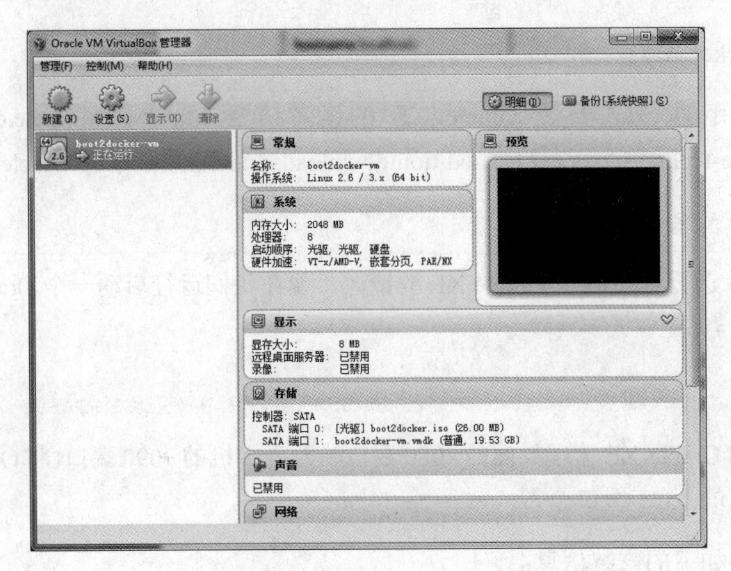

图 8-18　打开 VirtualBox 软件

选中 boot2docker-vm，单击“设置”按钮，或者右击，在右键菜单中选中“设置”，打开虚拟机设置页面，如图 8-19 所示。

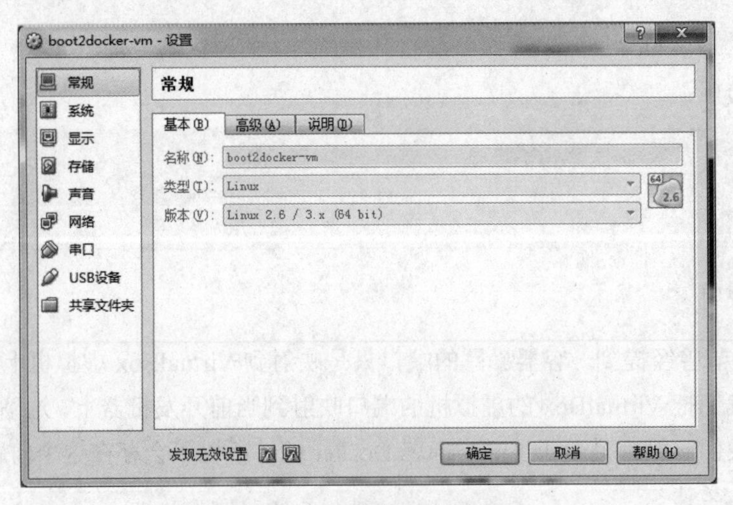

图 8-19　打开虚拟机设置页面

单击“网络”，页面下方出现了“端口转发”按钮，如图 8-20 所示。

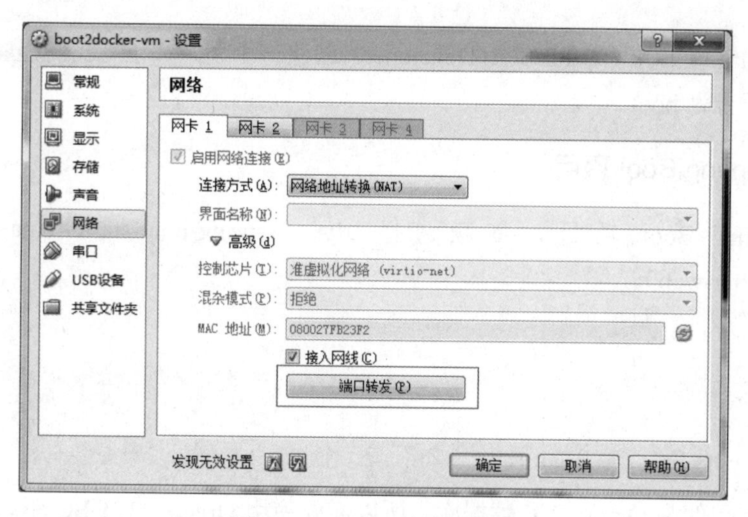

图 8-20　“端口转发”按钮

单击“端品转发”按钮，弹出“端口转发规则”界面，将我们刚才曝露到虚拟机的 9090 及 1521 端口映射为开发机的 9090 及 1521 端口，如图 8-21 所示。

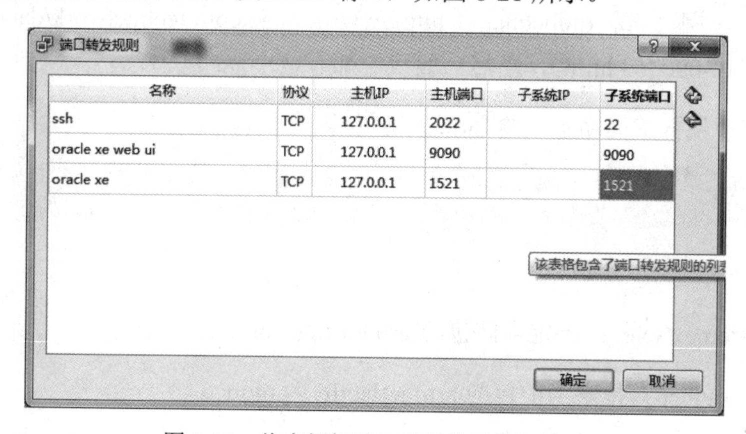

图 8-21　将虚拟机端口映射为开发机端口

做了如上设置后，我们即可通过本机 9090 及 1521 端口正确访问 Oracle XE 容器里的端口了。

（4）管理

通过上面的设置之后，我们就可以像操作普通的 Oracle 数据库一样操作 Oracle XE 了。我们可以通过访问 XE 的管理界面：http://localhost:9090/apex 登录管理数据库；或者在开发机器安装 Oracle Client，管理并安装一个数据库管理工具（如 PL/SQL Developer）来管理数据库。

利用我们的管理工具（如 PL/SQL Developer）创建一个用户，作为我们程序使用的数据库账号，账号密码皆为 boot。

3. 新建 Spring Boot 项目

搭建 Spring Boot 项目，依赖选择 JPA（spring-boot-starter-data-jpa）和 Web（spring-boot-starter-web）。

项目信息：

```
groupId: com.wisely
arctifactId:ch8_2
package: com.wisely.ch8_2
```

因为我们使用的是 Oracle XE 数据库，所以需要使用 Oracle 的 JDBC 驱动，而 Maven 中心库没有 Oracle JDBC 的驱动下载，因此我们需要通过 Maven 命令，自己打包 Oracle 的 JDBC 驱动到本地库。

在 Oracle 官网下载 ojdbc6.jar（http://www.oracle.com/technetwork/database/enterprise-edition/jdbc-112010-090769.html），当然一般我们都有这个 jar 包。

通过在控制台执行下面命令，将 ojdbc6.jar 安装到本地库：

```
mvn install:install-file -DgroupId=com.oracle "-DartifactId=ojdbc6"
"-Dversion=11.2.0.2.0" "-Dpackaging=jar" "-Dfile=E:\ojdbc6.jar"
```

说明：

-DgroupId=com.oracle ：指定当前包的 groupId 为 com.oracle。

-DartifactId=ojdbc6：指定当前包的 artifactfactId 为 ojdbc6。

-Dversion=11.2.0.2.0：指定当前包 version 为 11.2.0.2.0。

-Dfile=E:\ojdbc6.jar：指定要打包的 jar 的文件位置。

此时 ojdbc6 被打包到本地库，如图 8-22 所示。

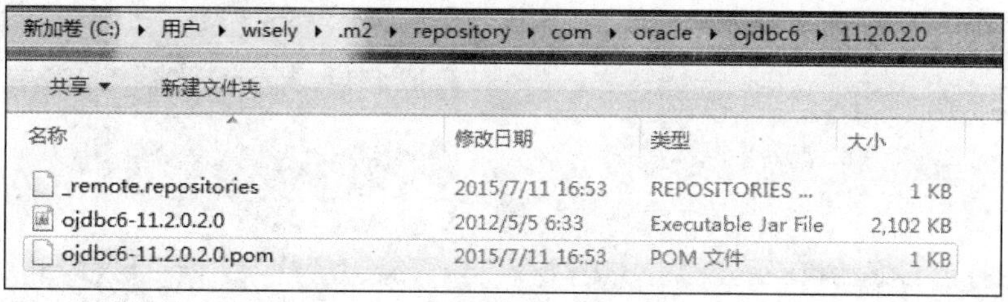

新加卷 (C:) ▸ 用户 ▸ wisely ▸ .m2 ▸ repository ▸ com ▸ oracle ▸ ojdbc6 ▸ 11.2.0.2.0

共享 ▾　新建文件夹

名称	修改日期	类型	大小
_remote.repositories	2015/7/11 16:53	REPOSITORIES ...	1 KB
ojdbc6-11.2.0.2.0	2012/5/5 6:33	Executable Jar File	2,102 KB
ojdbc6-11.2.0.2.0.pom	2015/7/11 16:53	POM 文件	1 KB

图 8-22　ojdbc6 被打包到本地库

这时我们只需在 Spring Boot 项目中的 pom.xml 加入下面坐标即可引入 ojdbc6：

```
<dependency>
    <groupId>com.oracle</groupId>
    <artifactId>ojdbc6</artifactId>
    <version>11.2.0.2.0</version>
</dependency>
```

添加 google guava 依赖，它包含大量 Java 常用的工具类：

```
<dependency>
    <groupId>com.google.guava</groupId>
    <artifactId>guava</artifactId>
    <version>18.0</version>
</dependency>
```

新建一个 data.sql 文件放置在 src/main/resources 下，内容为向表格增加一些数据，数据插入完成后请删除或对此文件改名：

```
insert into person(id,name,age,address) values(hibernate_sequence.nextval,'汪云飞',32,'合肥');
insert into person(id,name,age,address)
values(hibernate_sequence.nextval,'xx',31,'北京');
insert into person(id,name,age,address)
values(hibernate_sequence.nextval,'yy',30,'上海');
insert into person(id,name,age,address)
values(hibernate_sequence.nextval,'zz',29,'南京');
insert into person(id,name,age,address)
values(hibernate_sequence.nextval,'aa',28,'武汉');
insert into person(id,name,age,address)
values(hibernate_sequence.nextval,'bb',27,'合肥');
```

4. 配置基本属性

在 application.properties 里配置数据源和 jpa 的相关属性。

```
spring.datasource.driverClassName=oracle.jdbc.OracleDriver
spring.datasource.url=jdbc\:oracle\:thin\:@localhost\:1521\:xe
spring.datasource.username=boot
spring.datasource.password=boot

#1
spring.jpa.hibernate.ddl-auto=update
#2
spring.jpa.show-sql=true
#3
spring.jackson.serialization.indent_output=true
```

代码解释

上面代码第一段是用来配置数据源，第二段是用来配置 jpa，更多配置内容请查看附录 A.3 以“spring.datasource”和“spring.jpa”为前缀的属性配置。

① hibernate 提供了根据实体类自动维护数据库表结构的功能，可通过 spring.jpa.hibernate.ddl-auto 来配置，有下列可选项：

- create：启动时删除上一次生成的表，并根据实体类生成表，表中数据会被清空。
- crcatc-drop：启动时根据实体类生成表，sessionFactory 关闭时表会被删除。
- update：启动时会根据实体类生成表，当实体类属性变动的时候，表结构也会更新，在初期开发阶段使用此选项。
- validate：启动时验证实体类和数据表是否一致，在我们数据结构稳定时采用此选项。
- none：不采取任何措施。

② spring.jpa.show-sql 用来设置 hibernate 操作的时候在控制台显示其真实的 sql 语句。

③ 让控制器输出的 json 字符串格式更美观。

5. 定义映射实体类

Hibernate 支持自动将实体类映射为数据表格：

```
package com.wisely.domain;

import javax.persistence.Entity;
import javax.persistence.GeneratedValue;
import javax.persistence.Id;

@Entity //1
```

```
@NamedQuery(name = "Person.withNameAndAddressNamedQuery",
query = "select p from Person p where p.name=?1 and address=?2")
public class Person {
    @Id //2
    @GeneratedValue //3
    private Long id;

    private String name;

    private Integer age;

    private String address;

    public Person() {
        super();
    }
    public Person(Long id, String name, Integer age, String address) {
        super();
        this.id = id;
        this.name = name;
        this.age = age;
        this.address = address;
    }

    // 省略 setter、getter
}
```

代码解释

① @Entity 注解指明这是一个和数据库表映射的实体类。

② @Id 注解指明这个属性映射为数据库的主键。

③ @GeneratedValue 注解默认使用主键生成方式为自增，hibernate 会为我们自动生成一个名为 HIBERNATE_SEQUENCE 的序列。

在此例中使用的注解也许和你平时经常使用的注解实体类不大一样，比如没有使用@Table（实体类映射表名）、@Column（属性映射字段名）注解。这是因为我们是采用正向工程通过实体类生成表结构，而不是通过逆向工程从表结构生成数据库。

在这里你可能注意到，我们没有通过@Column 注解来注解普通属性，@Column 是用来映射属性名和字段名，不注解的时候 hibernate 会自动根据属性名生成数据表的字段名。如属性名 name 映射成字段 NAME；多字母属性如 testName 会自动映射为 TEST_NAME。表名的映射规则也如此。

6．定义数据访问接口

```
package com.wisely.dao;

import java.util.List;

import org.springframework.data.jpa.repository.JpaRepository;
import org.springframework.data.jpa.repository.Query;

import com.wisely.domain.Person;

public interface PersonRepository extends JpaRepository<Person, Long> {
    //1
    List<Person> findByAddress(String name);
    //2
    Person findByNameAndAddress(String name,String address);
    //3
    @Query("select p from Person p where p.name= :name and p.address= :address")
    Person withNameAndAddressQuery(@Param("name")String name,
                                            @Param("address")String address);
    //4
    Person withNameAndAddressNamedQuery(String name,String address);

}
```

代码解释

① 使用方法名查询，接受一个 name 参数，返回值为列表。

② 使用方法名查询，接受 name 和 address，返回值为单个对象。

③ 使用@Query 查询，参数按照名称绑定。

④ 使用@NamedQuery 查询，请注意我们在实体类中做的@NamedQuery 的定义。

7．运行

在本例中没有复杂的业务逻辑，我们将 PersonRepository 注入到控制器中，以简化演示。

```
package com.wisely.web;
```

```
import java.util.List;

import org.springframework.beans.factory.annotation.Autowired;
import org.springframework.data.domain.Page;
import org.springframework.data.domain.PageRequest;
import org.springframework.data.domain.Sort;
import org.springframework.data.domain.Sort.Direction;
import org.springframework.web.bind.annotation.RequestMapping;
import org.springframework.web.bind.annotation.RestController;

import com.wisely.dao.PersonRepository;
import com.wisely.domain.Person;

@RestController
public class DataController {
    //1 Spring Data JPA 已自动为你注册 bean，所以可自动注入
    @Autowired
    PersonRepository personRepository;
    /**
     * 保存
     * save 支持批量保存：<S extends T> Iterable<S> save(Iterable<S> entities);
     *
     * 删除：
     *支持使用 id 删除对象、批量删除以及删除全部：
     * void delete(ID id);
     * void delete(T entity);
     * void delete(Iterable<? extends T> entities);
     * void deleteAll();
     *
     */
    @RequestMapping("/save")
    public Person save(String name,String address,Integer age){

        Person p = personRepository.save(new Person(null, name, age, address));

        return p;

    }

    /**
     * 测试 findByAddress
     */
    @RequestMapping("/q1")
    public List<Person> q1(String address){
```

```
        List<Person> people = personRepository.findByAddress(address);

        return people;

    }

    /**
     * 测试 findByNameAndAddress
     */
    @RequestMapping("/q2")
    public Person q2(String name,String address){

        Person people = personRepository.findByNameAndAddress(name, address);

        return people;

    }

    /**
     * 测试 withNameAndAddressQuery
     */
    @RequestMapping("/q3")
    public Person q3(String name,String address){

        Person p = personRepository.withNameAndAddressQuery(name, address);

        return p;

    }

    /**
     * 测试 withNameAndAddressNamedQuery
     */
    @RequestMapping("/q4")
    public Person q4(String name,String address){

        Person p = personRepository.withNameAndAddressNamedQuery(name, address);

        return p;

    }

    /**
```

```
     * 测试排序
     */
    @RequestMapping("/sort")
    public List<Person> sort(){

        List<Person> people = personRepository.findAll(new
Sort(Direction.ASC,"age"));

        return people;

    }

    /**
     * 测试分页
     */
    @RequestMapping("/page")
    public Page<Person> page(){

        Page<Person> pagePeople = personRepository.findAll(new PageRequest(1,
2));

        return pagePeople;

    }



}
```

下面分别访问地址测试运行效果。

访问 http://localhost:8080/save?name=dd&address=上海 &age=25，如图 8-23 所示。

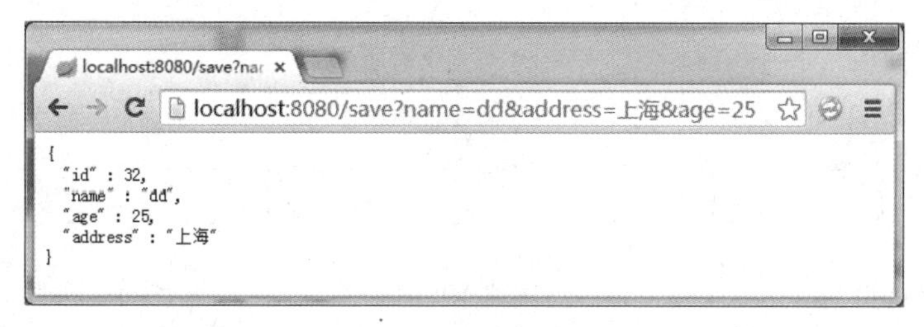

图 8-23　访问 http://localhost:8080/save?name=dd&address=上海 &age=25

访问 http://localhost:8080/q1?address=合肥，如图 8-24 所示。

localhost:8080/q1?address=合肥

```
[ {
  "id" : 30,
  "name" : "bb",
  "age" : 27,
  "address" : "合肥"
}, {
  "id" : 25,
  "name" : "汪云飞",
  "age" : 32,
  "address" : "合肥"
} ]
```

图 8-24 访问：http://localhost:8080/q1?address=合肥

访问 http://localhost:8080/q2?address=合肥&name=汪云飞，如图 8-25 所示。

localhost:8080/q2?address=合肥&name=汪云飞

```
{
  "id" : 25,
  "name" : "汪云飞",
  "age" : 32,
  "address" : "合肥"
}
```

图 8-25 访问 http://localhost:8080/q2?address=合肥&name=汪云飞

访问 http://localhost:8080/q3?address=合肥&name=汪云飞，如图 8-26 所示。

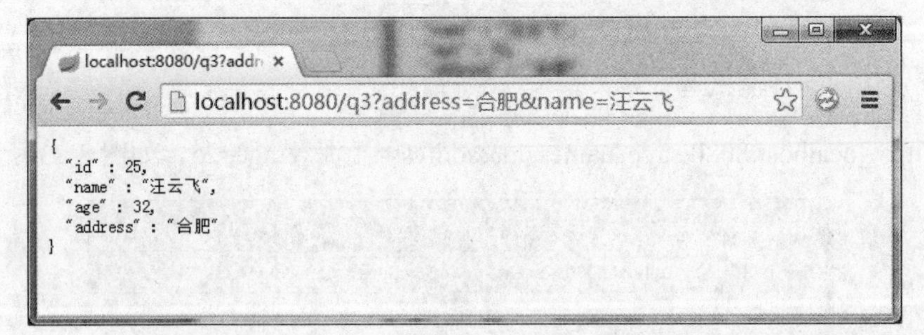

图 8-26 访问 http://localhost:8080/q3?address=合肥&name=汪云飞

访问 http://localhost:8080/q4?address=合肥&name=汪云飞，如图 8-27 所示。

图 8-27　访问 http://localhost:8080/q4?address=合肥&name=汪云飞

访问 http://localhost:8080/sort，如图 8-28 所示。

localhost:8080/sort


```
[ {
  "id" : 32,
  "name" : "dd",
  "age" : 25,
  "address" : "上海"
}, {
  "id" : 30,
  "name" : "bb",
  "age" : 27,
  "address" : "合肥"
}, {
  "id" : 29,
  "name" : "aa",
  "age" : 28,
  "address" : "武汉"
}, {
  "id" : 28,
  "name" : "zz",
  "age" : 29,
  "address" : "南京"
}, {
  "id" : 27,
  "name" : "yy",
  "age" : 30,
  "address" : "上海"
}, {
  "id" : 26,
  "name" : "xx",
  "age" : 31,
  "address" : "北京"
}, {
  "id" : 25,
  "name" : "汪云飞",
  "age" : 32,
  "address" : "合肥"
} ]
```


图 8 28　访问 http://localhost:8080/sort

访问 http://localhost:8080/page，如图 8-29 所示。

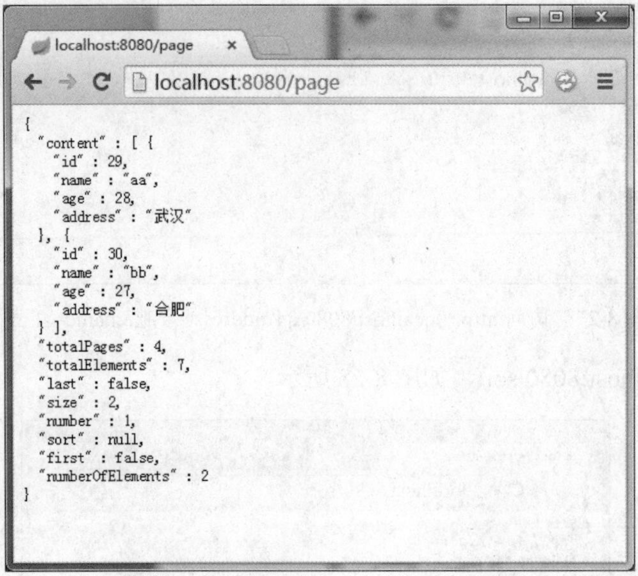

localhost:8080/page


```
{
  "content" : [ {
    "id" : 29,
    "name" : "aa",
    "age" : 28,
    "address" : "武汉"
  }, {
    "id" : 30,
    "name" : "bb",
    "age" : 27,
    "address" : "合肥"
  } ],
  "totalPages" : 4,
  "totalElements" : 7,
  "last" : false,
  "size" : 2,
  "number" : 1,
  "sort" : null,
  "first" : false,
  "numberOfElements" : 2
}
```


图 8-29　访问 http://localhost:8080/page

7. 自定义 Repository 实现

上面的实战演示已经包含了 Spring Boot 和 Spring Data JPA 组合的绝大多数功能。下面我们将结合 Specification 和自定义 Repository 实现来定制一个自动模糊查询。即对于任意的实体对象进行查询，对象里有几个值我们就查几个值，当值为字符型时我们就自动 like 查询，其余的类型使用自动等于查询，没有值我们就查询全部。

（1）定义 Specification：

```java
package com.wisely.specs;

import static com.google.common.collect.Iterables.toArray;

import java.lang.reflect.Field;
import java.util.ArrayList;
import java.util.List;

import javax.persistence.EntityManager;
import javax.persistence.criteria.CriteriaBuilder;
import javax.persistence.criteria.CriteriaQuery;
import javax.persistence.criteria.Predicate;
import javax.persistence.criteria.Root;
import javax.persistence.metamodel.Attribute;
```

```
import javax.persistence.metamodel.EntityType;
import javax.persistence.metamodel.SingularAttribute;

import org.springframework.data.jpa.domain.Specification;
import org.springframework.util.ReflectionUtils;
import org.springframework.util.StringUtils;

public class CustomerSpecs {

    public static <T> Specification<T> byAuto(final EntityManager entityManager,
final T example) { //1

        final Class<T> type = (Class<T>) example.getClass();//2

        return new Specification<T>() {

            @Override
            public Predicate toPredicate(Root<T> root, CriteriaQuery<?> query,
CriteriaBuilder cb) {
                List<Predicate> predicates = new ArrayList<>(); //3

                EntityType<T> entity =
entityManager.getMetamodel().entity(type);//4

                for (Attribute<T, ?> attr : entity.getDeclaredAttributes()) {//5
                    Object attrValue = getValue(example, attr); //6
                    if (attrValue != null) {
                        if (attr.getJavaType() == String.class) { //7
                            if (!StringUtils.isEmpty(attrValue)) { //8

    predicates.add(cb.like(root.get(attribute(entity, attr.getName(),
String.class)),
                                        pattern((String) attrValue))); //9
                            }
                        } else {
    predicates.add(cb.equal(root.get(attribute(entity, attr.getName(),
attrValue.getClass())),
                                    attrValue)); //10
                        }
                    }

                }
                return predicates.isEmpty() ? cb.conjunction() :
cb.and(toArray(predicates, Predicate.class));//11
```

```
            }

            /**
             * 12
             */
            private <T> Object getValue(T example, Attribute<T, ?> attr) {
                return ReflectionUtils.getField((Field) attr.getJavaMember(),
example);
            }

            /**
             * 13
             */
           private <E, T> SingularAttribute<T, E> attribute(EntityType<T> entity,
String fieldName,
                    Class<E> fieldClass) {
                return entity.getDeclaredSingularAttribute(fieldName,
fieldClass);
            }

        };

    }

    /**
     * 14
     */
    static private String pattern(String str) {
        return "%" + str + "%";
    }

}
```

代码解释

① 定义一个返回值为 Specification 的方法 byAuto，这里使用的是泛型 T，所以这个 Specification 是可以用于任意的实体类的。它接受的参数是 entityManager 和当前的包含值作为查询条件的实体类对象。

② 获得当前实体类对象类的类型。

③ 新建 Predicate 列表存储构造的查询条件。

④ 获得实体类的EntityType，我们可以从EntityType获得实体类的属性。

⑤ 对实体类的所有属性做循环。

⑥ 获得实体类对象某一个属性的值。

⑦ 当前属性值为字符类型的时候。

⑧ 若当前字符不为空的情况下。

⑨ 构造当前属性like（前后%）属性值查询条件，并添加到条件列表中。

⑩ 其余情况下，构造属性和属性值equal查询条件，并添加到条件列表中。

⑪ 将条件列表转换成Predicate。

⑫ 通过反射获得实体类对象对应属性的属性值。

⑬ 获得实体类的当前属性的SingularAttribute，SingularAttribute包含的是实体类的某个单独属性。

⑭ 构造like的查询模式，即前后加%。

（2）定义接口：

```
package com.wisely.support;

import java.io.Serializable;

import org.springframework.data.domain.Page;
import org.springframework.data.domain.Pageable;
import org.springframework.data.jpa.repository.JpaRepository;
import org.springframework.data.jpa.repository.JpaSpecificationExecutor;
import org.springframework.data.repository.NoRepositoryBean;

@NoRepositoryBean
public interface CustomRepository<T, ID extends Serializable>extends
JpaRepository<T, ID> ,JpaSpecificationExecutor<T>{

    Page<T> findByAuto(T example,Pageable pageable);


}
```

代码解释

此例中的接口继承了 JpaRepository，让我们具备了 JpaRepository 所提供的方法；继承了 JpaSpecificationExecutor，让我们具备使用 Specification 的能力。

（3）定义实现：

```
package com.wisely.support;

import java.io.Serializable;

import javax.persistence.EntityManager;

import org.springframework.data.domain.Page;
import org.springframework.data.domain.Pageable;
import org.springframework.data.jpa.repository.support.SimpleJpaRepository;

import static com.wisely.specs.CustomerSpecs.*;

public class CustomRepositoryImpl <T, ID extends Serializable>
                    extends SimpleJpaRepository<T, ID>  implements
CustomRepository<T,ID> {

    private final EntityManager entityManager;

    public CustomRepositoryImpl(Class<T> domainClass, EntityManager
entityManager) {
        super(domainClass, entityManager);
        this.entityManager = entityManager;
    }

    @Override
    public Page<T> findByAuto(T example, Pageable pageable) {
        return findAll(byAuto(entityManager, example),pageable);
    }
}
```

代码解释

此类继承 JpaRepository 的实现类 SimpleJpaRepository，让我们可以使用 SimpleJpaRepository 的方法；此类当然还要实现我们自定义的接口 CustomRepository。

findByAuto 方法使用 byAuto Specification 构造的条件查询，并提供分页功能。

（4）定义 repositoryFactoryBean：

```
package com.wisely.support;

import java.io.Serializable;

import javax.persistence.EntityManager;

import org.springframework.data.jpa.repository.JpaRepository;
import org.springframework.data.jpa.repository.support.JpaRepositoryFactory;
import
org.springframework.data.jpa.repository.support.JpaRepositoryFactoryBean;
import org.springframework.data.jpa.repository.support.SimpleJpaRepository;
import org.springframework.data.repository.core.RepositoryInformation;
import org.springframework.data.repository.core.RepositoryMetadata;
import
org.springframework.data.repository.core.support.RepositoryFactorySupport;

public class CustomRepositoryFactoryBean<T extends JpaRepository<S, ID>, S, ID
extends Serializable>
        extends JpaRepositoryFactoryBean<T, S, ID> {

    @Override
    protected RepositoryFactorySupport createRepositoryFactory(EntityManager
entityManager) {
        return new CustomRepositoryFactory(entityManager);
    }

    private static class CustomRepositoryFactory extends JpaRepositoryFactory {


        public CustomRepositoryFactory(EntityManager entityManager) {
            super(entityManager);
        }

        @Override
        @SuppressWarnings({"unchecked"})
        protected <T, ID extends Serializable> SimpleJpaRepository<?, ?>
getTargetRepository(
                RepositoryInformation information, EntityManager entityManager)
{
            return new CustomRepositoryImpl<T, ID>((Class<T>)
information.getDomainType(), entityManager);
```

```
        }

        @Override
        protected Class<?> getRepositoryBaseClass(RepositoryMetadata metadata)
{
            return CustomRepositoryImpl.class;
        }
    }
}
```

代码解释

在 8.2.1 中我们对定义 RepositoryFactoryBean 做了讲解，这里的代码大可以作为模板代码使用，只需修改和定义实现类相关的代码即可。

（5）使用：

```
package com.wisely.dao;

import java.util.List;

import org.springframework.data.jpa.repository.Query;
import org.springframework.data.repository.query.Param;

import com.wisely.domain.Person;
import com.wisely.support.CustomRepository;

public interface PersonRepository extends CustomRepository<Person, Long> {

    List<Person> findByAddress(String address);
    Person findByNameAndAddress(String name,String address);
    @Query("select p from Person p where p.name= :name and p.address= :address")
    Person withNameAndAddressQuery(@Param("name")String
name,@Param("address")String address);
    Person withNameAndAddressNamedQuery(String name,String address);

}
```

代码解释

只需让实体类 Repository 继承我们自定义的 Repository 接口，即可使用我们在自定义 Respository 中实现的功能。

```
package com.wisely.web;

import java.util.List;

import org.springframework.beans.factory.annotation.Autowired;
import org.springframework.data.domain.Page;
import org.springframework.data.domain.PageRequest;
import org.springframework.data.domain.Sort;
import org.springframework.data.domain.Sort.Direction;
import org.springframework.web.bind.annotation.RequestMapping;
import org.springframework.web.bind.annotation.RestController;

import com.wisely.dao.PersonRepository;
import com.wisely.domain.Person;

@RestController
public class DataController {

    @RequestMapping("/auto")
    public Page<Person> auto(Person person){

        Page<Person> pagePeople = personRepository.findByAuto(person, new
PageRequest(0, 10));

        return pagePeople;

    }
}
```

代码解释

控制器中接受一个 Person 对象，当 Person 的 name 有值时，会自动对 name 进行 like 查询；当 age 有值时，会进行等于查询；当 Person 中有多个值不为空的时候，会自动构造多个查询条件；当 Person 所有值为空的时候，默认查询出所有记录。

此处需要特别指出的是，在实体类中定义的数据类型要用包装类型（Long、Integer），而不能使用原始数据类型（long、int）。因为在 Spring MVC 中，使用原始数据类型会自动初始化为 0，而不是空，导致我们构造条件失败。

（6）配置：

```
package com.wisely;

import org.springframework.beans.factory.annotation.Autowired;
import org.springframework.boot.SpringApplication;
import org.springframework.boot.autoconfigure.SpringBootApplication;
import org.springframework.data.jpa.repository.config.EnableJpaRepositories;

import com.wisely.dao.PersonRepository;
import com.wisely.support.CustomRepositoryFactoryBean;

@SpringBootApplication
@EnableJpaRepositories(repositoryFactoryBeanClass =
CustomRepositoryFactoryBean.class)
public class Ch82Application {
    @Autowired
    PersonRepository personRepository;

   public static void main(String[] args) {
      SpringApplication.run(Ch82Application.class, args);
   }


}
```

代码解释

在配置类上配置@EnableJpaRepositories，并指定 repositoryFactoryBeanClass，让我们自定义的 Repository 实现起效。

如果我们不需要自定义 Repository 实现，则在 Spring Data JPA 里无须添加@EnableJpaRepositories 注解，因为@SpringBootApplication 包含的@EnableAutoConfiguration 注解已经开启了对 Spring Data JPA 的支持。

7. 运行

访问 http://localhost:8080/auto，无构造查询条件，查询全部，如图 8-30 所示。

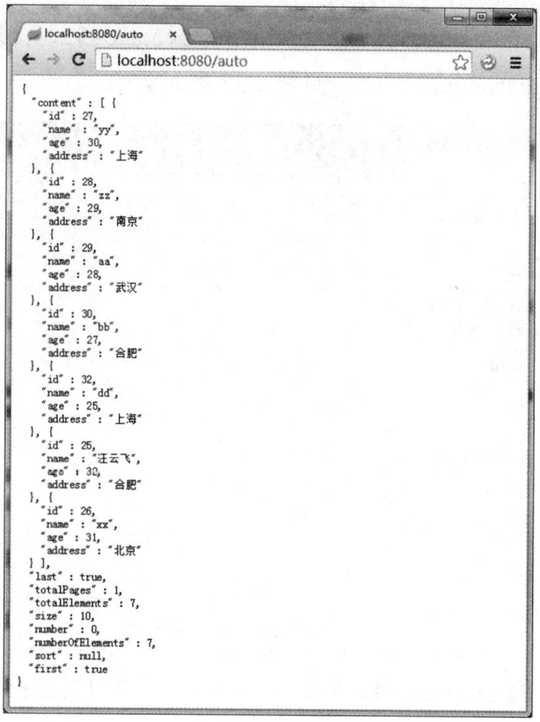
localhost:8080/auto
localhost:8080/auto
{
"content" : [{
"id" : 27,
"name" : "yy",
"age" : 30,
"address" : "上海"
}, {
"id" : 28,
"name" : "zz",
"age" : 29,
"address" : "南京"
}, {
"id" : 29,
"name" : "aa",
"age" : 28,
"address" : "武汉"
}, {
"id" : 30,
"name" : "bb",
"age" : 27,
"address" : "合肥"
}, {
"id" : 32,
"name" : "dd",
"age" : 25,
"address" : "上海"
}, {
"id" : 25,
"name" : "汪云飞",
"age" : 32,
"address" : "合肥"
}, {
"id" : 26,
"name" : "xx",
"age" : 31,
"address" : "北京"
}],
"last" : true,
"totalPages" : 1,
"totalElements" : 7,
"size" : 10,
"number" : 0,
"numberOfElements" : 7,
"sort" : null,
"first" : true
}

图 8-30　无构造查询条件

访问 http://localhost:8080/auto?address=肥，构造 address 的 like 查询，如图 8-31 所示。

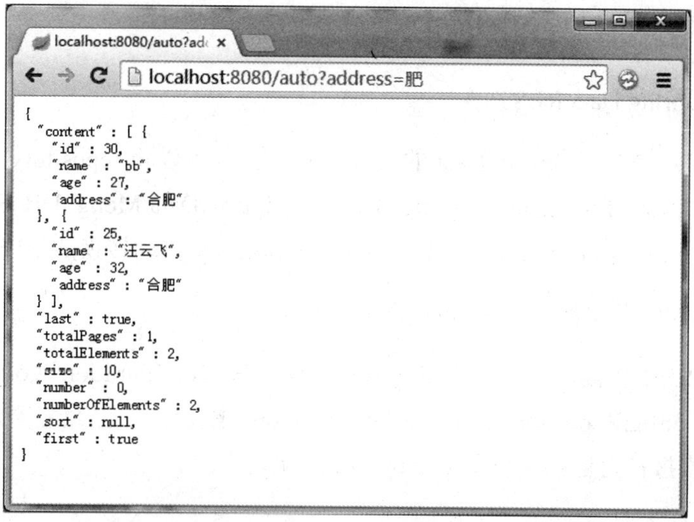
localhost:8080/auto?ad
localhost:8080/auto?address=肥
{
"content" : [{
"id" : 30,
"name" : "bb",
"age" : 27,
"address" : "合肥"
}, {
"id" : 25,
"name" : "汪云飞",
"age" : 32,
"address" : "合肥"
}],
"last" : true,
"totalPages" : 1,
"totalElements" : 2,
"size" : 10,
"number" : 0,
"numberOfElements" : 2,
"sort" : null,
"first" : true
}

图 8-31　构造 address 的 like 查询

访问 http://localhost:8080/auto?address=肥&name=云&age=32，构造 address 的 like 查询、name 的 like 查询以及 age 的 equal 查询，如图 8-32 所示。

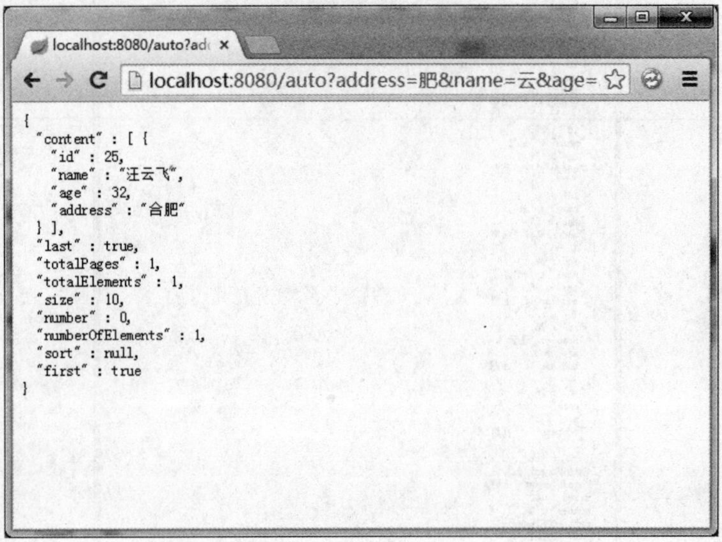
localhost:8080/auto?ad
localhost:8080/auto?address=肥&name=云&age=
{
"content" : [{
"id" : 25,
"name" : "汪云飞",
"age" : 32,
"address" : "合肥"
}],
"last" : true,
"totalPages" : 1,
"totalElements" : 1,
"size" : 10,
"number" : 0,
"numberOfElements" : 1,
"sort" : null,
"first" : true
}

图 8-32 构造 address 的 like 查询、name 的 like 查询以及 age 的 equal 查询

8.3 Spring Data REST

8.3.1 点睛 Spring Data REST

（1）什么是 Spring Data REST

Spring Data JPA 是基于 Spring Data 的 repository 之上，可以将 repository 自动输出为 REST 资源。目前 Spring Data REST 支持将 Spring Data JPA、Spring Data MongoDB、Spring Data Neo4j、Spring Data GemFire 以及 Spring Data Cassandra 的 repository 自动转换成 REST 服务。

（2）Spring MVC 中配置使用 Spring Data REST

Spring Data REST 的配置是定义在 RepositoryRestMvcConfiguration（org.springframework.data.rest.webmvc.config.RepositoryRestMvcConfiguration）配置类中已经配置好了，我们可以通过继承此类或者直接在自己的配置类上@Import 此配置类。

1）继承方式演示：

```
@Configuration
public class MyRepositoryRestMvcConfiguration extends
RepositoryRestMvcConfiguration {
    @Override
    public RepositoryRestConfiguration config() {
        return super.config();
    }

    //其他可重写以 config 开头的方法
}
```

2）导入方式演示：

```
@Configuration
@Import(RepositoryRestMvcConfiguration.class)
public class AppConfig {

}
```

因在 Spring MVC 中使用 Spring Data REST 和在 Spring Boot 中使用方式是一样的，因此我们将在实战环节讲解 Spring Data REST。

8.3.2 Spring Boot 的支持

Spring Boot 对 Spring Data REST 的自动配置放置在 Rest 中，如图 8-33 所示。

```
◢ rest
  ▷ RepositoryRestMvcAutoConfiguration.class
  ▷ SpringBootRepositoryRestMvcConfiguration.class
```

图 8-33 Restk

通过 SpringBootRepositoryRestMvcConfiguration 类的源码我们可以得出，Spring Boot 已经为我们自动配置了 RepositoryRestConfiguration，所以在 Spring Boot 中使用 Spring Data REST 只需引入 spring-boot-starter-data-rest 的依赖，无须任何配置即可使用。

Spring Boot 通过在 application.properties 中配置以“spring.data.rest”为前缀的属性来配置 RepositoryRestConfiguration，如图 8-34 所示。

```
spring.data.rest.base-path : java.net.URI
spring.data.rest.default-page-size : int
spring.data.rest.limit-param-name : String
spring.data.rest.max-page-size : int
spring.data.rest.page-param-name : String
spring.data.rest.return-body-on-create : boolean
spring.data.rest.return-body-on-update : boolean
```

图 8-34 配置 RepositoryRestConfiguration

8.3.3 实战

（1）新建 Spring Boot 项目。

新建 Spring Boot 项目，依赖为 JPA（spring-boot-starter-data-jpa）和 Rest Repositories（spring-boot-starter-data-rest）。

项目信息：

```
groupId: com.wisely
arctifactId:ch8_3
package: com.wisely.ch8_3
```

添加 Oracle JDBC 驱动，并在 application.properties 配置相关属性，与上例保持一致。

（2）实体类：

```
package com.wisely.ch8_3.domain;

import javax.persistence.Entity;
import javax.persistence.GeneratedValue;
import javax.persistence.Id;

@Entity
public class Person {
    @Id
    @GeneratedValue
    private Long id;

    private String name;

    private Integer age;

    private String address;
```

```
    public Person() {
        super();
    }
    public Person(Long id, String name, Integer age, String address) {
        super();
        this.id = id;
        this.name = name;
        this.age = age;
        this.address = address;
    }
//省略 getter、setter
}
```

（3）实体类的 Repository：

```
package com.wisely.ch8_3.dao;

import org.springframework.data.jpa.repository.JpaRepository;

import com.wisely.ch8_3.domain.Person;

public interface PersonRepository extends JpaRepository<Person, Long> {

    Person findByNameStartsWith(String name);

}
```

（4）安装 Chrome 插件 Postman REST Client。

Postman 是一个支持 REST 的客户端，我们可以用它来测试我们的 REST 资源。

本节将会 Postman 插件放在源码中，下面讲解 Postman 在 Chrome 下的安装方式，这与在 Chrome 浏览器下安装其他插件是一致的。Postman 插件放置于本节示例的 src/main/resources 目录下。

本书使用的 Chrome 版本是 43.0，Postman 版本是 3.0.4。新版本的 Chrome 限制非 Chrome 应用商店的插件安装。下面来安装 Postman 插件。

① 用解压缩软件打开 postman.crx，并解压到任意目录，如图 8-35 所示。

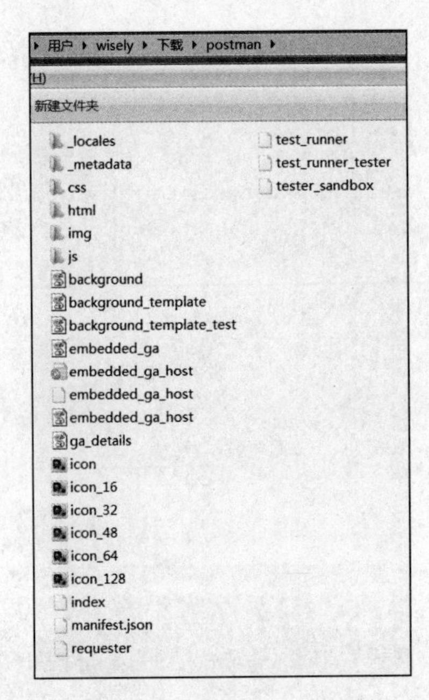

图 8-35　打开 postman.crx

② 将_metadata 文件夹名称修改为 metadata。

打开 Chrome 软件，设置→扩展程序，打开“开发者模式”，并从“加载正在开发的扩展程序...”加载我们刚才解压的目录，如图 8-36 所示。

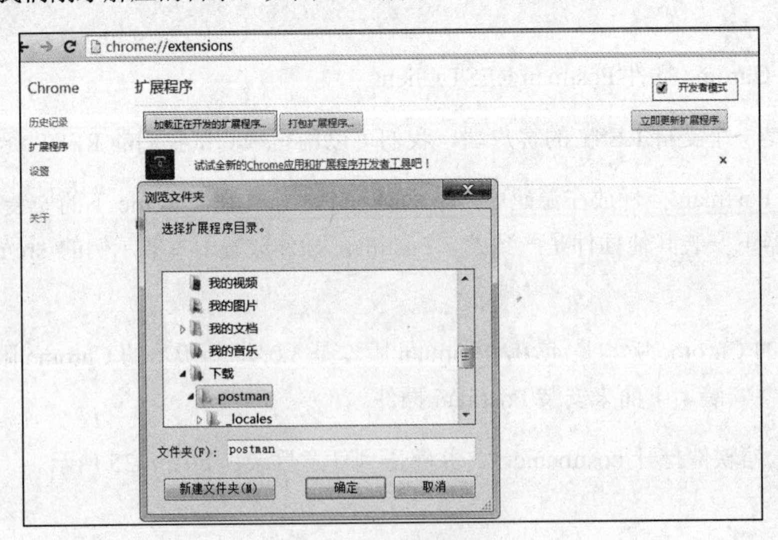

图 8-36　加载 Postman

安装完成后的效果如图 8-37 所示。

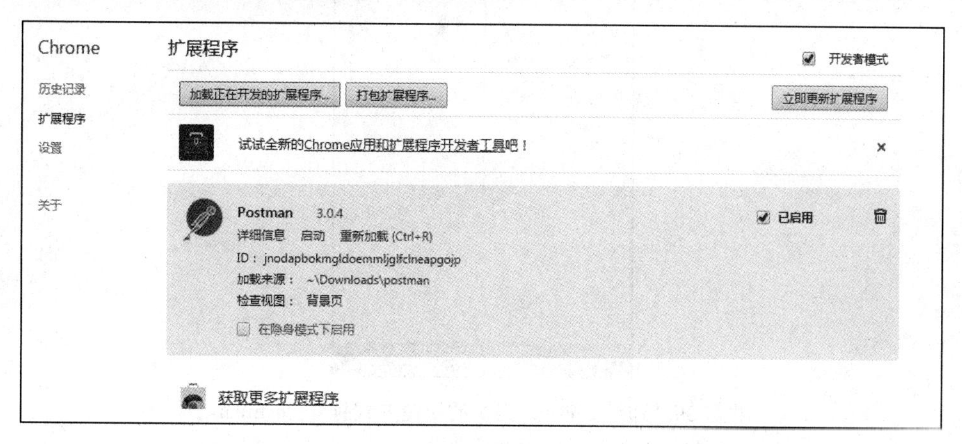

图 8-37　加载完成

③ 在 Chrome 地址栏输入“chrome://apps”，可看到 Postman，如图 8-38 所示。

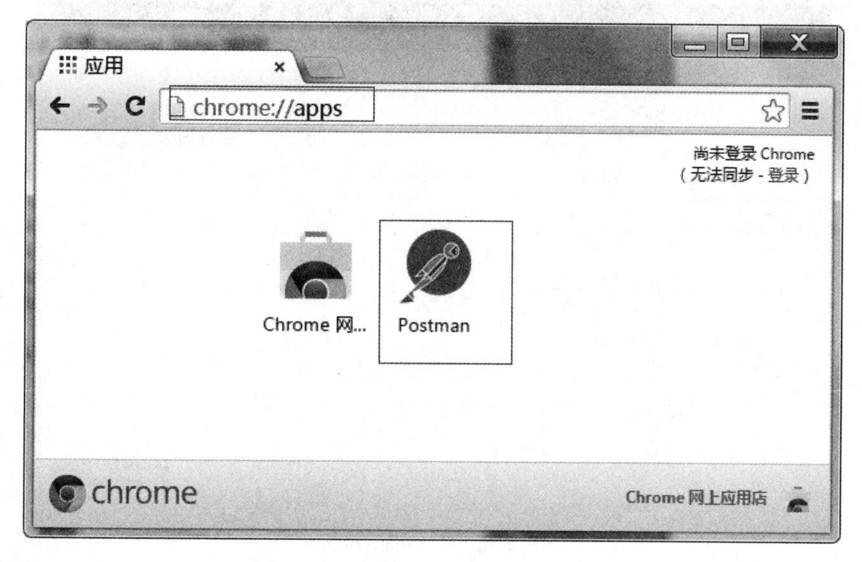

图 8-38　通过 Chrome 查看 Postman

或者通过 Chromc 提供的快捷方式打开，如图 8-39 所示。

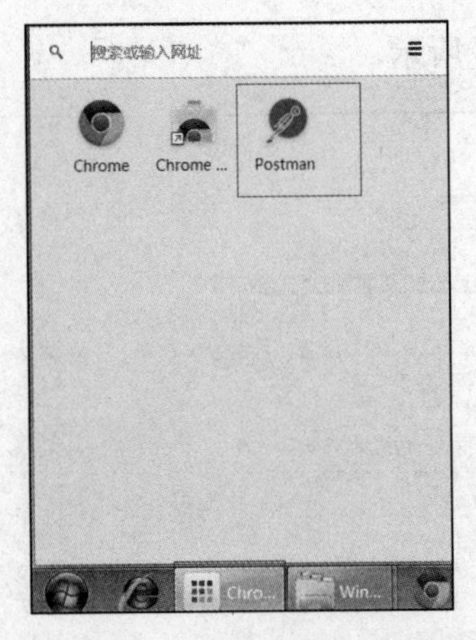

图 8-39　通过 Chrome 提供的快捷方式打开 Postman

Postman 的界面如图 8-40 所示。

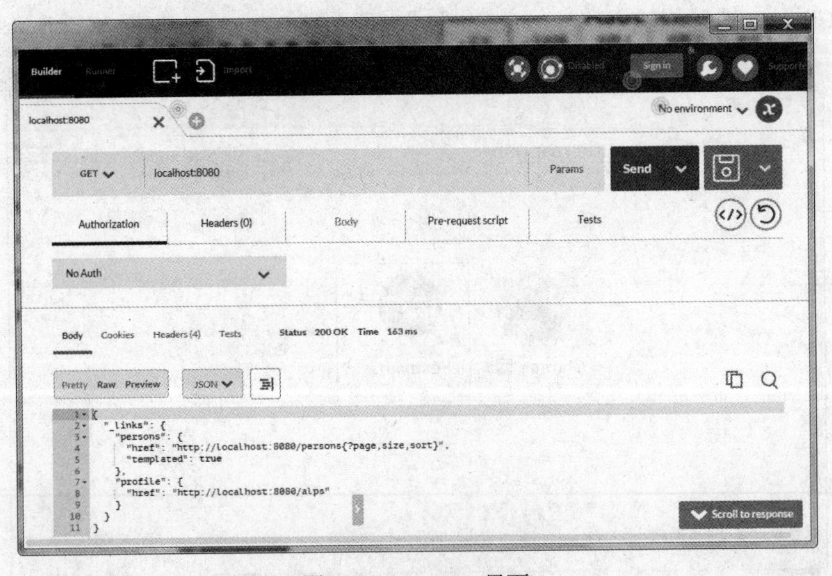

图 8-40　Postman 界面

5. REST 服务测试

在这里我们使用 Postman 测试 REST 资源服务。

（1）jQuery

在实际开发中，在 jQuery 我们使用$.ajax 方法的 type 属性来修改提交方法：

```
$.ajax({
          type: "GET",
          dataType: "json",
          url: "http://localhost:8080/persons ",
          success: function(data){
             alert(data);
          }
      });
```

（2）AngularJS

在实际开发中，可以使用$http 对象来操作：

```
$http.get(url)

$http.post(url,data)

$http.put(url,data)

$http.delete(url)
```

（3）列表

在实际开发中，在 Postman 中使用 GET 访问 http://localhost:8080/persons，获得列表数据，如图 8-41 所示。

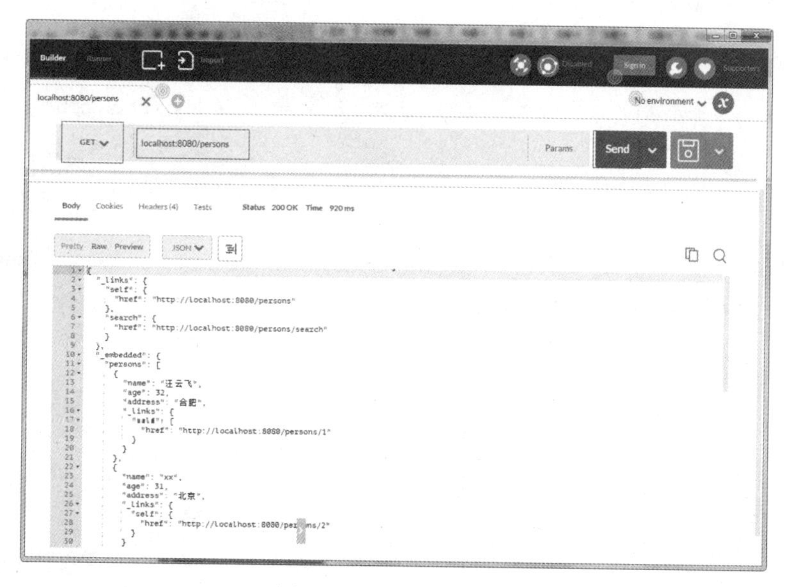

图 8-41　获得列表数据

（4）获取单一对象

在 Postman 中使用 GET 访问 http://localhost:8080/1，获得 id 为 1 的对象，如图 8-42 所示。

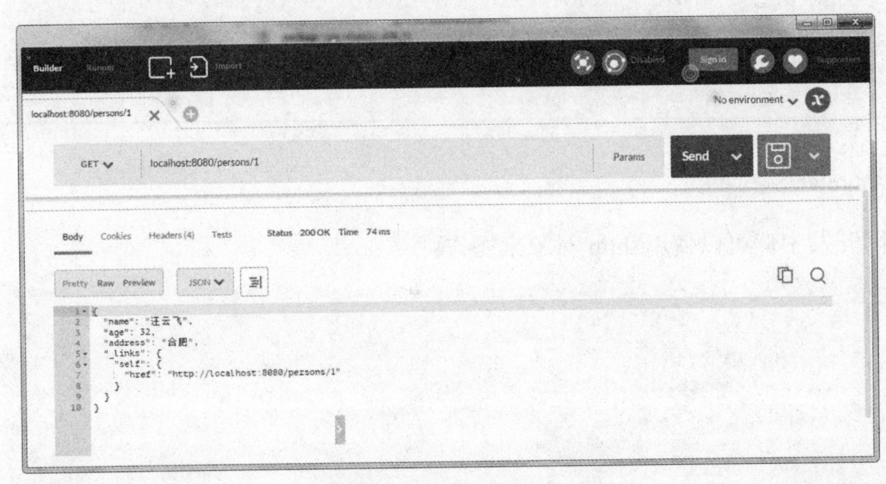

图 8-42　获得 id 为 1 的对象

（5）查询

在上面的自定义实体类 Repository 中定义了 findByNameStartsWith 方法，若想此方法也暴露为 REST 资源，需做如下修改：

```
public interface PersonRepository extends JpaRepository<Person, Long> {

    @RestResource(path = "nameStartsWith", rel = "nameStartsWith")
    Person findByNameStartsWith(@Param("name")String name);

}
```

此时在 Postman 中使用 GET 访问 http://localhost:8080/persons/search/nameStartsWith?name=汪，可实现查询操作，如图 8-43 所示。

（6）分页

在 Postman 中使用 GET 访问 http://localhost:8080/persons/?page=1&size=2，page=1 即第二页，size=2 即每页数量为 2，如图 8-44 所示。

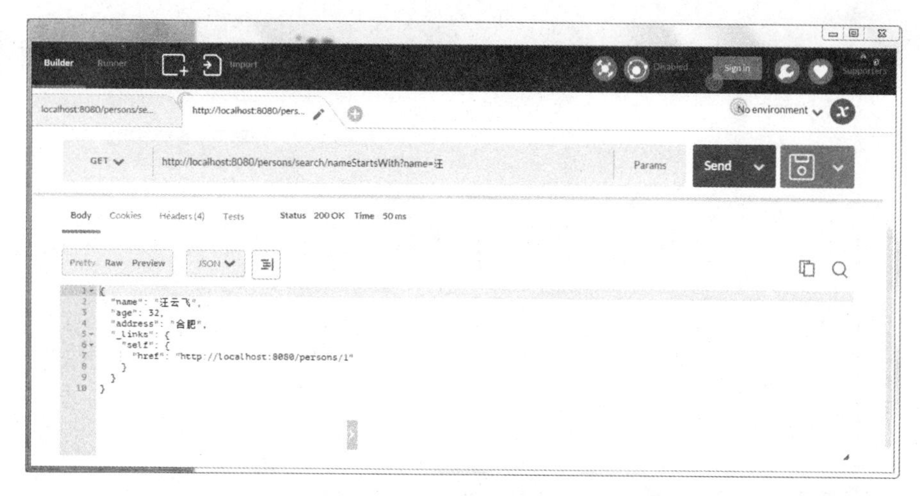

图 8-43　回应现查询操作

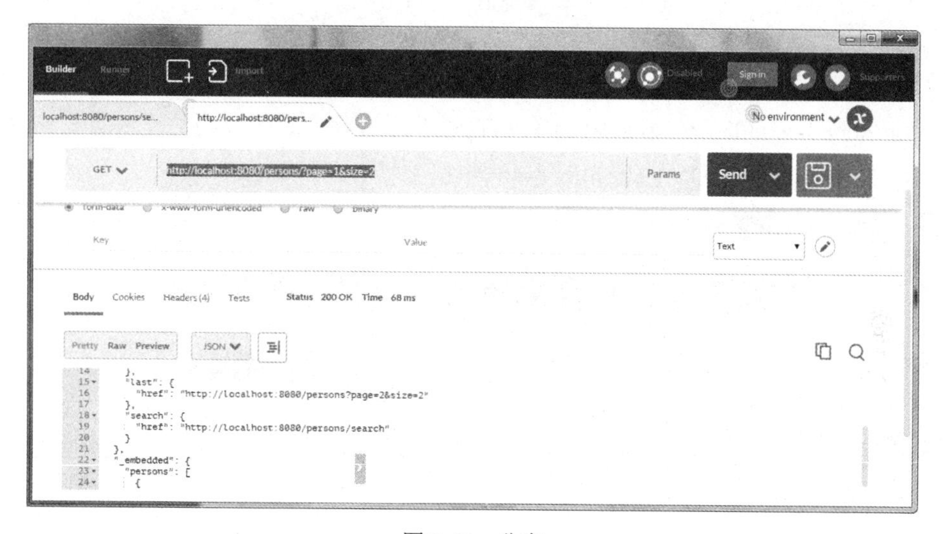

图 8-44　分布

从返回结果可以看出，我们不仅能获得当前分页的对象，而且还给出了我们上一页、下一页、第一页、最后一页的 REST 资源路径。

（7）排序

在 Postman 中使用 GET 访问 localhost:8080/persons/?sort=age,desc，即按照 age 属性倒序，如图 8-45 所示。

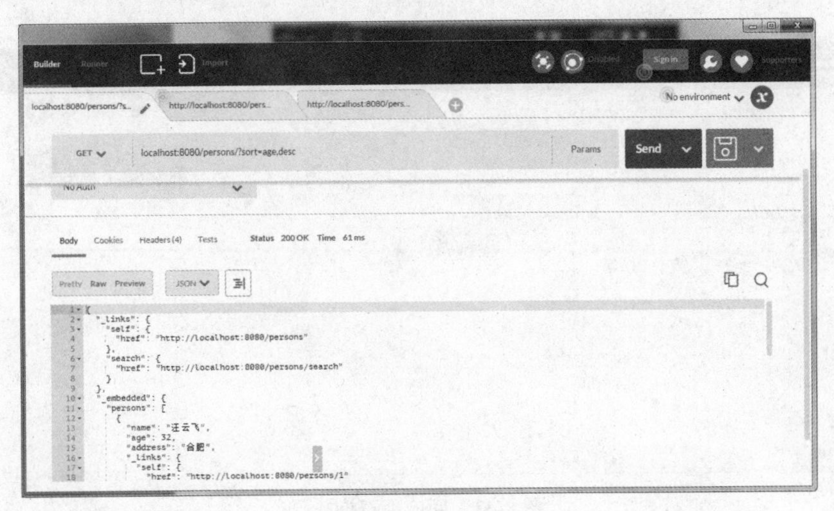

图 8-45　排序

（8）保存

向 http://localhost:8080/persons 发起 POST 请求，将我们要保存的数据放置在请求体中，数据类型设置为 JSON，JSON 内容如图 8-46 所示。

```
{"name":"cc","address":"成都","age":24}
```

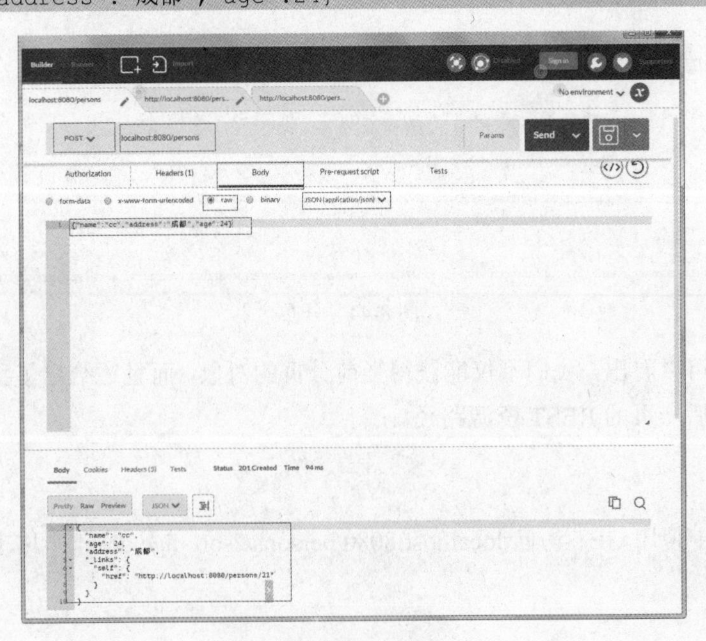

图 8-46　保存

通过输出可以看出，保存成功后，我们的新数据的 id 为 21。

（9）更新

现在我们更新新增的 id 为 21 的数据，用 PUT 方式访问 http://localhost:8080/ persons/21，并修改提交的数据，如图 8-47 所示。

```
{"name":"cc2","address":"成都","age":23}
```

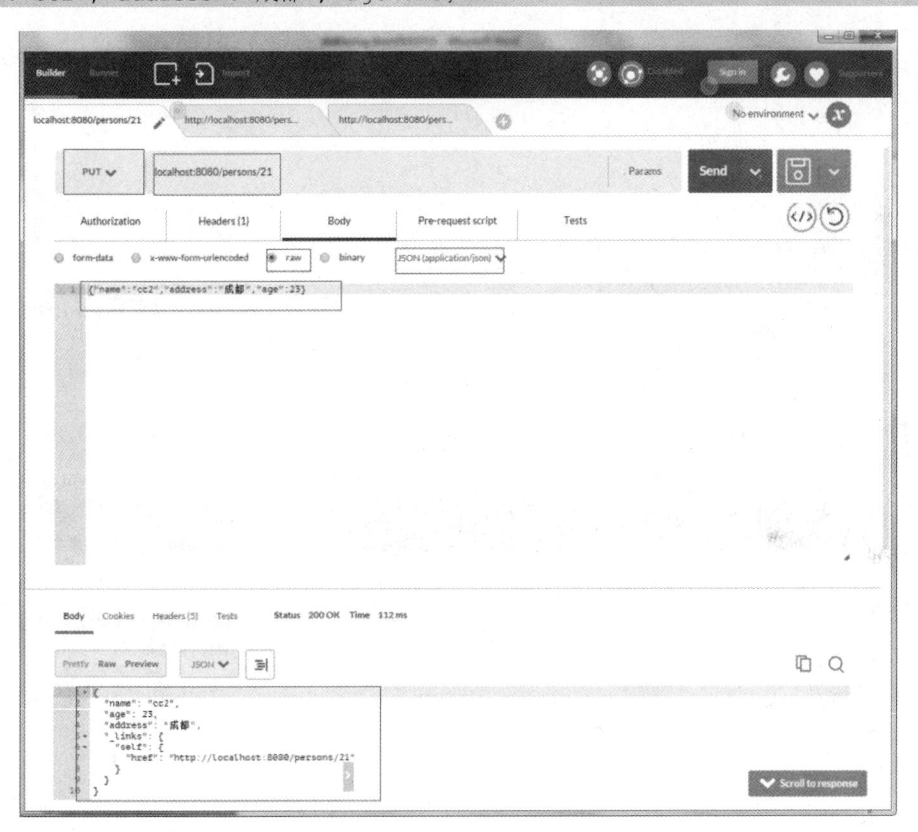

图 8-47　更新

从输出我们可以看出，数据更新已成功。

（10）删除

在这一步我们删除刚才新增的 id 为 21 的数据，使用 DELETE 方式访问 http://localhost:8080/persons/21，如图 8-48 所示。

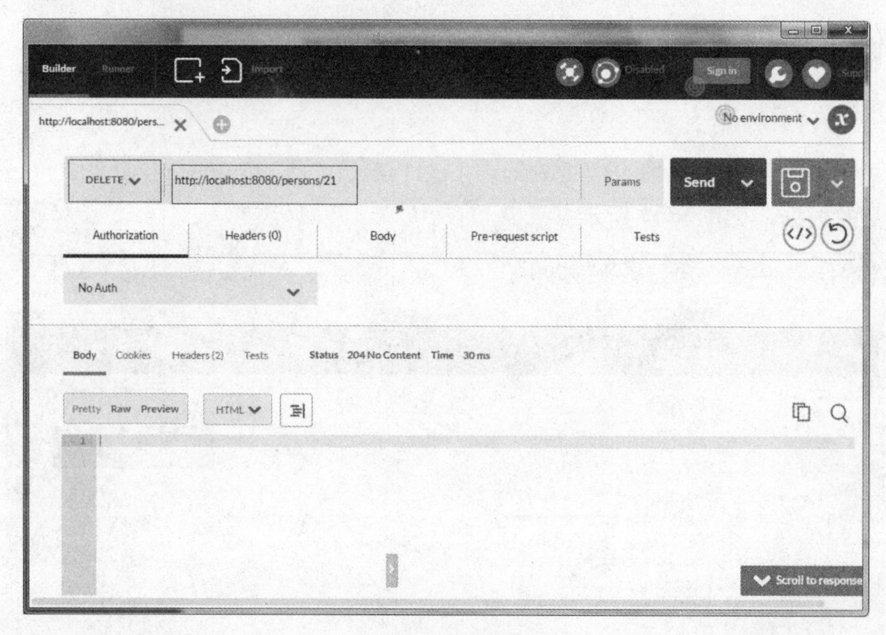

图 8-48　删除

此时再用 GET 方式访问 http://localhost:8080/persons/21，如图 8-49 所示。

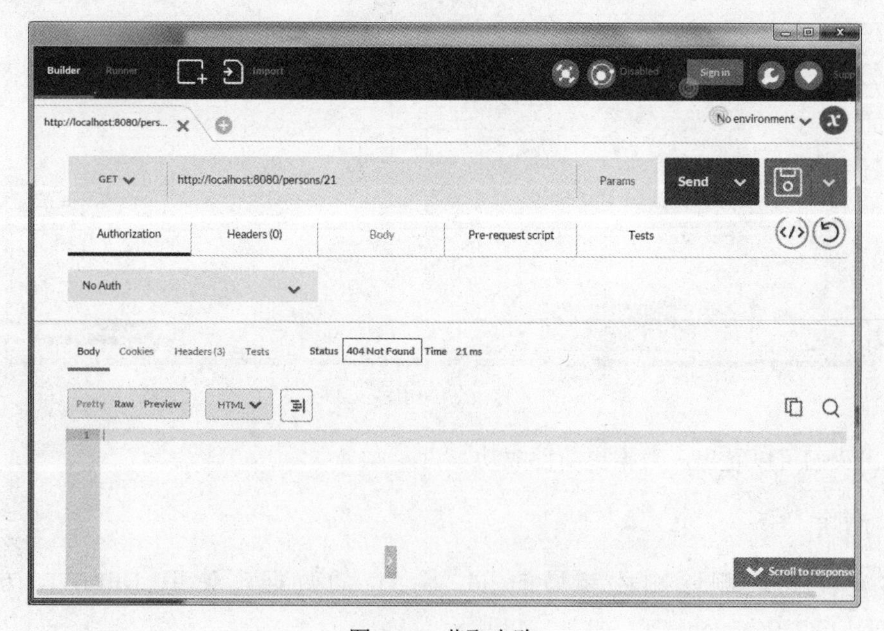

图 8-49　获取失败

返回结果为 404 Not Found，说明所访问的 REST 资源不存在。

6. 定制

（1）定制根路径

在上面的实战例子中，我们访问的 REST 资源的路径是在根目录下的，即 http://localhost:8080/persons，如果我们需要定制根路径的话，只需在 Spring Boot 的 application.properties 下增加如下定义即可：

```
spring.data.rest.base-path= /api
```

此时 REST 资源的路径变成了 http://localhost:8080/api/persons。

（2）定制节点路径

上例实战中，我们的节点路径为 http://localhost:8080/persons，这是 Spring Data REST 的默认规则，就是在实体类之后加"s"来形成路径。我们知道 person 的复数是 people 而不是 persons，在类似的情况下要对映射的名称进行修改的话，我们需要在实体类 Repository 上使用 @RepositoryRestResource 注解的 path 属性进行修改，代码如下：

```
@RepositoryRestResource(path = "people")
public interface PersonRepository extends JpaRepository<Person, Long> {

    @RestResource(path = "nameStartsWith", rel = "nameStartsWith")
    Person findByNameStartsWith(@Param("name")String name);

}
```

此时我们访问 REST 服务的地址变为：http://localhost:8080/api/people。

8.4 声名式事务

8.4.1 Spring 的事务机制

所有的数据访问技术都有事务处理机制，这些技术提供了 API 用来开启事务、提交事务来完成数据操作，或者在发生错误的时候回滚数据。

而 Spring 的事务机制是用统一的机制来处理不同数据访问技术的事务处理。Spring 的事务机制提供了一个 PlatformTransactionManager 接口，不同的数据访问技术的事务使用不同的接口实现，如表 8-3 所示。

表 8-3　数据访问技术及实现

数据访问技术	实　现
JDBC	DataSourceTransactionManager
JPA	JpaTransactionManager
Hibernate	HibernateTransactionManager
JDO	JdoTransactionManager
分布式事务	JtaTransactionManager

在程序中定义事务管理器的代码如下：

```
@Bean
public PlatformTransactionManager transactionManager() {

    JpaTransactionManager transactionManager = new JpaTransactionManager();
    transactionManager.setDataSource(dataSource());
    return transactionManager;

}
```

8.4.2 声名式事务

Spring 支持声名式事务，即使用注解来选择需要使用事务的方法，它使用@Transactional 注解在方法上表明该方法需要事务支持。这是一个基于 AOP 的实现操作，读者可以重温 1.3.3 节中使用注解式的拦截方式来理解 Spring 的声名式事务。被注解的方法在被调用时，Spring 开启一个新的事务，当方法无异常运行结束后，Spring 会提交这个事务。

```
@Transactional
public void saveSomething(Long  id, String name) {
    //数据库操作
}
```

在此处需要特别注意的是，此@Transactional 注解来自 org.springframework. transaction. annotation 包，而不是 javax.transaction。

Spring 提供了一个@EnableTransactionManagement 注解在配置类上来开启声名式事务的支持。使用了@EnableTransactionManagement 后，Spring 容器会自动扫描注解@Transactional

的方法和类。@EnableTransactionManagement 的使用方式如下：

```
@Configuration
@EnableTransactionManagement
public class AppConfig {

}
```

8.4.3 注解事务行为

@Transactional 有如表 8-4 所示的属性来定制事务行为。

表 8-4 @Transactional 的属性

属 性	含 义	默认值
propagationtion	Propagation 定义了事务的生命周期，主要有以下选项	REQUIRED
	REQUIRED：方法 A 调用时没有事务新建一个事务，当在方法 A 调用另外一个方法 B 的时候，方法 B 将使用相同的事务；如果方法 B 发生异常需要数据回滚的时候，整个事务数据回滚	
	REQUIRES_NEW：对于方法 A 和 B，在方法调用的时候无论是否有事务都开启一个新的事务；这样如果方法 B 有异常不会导致方法 A 的数据回滚	
	NESTED：和 REQUIRES_NEW 类似，但支持 JDBC，不支持 JPA 或 Hibernate	
	SUPPORTS：方法调用时有事务就用事务，没事务就不用事务	
	NOT_SUPPORTED：强制方法不在事务中执行，若有事务，在方法调用到结束阶段事务都将会被挂起	
	NEVER：强制方法不在事务中执行，若有事务则抛出异常	
	MANDATORY：强制方法在事务中执行，若无事务则抛出异常	
isolation	Isolation（隔离）决定了事务的完整性，处理在多事务对相同数据下的处理机制，主要包含下面的隔离级别（当然我们也不可以随意设置，这要看当前数据库是否支持）	DEFAULT
	READ_UNCOMMITTED：对于在 A 事务里修改了一条记录但没有提交事务，在 B 事务可以读取到修改后的记录。可导致脏读、不可重复读以及幻读	
	READ_COMMITTED：只有当在 A 事务里修改了一条记录且提交事务之后，B 事务才可以读取到提交后的记录；阻止脏读，但可能导致不可重复读和幻读	

续表

属 性	含 义	默认值
isolation	REPEATABLE_READ：不仅能实现 READ_COMMITTED 的功能，而且还能阻止当 A 事务读取了一条记录，B 事务将不允许修改这条记录；阻止脏读和不可重复读，但可出现幻读	DEFAULT
	SERIALIZABLE：此级别下事务是顺序执行的，可以避免上述级别的缺陷，但开销较大	
	DEFAULT：使用当前数据库的默认隔离界级别，如 Oracle、SQL Server 是 READ_COMMITTED；Mysql 是 REPEATABLE_READ	
timeout	timeout 指定事务过期时间，默认为当前数据库的事务过期时间	TIMEOUT_DEFAULT
readOnly	指定当前事务是否是只读事务	false
rollbackFor	指定哪个或者哪些异常可以引起事务回滚	Throwable 的子类
noRollbackFor	指定哪个或者哪些异常不可以引起事务回滚	Throwable 的子类

8.4.4 类级别使用@Transactional

@Transactional 不仅可以注解在方法上，也可以注解在类上。当注解在类上的时候意味着此类的所有 public 方法都是开启事务的。如果类级别和方法级别同时使用了@Transactional 注解，则使用方法级别注解覆盖类级别注解。

8.4.5 Spring Data JPA 的事务支持

Spring Data JPA 对所有的默认方法都开启了事务支持，且查询类事务默认启用 readOnly = true 属性。

这些我们在 SimpleJpaRepository 的源码中可以看到，下面就来看看缩减的 SimpleJpaRepository 的源码：

```
@Repository
@Transactional(readOnly = true)
public class SimpleJpaRepository<T, ID extends Serializable> implements
JpaRepository<T, ID>,
        JpaSpecificationExecutor<T> {

    @Transactional
    public void delete(ID id) {}
    @Transactional
    public void delete(T entity) {}
```

```
    @Transactional
    public void delete(Iterable<? extends T> entities) {}
    @Transactional
    public void deleteInBatch(Iterable<T> entities) {}
    @Transactional
    public void deleteAll() {}
   @Transactional
    public void deleteAllInBatch() {}
    public T findOne(ID id) {}
    @Override
    public T getOne(ID id) {}
    public boolean exists(ID id) {}
    public List<T> findAll() {}
    public List<T> findAll(Iterable<ID> ids) {}
    public List<T> findAll(Sort sort) {}
    public Page<T> findAll(Pageable pageable) {}
    public T findOne(Specification<T> spec) {}
    public List<T> findAll(Specification<T> spec) {}
    public Page<T> findAll(Specification<T> spec, Pageable pageable) {}
    public List<T> findAll(Specification<T> spec, Sort sort) {}
    public long count() {}
    public long count(Specification<T> spec) {}
    @Transactional
    public <S extends T> S save(S entity) {}


    @Transactional
    public <S extends T> S saveAndFlush(S entity) {}
    @Transactional
    public <S extends T> List<S> save(Iterable<S> entities) {}
    @Transactional
    public void flush() {}
}
```

从源码我们可以看出，SimpleJpaRepository 在类级别定义了@Transactional（readOnly = true），而在和 save、delete 相关的操作重写了@Transactional 属性，此时 readOnly 属性是 false，其余查询操作 readOnly 仍然为 true。

8.4.6 Spring Boot 的事务支持

1. 自动配置的事务管理器

在使用 JDBC 作为数据访问技术的时候，Spring Boot 为我们定义了 PlatformTransactionManager 的实现 DataSourceTransactionManager 的 Bean；配置见 org.springframework.boot.autoconfigure.jdbc.DataSourceTransactionManagerAutoConfiguration 类中的定义：

```
@Bean
@ConditionalOnMissingBean
@ConditionalOnBean(DataSource.class)
public PlatformTransactionManager transactionManager() {
    return new DataSourceTransactionManager(this.dataSource);
}
```

在使用 JPA 作为数据访问技术的时候，Spring Boot 为我们了定义一个 PlatformTransactionManager 的实现 JpaTransactionManager 的 Bean；配置见 org.springframework.boot.autoconfigure.orm.jpa.JpaBaseConfiguration.class 类中的定义：

```
@Bean
@ConditionalOnMissingBean(PlatformTransactionManager.class)
public PlatformTransactionManager transactionManager() {
    return new JpaTransactionManager();
}
```

2. 自动开启注解事务的支持

Spring Boot 专门用于配置事务的类为：org.springframework.boot.autoconfigure. transaction. TransactionAutoConfiguration，此配置类依赖于 JpaBaseConfiguration 和 DataSource TransactionManagerAutoConfiguration。

而在 DataSourceTransactionManagerAutoConfiguration 配置里还开启了对声名式事务的支持，代码如下：

```
@ConditionalOnMissingBean(AbstractTransactionManagementConfiguration.clas
s)
@Configuration
@EnableTransactionManagement
protected static class TransactionManagementConfiguration {
```

```
    }
```

所以在 Spring Boot 中，无须显示开启使用@EnableTransactionManagement 注解。

8.4.7 实战

在实际使用中，使用 Spring Boot 默认的配置就能满足我们绝大多数需求。在本节的实战里，我们将演示如何使用@Transactional 使用异常导致数据回滚和使用异常让数据不回滚。

1. 新建 Spring Boot 项目

新建 Spring Boot 项目，依赖为 JPA（spring-boot-starter-data-jpa）和 Web（spring-boot-starter-web）。

项目信息：

```
groupId: com.wisely
arctifactId:ch8_4
package: com.wisely.ch8_4
```

添加 Oracle JDBC 驱动，并在 application.properties 配置相关属性，与上例保持一致。

2. 实体类

```
import javax.persistence.Entity;
import javax.persistence.GeneratedValue;
import javax.persistence.Id;

@Entity
public class Person {
    @Id
    @GeneratedValue
    private Long id;

    private String name;

    private Integer age;

    private String address;

    public Person() {
        super();
```

```
    }
    public Person(Long id, String name, Integer age, String address) {
        super();
        this.id = id;
        this.name = name;
        this.age = age;
        this.address = address;
    }
    //省略 getter、setter
}
```

3. 实体类 Repository

```
import org.springframework.data.jpa.repository.JpaRepository;

import com.wisely.ch8_4.domain.Person;

public interface PersonRepository extends JpaRepository<Person, Long> {


}
```

4. 业务服务 Service

（1）服务接口：

```
package com.wisely.ch8_4.service;

import com.wisely.ch8_4.domain.Person;

public interface DemoService {
    public Person savePersonWithRollBack(Person person);
    public Person savePersonWithoutRollBack(Person person);

}
```

（2）服务实现：

```
package com.wisely.ch8_4.service.impl;

import org.springframework.beans.factory.annotation.Autowired;
import org.springframework.stereotype.Service;
import org.springframework.transaction.annotation.Transactional;
```

```
import com.wisely.ch8_4.dao.PersonRepository;
import com.wisely.ch8_4.domain.Person;
import com.wisely.ch8_4.service.DemoService;
@Service
public class DemoServiceImpl implements DemoService {
    @Autowired
    PersonRepository personRepository; //1

    @Transactional(rollbackFor={IllegalArgumentException.class}) //2
    public Person savePersonWithRollBack(Person person){
        Person p =personRepository.save(person);

        if(person.getName().equals("汪云飞")){
            throw new IllegalArgumentException("汪云飞已存在，数据将回滚"); //3
        }
        return p;
    }

    @Transactional(noRollbackFor={IllegalArgumentException.class}) //4
    public Person savePersonWithoutRollBack(Person person){
        Person p =personRepository.save(person);

        if(person.getName().equals("汪云飞")){
            throw new IllegalArgumentException("汪云飞虽已存在，数据将不会回滚");
        }
        return p;
    }
}
```

代码解释

① 可以直接注入我们的 RersonRepository 的 Bean。

② 使用@Transactional 注解的 rollbackFor 属性，指定特定异常时，数据回滚。

③ 硬编码手动触发异常。

④ 使用@Transactional 注解的 noRollbackFor 属性，指定特定异常时，数据不回滚。

5. 控制器

```
package com.wisely.ch8_4.web;

import org.springframework.beans.factory.annotation.Autowired;
```

```
import org.springframework.web.bind.annotation.RequestMapping;
import org.springframework.web.bind.annotation.RestController;

import com.wisely.ch8_4.domain.Person;
import com.wisely.ch8_4.service.DemoService;

@RestController
public class MyController {
    @Autowired
    DemoService demoService;

    @RequestMapping("/rollback")
    public Person rollback(Person person){ //1

        return demoService.savePersonWithRollBack(person);
    }

    @RequestMapping("/norollback")
    public Person noRollback(Person person){//2

        return demoService.savePersonWithoutRollBack(person);


    }

}
```

代码解释

① 测试回滚情况。

② 测试不回滚情况。

6. 运行

为了更清楚地理解回滚，我们以 debug（调试模式）启动程序。并在 DemoServiceImpl 的 savePersonWithRollBack 方法打上断点。

（1）回滚

访问 http://localhost:8080/rollback?name=汪云飞&age=32，调试至 savePersonWithRollBack 方法，如图 8-50 所示。

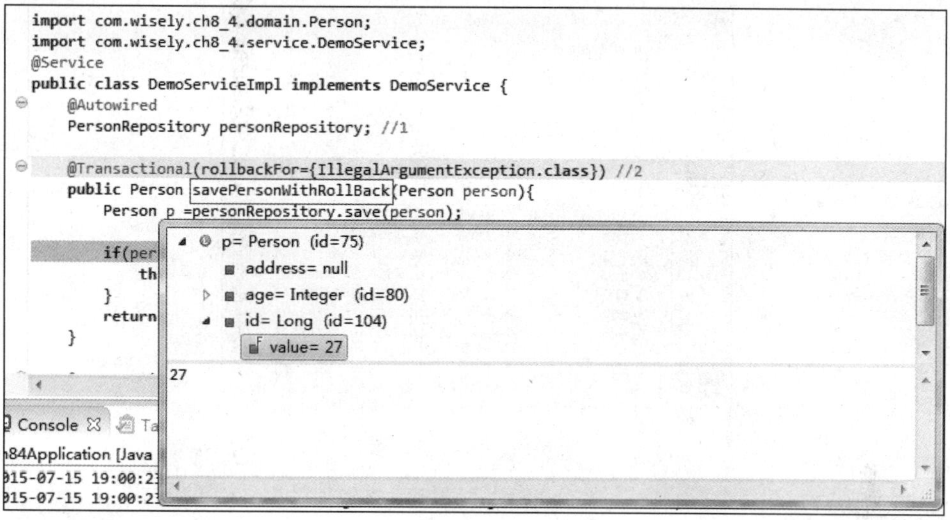

```
import com.wisely.ch8_4.domain.Person;
import com.wisely.ch8_4.service.DemoService;
@Service
public class DemoServiceImpl implements DemoService {
    @Autowired
    PersonRepository personRepository; //1

    @Transactional(rollbackFor={IllegalArgumentException.class}) //2
    public Person savePersonWithRollBack(Person person){
        Person p =personRepository.save(person);

        if(per
            th
        }
        return
    }
```

```
p= Person (id=75)
    address= null
    age= Integer (id=80)
    id= Long (id=104)
        value= 27
27
```

```
Console ⊠  Ta
h84Application [Java
015-07-15 19:00:2
015-07-15 19:00:2
```

图 8-50　回滚

我们可以发现数据已保存且获得 id 为 27。继续执行抛出异常，将导致数据回滚，如图 8-51 所示。

```
java.lang.IllegalArgumentException: 汪云飞已存在，数据将回滚
	at com.wisely.ch8_4.service.impl.DemoServiceImpl.savePersonWithRollBack(DemoServiceImpl.java:21)
	at sun.reflect.NativeMethodAccessorImpl.invoke0(Native Method)
	at sun.reflect.NativeMethodAccessorImpl.invoke(Unknown Source)
	at sun.reflect.DelegatingMethodAccessorImpl.invoke(Unknown Source)
	at java.lang.reflect.Method.invoke(Unknown Source)
	at org.springframework.aop.support.AopUtils.invokeJoinpointUsingReflection(AopUtils.java:302)
	at org.springframework.aop.framework.ReflectiveMethodInvocation.invokeJoinpoint(ReflectiveMethodInvocation.java:190)
	at org.springframework.aop.framework.ReflectiveMethodInvocation.proceed(ReflectiveMethodInvocation.java:157)
	at org.springframework.transaction.interceptor.TransactionInterceptor$1.proceedWithInvocation(TransactionInterceptor.java:9
	at org.springframework.transaction.interceptor.TransactionAspectSupport.invokeWithinTransaction(TransactionAspectSupport.ja
	at org.springframework.transaction.interceptor.TransactionInterceptor.invoke(TransactionInterceptor.java:96)
	at org.springframework.aop.framework.ReflectiveMethodInvocation.proceed(ReflectiveMethodInvocation.java:179)
	at org.springframework.aop.framework.JdkDynamicAopProxy.invoke(JdkDynamicAopProxy.java:207)
	at com.sun.proxy.$Proxy68.savePersonWithRollBack(Unknown Source)
	at com.wisely.ch8_4.web.MyController.rollback(MyController.java:18)
```

图 8-51　数据回滚

我们查看数据库，并没有新增数据，如图 8-52 所示。

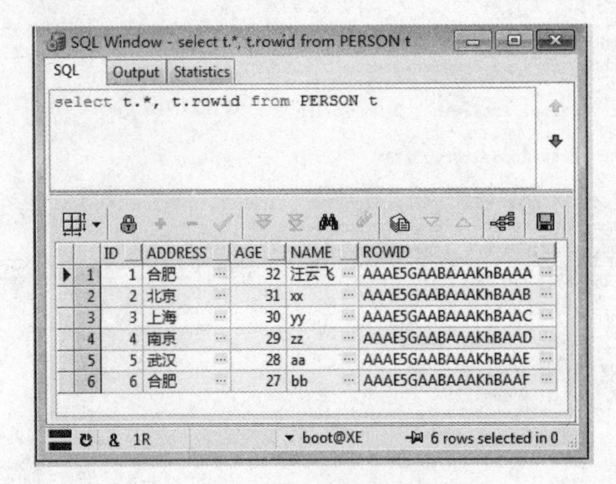

图 8-52　未新增数据

（2）不回滚

访问 http://localhost:8080/norollback?name=汪云飞&age=32，虽然我们也抛出了异常，如图 8-53 所示。但数据并没有回滚，且数据库还新增了一条记录，如图 8-54 所示。

```
java.lang.IllegalArgumentException: 汪云飞虽已存在，数据将不会回滚
	at com.wisely.ch8_4.service.impl.DemoServiceImpl.savePersonWithoutRollBack(DemoServiceImpl.java:31)
	at sun.reflect.NativeMethodAccessorImpl.invoke0(Native Method)
	at sun.reflect.NativeMethodAccessorImpl.invoke(Unknown Source)
	at sun.reflect.DelegatingMethodAccessorImpl.invoke(Unknown Source)
	at java.lang.reflect.Method.invoke(Unknown Source)
	at org.springframework.aop.support.AopUtils.invokeJoinpointUsingReflection(AopUtils.java:302)
	at org.springframework.aop.framework.ReflectiveMethodInvocation.invokeJoinpoint(ReflectiveMethodInvocation.java:190)
	at org.springframework.aop.framework.ReflectiveMethodInvocation.proceed(ReflectiveMethodInvocation.java:157)
```

图 8-53　数据不回滚

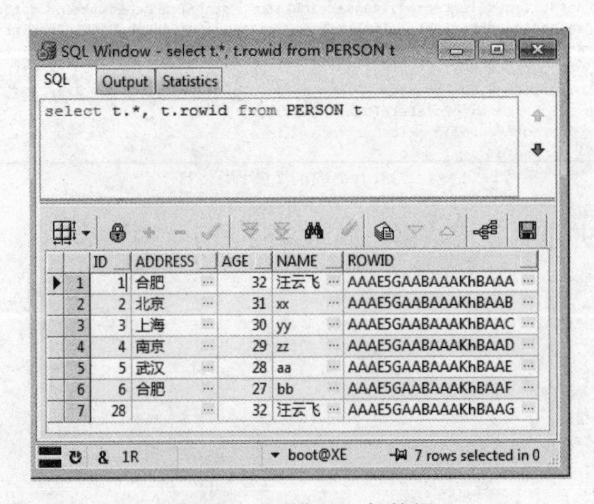

图 8-54　新增了一条数据

8.5　数据缓存 Cache

我们知道一个程序的瓶颈在于数据库，我们也知道内存的速度是大大快于硬盘的速度的。当我们需要重复地获取相同的数据的时候，我们一次又一次的请求数据库或者远程服务，导致大量的时间耗费在数据库查询或者远程方法调用上，导致程序性能的恶化，这便是数据缓存要解决的问题。

8.5.1　Spring 缓存支持

Spring 定义了 org.springframework.cache.CacheManager 和 org.springframework.cache. Cache 接口用来统一不同的缓存的技术。其中，CacheManager 是 Spring 提供的各种缓存技术抽象接口，Cache 接口包含缓存的各种操作（增加、删除、获得缓存，我们一般不会直接和此接口打交道）。

1. Spring 支持的 CacheManager

针对不同的缓存技术，需要实现不同的 CacheManager，Spring 定义了如表 8-5 所示的 CacheManager 实现。

表 8-5　CacheManager 实现

CacheManager	描　述
SimpleCacheManager	使用简单的 Collection 来存储缓存，主要用来测试用途
ConcurrentMapCacheManager	使用 ConcurrentMap 来存储缓存
NoOpCacheManager	仅测试用途，不会实际存储缓存
EhCacheCacheManager	使用 EhCache 作为缓存技术
GuavaCacheManager	使用 Google Guava 的 GuavaCache 作为缓存技术
HazelcastCacheManager	使用 Hazelcast 作为缓存技术
JCacheCacheManager	支持 JCache（JSR-107）标准的实现作为缓存技术，如 Apache Commons JCS
RedisCacheManager	使用 Redis 作为缓存技术

在我们使用任意一个实现的 CacheManager 的时候，需注册实现的 CacheManager 的 Bean，例如：

```
@Bean
public EhCacheCacheManager cacheManager(CacheManager ehCacheCacheManager) {
```

```
    return new EhCacheCacheManager(ehCacheCacheManager);
}
```

当然，每种缓存技术都有很多的额外配置，但配置 cacheManager 是必不可少的。

2. 声名式缓存注解

Spring 提供了 4 个注解来声明缓存规则（又是使用注解式的 AOP 的一个生动例子）。这四个注解如表 8-6 所示。

表 8-6 声明式缓存注意

注 解	解 释
@Cacheable	在方法执行前 Spring 先查看缓存中是否有数据，如果有数据，则直接返回缓存数据；若没有数据，调用方法并将方法返回值放进缓存
@CachePut	无论怎样，都会将方法的返回值放到缓存中。@CachePut 的属性与@Cacheable 保持一致
@CacheEvict	将一条或多条数据从缓存中删除
@Caching	可以通过@Caching 注解组合多个注解策略在一个方法上

@Cacheable、@CachePut、@CacheEvit 都有 value 属性，指定的是要使用的缓存名称；key 属性指定的是数据在缓存中的存储的键。

3. 开启声名式缓存支持

开启声名式缓存支持十分简单，只需在配置类上使用@EnableCaching 注解即可，例如：

```
@Configuration
@EnableCaching
public class AppConfig {

}
```

8.5.2 Spring Boot 的支持

在 Spring 中使用缓存技术的关键是配置 CacheManager，而 Spring Boot 为我们自动配置了多个 CacheManager 的实现。

Spring Boot 的 CacheManager 的自动配置放置在 org.springframework.boot.autoconfigure.cache 包中，如图 8-55 所示。

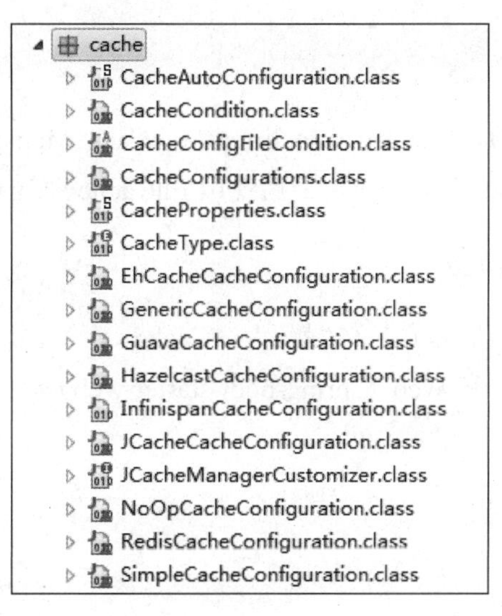

图 8-55　CacheManager 的自动配置

通过图 8-56 我们可以看出，Spring Boot 为我们自动配置了 EhCacheCacheConfiguration（使用 EhCache）、GenericCacheConfiguration（使用 Collection）、GuavaCacheConfiguration（使用 Guava）、HazelcastCacheConfiguration（使用 Hazelcast）、InfinispanCacheConfiguration（使用 Infinispan）、JCacheCacheConfiguration（使用 JCache）、NoOpCacheConfiguration（不使用存储）、RedisCacheConfiguration（使用 Redis）、SimpleCacheConfiguration（使用 ConcurrentMap）。在不做任何额外配置的情况下，默认使用的是 SimpleCacheConfiguration，即使用 ConcurrentMapCacheManager。Spring Boot 支持以“spring.cache”为前缀的属性来配置缓存。

```
spring.cache.type= # 可选 generic, ehcache, hazelcast, infinispan, jcache, redis,
# guava, simple, none
spring.cache.cache-names= # 程序启动时创建缓存名称
spring.cache.ehcache.config= #  ehcache 配置文件地址
spring.cache.hazelcast.config= #  hazelcast 配置文件地址
spring.cache.infinispan.config= #  infinispan 配置文件地址
spring.cache.jcache.config= #  jcache 配置文件地址
spring.cache.jcache.provider= #当多个 jcache 实现在类路径中的时候，指定 jcache 实现
spring.cache.guava.spec= # guava specs
```

在 Spring Boot 环境下，使用缓存技术只需在项目中导入相关缓存技术的依赖包，并在配置类使用@EnableCaching 开启缓存支持即可。

8.5.3 实战

本例将以 Spring Boot 默认的 ConcurrentMapCacheManager 作为缓存技术，演示@Cacheable、@CachePut、@CacheEvit，最后使用 EhCache、Guava 来替换缓存技术。

1. 新建 Spring Boot 项目

新建 Spring Boot 项目，依赖为 Cache（spring-boot-starter-cache）、JPA（spring-boot-starter-data-jpa）和 Web（spring-boot-starter-web）。

项目信息：

```
groupId: com.wisely
arctifactId:ch8_5
package: com.wisely.ch8_5
```

添加 Oracle JDBC 驱动，并在 application.properties 配置相关属性，与上例保持一致。

2. 实体类

```
package com.wisely.ch8_5.domain;

import javax.persistence.Entity;
import javax.persistence.GeneratedValue;
import javax.persistence.Id;

@Entity
public class Person {
    @Id
    @GeneratedValue
    private Long id;

    private String name;

    private Integer age;

    private String address;


    public Person() {
        super();
    }
    public Person(Long id, String name, Integer age, String address) {
```

```
        super();
        this.id = id;
        this.name = name;
        this.age = age;
        this.address = address;
    }
    //省略 getter、setter
}
```

3. 实体类 Repository

```
package com.wisely.ch8_5.dao;

import org.springframework.data.jpa.repository.JpaRepository;

import com.wisely.ch8_5.domain.Person;

public interface PersonRepository extends JpaRepository<Person, Long> {


}
```

4. 业务服务

（1）接口：

```
package com.wisely.ch8_5.service;

import com.wisely.ch8_5.domain.Person;

public interface DemoService {
    public Person save(Person person);

    public void remove(Long id);

    public Person findOne(Person person);

}
```

（2）实现类：

```
package com.wisely.ch8_5.service.impl;

import org.springframework.beans.factory.annotation.Autowired;
import org.springframework.cache.annotation.CacheEvict;
```

```
import org.springframework.cache.annotation.CachePut;
import org.springframework.cache.annotation.Cacheable;
import org.springframework.stereotype.Service;

import com.wisely.ch8_5.dao.PersonRepository;
import com.wisely.ch8_5.domain.Person;
import com.wisely.ch8_5.service.DemoService;
@Service
public class DemoServiceImpl implements DemoService {
    @Autowired
    PersonRepository personRepository;


    @Override
    @CachePut(value = "people",key="#person.id") //1
    public Person save(Person person) {
        Person p = personRepository.save(person);
        System.out.println("为 id、key 为:"+p.getId()+"数据做了缓存");
        return p;
    }

    @Override
    @CacheEvict(value = "peopele") //2
    public void remove(Long id) {
        System.out.println("删除了 id、key 为"+id+"的数据缓存");
        personRepository.delete(id);

    }

    @Override
    @Cacheable(value="people",key="#person.id") //3
    public Person findOne(Person person) {
       Person p = personRepository.findOne(person.getId());
        System.out.println("为 id、key 为:"+p.getId()+"数据做了缓存");
        return p;
    }


}
```

代码解释

① @CachePut 缓存新增的或更新的数据到缓存，其中缓存名称为 people，数据的 key 是 person 的 id。

② @CacheEvict 从缓存 people 中删除 key 为 id 的数据。

③ @Cacheable 缓存 key 为 person 的 id 数据到缓存 people 中。

这里特别说明下，如果没有指定 key，则方法参数作为 key 保存到缓存中。

5. 控制器

```
package com.wisely.ch8_5.web;

import org.springframework.beans.factory.annotation.Autowired;
import org.springframework.web.bind.annotation.RequestMapping;
import org.springframework.web.bind.annotation.RestController;

import com.wisely.ch8_5.domain.Person;
import com.wisely.ch8_5.service.DemoService;

@RestController
public class CacheController {

    @Autowired
    DemoService demoService;

    @RequestMapping("/put")
    public Person put(Person person){
        return demoService.save(person);

    }


    @RequestMapping("/able")
    public Person cacheable(Person person){


        return demoService.findOne(person);

    }

    @RequestMapping("/evit")
    public String  evit(Long id){
         demoService.remove(id);
         return "ok";

    }
```

```
}
```

6. 开启缓存支持

```
package com.wisely.ch8_5;

import org.springframework.boot.SpringApplication;
import org.springframework.boot.autoconfigure.SpringBootApplication;
import org.springframework.cache.annotation.EnableCaching;

@SpringBootApplication
@EnableCaching
public class Ch85Application {

    public static void main(String[] args) {
        SpringApplication.run(Ch85Application.class, args);
    }
}
```

代码解释

在 Spring Boot 中还是要使用@EnableCaching 开启缓存支持。

7. 运行

当我们对数据做了缓存之后，数据的获得将从缓存中得到，而不是从数据库中得到。当前的数据库的数据情况如图 8-56 所示。

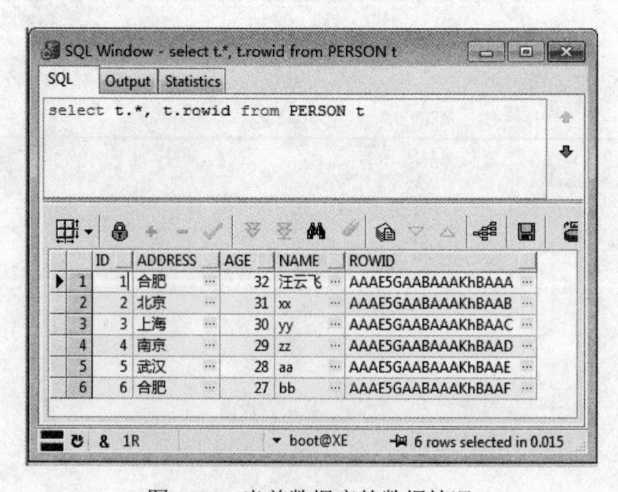

图 8-56　当前数据库的数据情况

我们在每次运行测试情况下，都重启了应用程序。

（1）测试@Cacheable

第一次访问 http://localhost:8080/able?id=1，第一次将调用方法查询数据库，并将数据放到缓存 people 中。

此时控制台输出如下：

```
2015-07-17 13:26:38.543  INFO 2696 --- [
2015-07-17 13:29:22.979  INFO 2696 --- [nio-8080
2015-07-17 13:29:22.979  INFO 2696 --- [nio-8080
2015-07-17 13:29:23.007  INFO 2696 --- [nio-8080
Hibernate: select person0_.id as id1_0_0_, perso
为id、key为:1数据做了缓存
```

页面输出如图 8-57 所示。

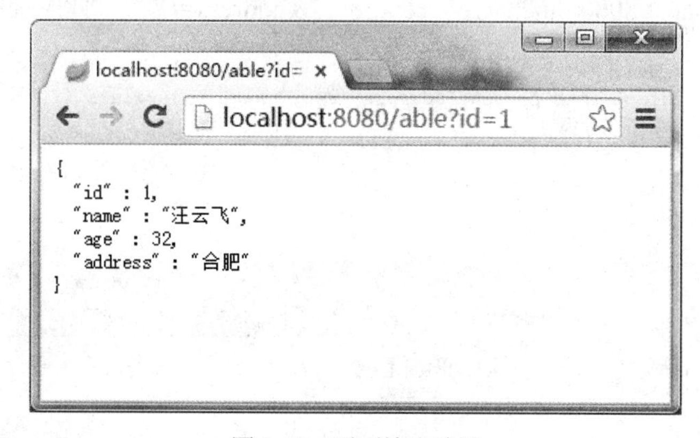

图 8-57　页面输出结果

再次访问 http://localhost:8080/able?id=1，此时控制台没有再次输出 Hibernate 的查询语句，以及“为 id、keywei:1 数据做了缓存”字样，表示没有调用这个方法，页面直接从数据缓存中获得数据。

页面输出结果如图 8-58 所示。

```
localhost:8080/able?id=1
{
  "id" : 1,
  "name" : "汪云飞",
  "age" : 32,
  "address" : "合肥"
}
```

图 8-58　页面输出结果

（2）测试@CachePut

访问 http://localhost:8080/put?name=cc&age=22&address=成都，此时控制台输出如下：

```
Hibernate: select hibernate_sequence.nextval from dual
Hibernate: insert into person (address, age, name, id) values (?, ?, ?, ?)
为id、key为:62数据做了缓存
```

页面输出如图 8-59 所示。

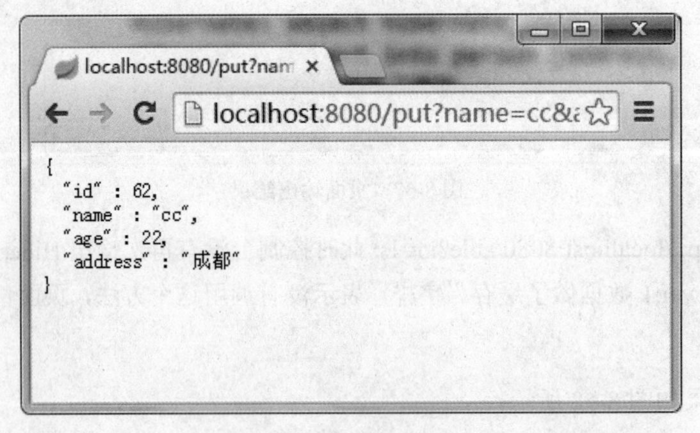

图 8-59　测试@CachePut

我们再次访问 http://localhost:8080/able?id=62，控制台无输出，从缓存直接获得数据，页面显示如图 8-59 所示。

（3）测试@CacheEvit

访问 http://localhost:8080/able?id=1，为 id 为 1 的数据做缓存，再次访问 http://localhost:8080/able?id=1，确认数据已从缓存中获取。

访问 http://localhost:8080/evit?id=1，从缓存中删除 key 为 1 的缓存数据：

```
2015-07-17 14:38:40.847  INFO 3360 --- [nio-8080-exec-1] o.s.web.serv
Hibernate: select person0_.id as id1_0_0_, person0_.address as addres
为id、key为:1数据做了缓存
删除了id、key为1的数据缓存
```

再次访问 http://localhost:8080/able?id=1，观察控制台重新做了缓存：

```
Hibernate: select person0_.id as id1_0_0_, person0_
为id、key为:1数据做了缓存
删除了id、key为1的数据缓存
Hibernate: select person0_.id as id1_0_0_, person0_
为id、key为:1数据做了缓存
```

页面显示如图 8-58 所示。

8.5.4　切换缓存技术

切换缓存技术除了移入相关依赖包或者配置以外，使用方式和实战例子保持一致。下面简要讲解在 Spring Boot 下，EhCache 和 Guava 作为缓存技术的方式，其余缓存技术也是类似的方式。

1. EhCache

当我们需要使用 EhCache 作为缓存技术的时候，我们只需在 pom.xml 中添加 EhCache 的依赖即可：

```
    <dependency>
        <groupId>net.sf.ehcache</groupId>
        <artifactId>ehcache</artifactId>
    </dependency>
```

EhCache 所需的配置文件 ehcache.xml 只需放在类路径下，Spring Boot 会自动扫描，例如：

```
<?xml version="1.0" encoding="UTF-8"?>
<ehcache>
    <cache name="people" maxElementsInMemory="1000" />
```

```
</ehcache>
```

Spring Boot 会给我们自动配置 EhCacheCacheManager 的 Bean。

2. Guava

当我们需要使用 Guava 作为缓存技术的时候，我们也只需在 pom.xml 中增加 Guava 的依赖即可：

```
<dependency>
    <groupId>com.google.guava</groupId>
    <artifactId>guava</artifactId>
    <version>18.0</version>
</dependency>
```

Spring Boot 会给我们自动配置 GuavaCacheManager 这个 Bean。

3. Redis

使用 Redis，只需添加下面的依赖即可：

```
<dependency>
    <groupId>org.springframework.boot</groupId>
    <artifactId>spring-boot-starter-redis</artifactId>
</dependency>
```

Spring Boot 将会为我们自动配置 RedisCacheManager 以及 RedisTemplate 的 Bean。

8.6 非关系型数据库 NoSQL

NoSQL 是对于不使用关系作为数据管理的数据库系统的统称。NoSQL 的主要特点是不使用 SQL 语言作为查询语言，数据存储也不是固定的表、字段。

NoSQL 数据库主要有文档存储型（MongoDB）、图形关系存储型（Neo4j）和键值对存储型（Redis）。

本节将演示基于 MongoDB 的数据访问以及基于 Redis 的数据访问。

8.6.1 MongoDB

MongoDB 是一个基于文档（Document）的存储型的数据库，使用面向对象的思想，每一条数据记录都是文档的对象。

在本节我们不会介绍太多关于 MongoDB 数据库本身的知识，本节主要讲述 Spring 及 Spring Boot 对 MongoDB 的支持，以及基于 Spring Boot 和 MongoDB 的实战例子。

1. Spring 的支持

Spring 对 MongoDB 的支持主要是通过 Spring Data MongoDB 来实现的，Spring Data MongoDB 为我们提供了如下功能。

（1）Object/Document 映射注解支持

JPA 提供了一套 Object/Relation 映射的注解（@Entity、@Id），而 Spring Data MongoDB 也提供了表 8-7 所示的注解。

表 8-7　注户

注　解	描　述
@Document	映射领域对象与 MongoDB 的一个文档
@Id	映射当前属性是 ID
@DbRef	当前属性将参考其他的文档
@Field	为文档的属性定义名称
@Version	将当前属性作为版本

（2）MongoTemplate

像 JdbcTemplate 一样，Spring Data MongoDB 也为我们提供了一个 MongoTemplate，MongoTemplate 为我们提供了数据访问的方法。我们还需要为 MongoClient 以及 MongoDbFactory 来配置数据库连接属性，例如：

```
    @Bean
    public MongoClient client() throws UnknownHostException {

        MongoClient client = new MongoClient(new ServerAddress("127.0.0.1",
27017));
        return client;
    }


    @Bean
    public MongoDbFactory mongoDbFactory() throws Exception {
```

```
        String database = new
MongoClientURI("mongodb://localhost/test").getDatabase();
        return new SimpleMongoDbFactory(client() , database);
    }


    @Bean
    public MongoTemplate mongoTemplate(MongoDbFactory mongoDbFactory) throws
UnknownHostException {
        return new MongoTemplate(mongoDbFactory);
    }
```

（3）Repository 的支持

类似于 Spring Data JPA，Spring Data MongoDB 也提供了 Repository 的支持，使用方式和 Spring Data JPA 一致，定义如下：

```
public interface PersonRepository extends MongoRepository<Person, String> {


}
```

类似于 Spring Data JPA 的开启支持方式，MongoDB 的 Repository 的支持开启需在配置类上注解@EnableMongoRepositories，例如：

```
@Configuration
@EnableMongoRepositories
public class AppConfig {

}
```

2. Spring Boot 的支持

Spring Boot 对 MongoDB 的支持，分别位于：

```
org.springframework.boot.autoconfigure.mongo
```

主要配置数据库连接、MongoTemplate。我们可以使用以“spring.data.mongodb”为前缀的属性来配置 MongoDB 相关的信息。Spring Boot 为我们提供了一些默认属性，如默认 MongoDB 的端口为 27017、默认服务器为 localhost、默认数据库为 test。Spring Boot 的主要配置如下：

```
spring.data.mongodb.host= # 数据库主机地址，默认 localhost
spring.data.mongodb.port=27017 # 数据库连接端口默认 27107
```

```
spring.data.mongodb.uri=mongodb://localhost/test # connection URL
spring.data.mongodb.database=
spring.data.mongodb.authentication-database=
spring.data.mongodb.grid-fs-database=
spring.data.mongodb.username=
spring.data.mongodb.password=
spring.data.mongodb.repositories.enabled=true #repository 支持是否开启，默认为已开启
spring.data.mongodb.field-naming-strategy=
org.springframework.boot.autoconfigure.data.mongo
```

为我们开启了对 Repository 的支持，即自动为我们配置了@EnableMongoRepositories。

所以我们在 Spring Boot 下使用 MongoDB 只需引入 spring-boot-starter-data-mongodb 依赖即可，无须任何配置。

3. 实战

（1）安装 MongoDB

1）非 Docker 安装。若不使用 Docker 作为安装方式，则我们可以访问 https://www.mongodb.org/downloads 来下载适合自己当前操作系统的版本来安装 MongoDB。

2）Docker 安装。前面已经下载好了 MongoDB 的 Docker 镜像，接下来需通过下面命令运行 Docker 容器：

```
docker run -d -p 27017:27017 mongo
```

运行好以后，记得在 VirtualBox 再做一次端口映射，如图 8-60 所示。

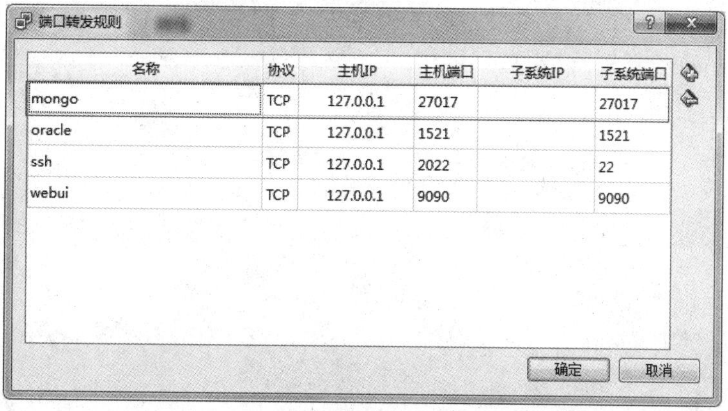

端口转发规则

名称	协议	主机IP	主机端口	子系统IP	子系统端口
mongo	TCP	127.0.0.1	27017		27017
oracle	TCP	127.0.0.1	1521		1521
ssh	TCP	127.0.0.1	2022		22
webui	TCP	127.0.0.1	9090		9090

确定　取消

图 8-60　端口映射

MongoDB 数据库管理软件可使用 Robomongo，下载地址是 http://www.robomongo.org，如图 8-61 所示。

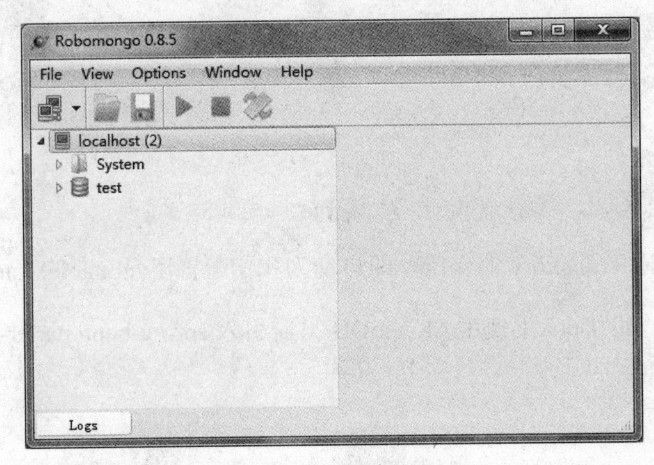

图 8-61　Robomongo 界面

（2）搭建 Spring Boot 项目

搭建 Spring Boot 项目，依赖为 MongoDB（spring-boot-starter-data-mongodb）和 Web（spring-boot-starter-web）。

项目信息：

```
groupId: com.wisely
arctifactId:ch8_6_1
package: com.wisely. ch8_6_1
```

因为 Spring Boot 的默认数据库连接满足我们当前测试的要求，所以将不在为 application.properties 配置连接信息。

（3）领域模型

本例的领域模型是人（Person），包含他工作过的地点（Location）。这个虽然和关系型数据库的一对多类似，但还是不一样的，Location 的数据只属于某个人。

Person 源码：

```
package com.wisely.ch8_6_1.domain;

import java.util.Collection;
```

```
import java.util.LinkedHashSet;

import org.springframework.data.annotation.Id;
import org.springframework.data.mongodb.core.mapping.Document;

@Document //1
public class Person {
    @Id //2
    private String id;
    private String name;
    private Integer age;
    @Field("locs")//3
    private Collection<Location> locations =  new LinkedHashSet<Location>();

    public Person(String name, Integer age) {
        super();
        this.name = name;
        this.age = age;
    }
//省略 getter、setter 方法
}
```

代码解释

① @Document 注解映射领域模型和 MongoDB 的文档。

② @Id 注解表明这个属性为文档的 Id。

③ @Field 注解此属性在文档中的名称为 locs，locations 属性将以数组形式存在当前数据记录中。

Location 源码：

```
package com.wisely.ch8_6_1.domain;

public class Location {

    private String place;

    private String year;
    public Location(String place, String year) {
        super();
        this.place = place;
        this.year = year;
```

```
    }
//省略 getter、setter 方法

}
```

（4）数据访问：

```
package com.wisely.ch8_6_1.dao;

import java.util.List;

import org.springframework.data.mongodb.repository.MongoRepository;
import org.springframework.data.mongodb.repository.Query;

import com.wisely.ch8_6_1.domain.Person;

public interface PersonRepository extends MongoRepository<Person, String> {

     Person findByName(String name); //1

     @Query("{'age': ?0}") //2
     List<Person> withQueryFindByAge(Integer age);

}
```

代码解释

① 支持方法名查询。

② 支持@Query 查询，查询参数构造 JSON 字符串即可。

（5）控制器：

```
package com.wisely.ch8_6_1.web;

import java.util.Collection;
import java.util.LinkedHashSet;
import java.util.List;
import org.springframework.beans.factory.annotation.Autowired;
import org.springframework.web.bind.annotation.RequestMapping;
import org.springframework.web.bind.annotation.RestController;
import com.wisely.ch8_6_1.dao.PersonRepository;
import com.wisely.ch8_6_1.domain.Location;
import com.wisely.ch8_6_1.domain.Person;
```

```
@RestController
public class DataController {

    @Autowired
    PersonRepository personRepository;

    @RequestMapping("/save")  //1
    public Person save(){
        Person  p = new Person("wyf",32);
        Collection<Location> locations =  new LinkedHashSet<Location>();
        Location loc1 = new Location("上海","2009");
        Location loc2 = new Location("合肥","2010");
        Location loc3 = new Location("广州","2011");
        Location loc4 = new Location("马鞍山","2012");
        locations.add(loc1);
        locations.add(loc2);
        locations.add(loc3);
        locations.add(loc4);
        p.setLocations(locations);
        return personRepository.save(p);
    }

    @RequestMapping("/q1")  //2
    public Person q1(String name){
        return personRepository.findByName(name);
    }

    @RequestMapping("/q2")  //3
    public List<Person> q2(Integer age){
        return personRepository.withQueryFindByAge(age);
    }
}
```

代码解释

① 测试保存数据。

② 测试方法名查询。

③ 测试@Query 查询。

（6）运行

测试保存数据

访问 http://localhost:8080/save 测试保存，页面如图 8-62 所示。

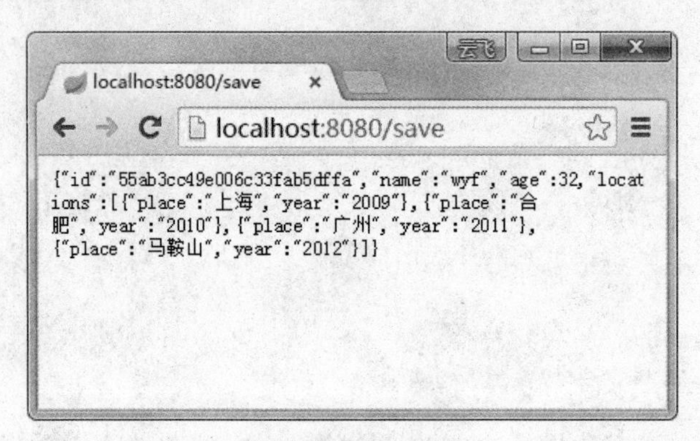

图 8-62　测试保存

我们可以在 Robomongo 中查看保存后的数据，如图 8-63 所示。

Key	Value	Type
(1) ObjectId("55ab3cc49e006c33fab5dffa")	{ 5 fields }	Object
_id	ObjectId("55ab3cc49e006c33fab5dffa")	ObjectId
_class	com.wisely.ch8_6_1.domain.Person	String
name	wyf	String
age	32	Int32
locs	Array [4]	Array
0	{ 2 fields }	Object
place	上海	String
year	2009	String
1	{ 2 fields }	Object
place	合肥	String
year	2010	String
2	{ 2 fields }	Object
place	广州	String
year	2011	String
3	{ 2 fields }	Object
place	马鞍山	String
year	2012	String

图 8-63　查看保存后的数据

测试方法名查询

访问 http://localhost:8080/q1?name=wyf，页面结果如图 8-64 所示。

测试@Query 查询

访问 http://localhost:8080/q2?age=32，页面结果如图 8-65 所示。

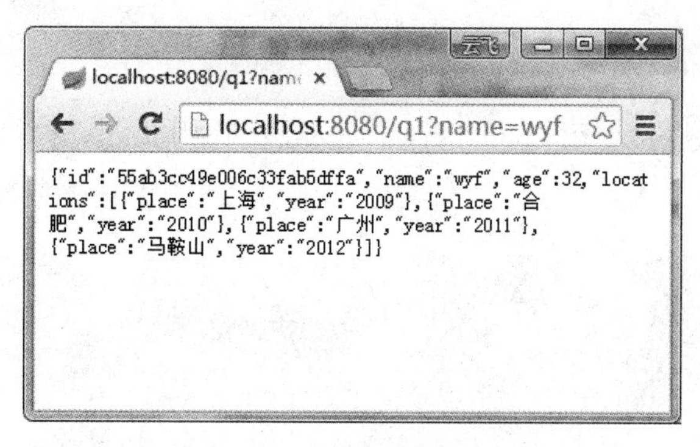

图 8-64　测试方法名查询

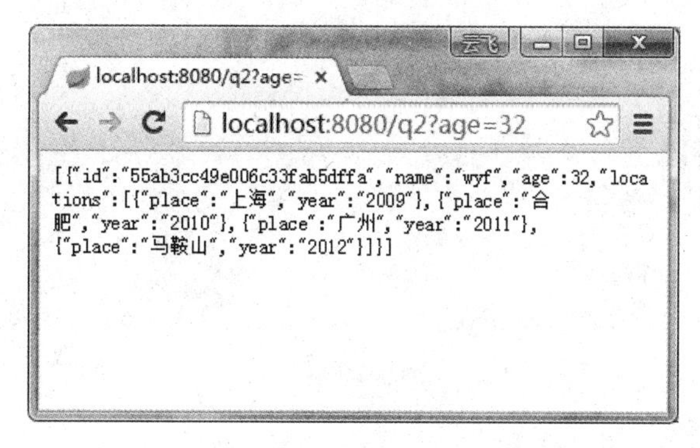

图 8-65　测试@Query 查询

8.6.2　Redis

Redis 是一个基于键值对的开源内存数据存储，当然 Redis 也可以做数据缓存（见 8.5.4 节）。

1. Spring 的支持

（1）配置

Spring 对 Redis 的支持也是通过 Spring Data Redis 来实现的，Spring Data JPA 为我们提供了连接相关的 ConnectionFactory 和数据操作相关的 RedisTemplate。在此特别指出，Spring Data Redis 只对 Redis 2.6 和 2.8 版本做过测试。

根据 Redis 的不同的 Java 客户端，Spring Data Redis 提供了如下的 ConnectionFactory：

JedisConnectionFactory：使用 Jedis 作为 Redis 客户端。

JredisConnectionFactory：使用 Jredis 作为 Redis 客户端。

LettuceConnectionFactory：使用 Lettuce 作为 Redis 客户端。

SrpConnectionFactory：使用 Spullara/redis-protocol 作为 Redis 客户端。

配置方式如下：

```
@Bean
public RedisConnectionFactory redisConnectionFactory() {
    return new JedisConnectionFactory();
}
```

RedisTemplate 配置方式如下：

```
@Bean
public RedisTemplate<Object, Object> redisTemplate()throws
UnknownHostException {
    RedisTemplate<Object, Object> template = new RedisTemplate<Object,
Object>();
    template.setConnectionFactory(redisConnectionFactory());
    return template;
}
```

（2）使用

Spring Data Redis 为我们提供了 RedisTemplate 和 StringRedisTemplate 两个模板来进行数据操作，其中，StringRedisTemplate 只针对键值都是字符型的数据进行操作。

RedisTemplate 和 StringRedisTemplate 提供的主要数据访问方法如表 8-8 所示。

表 8-8　数据访问方法

方　法	说　明
opsForValue()	操作只有简单属性的数据
opsForList()	操作含有 list 的数据
opsForSet()	操作含有 set 的数据
opsForZSet()	操作含有 ZSet（有序的 set）的数据
opsForHash()	操作含有 hash 的数据

更多关于 Spring Data Redis 的操作，请查看 Spring Data Redis 官方文档。

（3）定义 Serializer

当我们的数据存储到 Redis 的时候，我们的键（key）和值（value）都是通过 Spring 提供的 Serializer 序列化到数据库的。RedisTemplate 默认使用的是 JdkSerializationRedisSerializer，StringRedisTemplate 默认使用的是 StringRedisSerializer。

Spring Data JPA 为我们提供了下面的 Serializer：

GenericToStringSerializer、Jackson2JsonRedisSerializer、JacksonJsonRedisSerializer、JdkSerializationRedisSerializer、OxmSerializer、StringRedisSerializer。

2. Spring Boot 的支持

Spring Boot 对 Redis 的支持，org.springframework.boot.autoconfigure.redis 包如图 8-66 所示。

图 8-66 Redis 包

RedisAutoConfiguration 为我们默认配置了 JedisConnectionFactory、RedisTemplate 以及 StringRedisTemplate，让我们可以直接使用 Redis 作为数据存储。

RedisProperties 向我们展示了可以使用以“spring.redis”为前缀的属性在 application.properties 中配置 Redis，主要属性如下：

```
spring.redis.database= 0# 数据库名称，默认为db0
spring.redis.host=localhost #服务器地址，默认为localhostt
spring.redis.password= # 数据库密码d
spring.redis.port=6379 # 连接端口号，默认为6379
spring.redis.pool.max-idle=8 # 连接池设置
spring.redis.pool.min-idle=0
spring.redis.pool.max-active=8
spring.redis.pool.max-wait=-1
spring.redis.sentinel.master=
spring.redis.sentinel.nodes=
spring.redis.timeout=
```

3. 实战

（1）安装 Redis

1）非 Docker 安装。若不基于 Docker 安装的话，我们可以到 http://redis.io/download 下载合适版本的 Redis。注意不要下载最新版本的 3.0.x 版本。

2）Docker 安装。前面我们已经下载好了 Redis 镜像，通过下面命令运行容器：

```
docker run -d -p 6379:6379 redis:2.8.21
```

并在 VirtualBox 配置端口映射，如图 8-67 所示。

端口转发规则

名称	协议	主机IP	主机端口	子系统IP	子系统端口
mongo	TCP	127.0.0.1	27017		27017
oracle	TCP	127.0.0.1	1521		1521
ssh	TCP	127.0.0.1	2022		22
webui	TCP	127.0.0.1	9090		9090
redis	TCP	127.0.0.1	6379		6379

确定 取消

图 8-67 端口映射

Redis 数据管理可以使用 Redis Client，下载地址为 https://github.com/caoxinyu/ RedisClient，这是一个可以独立运行的 jar 包，如图 8-68 所示。

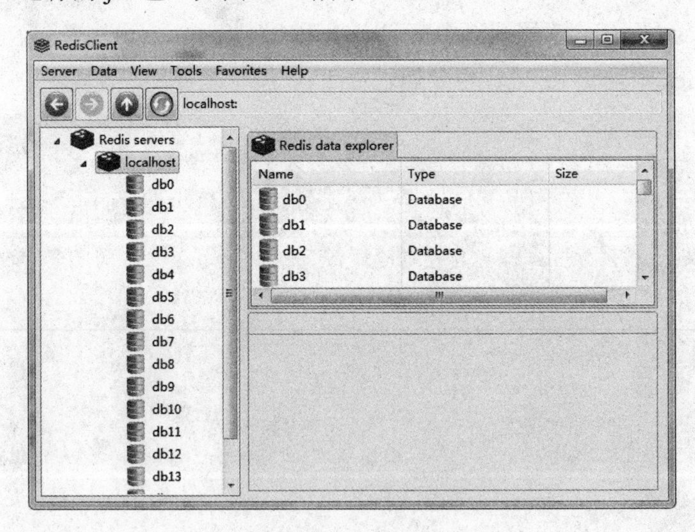

图 8-68 RedisClient

（2）新建 Spring Boot 项目

搭建 Spring Boot 项目，依赖为 Redis（spring-boot-starter-redis）和 Web（spring-boot-starter-web）。

项目信息：

```
groupId: com.wisely
arctifactId:ch8_6_2
package: com.wisely. ch8_6_2
```

因为 Spring Boot 的默认数据库连接满足我们当前测试的要求，所以无须不在 application.properties 配置连接信息。

（3）领域模型类：

```
package com.wisely.ch8_6_2.dao;

import java.io.Serializable;

public class Person implements Serializable{

    private static final long serialVersionUID = 1L;

    private String id;
    private String name;
    private Integer age;

    public Person() {
        super();
    }

    public Person(String id,String name, Integer age) {
        super();
        this.id = id;
        this.name = name;
        this.age = age;
    }
//省略 getter、setter 方法
}
```

代码解释

此类必须用时间序列化接口，因为使用 Jackson 做序列化需要一个空构造。

（4）数据访问：

```
package com.wisely.ch8_6_2.domain;

import javax.annotation.Resource;

import org.springframework.beans.factory.annotation.Autowired;
import org.springframework.data.redis.core.RedisTemplate;
import org.springframework.data.redis.core.StringRedisTemplate;
import org.springframework.data.redis.core.ValueOperations;
import org.springframework.stereotype.Repository;

import com.wisely.ch8_6_2.dao.Person;

@Repository
public class PersonDao {

    @Autowired
    StringRedisTemplate stringRedisTemplate; //1

    @Resource(name="stringRedisTemplate")
    ValueOperations<String,String> valOpsStr; //3

    @Autowired
    RedisTemplate<Object, Object> redisTemplate; //2

    @Resource(name="redisTemplate")
    ValueOperations<Object, Object> valOps; //4

    public void stringRedisTemplateDemo(){ //5
        valOpsStr.set("xx", "yy");
    }

    public void save(Person person){
        valOps.set(person.getId(),person); //6
    }

    public String getString(){
        return valOpsStr.get("xx");//7
    }

    public Person getPerson(){
        return (Person) valOps.get("1");//8
    }
```

```
}
```

代码解释

① Spring Boot 已为我们配置 StringRedisTemplate，在此处可以直接注入。

② Spring Boot 已为我们配置 RedisTemplate，在此处可以直接注入。

③ 可以使用@Resource 注解指定 stringRedisTemplate，可注入基于字符串的简单属性操作方法。

④ 可以使用@Resource 注解指定 redisTemplate，可注入基于对象的简单属性操作方法；

⑤ 通过 set 方法，存储字符串类型。

⑥ 通过 set 方法，存储对象类型。

⑦ 通过 get 方法，获得字符串。

⑧ 通过 get 方法，获得对象。

（5）配置

Spring Boot 为我们自动配置了 RedisTemplate，而 RedisTemplate 使用的是 JdkSerializationRedisSerializer，这个对我们演示 Redis Client 很不直观，因为 JdkSerializationRedisSerializer 使用二级制形式存储数据，在此我们将自己配置 RedisTemplate 并定义 Serializer。

```
package com.wisely.ch8_6_2;

import java.net.UnknownHostException;

import org.springframework.boot.SpringApplication;
import org.springframework.boot.autoconfigure.SpringBootApplication;
import org.springframework.context.annotation.Bean;
import org.springframework.data.redis.connection.RedisConnectionFactory;
import org.springframework.data.redis.core.RedisTemplate;
import org.springframework.data.redis.serializer.Jackson2JsonRedisSerializer;
import org.springframework.data.redis.serializer.StringRedisSerializer;

import com.fasterxml.jackson.annotation.JsonAutoDetect;
import com.fasterxml.jackson.annotation.PropertyAccessor;
```

```
import com.fasterxml.jackson.databind.ObjectMapper;

@SpringBootApplication
public class Ch862Application {

    public static void main(String[] args) {
        SpringApplication.run(Ch862Application.class, args);
    }

    @Bean
    @SuppressWarnings({ "rawtypes", "unchecked" })
    public RedisTemplate<Object, Object> redisTemplate(RedisConnectionFactory
redisConnectionFactory)
            throws UnknownHostException {
        RedisTemplate<Object, Object> template = new RedisTemplate<Object,
Object>();
        template.setConnectionFactory(redisConnectionFactory);

        Jackson2JsonRedisSerializer jackson2JsonRedisSerializer = new
Jackson2JsonRedisSerializer(Object.class);
        ObjectMapper om = new ObjectMapper();
        om.setVisibility(PropertyAccessor.ALL, JsonAutoDetect.Visibility.ANY);
        om.enableDefaultTyping(ObjectMapper.DefaultTyping.NON_FINAL);
        jackson2JsonRedisSerializer.setObjectMapper(om);

        template.setValueSerializer(jackson2JsonRedisSerializer); //1
        template.setKeySerializer(new StringRedisSerializer()); //2

        template.afterPropertiesSet();
        return template;
    }


}
```

代码解释

① 设置值（value）的序列化采用 Jackson2JsonRedisSerializer。

② 设置键（key）的序列化采用 StringRedisSerializer。

（6）控制器：

```
package com.wisely.ch8_6_2.web;

import org.springframework.beans.factory.annotation.Autowired;
import org.springframework.web.bind.annotation.RequestMapping;
import org.springframework.web.bind.annotation.RestController;

import com.wisely.ch8_6_2.dao.Person;
import com.wisely.ch8_6_2.domain.PersonDao;

@RestController
public class DataController {

    @Autowired
    PersonDao personDao;

    @RequestMapping("/set") //1
    public void set(){
        Person person = new Person("1","wyf", 32);
        personDao.save(person);
        personDao.stringRedisTemplateDemo();
    }

    @RequestMapping("/getStr") //2
    public String getStr(){
        return personDao.getString();
    }

    @RequestMapping("/getPerson") //3
    public Person getPerson(){
        return personDao.getPerson();
    }
}
```

代码解释

① 演示设置字符及对象。

② 演示获得字符。

③ 演示获得对象。

（7）运行

演示设置字符及对象，访问 http://localhost:8080/set，此时查看 Redis Client。

字符存储如图 8-69 所示。

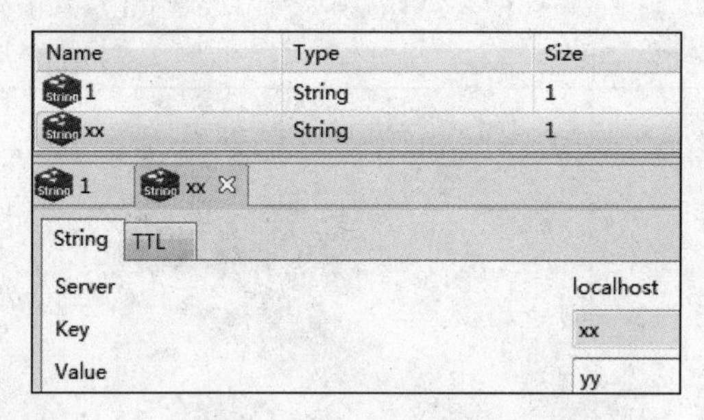

图 8-69　字符存储

对象存储如图 8-70 所示。

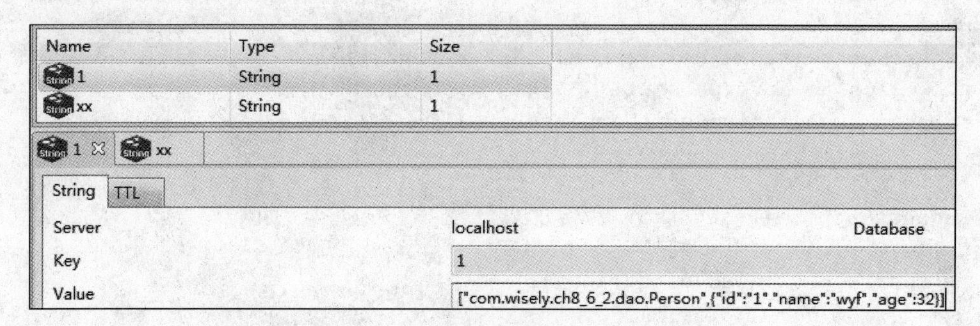

图 8-70　对象存储

演示获得字符，访问 http://localhost:8080/getStr，页面显示如图 8-71 所示。

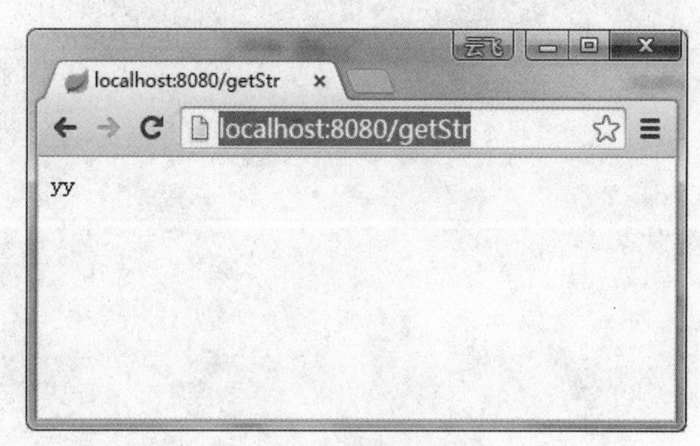

图 8-71　获得字符

演示获得对象，访问 http://localhost:8080/getPerson，页面显示如图 8-72 所示。

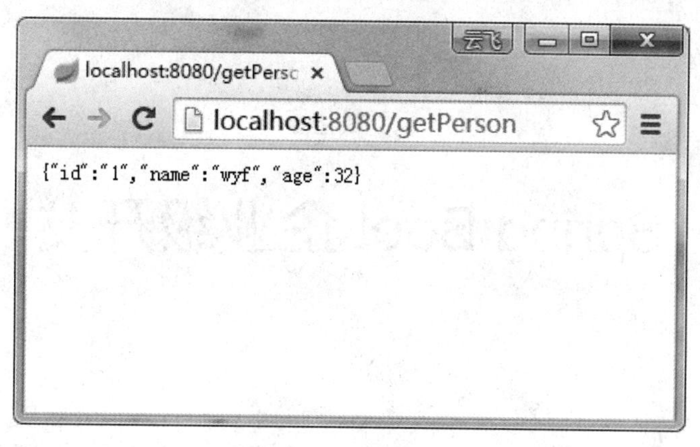

图 8-72　获得对象

第9章

Spring Boot 企业级开发

9.1 安全控制 Spring Security

9.1.1 Spring Security 快速入门

1. 什么是 Spring Security

Spring Security 是专门针对基于 Spring 的项目的安全框架，充分利用了依赖注入和 AOP 来实现安全的功能。

在早期的 Spring Security 版本，使用 Spring Security 需要使用大量的 XML 配置，而本节将全部基于 Java 配置来实现 Spring Security 的功能。

安全框架有两个重要的概念，即认证（Authentication）和授权（Authorization）。认证即确认用户可以访问当前系统；授权即确定用户在当前系统下所拥有的功能权限，本节将围绕认证和授权展开。

2. Spring Security 的配置

（1）DelegatingFilterProxy

Spring Security 为我们提供了一个多个过滤器来实现所有安全的功能，我们只需注册一个特殊的 DelegatingFilterProxy 过滤器到 WebApplicationInitializer 即可。

而在实际使用中，我们只需让自己的 Initializer 类继承 AbstractSecurity

WebApplicationInitializer 抽象类即可。AbstractSecurityWebApplicationInitializer 实现了 WebApplicationInitializer 接口，并通过 onStartup 方法调用：

```
insertSpringSecurityFilterChain(servletContext);
```

它为我们注册了 DelegatingFilterProxy。insertSpringSecurityFilterChain 源码如下：

```
    private void insertSpringSecurityFilterChain(ServletContext servletContext)
{
        String filterName = DEFAULT_FILTER_NAME;
        DelegatingFilterProxy springSecurityFilterChain = new
DelegatingFilterProxy(
                filterName);
        String contextAttribute = getWebApplicationContextAttribute();
        if (contextAttribute != null) {
            springSecurityFilterChain.setContextAttribute(contextAttribute);
        }
        registerFilter(servletContext, true, filterName,
springSecurityFilterChain);
    }
```

所以我们只需用以下代码即可开启 Spring Security 的过滤器支持：

```
public class AppInitializer extends
    AbstractSecurityWebApplicationInitializer{

}
```

（2）配置

Spring Security 的配置和 Spring MVC 的配置类似，只需在一个配置类上注解 @EnableWebSecurity，并让这个类继承 WebSecurityConfigurerAdapter 即可。我们可以通过重写 configure 方法来配置相关的安全配置。

代码如下：

```
@Configuration
@EnableWebSecurity
public class WebSecurityConfig extends WebSecurityConfigurerAdapter{

    @Override
    protected void configure(HttpSecurity http) throws Exception {
        super.configure(http);
    }
```

```
    @Override
    protected void configure(AuthenticationManagerBuilder auth) throws Exception
{
        super.configure(auth);
    }

    @Override
    public void configure(WebSecurity web) throws Exception {
        super.configure(web);
    }

}
```

3. 用户认证

认证需要我们有一套用户数据的来源，而授权则是对于某个用户有相应的角色权限。在 Spring Security 里我们通过重写

```
protected void configure(AuthenticationManagerBuilder auth)
```

方法来实现定制。

（1）内存中的用户

使用 AuthenticationManagerBuilder 的 inMemoryAuthentication 方法即可添加在内存中的用户，并可给用户指定角色权限

```
@Override
    protected void configure(AuthenticationManagerBuilder auth) throws Exception
{
        auth.inMemoryAuthentication()
            .withUser("wyf").password("wyf").roles("ROLE_ADMIN")
            .and()
            .withUser("wisely").password("wisely").roles("ROLE_USER");
    }
```

（2）JDBC 中的用户

JDBC 中的用户直接指定 dataSource 即可。

```
    @Autowired
    DataSource dataSource;

    @Override
```

```
    protected void configure(AuthenticationManagerBuilder auth) throws Exception
{
        auth.jdbcAuthentication().dataSource(dataSource);
    }
```

不过这看上去很奇怪，其实这里的 Spring Security 是默认了你的数据库结构的。通过 jdbcAuthentication 的源码，我们可以看出在 JdbcDaoImpl 中定义了默认的用户及角色权限获取的 SQL 语句：

```
public static final String DEF_USERS_BY_USERNAME_QUERY = "select
username,password,enabled "
            + "from users " + "where username = ?";
    public static final String DEF_AUTHORITIES_BY_USERNAME_QUERY = "select
username,authority "
            + "from authorities " + "where username = ?";
```

当然我们可以自定义我们的查询用户和权限的 SQL 语句，例如：

```
    @Override
    protected void configure(AuthenticationManagerBuilder auth) throws Exception
{
        auth.jdbcAuthentication().dataSource(dataSource)
            .usersByUsernameQuery("select username,password,true "
                    + "from myusers where username = ?")
            .authoritiesByUsernameQuery("select username,role "
                    + "from roles where username = ?");
    }
```

（3）通用的用户

上面的两种用户和权限的获取方式只限于内存或者 JDBC，我们的数据访问方式可以是多种各样的，可以是非关系型数据库，也可以是我们常用的 JPA 等。

这时我们需要自定义实现 UserDetailsService 接口。上面的内存中用户及 JDBC 用户就是 UserDetailsService 的实现，定义如下：

```
public class CustomUserService implements UserDetailsService {
    @Autowired
    SysUserRepository userRepository;

    @Override
    public UserDetails loadUserByUsername(String username) throws
UsernameNotFoundException {
```

```
        SysUser user = userRepository.findByUsername(username);
        List<GrantedAuthority> authorities =new ArrayList<GrantedAuthority>();
        authorities.add(new SimpleGrantedAuthority("ROLE_ADMIN"));
        return new User(user.getUsername(),user.getPassword(),authorities);

    }

}
```

说明：SysUser 是我们系统的用户领域对象类，User 来自于 org.springframework.security.core.userdetails.User。

除此之外，我们还需要注册这个 CustomUserService，代码如下：

```
    @Bean
    UserDetailsService customUserService(){
        return new CustomUserService();
    }

    @Override
    protected void configure(AuthenticationManagerBuilder auth) throws Exception
{
        auth.userDetailsService(customUserService());

    }
```

4. 请求授权

Spring Security 是通过重写

```
protected void configure(HttpSecurity http)
```

方法来实现请求拦截的。

Spring Security 使用以下匹配器来匹配请求路径：

- antMatchers：使用 Ant 风格的路径匹配。
- regexMatchers：使用正则表达式匹配路径。

anyRequest：匹配所有请求路径。

在匹配了请求路径后，需要针对当前用户的信息对请求路径进行安全处理，Spring Security 提供了表 9-1 所示的安全处理方法。

表 9-1　安全处理方法

方　　法	用　　途
access(String)	Spring EL 表达式结果为 true 时可访问
anonymous()	匿名可访问
denyAll()	用户不能访问
fullyAuthenticated()	用户完全认证可访问（非 remember me 下自动登录）
hasAnyAuthority(String…)	如果用户有参数，则其中任一权限可访问
hasAnyRole(String…)	如果用户有参数，则其中任一角色可访问
hasAuthority(String)	如果用户有参数，则其权限可访问
hasIpAddress(String)	如果用户来自参数中的 IP 则可访问
hasRole(String)	若用户有参数中的角色可访问
pcrmitAll()	用户可任意访问
rememberMe()	允许通过 remember-me 登录的用户访问
authenticated()	用户登录后可访问

我们可以看一下下面的示例代码：

```
@Override
protected void configure(HttpSecurity http) throws Exception {
    http
    .authorizeRequests() //1
    .antMatchers("/admin/**").hasRole("ROLE_ADMIN") //2
    .antMatchers("/user/**").hasAnyRole("ROLE_ADMIN","ROLE_USER") //3
    .anyRequest().authenticated();//4
}
```

代码解释

① 通过 authorizeRequests 方法来开始请求权限配置。

② 请求匹配/admin/**，只有拥有 ROLE_ADMIN 角色的用户可以访问。

③ 请求匹配/user/**，拥有 ROLE_ADMIN 或 ROLE_USER 角色的用户都可访问。

④ 其余所有的请求都需要认证后（登录后）才可访问。

5. 定制登录行为

我们也可以通过重写

```
protected void configure(HttpSecurity http)
```

方法来定制我们的登录行为。

下面将重用的登录行为的定制以简短的代码演示：

```
@Override
protected void configure(HttpSecurity http) throws Exception {
    http
        .formLogin() //1
        .loginPage("/login") //2
        .defaultSuccessUrl("/index") //3
        .failureUrl("/login?error") //4
        .permitAll()
        .and()
        .rememberMe() //5
            .tokenValiditySeconds(1209600) //6
            .key("myKey") //7
        .and()
        .logout()//8
            .logoutUrl("/custom-logout") //9
            .logoutSuccessUrl("/logout-success") //10
            .permitAll();

}
```

代码解释

① 通过 formLogin 方法定制登录操作。

② 使用 loginPage 方法定制登录页面的访问地址。

③ defaultSuccessUrl 指定登录成功后转向的页面。

④ failureUrl 指定登录失败后转向的页面。

⑤ rememberMe 开启 cookie 存储用户信息。

⑥ tokenValiditySeconds 指定 cookie 有效期为 1209600 秒，即 2 个星期。

⑦ key 指定 cookie 中的私钥。

⑧ 使用 logout 方法定制注销行为。

⑨ logoutUrl 指定注销的 URL 路径。

⑩ logoutSuccessUrl 指定注销成功后转向的页面。

9.1.2　Spring Boot 的支持

Spring Boot 针对 Spring Security 的自动配置在 org.springframework.boot.autoconfigure.security 包中。

主要通过 SecurityAutoConfiguration 和 SecurityProperties 来完成配置。

SecurityAutoConfiguration 导入了 SpringBootWebSecurityConfiguration 中的配置。在 SpringBootWebSecurityConfiguration 配置中，我们获得如下的自动配置：

1）自动配置了一个内存中的用户，账号为 user，密码在程序启动时出现。

2）忽略/css/**、/js/**、/images/**和/**/favicon.ico 等静态文件的拦截。

3）自动配置的 securityFilterChainRegistration 的 Bean。

SecurityProperties 使用以“security”为前缀的属性配置 Spring Security 相关的配置，包含：

```
security.user.name=user # 内存中的用户默认账号为 user
security.user.password= # 1 默认用户的密码
security.user.role=USER # 默认用户的角色
security.require-ssl=false # 是否需要 ssl 支持
security.enable-csrf=false # 是否开启“跨站请求伪造”支持，默认关闭
security.basic.enabled=true
security.basic.realm=Spring
security.basic.path= # /**
security.basic.authorize-mode=
security.filter-order=0
security.headers.xss=false
security.headers.cache=false
security.headers.frame=false
security.headers.content-type=false
security.headers.hsts=all
security.sessions=stateless
security.ignored= # 用逗号隔开的无须拦截的路径
```

Spring Boot 为我们做了如此多的配置，当我们需要自己扩展的配置时，只需配置类继承 WebSecurityConfigurerAdapter 类即可，无须使用@EnableWebSecurity 注解，例如：

```
@Configuration
public class WebSecurityConfig extends WebSecurityConfigurerAdapter{

}
```

9.1.3 实战

在本节的示例中，我们将演示使用 Spring Boot 下的 Spring Security 的配置，完成简单的认证授权的功能。此节我们将通过 Spring Data JPA 获得用户数据。页面模板使用 Thymeleaf，Thymeleaf 也为我们提供了支持 Spring Security 的标签。

1. 新建 Spring Boot 项目

新建 Spring Boot 项目，依赖为 JPA（spring-boot-starter-data-jpa）、Security（spring-boot-starter-security）、Thymeleaf（spring-boot-starter-thymeleaf）。

项目信息：

```
groupId: com.wisely
arctifactId:ch9_1
package: com.wisely. ch9_1
```

并添加 Oracle 驱动及 Thymeleaf 的 Spring Security 的支持。

```
    <dependency>
        <groupId>com.oracle</groupId>
        <artifactId>ojdbc6</artifactId>
        <version>11.2.0.2.0</version>
    </dependency>

    <dependency>
        <groupId>org.thymeleaf.extras</groupId>
        <artifactId>thymeleaf-extras-springsecurity4</artifactId>
    </dependency>
```

我们的 application.properties 配置如下：

```
spring.datasource.driverClassName=oracle.jdbc.OracleDriver
spring.datasource.url=jdbc\:oracle\:thin\:@localhost\:1521\:xe
spring.datasource.username=boot
spring.datasource.password=boot

logging.level.org.springframework.security= INFO

spring.thymeleaf.cache=false

spring.jpa.hibernate.ddl-auto=update
```

```
spring.jpa.show-sql=true
```

将 bootstrap.min.css 放置在 src/main/resources/static/css 下，此路径默认不拦截。

2. 用户和角色

我们使用 JPA 来定义用户和角色。

用户：

```
package com.wisely.ch9_1.domain;

import java.util.ArrayList;
import java.util.Collection;
import java.util.List;

import javax.persistence.CascadeType;
import javax.persistence.Entity;
import javax.persistence.FetchType;
import javax.persistence.GeneratedValue;
import javax.persistence.Id;
import javax.persistence.ManyToMany;

import org.springframework.security.core.GrantedAuthority;
import org.springframework.security.core.authority.SimpleGrantedAuthority;
import org.springframework.security.core.userdetails.UserDetails;
@Entity
public class SysUser implements UserDetails{//1

    private static final long serialVersionUID = 1L;
    @Id
    @GeneratedValue
    private Long id;
    private String username;
    private String password;
    @ManyToMany(cascade = {CascadeType.REFRESH},fetch = FetchType.EAGER) //2
    private List<SysRole> roles;

    @Override
    public Collection<? extends GrantedAuthority> getAuthorities() {//3
        List<GrantedAuthority> auths = new ArrayList<GrantedAuthority>();
        List<SysRole> roles=this.getRoles();
        for(SysRole role:roles){
            auths.add(new SimpleGrantedAuthority(role.getName()));
```

```
        }
        return auths;
    }
    @Override
    public boolean isAccountNonExpired() {
        return true;
    }
    @Override
    public boolean isAccountNonLocked() {
        return true;
    }
    @Override
    public boolean isCredentialsNonExpired() {
        return true;
    }
    @Override
    public boolean isEnabled() {
        return true;
    }
    //省略 getter、setter 方法
}
```

代码解释

① 让我们的用户实体实现 UserDetails 接口，我们的用户实体即为 Spring Security 所使用的用户。

② 配置用户和角色的多对多关系。

③ 重写 getAuthorities 方法，将用户的角色作为权限。

角色：

```
package com.wisely.ch9_1.domain;

import javax.persistence.Entity;
import javax.persistence.GeneratedValue;
import javax.persistence.Id;

@Entity
public class SysRole {
    @Id
    @GeneratedValue
    private Long id;
```

```
    private String name; //1
    //省略 getter、setter 方法


}
```

代码解释

① name 为角色名称。

（1）数据结构及初始化

当我们配置用户和角色的多对多关系后，通过设置

```
spring.jpa.hibernate.ddl-auto=update
```

为我们自动生成用户表：SYS_USER、角色表：SYS_ROLE、关联表：SYS_USER_ ROLES。

针对上面的表结构，我们初始化一些数据来方便我们演示。在 src/main/resources 下，新建 data.sql，即新建两个用户，角色分别为 ROLE_ADMIN 和 ROLE_USER，代码如下：

```
insert into SYS_USER (id,username, password) values (1,'wyf', 'wyf');
insert into SYS_USER (id,username, password) values (2,'wisely', 'wisely');

insert into SYS_ROLE(id,name) values(1,'ROLE_ADMIN');
insert into SYS_ROLE(id,name) values(2,'ROLE_USER');

insert into SYS_USER_ROLES(SYS_USER_ID,ROLES_ID) values(1,1);
insert into SYS_USER_ROLES(SYS_USER_ID,ROLES_ID) values(2,2);
```

（2）传值对象

用来测试不同角色用户的数据展示：

```
package com.wisely.ch9_1.domain;

public class Msg {
    private String title;
    private String content;
    private String etraInfo;
    public Msg(String title, String content, String etraInfo) {
        super();
        this.title = title;
        this.content = content;
```

```
        this.etraInfo = etraInfo;
    }
    //省略getter、setter方法
}
```

3. 数据访问

我们这里的数据访问很简单，代码如下：

```
package com.wisely.ch9_1.dao;

import org.springframework.data.jpa.repository.JpaRepository;

import com.wisely.ch9_1.domain.SysUser;

public interface SysUserRepository extends JpaRepository<SysUser, Long>{

    SysUser findByUsername(String username);

}
```

代码解释

这里只需一个根据用户名查出用户的方法。

4. 自定义 UserDetailsService

```
package com.wisely.ch9_1.security;

import org.springframework.beans.factory.annotation.Autowired;
import org.springframework.security.core.userdetails.UserDetails;
import org.springframework.security.core.userdetails.UserDetailsService;
import
org.springframework.security.core.userdetails.UsernameNotFoundException;

import com.wisely.ch9_1.dao.SysUserRepository;
import com.wisely.ch9_1.domain.SysUser;

public class CustomUserService implements UserDetailsService { //1
    @Autowired
    SysUserRepository userRepository;

    @Override
    public UserDetails loadUserByUsername(String username) { //2
```

```
        SysUser user = userRepository.findByUsername(username);
        if(user == null){
            throw new UsernameNotFoundException("用户名不存在");
        }

        return user; //3
    }

}
```

代码解释

① 自定义需实现 UserDetailsService 接口。

② 重写 loadUserByUsername 方法获得用户。

③ 我们当前的用户实现了 UserDetails 接口，可直接返回给 Spring Security 使用。

5. 配置

（1）Spring MVC 配置：

```
package com.wisely.ch9_1.config;

import org.springframework.context.annotation.Configuration;
import
org.springframework.web.servlet.config.annotation.ViewControllerRegistry;
import
org.springframework.web.servlet.config.annotation.WebMvcConfigurerAdapter;

@Configuration
public class WebMvcConfig extends WebMvcConfigurerAdapter{

    @Override
    public void addViewControllers(ViewControllerRegistry registry) {
        registry.addViewController("/login").setViewName("login");
    }

}
```

代码解释

注册访问/login 转向 login.html 页面。

（2）Spring Security 配置：

```
package com.wisely.ch9_1.config;

import org.springframework.context.annotation.Bean;
import org.springframework.context.annotation.Configuration;
import
org.springframework.security.config.annotation.authentication.builders.Authen
ticationManagerBuilder;
import
org.springframework.security.config.annotation.web.builders.HttpSecurity;
import
org.springframework.security.config.annotation.web.configuration.WebSecurityC
onfigurerAdapter;
import org.springframework.security.core.userdetails.UserDetailsService;
import com.wisely.ch9_1.security.CustomUserService;

@Configuration
public class WebSecurityConfig extends WebSecurityConfigurerAdapter{//1

    @Bean
    UserDetailsService customUserService(){ //2
        return new CustomUserService();
    }

    @Override
    protected void configure(AuthenticationManagerBuilder auth) throws Exception
{
        auth.userDetailsService(customUserService()); //3

    }

    @Override
    protected void configure(HttpSecurity http) throws Exception {
        http.authorizeRequests()
                        .anyRequest().authenticated() //4
                        .and()
                        .formLogin()
                            .loginPage("/login")
                            .failureUrl("/login?error")
                            .permitAll() //5
                        .and()
                        .logout().permitAll(); //6
    }
}
```

代码解释

① 扩展 Spring Security 配置需继承 WebSecurityConfigurerAdapter。

② 注册 CustomUserService 的 Bean。

③ 添加我们自定义的 user detail service 认证。

④ 所有请求需要认证即登录后才能访问。

⑤ 定制登录行为，登录页面可任意访问。

⑥ 定制注销行为，注销请求可任意访问。

6. 页面

（1）登录页面：

```
<!DOCTYPE html>
<html xmlns:th="http://www.thymeleaf.org">
<head>
<meta content="text/html;charset=UTF-8"/>
<title>登录页面</title>
<link rel="stylesheet" th:href="@{css/bootstap.min.css}"/>
<style type="text/css">
    body {
  padding-top: 50px;
}
.starter-template {
  padding: 40px 15px;
  text-align: center;
}
</style>
</head>
<body>

    <nav class="navbar navbar-inverse navbar-fixed-top">
     <div class="container">
       <div class="navbar-header">
         <a class="navbar-brand" href="#">Spring Security 演示</a>
       </div>
       <div id="navbar" class="collapse navbar-collapse">
         <ul class="nav navbar-nav">
          <li><a th:href="@{/}"> 首页 </a></li>
```

```
        </ul>
      </div><!--/.nav-collapse -->
    </div>
  </nav>
   <div class="container">

    <div class="starter-template">
       <p th:if="${param.logout}" class="bg-warning">已成功注销</p><!-- 1 -->
       <p th:if="${param.error}" class="bg-danger">有错误，请重试</p> <!-- 2 -->
            <h2>使用账号密码登录</h2>
            <form name="form" th:action="@{/login}" action="/login"
method="POST"> <!-- 3 -->
                <div class="form-group">
                    <label for="username">账号</label>
                    <input type="text" class="form-control" name="username"
value="" placeholder="账号" />
                </div>
                <div class="form-group">
                    <label for="password">密码</label>
                    <input type="password" class="form-control" name="password"
placeholder="密码" />
                </div>
                <input type="submit" id="login" value="Login" class="btn
btn-primary" />
            </form>
    </div>
  </div>
</body>
</html>
```

代码解释

① 注销成功后显示。

② 登录有错误时显示。

③ 默认的登录路径为/login（自 Spring Security 4.x 开始）。

（2）首页：

```
<!DOCTYPE html>
<html xmlns:th="http://www.thymeleaf.org"
```

```
xmlns:sec="http://www.thymeleaf.org/thymeleaf-extras-springsecurity4"><!-- 1
-->
<head>
<meta content="text/html;charset=UTF-8"/>
<title sec:authentication="name"></title> <!-- 2 -->
<link rel="stylesheet" th:href="@{css/bootstrap.min.css}" />
<style type="text/css">
body {
  padding-top: 50px;
}
.starter-template {
  padding: 40px 15px;
  text-align: center;
}
</style>
</head>
<body>
     <nav class="navbar navbar-inverse navbar-fixed-top">
     <div class="container">
       <div class="navbar-header">
         <a class="navbar-brand" href="#">Spring Security演示</a>
       </div>
       <div id="navbar" class="collapse navbar-collapse">
         <ul class="nav navbar-nav">
          <li><a th:href="@{/}"> 首页 </a></li>

         </ul>
       </div><!--/.nav-collapse -->
     </div>
   </nav>

    <div class="container">

     <div class="starter-template">
        <h1 th:text="${msg.title}"></h1>

        <p class="bg-primary" th:text="${msg.content}"></p>

        <div sec:authorize="hasRole('ROLE_ADMIN')"> <!-- 3 -->
            <p class="bg-info" th:text="${msg.etraInfo}"></p>
        </div>

        <div sec:authorize="hasRole('ROLE_USER')"> <!-- 4-->
```

```
            <p class="bg-info">无更多信息显示</p>
        </div>

      <form th:action="@{/logout}" method="post">
         <input type="submit" class="btn btn-primary" value="注销"/><!-- 5 -->
      </form>
    </div>

  </div>
</body>
</html>
```

代码解释

① Thymeleaf 为我们提供的 Spring Security 的标签支持。

② 通过 sec:authentication=*"name"*获得当前用户的用户名。

③ sec:authorize=*"hasRole('ROLE_ADMIN')"*意味着只有当前用户觉得为 ROLE_ADMIN 时，才可显示标签内内容。

④ sec:authorize=*"hasRole('ROLE_USER')"* 意味着只有当前用户觉得为 ROLE_USER 时，才可显示标签内内容。

⑤ 注销的默认路径为/logout，需通过 POST 请求提交。

7. 控制器

此控制器很简单，只为首页显示准备数据：

```
package com.wisely.ch9_1.web;

import org.springframework.stereotype.Controller;
import org.springframework.ui.Model;
import org.springframework.web.bind.annotation.RequestMapping;

import com.wisely.ch9_1.domain.Msg;

@Controller
public class HomeController {

    @RequestMapping("/")
    public String index(Model model){
        Msg msg =  new Msg("测试标题","测试内容","额外信息，只对管理员显示");
```

```
        model.addAttribute("msg", msg);
        return "home";
    }

}
```

8. 运行

（1）登录。访问 http://localhost:8080，将会自动转到登录页面 http://localhost:8080/login，如图 9-1 所示。

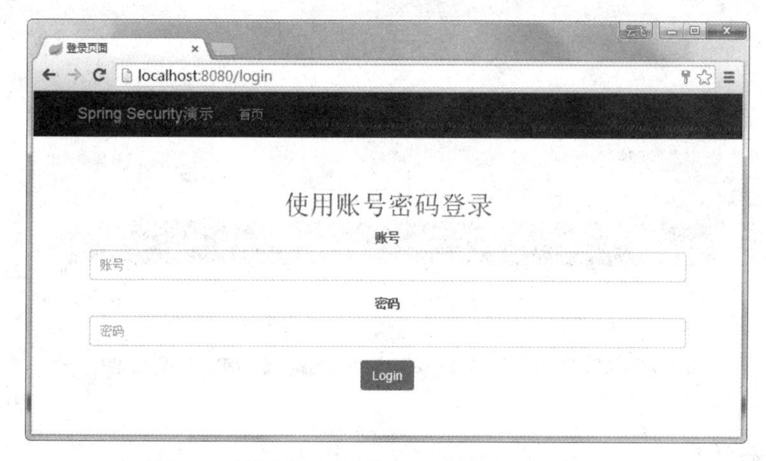

图 9-1　转到登录页面 http://localhost:8080/login

使用正确的账号密码登录，如图 9-2 所示。

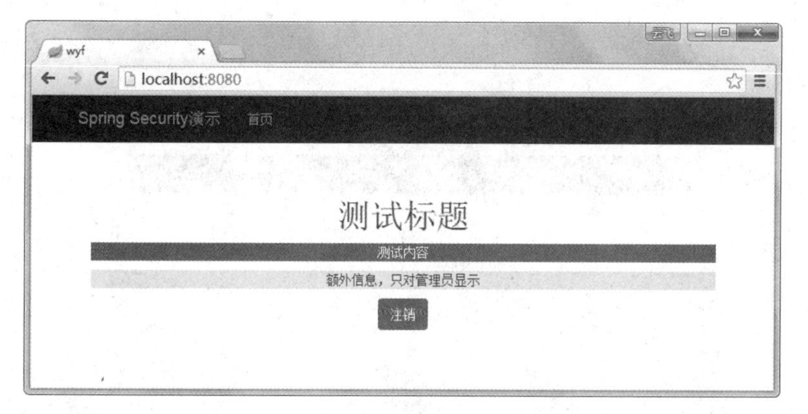

图 9-2　使用正确的账号密码登录

使用错误的账号密码登录，如图 9-3 所示。

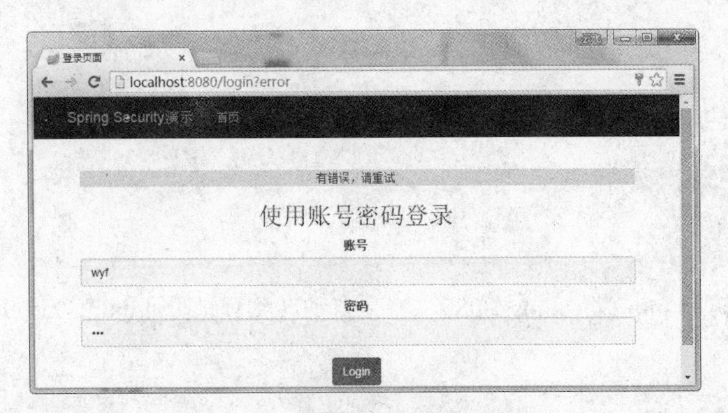

图 9-3　使用错误的账号密码登录

（2）注销。登录成功后，单击注销按钮，如图 9-4 所示。

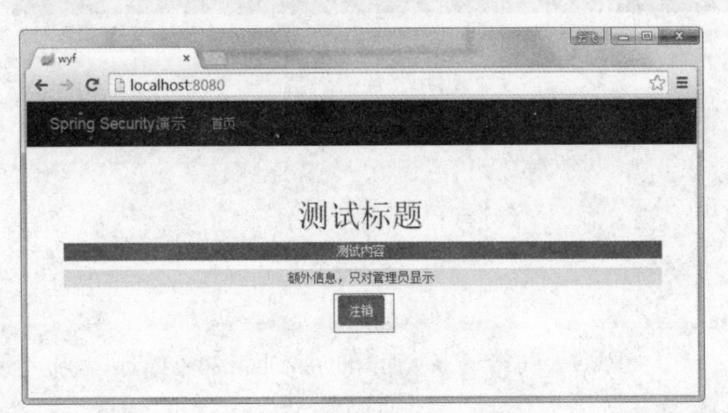

图 9-4　单击注销按钮

此时页面显示如图 9-5 所示。

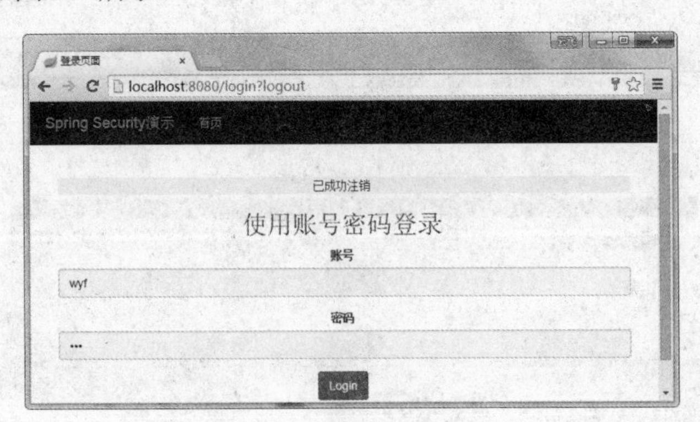

图 9-5　单击注销按钮

（3）用户信息

页面上我们将用户名显示在页面的标题上，如图 9-6 所示。

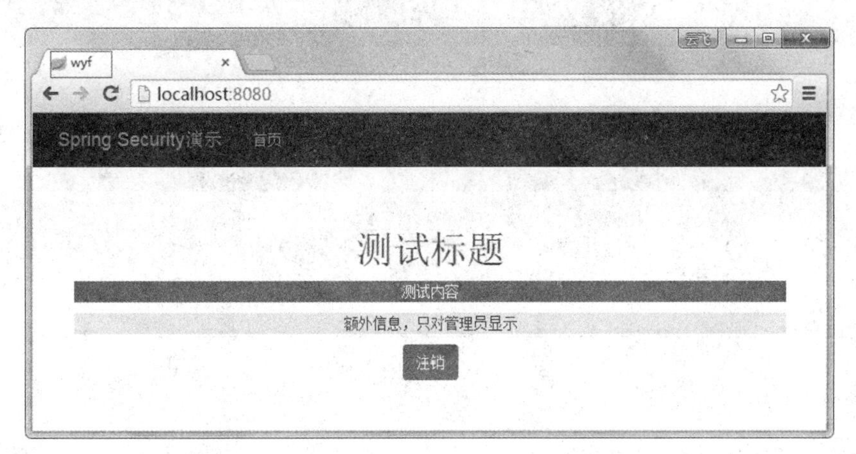

图 9-6　用户信息

（4）视图控制

wyf 和 wisely 用户角色不同，因此获得不同的视图。

wyf 用户视图如图 9-7 所示。

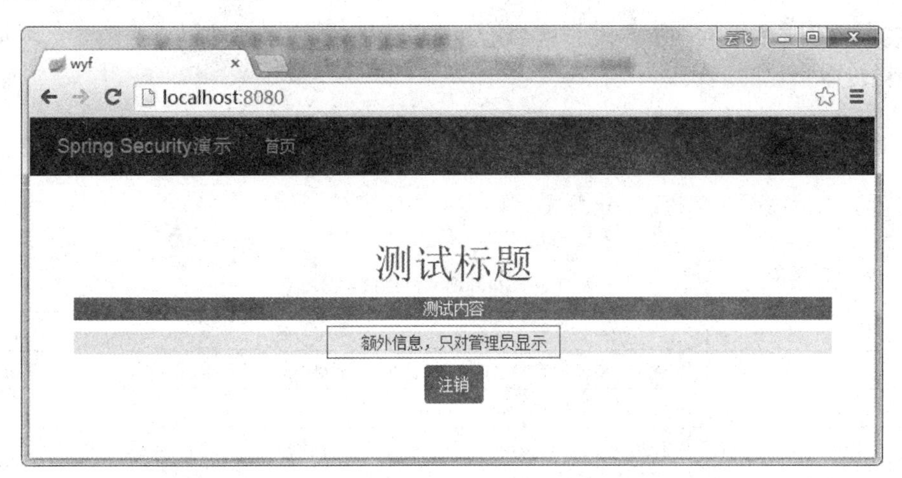

图 9-7　wyf 用户视图

wisely 用户视图如图 9-8 所示。

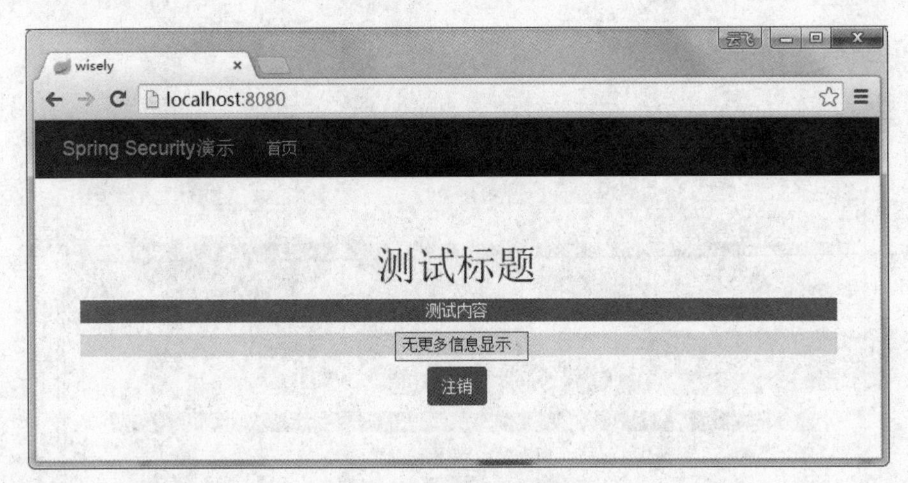

图 9-8　wisely 用户视图

9.2　批处理 Spring Batch

9.2.1　Spring Batch 快速入门

1. 什么是 Spring Batch

Spring Batch 是用来处理大量数据操作的一个框架，主要用来读取大量数据，然后进行一定处理后输出成指定的形式。

2. Spring Batch 主要组成

SpringBatch 主要由以下几部分组成，如表 9-2 所示。

表 9-2　SpringBatch 组成部分

名　称	用　　途
JobRepository	用来注册 Job 的容器
JobLauncher	用来启动 Job 的接口
Job	我们要实际执行的任务，包含一个或多个 Step
Step	Step-步骤包含 ItemReader、ItemProcessor 和 ItemWrter
ItemReader	用来读取数据的接口
ItemProcessor	用来处理数据的接口
ItemWriter	用来输出数据的接口

以上 Spring Batch 的主要组成部分只需注册成 Spring 的 Bean 即可。若想开启批处理的支持还需在配置类上使用@EnableBatchProcessing。

一个示意的 Spring Batch 的配置如下：

```
@Configuration
@EnableBatchProcessing
public class BatchConfig {

    @Bean
    public JobRepository jobRepository(DataSource dataSource,
PlatformTransactionManager transactionManager)
            throws Exception {
        JobRepositoryFactoryBean jobRepositoryFactoryBean = new
JobRepositoryFactoryBean();
        jobRepositoryFactoryBean.setDataSource(dataSource);
        jobRepositoryFactoryBean.setTransactionManager(transactionManager);
        jobRepositoryFactoryBean.setDatabaseType("oracle");
        return jobRepositoryFactoryBean.getObject();
    }

    @Bean
    public SimpleJobLauncher jobLauncher(DataSource dataSource,
PlatformTransactionManager transactionManager)
            throws Exception {
        SimpleJobLauncher jobLauncher = new SimpleJobLauncher();
        jobLauncher.setJobRepository(jobRepository(dataSource,
transactionManager));
        return jobLauncher;
    }

    @Bean
    public Job importJob(JobBuilderFactory jobs, Step s1) {
        return jobs.get("importJob")
                .incrementer(new RunIdIncrementer())
                .flow(s1)
                .end()
                .build();
    }

    @Bean
    public Step step1(StepBuilderFactory stepBuilderFactory, ItemReader<Person>
reader, ItemWriter<Person> writer,
```

```
            ItemProcessor<Person,Person> processor) {
        return stepBuilderFactory
                .get("step1")
                .<Person, Person>chunk(65000)
                .reader(reader)
                .processor(processor)
                .writer(writer)
                .build();
    }

    @Bean
    public ItemReader<Person> reader() throws Exception {
            //新建 ItemReader 接口的实现类返回
          return reader;
    }

    @Bean
    public ItemProcessor<Person, Person> processor() {
        //新建 ItemProcessor 接口的实现类返回
        return processor;
    }

    @Bean
    public ItemWriter<Person> writer(DataSource dataSource) {
        //新建 ItemWriter 接口的实现类返回
        return writer;
    }

}
```

3. Job 监听

若需要监听我们的 Job 的执行情况，则定义个一个类实现 JobExecutionListener，并在定义 Job 的 Bean 上绑定该监听器。

监听器的定义如下：

```
public class MyJobListener implements JobExecutionListener{

   @Override
   public void beforeJob(JobExecution jobExecution) {
    //Job 开始前
   }
```

```
    @Override
    public void afterJob(JobExecution jobExecution) {
    //Job 完成后
    }

}
```

注册并绑定监听器到 Job：

```
    @Bean
    public Job importJob(JobBuilderFactory jobs, Step s1) {
        return jobs.get("importJob")
                .incrementer(new RunIdIncrementer())
                .flow(s1)
                .end()
                .listener(csvJobListener())
                .build();
    }

    @Bean
    public MyJobListener myJobListener() {
        return new MyJobListener();
    }
```

4. 数据读取

Spring Batch 为我们提供了大量的 ItemReader 的实现，用来读取不同的数据来源，如图 9-9 所示。

5. 数据处理及校验

数据处理和校验都要通过 ItemProcessor 接口实现来完成。

（1）数据处理

数据处理只需实现 ItemProcessor 接口，重写其 process 方法。方法输入的参数是从 ItemReader 读取到的数据，返回的数据给 ItemWriter。

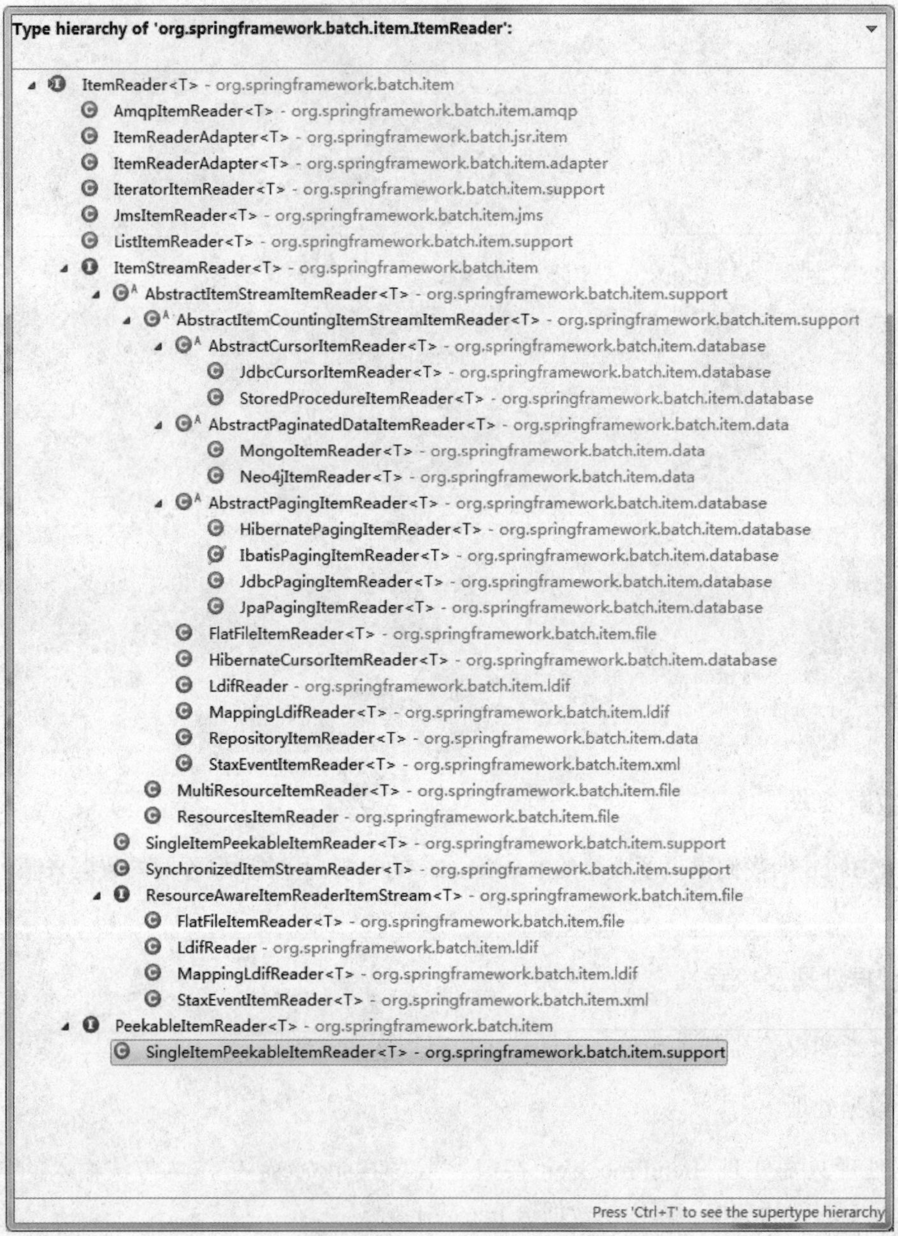

```
Type hierarchy of 'org.springframework.batch.item.ItemReader':

ItemReader<T> - org.springframework.batch.item
    AmqpItemReader<T> - org.springframework.batch.item.amqp
    ItemReaderAdapter<T> - org.springframework.batch.jsr.item
    ItemReaderAdapter<T> - org.springframework.batch.item.adapter
    IteratorItemReader<T> - org.springframework.batch.item.support
    JmsItemReader<T> - org.springframework.batch.item.jms
    ListItemReader<T> - org.springframework.batch.item.support
    ItemStreamReader<T> - org.springframework.batch.item
        AbstractItemStreamItemReader<T> - org.springframework.batch.item.support
            AbstractItemCountingItemStreamItemReader<T> - org.springframework.batch.item.support
                AbstractCursorItemReader<T> - org.springframework.batch.item.database
                    JdbcCursorItemReader<T> - org.springframework.batch.item.database
                    StoredProcedureItemReader<T> - org.springframework.batch.item.database
                AbstractPaginatedDataItemReader<T> - org.springframework.batch.item.data
                    MongoItemReader<T> - org.springframework.batch.item.data
                    Neo4jItemReader<T> - org.springframework.batch.item.data
                AbstractPagingItemReader<T> - org.springframework.batch.item.database
                    HibernatePagingItemReader<T> - org.springframework.batch.item.database
                    IbatisPagingItemReader<T> - org.springframework.batch.item.database
                    JdbcPagingItemReader<T> - org.springframework.batch.item.database
                    JpaPagingItemReader<T> - org.springframework.batch.item.database
                FlatFileItemReader<T> - org.springframework.batch.item.file
                HibernateCursorItemReader<T> - org.springframework.batch.item.database
                LdifReader - org.springframework.batch.item.ldif
                MappingLdifReader<T> - org.springframework.batch.item.ldif
                RepositoryItemReader<T> - org.springframework.batch.item.data
                StaxEventItemReader<T> - org.springframework.batch.item.xml
            MultiResourceItemReader<T> - org.springframework.batch.item.file
            ResourcesItemReader - org.springframework.batch.item.file
        SingleItemPeekableItemReader<T> - org.springframework.batch.item.support
        SynchronizedItemStreamReader<T> - org.springframework.batch.item.support
        ResourceAwareItemReaderItemStream<T> - org.springframework.batch.item.file
            FlatFileItemReader<T> - org.springframework.batch.item.file
            LdifReader - org.springframework.batch.item.ldif
            MappingLdifReader<T> - org.springframework.batch.item.ldif
            StaxEventItemReader<T> - org.springframework.batch.item.xml
    PeekableItemReader<T> - org.springframework.batch.item
        SingleItemPeekableItemReader<T> - org.springframework.batch.item.support

Press 'Ctrl+T' to see the supertype hierarchy
```

图 9-9 大量 ItemReader 实现

```java
public class MyItemProcessor implements ItemProcessor<Person, Person> {

    @Override
```

```
    public Person process(Person person){
        String name = person.getName().toUpperCase();
        person.setName(name);
        return person;
    }

}
```

（2）数据校验

我们可以 JSR-303（主要实现有 hibernate-validator）的注解，来校验 ItemReader 读取到的数据是否满足要求。

我们可以让我们的 ItemProcessor 实现 ValidatingItemProcessor 接口：

```
public class MyItemProcessor  extends ValidatingItemProcessor<Person>{

    @Override
    public Person process(Person item) throws ValidationException {
        super.process(item);
        return item;
    }
}
```

定义我们的校验器，实现的 Validator 接口来自于 Spring，我们将使用 JSR-303 的 Validator 来校验：

```
public class MyBeanValidator<T> implements Validator<T>,InitializingBean {
    private javax.validation.Validator validator;
    @Override
    public void afterPropertiesSet() throws Exception {
        ValidatorFactory validatorFactory =
Validation.buildDefaultValidatorFactory();
        validator = validatorFactory.usingContext().getValidator();
    }
    @Override
    public void validate(T value) throws ValidationException {
        Set<ConstraintViolation<T>> constraintViolations =
validator.validate(value);
        if(constraintViolations.size()>0){

            StringBuilder message = new StringBuilder();
            for (ConstraintViolation<T> constraintViolation : constraintViolations)
{
```

```
            message.append(constraintViolation.getMessage() + "\n");
        }
        throw new ValidationException(message.toString());
    }
  }

}
```

在定义我们的 MyItemProcessor 时必须将 MyBeanValidator 设置进去，代码如下：

```
    @Bean
    public ItemProcessor<Person, Person> processor() {
        MyItemProcessor processor = new MyItemProcessor();
        processor.setValidator(myBeanValidator());
        return processor;
    }

    @Bean
    public Validator<Person> myBeanValidator() {
        return new MyBeanValidator<Person>();
    }
```

6. 数据输出

Spring Batch 为我们提供了大量的 ItemWriter 的实现，用来将数据输出到不同的目的地，如图 9-11 所示。

7. 计划任务

Spring Batch 的任务是通过 JobLauncher 的 run 方法来执行的，因此我们只需在普通的计划任务方法中执行 JobLauncher 的 run 方法即可。

演示代码如下，别忘了配置类使用@EnableScheduling 开启计划任务支持：

```
@Service
public class ScheduledTaskService {
    @Autowired
    JobLauncher jobLauncher;

    @Autowired
    Job importJob;

    public JobParameters  jobParameters;
    @Scheduled(fixedRate = 5000)
```

```
    public void execute() throws Exception {
        jobParameters = new JobParametersBuilder()
            .addLong("time", System.currentTimeMillis()).toJobParameters();
        jobLauncher.run(importJob,jobParameters);
    }

}
```

图 9-10　数据输出

8. 参数后置绑定

我们在 ItemReader 和 ItemWriter 的 Bean 定义的时候，参数已经硬编码在 Bean 的初始化中，代码如下：

```
@Bean
public ItemReader<Person> reader() throws Exception {
    FlatFileItemReader<Person> reader = new FlatFileItemReader<Person>();
    reader.setResource(new ClassPathResource("people.csv"));
```

```
        return reader;
    }
```

这时我们要读取的文件的位置已经硬编码在 Bean 的定义中，这在很多情况下不符合我们的实际需求，这时我们需要使用参数后置绑定。

要实现参数后置绑定，我们可以在 JobParameters 中绑定参数，在 Bean 定义的时候使用一个特殊的 Bean 生命周期注解@StepScope，然后通过@Value 注入此参数。

参数设置：

```
    String path = "people.csv";

    JobParameters jobParameters = new JobParametersBuilder()
            .addLong("time", System.currentTimeMillis())
            .addString("input.file.name", path)
            .toJobParameters();

   jobLauncher.run(importJob,jobParameters);
```

定义 Bean：

```
    @Bean
    @StepScope
    public ItemReader<Person>
reader(@Value("#{jobParameters['input.file.name']}") String pathToFile) throws
Exception {
        FlatFileItemReader<Person> reader = new FlatFileItemReader<Person>();
        reader.setResource(new ClassPathResource(pathToFile));
        return reader;
    }
```

9.2.2 Spring Boot 的支持

Spring Boot 对 Spring Batch 支持的源码位于 org.springframework.boot. autoconfigure.batch 下。

Spring Boot 为我们自动初始化了 Spring Batch 存储批处理记录的数据库，且当我们程序启动时，会自动执行我们定义的 Job 的 Bean。

Spring Boot 提供如下属性来定制 Spring Batch：

```
spring.batch.job.names=job1,job2 #启动时要执行的 Job，默认执行全部 Job
spring.batch.job.enabled=true #是否自动执行定义的 Job，默认为是
spring.batch.initializer.enabled=true #是否初始化 Spring Batch 的数据库，默认为是
spring.batch.schema=
spring.batch.table-prefix= # 设置 Spring Batch 的数据库表的前缀
```

9.2.3 实战

本例将使用 Spring Batch 将 csv 文件中的数据使用 JDBC 批处理的方式插入数据库。

1. 新建 Spring Boot 项目

新建 Spring Boot 项目，依赖为 JDBC（spring-boot-starter-jdbc）、Batch（spring-boot-starter-batch）、Web（spring-boot-starter-web）。

项目信息：

```
groupId: com.wisely
arctifactId:ch9_2
package: com.wisely.ch9_2
```

此项目使用 Oracle 驱动，Spring Batch 会自动加载 hsqldb 驱动，所以我们要去除：

```
    <dependency>
        <groupId>org.springframework.boot</groupId>
        <artifactId>spring-boot-starter-batch</artifactId>
        <exclusions>
            <exclusion>
                <groupId>org.hsqldb</groupId>
                <artifactId>hsqldb</artifactId>
            </exclusion>
        </exclusions>
    </dependency>


    <dependency>
        <groupId>com.oracle</groupId>
        <artifactId>ojdbc6</artifactId>
        <version>11.2.0.2.0</version>
    </dependency>
```

添加 hibernate-validator 依赖，作为数据校验使用：

```
    <dependency>
```

```
        <groupId>org.hibernate</groupId>
        <artifactId>hibernate-validator</artifactId>
    </dependency>
```

测试 csv 数据，位于 src/main/resources/people.csv 中，内容如下：

```
汪某某,11,汉族,合肥
张某某,12,汉族,上海
李某某,13,非汉族,武汉
刘某,14,非汉族,南京
欧阳某某,115,汉族,北京
```

数据表定义，位于 src/main/resources/schema.sql 中，内容如下：

```
create table PERSON
(
 id          NUMBER not null primary key,
 name        VARCHAR2(20),
 age         NUMBER,
 nation      VARCHAR2(20),
 address     VARCHAR2(20)
);
```

数据源的配置与前面例子保持一致。

2. 领域模型类

```
package com.wisely.ch9_2.domain;

import javax.validation.constraints.Size;

public class Person {

    @Size(max=4,min=2) //1
    private String name;

    private int age;

    private String nation;

    private String address;

//省略 getter、setter 方法
}
```

代码解释

① 此处使用 JSR-303 注解来校验数据。

3. 数据处理及校验

（1）处理：

```
package com.wisely.ch9_2.batch;

import org.springframework.batch.item.validator.ValidatingItemProcessor;
import org.springframework.batch.item.validator.ValidationException;

import com.wisely.ch9_2.domain.Person;

public class CsvItemProcessor  extends ValidatingItemProcessor<Person>{

    @Override
    public Person process(Person item) throws ValidationException {
        super.process(item); //1

        if(item.getNation().equals("汉族")){ //2
            item.setNation("01");
        }else{
            item.setNation("02");
        }
        return item;
    }


}
```

代码解释

① 需执行 super.proces:（item）才会调用自定义校验器。

② 对数据做简单的处理，若民族为汉族，则数据转换成 01，其余转换成 02。

（2）校验：

```
package com.wisely.ch9_2.batch;

import java.util.Set;
```

```
import javax.validation.ConstraintViolation;
import javax.validation.Validation;
import javax.validation.ValidatorFactory;

import org.springframework.batch.item.validator.ValidationException;
import org.springframework.batch.item.validator.Validator;
import org.springframework.beans.factory.InitializingBean;

public class CsvBeanValidator<T> implements Validator<T>,InitializingBean {
   private javax.validation.Validator validator;
   @Override
   public void afterPropertiesSet() throws Exception { //1
      ValidatorFactory validatorFactory =
Validation.buildDefaultValidatorFactory();
      validator = validatorFactory.usingContext().getValidator();
   }

   @Override
   public void validate(T value) throws ValidationException {
      Set<ConstraintViolation<T>> constraintViolations =
validator.validate(value); //2
      if(constraintViolations.size()>0){

         StringBuilder message = new StringBuilder();
         for (ConstraintViolation<T> constraintViolation : constraintViolations)
{
            message.append(constraintViolation.getMessage() + "\n");
         }
         throw new ValidationException(message.toString());

      }

   }

}
```

代码解释

① 使用 JSR-303 的 Validator 来校验我们的数据，在此处进行 JSR-303 的 Validator 的初始化。

② 使用 Validator 的 validate 方法校验数据。

4. Job 监听

```
package com.wisely.ch9_2.batch;

import org.springframework.batch.core.JobExecution;
import org.springframework.batch.core.JobExecutionListener;

public class CsvJobListener implements JobExecutionListener{

    long startTime;
    long endTime;
    @Override
    public void beforeJob(JobExecution jobExecution) {
        startTime = System.currentTimeMillis();
        System.out.println("任务处理开始");
    }

    @Override
    public void afterJob(JobExecution jobExecution) {
        endTime = System.currentTimeMillis();
        System.out.println("任务处理结束");
        System.out.println("耗时:" + (endTime - startTime) + "ms");
    }

}
```

代码解释

监听器实现 JobExecutionListener 接口，并重写其 beforeJob、afterJob 方法即可。

5. 配置

配置的完成代码如下：

```
package com.wisely.ch9_2.batch;

import javax.sql.DataSource;

import org.springframework.batch.core.Job;
import org.springframework.batch.core.Step;
```

```
import
org.springframework.batch.core.configuration.annotation.EnableBatchProcessing
;
import
org.springframework.batch.core.configuration.annotation.JobBuilderFactory;
import
org.springframework.batch.core.configuration.annotation.StepBuilderFactory;
import org.springframework.batch.core.launch.support.RunIdIncrementer;
import org.springframework.batch.core.launch.support.SimpleJobLauncher;
import org.springframework.batch.core.repository.JobRepository;
import
org.springframework.batch.core.repository.support.JobRepositoryFactoryBean;
import org.springframework.batch.item.ItemProcessor;
import org.springframework.batch.item.ItemReader;
import org.springframework.batch.item.ItemWriter;
import
org.springframework.batch.item.database.BeanPropertyItemSqlParameterSourcePro
vider;
import org.springframework.batch.item.database.JdbcBatchItemWriter;
import org.springframework.batch.item.file.FlatFileItemReader;
import org.springframework.batch.item.file.mapping.BeanWrapperFieldSetMapper;
import org.springframework.batch.item.file.mapping.DefaultLineMapper;
import org.springframework.batch.item.file.transform.DelimitedLineTokenizer;
import org.springframework.batch.item.validator.Validator;
import org.springframework.context.annotation.Bean;
import org.springframework.context.annotation.Configuration;
import org.springframework.core.io.ClassPathResource;
import org.springframework.transaction.PlatformTransactionManager;

import com.wisely.ch9_2.domain.Person;

@Configuration
@EnableBatchProcessing
public class CsvBatchConfig {

    @Bean
    public ItemReader<Person> reader() throws Exception {
        FlatFileItemReader<Person> reader = new FlatFileItemReader<Person>();
        reader.setResource(new ClassPathResource("people.csv"));
           reader.setLineMapper(new DefaultLineMapper<Person>() {{
               setLineTokenizer(new DelimitedLineTokenizer() {{
                   setNames(new String[] { "name","age", "nation" ,"address"});
               }});
               setFieldSetMapper(new BeanWrapperFieldSetMapper<Person>() {{
```

```
                setTargetType(Person.class);
            }});
        }});
        return reader;
    }

    @Bean
    public ItemProcessor<Person, Person> processor() {
        CsvItemProcessor processor = new CsvItemProcessor();
        processor.setValidator(csvBeanValidator());
        return processor;
    }

    @Bean
    public ItemWriter<Person> writer(DataSource dataSource) {
        JdbcBatchItemWriter<Person> writer = new JdbcBatchItemWriter<Person>();
        writer.setItemSqlParameterSourceProvider(new
BeanPropertyItemSqlParameterSourceProvider<Person>());
        String sql = "insert into person " + "(id,name,age,nation,address) "
                +
"values(hibernate_sequence.nextval, :name, :age, :nation,:address)";
        writer.setSql(sql);
        writer.setDataSource(dataSource);
        return writer;
    }

    @Bean
    public JobRepository jobRepository(DataSource dataSource,
PlatformTransactionManager transactionManager)
            throws Exception {
        JobRepositoryFactoryBean jobRepositoryFactoryBean = new
JobRepositoryFactoryBean();
        jobRepositoryFactoryBean.setDataSource(dataSource);
        jobRepositoryFactoryBean.setTransactionManager(transactionManager);
        jobRepositoryFactoryBean.setDatabaseType("oracle");
        return jobRepositoryFactoryBean.getObject();
    }

    @Bean
    public SimpleJobLauncher jobLauncher(DataSource dataSource,
PlatformTransactionManager transactionManager)
            throws Exception {
        SimpleJobLauncher jobLauncher = new SimpleJobLauncher();
```

```
        jobLauncher.setJobRepository(jobRepository(dataSource,
transactionManager));
        return jobLauncher;
    }

    @Bean
    public Job importJob(JobBuilderFactory jobs, Step s1) {
        return jobs.get("importJob")
                .incrementer(new RunIdIncrementer())
                .flow(s1)
                .end()
                .listener(csvJobListener())
                .build();
    }

    @Bean
    public Step step1(StepBuilderFactory stepBuilderFactory, ItemReader<Person>
reader, ItemWriter<Person> writer,
            ItemProcessor<Person,Person> processor) {
        return stepBuilderFactory
                .get("step1")
                .<Person, Person>chunk(65000)
                .reader(reader)
                .processor(processor)
                .writer(writer)
                .build();
    }

    @Bean
    public CsvJobListener csvJobListener() {
        return new CsvJobListener();
    }

    @Bean
    public Validator<Person> csvBeanValidator() {
        return new CsvBeanValidator<Person>();
    }

}
```

配置代码较长，我们将拆开讲解，首先我们的配置类要使用@EnableBatchProcessing 开启批处理的支持，这点千万不要忘记。

ItemReader 定义：

```
@Bean
public ItemReader<Person> reader() throws Exception {
    FlatFileItemReader<Person> reader = new FlatFileItemReader<Person>();
//1
    reader.setResource(new ClassPathResource("people.csv")); //2
        reader.setLineMapper(new DefaultLineMapper<Person>() {{ //3
            setLineTokenizer(new DelimitedLineTokenizer() {{
                setNames(new String[] { "name","age", "nation" ,"address"});
            }});
            setFieldSetMapper(new BeanWrapperFieldSetMapper<Person>() {{
                setTargetType(Person.class);
            }});
        }});
        return reader;
}
```

代码解释

① 使用 FlatFileItemReader 读取文件。

② 使用 FlatFileItemReader 的 setResource 方法设置 csv 文件的路径。

③ 在此处对 cvs 文件的数据和领域模型类做对应映射。

ItemProcessor 定义：

```
@Bean
public ItemProcessor<Person, Person> processor() {
    CsvItemProcessor processor = new CsvItemProcessor(); //1
    processor.setValidator(csvBeanValidator()); //2
    return processor;
}

@Bean
public Validator<Person> csvBeanValidator() {
    return new CsvBeanValidator<Person>();
}
```

代码解释

① 使用我们自己定义的 ItemProcessor 的实现 CsvItemProcessor。

② 为 processor 指定校验器为 CsvBeanValidator;

ItemWriter 定义：

```
    @Bean
    public ItemWriter<Person> writer(DataSource dataSource) {//1
        JdbcBatchItemWriter<Person> writer = new JdbcBatchItemWriter<Person>();
//2
        writer.setItemSqlParameterSourceProvider(new
BeanPropertyItemSqlParameterSourceProvider<Person>());
        String sql = "insert into person " + "(id,name,age,nation,address) "
                +
"values(hibernate_sequence.nextval, :name, :age, :nation,:address)";
        writer.setSql(sql); //3
        writer.setDataSource(dataSource);
        return writer;
    }
```

代码解释

① Spring 能让容器中已有的 Bean 以参数的形式注入，Spring Boot 已为我们定义了 dataSource。

② 我们使用 JDBC 批处理的 JdbcBatchItemWriter 来写数据到数据库。

③ 在此设置要执行批处理的 SQL 语句。

JobRepository 定义：

```
    @Bean
    public JobRepository jobRepository(DataSource dataSource,
PlatformTransactionManager transactionManager)
            throws Exception {
        JobRepositoryFactoryBean jobRepositoryFactoryBean = new
JobRepositoryFactoryBean();
        jobRepositoryFactoryBean.setDataSource(dataSource);
        jobRepositoryFactoryBean.setTransactionManager(transactionManager);
        jobRepositoryFactoryBean.setDatabaseType("oracle");
        return jobRepositoryFactoryBean.getObject();
    }
```

代码解释

jobRepository 的定义需要 dataSource 和 transactioManager，Spring Boot 已为我们自动配置了这两个类，Spring 可通过方法注入已有的 Bean。

JobLauncher 定义：

```
    @Bean
    public SimpleJobLauncher jobLauncher(DataSource dataSource,
PlatformTransactionManager transactionManager)
            throws Exception {
        SimpleJobLauncher jobLauncher = new SimpleJobLauncher();
        jobLauncher.setJobRepository(jobRepository(dataSource,
transactionManager));
        return jobLauncher;
    }
```

Job 定义：

```
    @Bean
    public Job importJob(JobBuilderFactory jobs, Step s1) {
        return jobs.get("importJob")
                .incrementer(new RunIdIncrementer())
                .flow(s1) //1
                .end()
                .listener(csvJobListener()) //2
                .build();
    }

    @Bean
    public CsvJobListener csvJobListener() {
        return new CsvJobListener();
    }
```

代码解释

① 为 Job 指定 Step。

② 绑定监听器 csvJobListener。

Step 定义：

```
    @Bean
    public Step step1(StepBuilderFactory stepBuilderFactory, ItemReader<Person> reader,
ItemWriter<Person> writer,
            ItemProcessor<Person,Person> processor) {
        return stepBuilderFactory
                .get("step1")
                .<Person, Person>chunk(65000) //1
                .reader(reader) //2
```

```
                .processor(processor) //3
                .writer(writer) //4
                .build();
}
```

代码解释

① 批处理每次提交 65000 条数据。

② 给 step 绑定 reader。

③ 给 step 绑定 processor。

④ 给 step 绑定 writer。

6. 运行

启动程序，Spring Boot 会自动初始化 Spring Batch 数据库，并将 csv 中的数据导入到数据库中。

为我们初始化的 Spring Batch 数据库如图 9-11 所示。

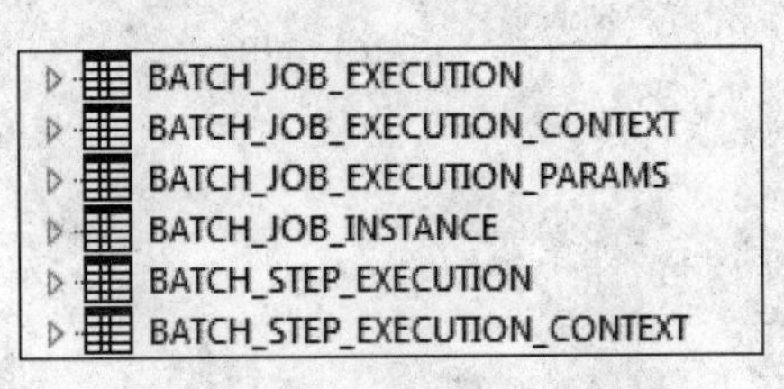

图 9-11　Spring Batch 数据库

监听器效果如图 9-12 所示。

数据已导入且做转换处理，如图 9-13 所示。

```
任务处理开始
2015-07-22 21:59:47.424
任务处理结束
耗时:153ms
```

图 9-12　监听器效果

		ID	NAME	AGE	NATION	ADDRESS
▶	1	136	汪某某 …	11	01 …	合肥 …
	2	137	张某某 …	12	01 …	上海 …
	3	138	李某某 …	13	02 …	武汉 …
	4	139	刘某 …	14	02 …	南京 …
	5	140	欧阳某某 …	115	01 …	北京 …

图 9-13　数据已导入且做转换处理

将我们在 Person 类上定义的

@Size(max=4,min=2)

修改为

@Size(max=3,min=2)，启动程序，控制台输出校验错误，如图 9-14 所示。

```
org.springframework.batch.item.validator.ValidationException: 个数必须在2和3之间

	at com.wisely.ch9_2.batch.CsvBeanValidator.validate(CsvBeanValidator.java:30)
	at org.springframework.batch.item.validator.ValidatingItemProcessor.process(ValidatingItemProcessor.java:78)
	at com.wisely.ch9_2.batch.CsvItemProcessor.process(CsvItemProcessor.java:12)
```

图 9-14　输入校验错误

7. 手动触发任务

很多时候批处理任务是人为触发的，在此我们添加一个控制器，通过人为触发批处理任务，并演示参数后置绑定的使用。

注释掉 CsvBatchConfig 类的@Configuration 注解，让此配置类不再起效。新建 TriggerBatchConfig 配置类，内容与 CsvBatchConfig 完全保持一致，除了修改定义 ItemReader 这个 Bean，ItemReader 修改后的定义如下：

```
    @Bean
    @StepScope
    public FlatFileItemReader<Person>
reader(@Value("#{jobParameters['input.file.name']}") String pathToFile) throws
Exception {
         FlatFileItemReader<Person> reader = new FlatFileItemReader<Person>();
//1
          reader.setResource(new ClassPathResource(pathToFile)); //2
             reader.setLineMapper(new DefaultLineMapper<Person>() {{ //3
                 setLineTokenizer(new DelimitedLineTokenizer() {{
                     setNames(new String[] { "name","age", "nation" ,"address"});
```

```
            }});
            setFieldSetMapper(new BeanWrapperFieldSetMapper<Person>() {{
                setTargetType(Person.class);
            }});
        }});

        return reader;
    }
```

此处需注意 Bean 的类型修改为 FlatFileItemReader，而不是 ItemReader。因为 ItemReader 接口中没有 read 方法，若使用 ItemReader 则会报一个“Reader must be open before it can be read”错误。

控制定义如下：

```
package com.wisely.ch9_2.web;

import org.springframework.batch.core.Job;
import org.springframework.batch.core.JobParameters;
import org.springframework.batch.core.JobParametersBuilder;
import org.springframework.batch.core.launch.JobLauncher;
import org.springframework.beans.factory.annotation.Autowired;
import org.springframework.web.bind.annotation.RequestMapping;
import org.springframework.web.bind.annotation.RestController;

@RestController
public class DemoController {
      @Autowired
      JobLauncher jobLauncher;
      @Autowired
      Job importJob;
      public JobParameters  jobParameters;

      @RequestMapping("/imp")
      public String imp(String fileName) throws Exception{
         String path = fileName+".csv";
         jobParameters = new JobParametersBuilder()
               .addLong("time", System.currentTimeMillis())
               .addString("input.file.name", path)
               .toJobParameters();
         jobLauncher.run(importJob,jobParameters);
         return "ok";
      }
```

```
}
```

此时我们还要关闭 Spring Boot 为我们自动执行 Job 的配置，在 application.properties 里使用下面代码关闭配置：

```
spring.batch.job.enabled=false
```

此时我们访问 http://localhost:8080/imp?fileName=people，可获得相同的数据导入效果，如图 9-15 所示。

	ID	NAME	AGE	NATION	ADDRESS
1	141	汪某某	11	01	合肥
2	142	张某某	12	01	上海
3	143	李某某	13	02	武汉
4	144	刘某	14	02	南京
5	145	欧阳某某	115	01	北京

localhost:8080/rea

ok

图 9-15　数据导入效果

9.3　异步消息

异步消息主要目的是为了系统与系统之间的通信。所谓异步消息即消息发送者无须等待消息接收者的处理及返回，甚至无须关心消息是否发送成功。

在异步消息中有两个很重要的概念，即消息代理（message broker）和目的地（destination）。当消息发送者发送消息后，消息将由消息代理接管，消息代理保证消息传递到指定的目的地。

异步消息主要有两种形式的目的地:队列（queue）和主题（topic）。队列用于点对点式（point-to-point）的消息通信；主题用于发布/订阅式（publish/subscribe）的消息通信。

1. 点对点式

当消息发送者发送消息，消息代理获得消息后将消息放进一个队列（queue）里,当有消息接收者来接收消息的时候，消息将从队列里取出来传递给接收者，这时候队列里就没有了这条消息。

点对点式确保的是每一条消息只有唯一的发送者和接收者,但这并不能说明只有一个接收者可以从队列里接收消息。因为队列里有多个消息，点对点式只保证每一条消息只有唯一的发送者和接收者。

2. 发布/订阅式

和点对点式不同，发布/订阅式是消息发送者发送消息到主题（topic），而多个消息接收者监听这个主题。此时的消息发送者和接收者分别叫做发布者和订阅者。

9.3.1 企业级消息代理

JMS（Java Message Service）即 Java 消息服务，是基于 JVM 消息代理的规范。而 ActiveMQ、HornetQ 是一个 JMS 消息代理的实现。

AMQP（Advanced Message Queuing Protocol）也是一个消息代理的规范，但它不仅兼容 JMS，还支持跨语言和平台。AMQP 的主要实现有 RabbitMQ。

9.3.2 Spring 的支持

Spring 对 JMS 和 AMQP 的支持分别来自于 spring-jms 和 Spring-rabbit。

它们分别需要 ConnectionFactory 的实现来连接消息代理，并分别提供了 JmsTemplate、RabbitTemplate 来发送消息。

Spring 为 JMS、AMQP 提供了@JmsListener、@RabbitListener 注解在方法上监听消息代理发布的消息。我们需要分别通过@EnableJms、@EnableRabbit 开启支持。

9.3.3 Spring Boot 的支持

Spring Boot 对 JMS 的自动配置支持位于 org.springframework.boot.autoconfigure.jms 下，支持 JMS 的实现有 ActiveMQ、HornetQ、Artemis（由 HornetQ 捐赠给 ActiveMQ 的代码库形成的 ActiveMQ 的子项目）。这里我们以 ActiveMQ 为例，Spring Boot 为我们定义了 ActiveMQConnectionFactory 的 Bean 作为连接，并通过“spring.activemq”为前缀的属性来配置 ActiveMQ 的连接属性，包含：

```
spring.activemq.broker-url=tcp://localhost:61616 # 消息代理的路径
spring.activemq.user=
spring.activemq.password=
spring.activemq.in-memory=true
spring.activemq.pooled=false
```

Spring Boot 在 JmsAutoConfiguration 还为我们配置好了 JmsTemplate，且为我们开启了注

解式消息监听的支持，即自动开启@EnableJms。

Spring Boot 对 AMQP 的自动配置支持位于 org.springframework. boot.autoconfigure.amqp 下，它为我们配置了连接的 ConnectionFactory 和 RabbitTemplate，且为我们开启了注解式消息监听，即自动开启@EnableRabbit。RabbitMQ 的配置可通过“spring.rabbitmq”来配置 RabbitMQ，主要包含：

```
spring.rabbitmq.host=localhost #rabbitmq 服务器地址，默认为 localhost
spring.rabbitmq.port=5672 #rabbitmq 端口，默认为 5672
spring.rabbitmq.username=admin
spring.rabbitmq.password=secret
```

9.3.4 JMS 实战

1. 安装 ActiveMQ

（1）非 Docker 安装

读者可访问 http://activemq.apache.org/activemq-5111-release.html，下载合适的 ActiveMQ 版本。

（2）Docker 安装

前面已经下载好了 ActiveMQ 的镜像，我们可以通过下面命令运行镜像：

```
docker run -d -p 61616:61616 -p 8161:8161 cloudesire/activemq
```

其中 61616 是消息代理的端口，8161 是 ActiveMQ 的管理界面端口，最后别忘了在 VirtualBox 开启 61616 及 8161 的端口映射。

访问 http://localhost:8161 可打开 ActiveMQ 的管理界面，管理员账号密码默认为 admin/admin，如图 9-16 所示。

（3）内嵌 ActiveMQ

我们可以将 ActiveMQ 内嵌在程序里，只要在项目依赖里加入 activemq-broker 即可。

```
    <dependency>
        <groupId>org.apache.activemq</groupId>
        <artifactId>activemq-broker</artifactId>
    </dependency>
```

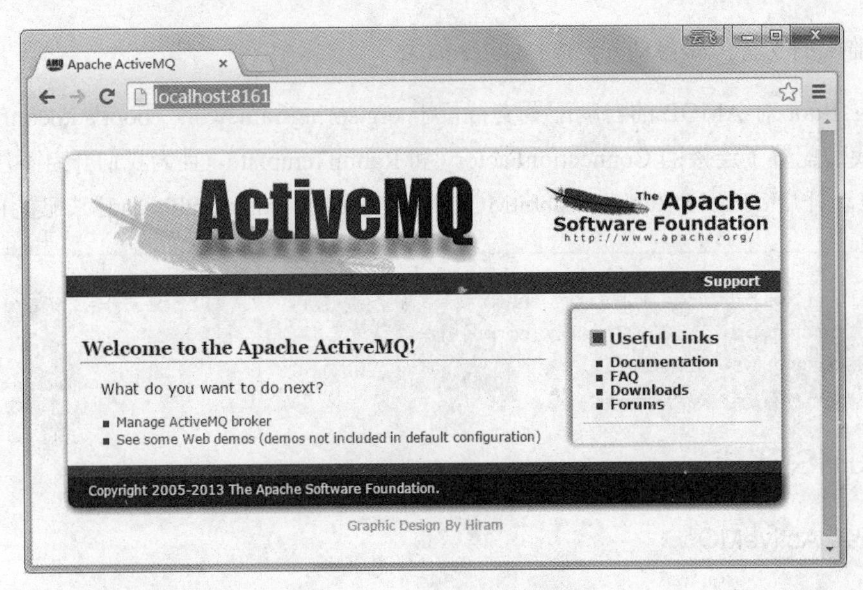

图 9-16　ActiveMQ 的管理界面

2. 新建 Spring Boot 项目

新建 Spring Boot 项目，依赖无。

项目信息：

```
groupId: com.wisely
arctifactId:ch9_3_4
package: com.wisely.ch9_3_4
```

虽然 Spring Boot 提供了 JMS（spring-boot-starter-hornetq）的依赖，但默认我们使用的消息代理是 HornetQ，本例将以 ActiveMQ 为例，所以我们需要添加 spring-jms 和 activemq-client 的依赖，所需的完成依赖如下：

```
    <dependency>
        <groupId>org.springframework.boot</groupId>
        <artifactId>spring-boot-starter</artifactId>
    </dependency>
    <dependency>
        <groupId>org.springframework</groupId>
        <artifactId>spring-jms</artifactId>
    </dependency>

    <dependency>
```

```
        <groupId>org.apache.activemq</groupId>
        <artifactId>activemq-client</artifactId>
    </dependency>
```

配置 ActiveMQ 消息代理的地址，在 application.properties 里使用：

```
spring.activemq.broker-url=tcp://localhost:61616
```

在实际情况下，消息的发布者和接收者一般都是分开的，而这里我们为了演示简单，将消息发送者和接收者放在一个程序里。

3. 消息定义

定义 JMS 发送的消息需实现 MessageCreator 接口，并重写其 createMessage 方法：

```
package com.wisely.ch9_3_4;

import javax.jms.JMSException;
import javax.jms.Message;
import javax.jms.Session;

import org.springframework.jms.core.MessageCreator;

public class Msg implements MessageCreator{

    @Override
    public Message createMessage(Session session) throws JMSException {
        return session.createTextMessage("测试消息");
    }

}
```

4. 消息发送及目的地定义

```
package com.wisely.ch9_3_4;

import org.springframework.beans.factory.annotation.Autowired;
import org.springframework.boot.CommandLineRunner;
import org.springframework.boot.SpringApplication;
import org.springframework.boot.autoconfigure.SpringBootApplication;
import org.springframework.jms.core.JmsTemplate;

@SpringBootApplication
public class Ch934Application implements CommandLineRunner{ //1
```

```
    @Autowired
    JmsTemplate jmsTemplate; //2

   public static void main(String[] args) {
      SpringApplication.run(Ch934Application.class, args);

   }

    @Override
    public void run(String... args) throws Exception {
        jmsTemplate.send("my-destination", new Msg()); //3

    }
}
```

代码解释

① Spring Boot 为我们提供了 CommandLineRunner 接口，用于程序启动后执行的代码，通过重写其 run 方法执行。

② 注入 Spring Boot 为我们配置好的 JmsTemplate 的 Bean。

③ 通过 JmsTemplate 的 send 方法向 my-destination 目的地发送 Msg 的消息，这里也等于在消息代理上定义了一个目的地叫 my-destination。

5. 消息监听

```
package com.wisely.ch9_3_4;

import org.springframework.jms.annotation.JmsListener;
import org.springframework.stereotype.Component;

@Component
public class Receiver {

    @JmsListener(destination = "my-destination")
    public void receiveMessage(String message) {
        System.out.println("接受到: <" + message + ">");
    }

}
```

代码解释

@JmsListener 是 Spring 4.1 为我们提供的一个新特性，用来简化 JMS 开发。我们只需在这个注解的属性 destination 指定要监听的目的地，即可接收该目的地发送的消息。此例监听 my-destination 目的地发送的消息。

6. 运行

启动程序，程序会自动向目的地 my-destination 发送消息，而 Receiver 类注解了@JmsLisener 的方法会自动监听 my-destination 发送的消息。

控制台显示 Receiver 已接收到消息，如图 9-17 所示。

```
2015-07-23 15:55:04.018
2015-07-23 15:55:04.070
2015-07-23 15:55:04.979
2015-07-23 15:55:05.126
2015-07-23 15:55:05.529
接收到: <测试消息>
```

图 9-17　已接收到消息

在 ActiveMQ 的管理页面也可以查看我们目的地的相关信息，如图 9-18 所示。

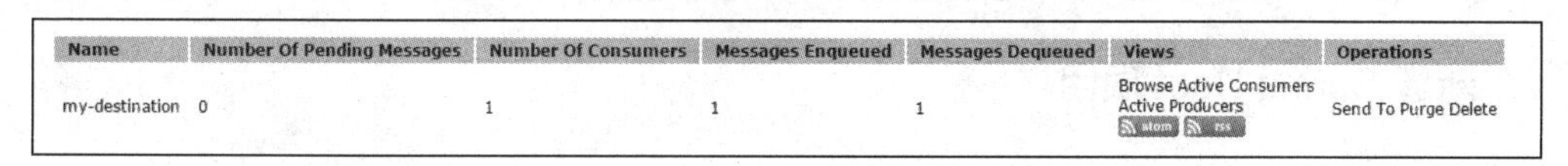

Name	Number Of Pending Messages	Number Of Consumers	Messages Enqueued	Messages Dequeued	Views	Operations
my-destination	0	1	1	1	Browse Active Consumers Active Producers atom rss	Send To Purge Delete

图 9-18　查看目的地的相关信息

9.3.5　AMQP 实战

1. 安装 RabbitMQ

（1）非 Docker 安装

RabbitMQ 是基于 erlang 语言开发的，所以安装 RabbitMQ 先要下载安装 erlang，下载地址为 http://www.erlang.org/download.html；然后下载 RabbitMQ，下载地址为 https://www.rabbitmq.com/download.html。

（2）Docker 安装

前面已经下载好了 RabbitMQ 的镜像，以下面命令运行一个容器：

```
docker run -d -p 5672:5672 -p 15672:15672 rabbitmq:3-management
```

其中 5672 是消息代理的端口，15672 是 Web 管理界面的端口，我们使用的是带管理界面的 RabbitMQ；最后还要在 VirtualBox 做以下这两个端口的映射。

访问 http://localhost:15672，打开管理界面，默认账号密码为 guest/guest，如图 9-19 所示。

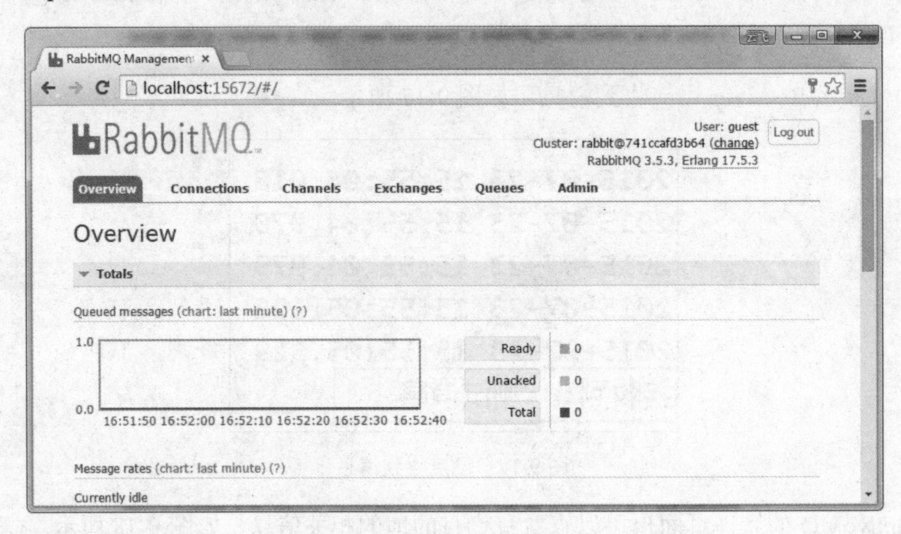

图 9-19 RabbitMQ 管理界面

2. 新建 Spring Boot 项目

新建 Spring Boot 项目，依赖为 AMQP（spring-boot-starter-amqp）。

项目信息：

```
groupId: com.wisely
arctifactId:ch9_3_5
package: com.wisely.ch9_3_5
```

Spring Boot 默认我们的 Rabbit 主机为 localhost、端口号为 5672，所以我们无须为 Spring Boot 的 application.properties 配置 RabbitMQ 的连接信息。

3. 发送信息及目的地定义

```
package com.wisely.ch9_3_5;
```

```
import org.springframework.amqp.core.Queue;
import org.springframework.amqp.rabbit.core.RabbitTemplate;
import org.springframework.beans.factory.annotation.Autowired;
import org.springframework.boot.CommandLineRunner;
import org.springframework.boot.SpringApplication;
import org.springframework.boot.autoconfigure.SpringBootApplication;
import org.springframework.context.annotation.Bean;

@SpringBootApplication
public class Ch935Application implements CommandLineRunner{
    @Autowired
    RabbitTemplate rabbitTemplate; //1

   public static void main(String[] args) {
      SpringApplication.run(Ch935Application.class, args);
   }

   @Bean //2
   public Queue wiselyQueue(){
      return new Queue("my-queue");
   }



    @Override
    public void run(String... args) throws Exception {
        rabbitTemplate.convertAndSend("my-queue", "来自 RabbitMQ 的问候"); //3
    }
}
```

代码解释

① 可注入 Spring Boot 为我们自动配置好的 RabbitTemplate。

② 定义目的地即队列，队列名称为 my-queue。

③ 通过 RabbitTemplate 的 convertAndSend 方法向队列 my-queue 发送消息。

4. 消息监听

```
package com.wisely.ch9_3_5;

import org.springframework.amqp.rabbit.annotation.RabbitListener;
import org.springframework.stereotype.Component;
```

```
@Component
public class Receiver {

    @RabbitListener(queues = "my-queue")
    public void receiveMessage(String message) {
        System.out.println("Received <" + message + ">");
    }

}
```

代码解释

使用@RabbitListener 来监听 RabbitMQ 的目的地发送的消息，通过 queues 属性指定要监听的目的地。

5. 运行

启动程序，程序会自动向目的地 my-queue 发送消息，而 Receiver 类注解了@RabbitListener 的方法会自动监听 my-queue 发送的消息。

控制台显示如图 9-20 所示。

```
2015-07-23 17:14:50.407  INFO
2015-07-23 17:14:50.807  INFO
2015-07-23 17:14:50.913  INFO
2015-07-23 17:14:51.042  INFO
2015-07-23 17:14:51.119  INFO
Received <来自RabbitMQ的问候>
```

图 9-20　控制台

RabbitMQ 管理界面显示如图 9-21 所示。

Overview			Messages			Message rates			+/-
Name	Features	State	Ready	Unacked	Total	incoming	deliver / get	ack	
my-queue	D	idle	0	0	0	0.00/s	0.00/s	0.00/s	

图 9-21　RabbitMQ 管理界面

9.4　系统集成 Spring Integration

9.4.1　Spring Integration 快速入门

Spring Ingegration 提供了基于 Spring 的 EIP（Enterprise Integration Patterns，企业集成模式）的实现。Spring Integration 主要解决的问题是不同系统之间交互的问题，通过异步消息驱动来达到系统交互时系统之间的松耦合。本节将基于无 XML 配置的原则使用 Java 配置、注解以及 Spring Integration Java DSL 来使用 Spring Integration。

Spring Integratin 主要由 Message、Channel 和 Message EndPoint 组成。

9.4.2　Message

Message 是用来在不同部分之间传递的数据。Message 由两部分组成：消息体（payload）与消息头（header）。消息体可以是任何数据类型（如 XML、JSON，Java 对象）；消息头表示的元数据就是解释消息体的内容。

```
public interface Message<T> {
    T getPayload();
    MessageHeaders getHeaders();
}
```

9.4.3　Channel

在消息系统中，消息发送者发送消息到通道（Channel），消息收受者从通道（Channel）接收消息。

1. 顶级接口

（1）MessageChannel

MessageChannel 是 Spring Integration 消息通道的顶级接口：

```
public interface MessageChannel {
    public static final long INDEFINITE_TIMEOUT = -1;
    boolean send(Message<?> message);
    boolean send(Message<?> message, long timeout);
}
```

当使用 send 方法发送消息时，返回值为 true，则表示消息发送成功。MessageChannel 有两大子接口，分别为 PollableChannle（可轮询）和 SubscribableChannel（可订阅）。我们所有的消息通道类都是实现这两个接口。

（2）PollableChannel

PollableChannel 具备轮询获得消息的能力，定义如下：

```
public interface PollableChannel extends MessageChannel {
    Message<?> receive();
    Message<?> receive(long timeout);
}
```

（3）SubscribableChannel

SubscribableChannel 发送消息给订阅了 MessageHanlder 的订阅者：

```
public interface SubscribableChannel extends MessageChannel {
    boolean subscribe(MessageHandler handler);
    boolean unsubscribe(MessageHandler handler);
}
```

2. 常用消息通道

（1）PublishSubscribeChannel

PublishSubscribeChannel 允许广播消息给所有订阅者，配置方式如下：

```
@Bean
public PublishSubscribeChannel publishSubscribeChannel(){
    PublishSubscribeChannel channel = new PublishSubscribeChannel();
    return channel;
}
```

其中，当前消息通道的 id 为 publishSubscribeChannel。

（2）QueueChannel

QueueChannel 允许消息接收者轮询获得信息，用一个队列（queue）接收消息，队列的容量大小可配置，配置方式如下：

```
@Bean
public QueueChannel queueChannel(){
    QueueChannel channel = new QueueChannel(10);
    return channel;
}
```

其中 QueueChannel 构造参数 10 即为队列的容量。

（3）PriorityChannel

PriorityChannel 可按照优先级将数据存储到对，它依据于消息的消息头 priority 属性，配置方式如下：

```
@Bean
public PriorityChannel priorityChannel(){
     PriorityChannel channel = new PriorityChannel(10);
     return channel;
}
```

（4）RendezvousChannel

RendezvousChannel 确保每一个接收者都接收到消息后再发送消息，配置方式如下：

```
@Bean
public RendezvousChannel rendezvousChannel(){
RendezvousChannel channel = new RendezvousChannel();
return channel;
}
```

（5）DirectChannel

DirectChannel 是 Spring Integration 默认的消息通道，它允许将消息发送给为一个订阅者，然后阻碍发送直到消息被接收，配置方式如下：

```
@Bean
public DirectChannel directChannel(){
     DirectChannel channel = new DirectChannel();
     return channel;
}
```

（6）ExecutorChannel

ExecutorChannel 可绑定一个多线程的 task executor，配置方式如下：

```
@Bean
public ExecutorChannel executorChannel(){
ExecutorChannel channel = new ExecutorChannel(executor());
return channel;
}

@Bean
```

```
    public Executor executor(){
    ThreadPoolTaskExecutor taskExecutor = new ThreadPoolTaskExecutor();
        taskExecutor.setCorePoolSize(5);
        taskExecutor.setMaxPoolSize(10);
        taskExecutor.setQueueCapacity(25);
        taskExecutor.initialize();
        return taskExecutor;

    }
```

3. 通道拦截器

Spring Integration 给消息通道提供了通道拦截器（ChannelInterceptor），用来拦截发送和接收消息的操作。

ChannelInterceptor 接口定义如下，我们只需实现这个接口即可：

```
public interface ChannelInterceptor {
    Message<?> preSend(Message<?> message, MessageChannel channel);
    void postSend(Message<?> message, MessageChannel channel, boolean sent);
    void afterSendCompletion(Message<?> message, MessageChannel channel, boolean
sent, Exception ex);
    boolean preReceive(MessageChannel channel);
    Message<?> postReceive(Message<?> message, MessageChannel channel);
    void afterReceiveCompletion(Message<?> message, MessageChannel channel,
Exception ex);
}
```

我们通过下面的代码给所有的 channel 增加拦截器：

```
channel.addInterceptor(someInterceptor);
```

9.4.4 Message EndPoint

消息端点（Message Endpoint）是真正处理消息的（Message）组件，它还可以控制通道的路由。我们可用的消息端点包含如下：

（1）Channel Adapter

通道适配器（Channel Adapter）是一种连接外部系统或传输协议的端点（EndPoint），可以分为入站（inbound）和出站（outbound）。

通道适配器是单向的，入站通道适配器只支持接收消息，出站通道适配器只支持输出消息。

Spring Integration 内置了如下的适配器：

RabbitMQ、Feed、File、FTP/ SFTP、Gemfire、HTTP、TCP/UDP、JDBC、JPA、JMS、Mail、MongoDB、Redis、RMI、Twitter、XMPP、WebServices（SOAP、REST）、WebSocket 等。

Spring Integration extensions 项目提供了更多的支持，地址为：https://github.com/spring-projects/ spring-integration-extensions。

（2）Gateway

消息网关（Gateway）类似于 Adapter，但是提供了双向的请求/返回集成方式，也分为入站（inbound）和出站（outbound）。Spring Integration 对相应的 Adapter 多都提供了 Gateway。

（3）Service Activator

Service Activator 可调用 Spring 的 Bean 来处理消息，并将处理后的结果输出到指定的消息通道。

（4）Router

路由（Router）可根据消息体类型（Payload Type Router）、消息头的值（Header Value Router）以及定义好的接收表（Recipient List Router）作为条件，来决定消息传递到的通道。

（5）Filter

过滤器（Filter）类似于路由（Router），不同的是过滤器不决定消息路由到哪里，而是决定消息是否可以传递给消息通道。

（6）Splitter

拆分器（Splitter）将消息拆分为几个部分单独处理，拆分器处理的返回值是一个集合或者数组。

（7）Aggregator

聚合器（Aggregator）与拆分器相反，它接收一个 java.util.List 作为参数，将多个消息合并为一个消息。

（8）Enricher

当我们从外部获得消息后，需要增加额外的消息到已有的消息中，这时就需要使用消息增强器（Enricher）。消息增强器主要有消息体增强器（Payload Enricher）和消息头增强器（Header Enricher）两种。

（9）Transformer

转换器（Transformer）是对获得的消息进行一定的逻辑转换处理（如数据格式转换）。

（10）Bridge

使用连接桥（Bridge）可以简单地将两个消息通道连接起来。

9.4.5 Spring Integration Java DSL

Spring Integration 提供了一个 IntegrationFlow 来定义系统继承流程，而通过 IntegrationFlows 和 IntegrationFlowBuilder 来实现使用 Fluent API 来定义流程。在 Fluent API 里，分别提供了下面方法来映射 Spring Integration 的端点（EndPoint）。

```
transform() -> Transformer
filter()  -> Filter
handle()  -> ServiceActivator、Adapter、Gateway
split()  -> Splitter
aggregate()  -> Aggregator
route()  -> Router
bridge()  -> Bridge
```

一个简单的流程定义如下：

```
   @Bean
   public IntegrationFlow demoFlow() {
      return IntegrationFlows.from("input") //从Channel input获取消息
               .<String, Integer>transform(Integer::parseInt) //将消息转换成整
数
               .get(); //获得集成流程并注册为Bean
   }
```

9.4.6 实战

本章将演示读取 https://spring.io/blog.atom 的新闻聚合文件，atom 是一种 xml 文件，且格式是固定的，示例如下：

```
<?xml version="1.0" encoding="UTF-8"?>
<feed xmlns="http://www.w3.org/2005/Atom">
  <title>Spring</title>
  <link rel="alternate" href="https://spring.io/blog" />
  <link rel="self" href="https://spring.io/blog.atom" />
  <id>http://spring.io/blog.atom</id>
  <icon>https://spring.io/favicon.ico</icon>
  <updated>2015-07-29T14:46:00Z</updated>
  <entry>
        <title>Spring Cloud Connectors 1.2.0 released</title>
        <link rel="alternate" href="http://..." />
        <category term="releases" label="Releases" />
        <author>
          <name>some author</name>
        </author>
        <id>tag:spring.io,2015-07-27:2196</id>
        <updated>2015-07-29T14:46:00Z</updated>
        <content type="html">...</content>
  </entry>
</feed>
```

我们将读取到到消息通过分类（Category），将消息转到不同的消息通道，将分类为 releases 和 engineering 的消息写入磁盘文件，将分类为 news 的消息通过邮件发送。

1. 新建 Spring Boot 项目

新建 Spring Boot 项目，依赖为 Integration（spring-boot-starter-integration）和 mail（spring-boot-starter-mail）。

项目信息：

```
groupId: com.wisely
arctifactId:ch9_4
package: com.wisely.ch9_4
```

另外，我们还要添加 Spring Integration 对 atom 及 mail 的支持。

```
        <dependency>
            <groupId>org.springframework.integration</groupId>
            <artifactId>spring-integration-feed</artifactId>
        </dependency>

            <dependency>
            <groupId>org.springframework.integration</groupId>
```

```
        <artifactId>spring-integration-mail</artifactId>
    </dependency>
```

本例的所有代码都在入口类中完成。

2. 读取流程

```
    @Value("https://spring.io/blog.atom") // 1
    Resource resource;

    @Bean(name = PollerMetadata.DEFAULT_POLLER)
    public PollerMetadata poller() { // 2
        return Pollers.fixedRate(500).get();
    }

    @Bean
    public FeedEntryMessageSource feedMessageSource() throws IOException { //3
        FeedEntryMessageSource messageSource = new
FeedEntryMessageSource(resource.getURL(), "news");
        return messageSource;
    }

    @Bean
    public IntegrationFlow myFlow() throws IOException {
        return IntegrationFlows.from(feedMessageSource()) //4
                .<SyndEntry, String> route(payload ->
payload.getCategories().get(0).getName(),//5
                        mapping -> mapping.channelMapping("releases",
"releasesChannel") //6
                                .channelMapping("engineering",
"engineeringChannel")
                                .channelMapping("news", "newsChannel"))

        .get(); // 7
    }
```

代码解释

① 通过@value 注解自动获得 https://spring.io/blog.atom 的资源。

② 使用 Fluent API 和 Pollers 配置默认的轮询方式。

③ FeedEntryMessageSource 实际为 feed:inbound-channel-adapter，此处即构造 feed 的入站

通道适配器作为数据输入。

④ 流程从 from 方法开始。

⑤ 通过路由方法 route 来选择路由，消息体（payload）的类型为 SyndEntry，作为判断条件的类型为 String，判断的值是通过 payload 获得的分类（Categroy）；

⑥ 通过不同分类的值转向不同的消息通道，若分类为 releases，则转向 releasesChannel；若分类为 engineering，则转向 engineeringChannel；若分类为 news，则转向 newsChannel。

⑦ 通过 get 方法获得 IntegrationFlow 实体，配置为 Spring 的 Bean。

3. releases 流程

```
    @Bean
    public IntegrationFlow releasesFlow() {
        return IntegrationFlows.from(MessageChannels.queue("releasesChannel",
10)) //1
                .<SyndEntry, String> transform(
                        payload -> "《" + payload.getTitle() + "》 " +
payload.getLink() + getProperty("line.separator")) //2
                .handle(Files.outboundAdapter(new File("e:/ springblog")) //3
                        .fileExistsMode(FileExistsMode.APPEND)
                        .charset("UTF-8")
                        .fileNameGenerator(message -> "releases.txt")
                        .get())
                .get();
    }
```

代码解释

① 从消息通道 releasesChannel 开始获取数据。

② 使用 transform 方法进行数据转换。payload 类型为 SyndEntry，将其转换为字符串类型，并自定义数据的格式。

③ 用 handle 方法处理 file 的出站适配器。Files 类是由 Spring Integration Java DSL 提供的 Fluent API 用来构造文件输出的适配器。

4. engineering 流程

```
    @Bean
    public IntegrationFlow engineeringFlow() {
```

```
        return
IntegrationFlows.from(MessageChannels.queue("engineeringChannel", 10))
                .<SyndEntry, String> transform(
                        e -> "《" + e.getTitle() + "》 " + e.getLink() +
getProperty("line.separator"))
                .handle(Files.outboundAdapter(new File("e:/springblog"))
                        .fileExistsMode(FileExistsMode.APPEND)
                        .charset("UTF-8")
                        .fileNameGenerator(message -> "engineering.txt")
                        .get())
                .get();
    }
```

代码解释

与 releases 流程相同。

5. news 流程

```
@Bean
    public IntegrationFlow newsFlow() {
        return IntegrationFlows.from(MessageChannels.queue("newsChannel", 10))
                .<SyndEntry, String> transform(
                        payload -> "《" + payload.getTitle() + "》 " +
payload.getLink() + getProperty("line.separator"))
                .enrichHeaders( //1
                        Mail.headers()
                        .subject("来自 Spring 的新闻")
                        .to("wisely-man@126.com")
                        .from("wisely-man@126.com"))
                .handle(Mail.outboundAdapter("smtp.126.com") //2
                        .port(25)
                        .protocol("smtp")
                        .credentials("wisely-man@126.com", "******")
                        .javaMailProperties(p -> p.put("mail.debug", "false")),
e -> e.id("smtpOut"))
                .get();
    }
```

代码解释

① 通过 enricherHeader 来增加消息头的信息。

② 邮件发送的相关信息通过 Spring Integration Java DSL 提供的 Mail 的 headers 方法来构造。

③ 使用 handle 方法来定义邮件发送的出站适配器，使用 Spring Integration Java DSL 提供的 Mail.outboundAdapter 来构造，这里使用 wisely-man@126.com 邮箱向自己发送邮件。

6. 运行

（1）写文件结果

查看 E:\springblog 目录，发现多了两个文件，如图 9-22 所示。

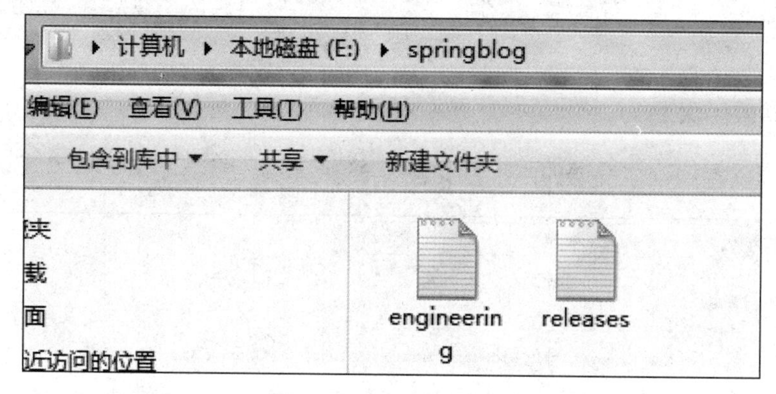

图 9-22　springblag 目录

engineering.txt 文件内容如图 9-23 所示。

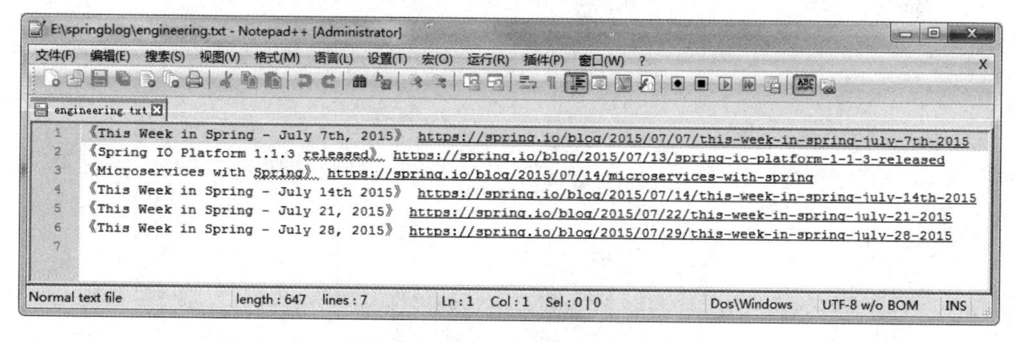

图 9-23　engineering.txt 文件内容

releases.txt 文件内容如图 9-24 所示。

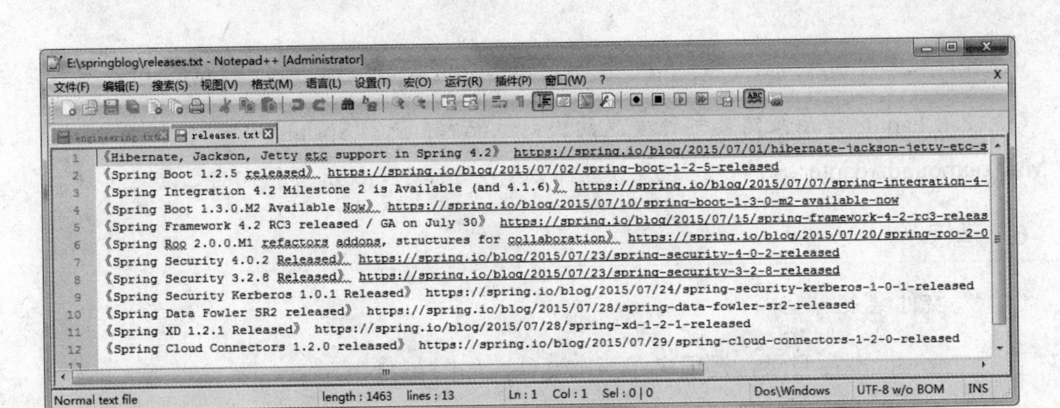

图 9-24 releases.txt 文件内容

（2）邮箱接收结果

登录邮箱可以看到刚才发送的邮件，如图 9-25 所示。

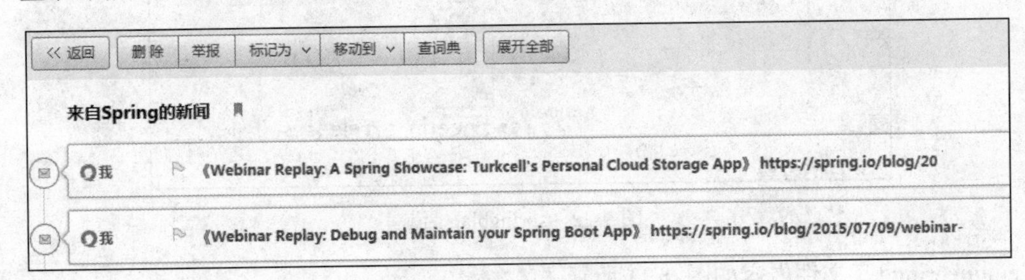

图 9-25 刚才发送的邮件

第 10 章

Spring Boot 开发部署与测试

10.1 开发的热部署

10.1.1 模板热部署

在 Spring Boot 里，模板引擎的页面默认是开启缓存的，如果修改了页面的内容，则刷新页面是得不到修改后的页面的因此，我们可以在 application.properties 中关闭模板引擎的缓存，例如：

Thymeleaf 的配置：

```
spring.thymeleaf.cache=false
```

FreeMarker 的配置：

```
spring.freemarker.cache=false
```

Groovy 的配置：

```
spring.groovy.template.cache=false
```

Velocity 的配置：

```
spring.velocity.cache=false
```

10.1.2 Spring Loaded

Spring Loaded 可实现修改类文件的热部署。下载 Spring Loaded，地址为：

http://repo.spring.io/simple/libs-release-local/org/springframework/springloaded/1.2.3.RELEASE/springloaded-1.2.3.RELEASE.jar，安装单击 Run Config urations…。如图 10-1 所示。

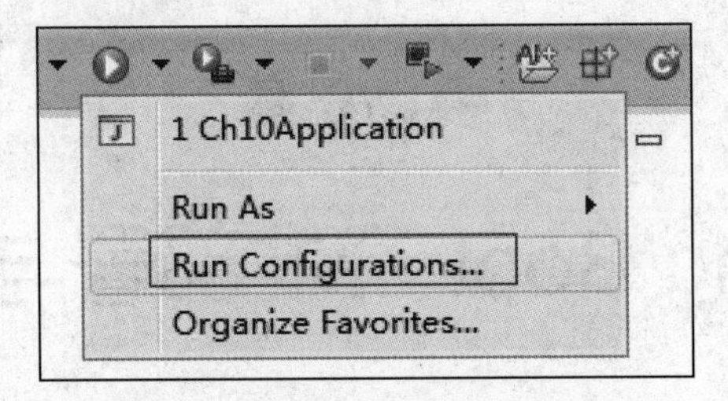

图 10-1 单击 RunConfigurations

在 Arguments 标签页的 vm arguments 中填入如下内容，注意下面指定的 springloaded 的路径：

```
-javaagent:E:\springloaded-1.2.3.RELEASE.jar -noverify
```

页面截图如图 10-2 所示。

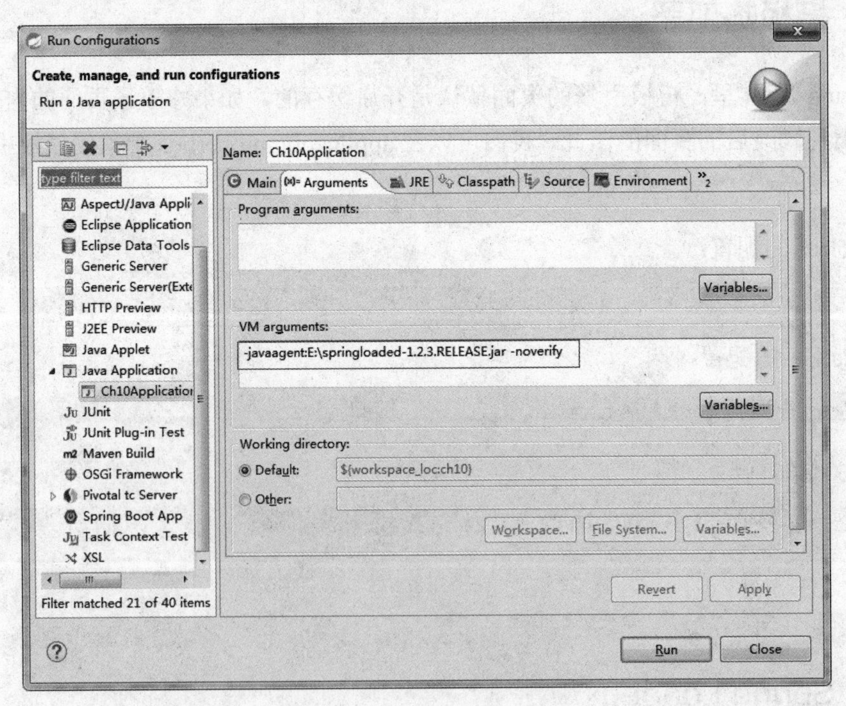

图 10-2 Arguments 标签页

10.1.3　JRebel

JRebel 是 Java 开发热部署的最佳工具，其对 Spring Boot 也提供了极佳的支持。JRebel 为收费软件，可试用 14 天。

（1）安装

打开 EclipseMarketPlace，如图 10-3 所示。

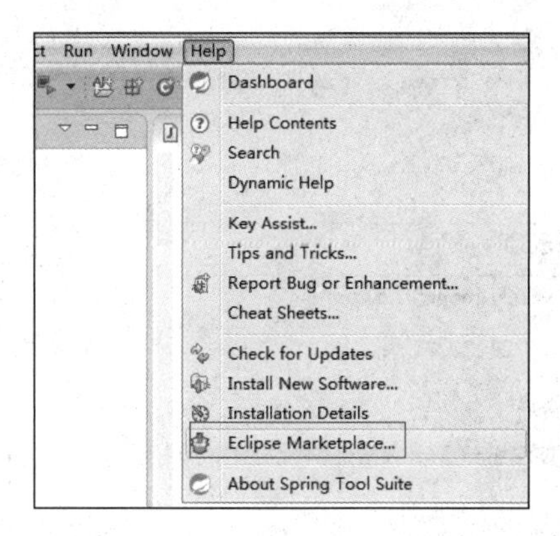

图 10-3　打开 Eclipse Marketplace

检索 JRebel，并安装，如图 10-4 所示。

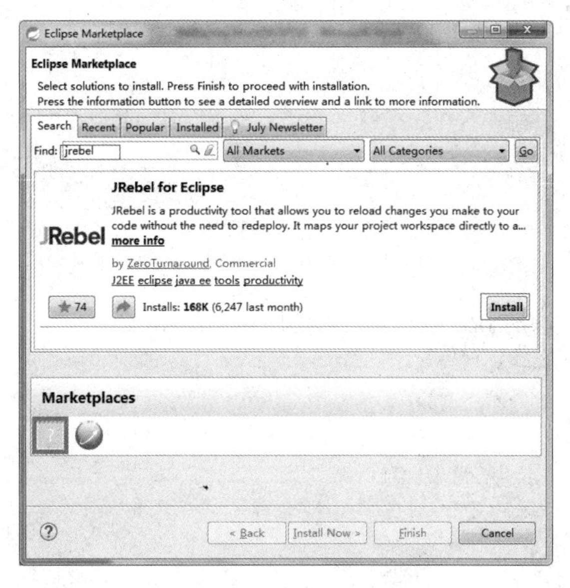

图 10-4　安装 JRebel

重启 STS，即可完成安装。

（2）配置使用

注册试用，如图 10-5 所示。

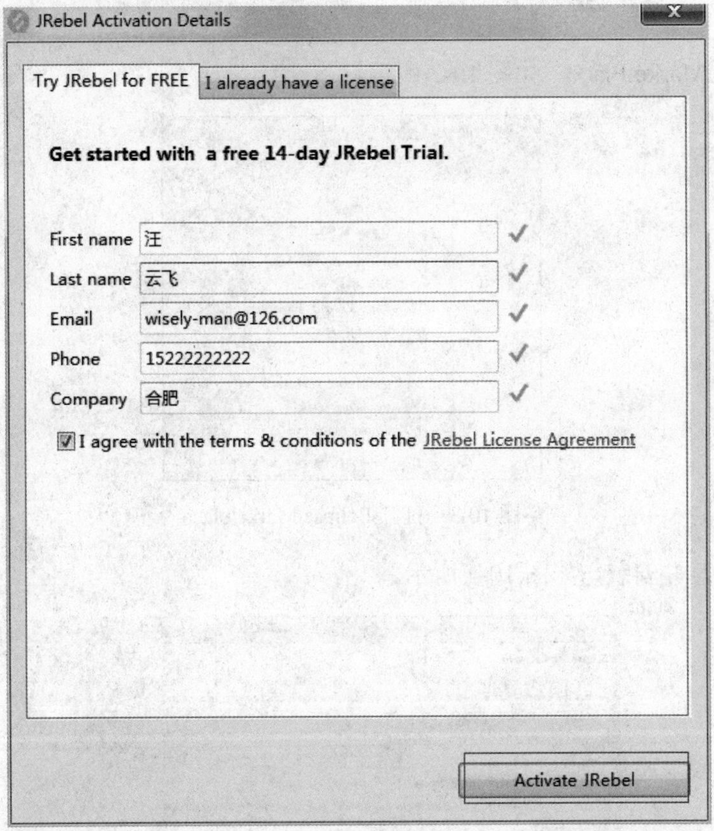

图 10-5　注册

选定 Spring Boot，增加 JRebel 功能，如图 10-6 所示。

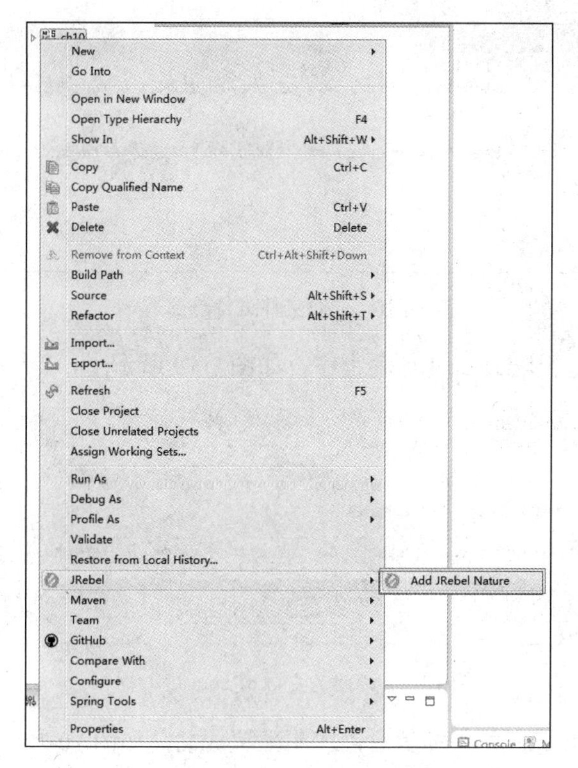

图 10-6　增加 JRebel 功能

此时为我们添加了一个 rebel.xml，用来配置热部署内容，如图 10-7 所示。

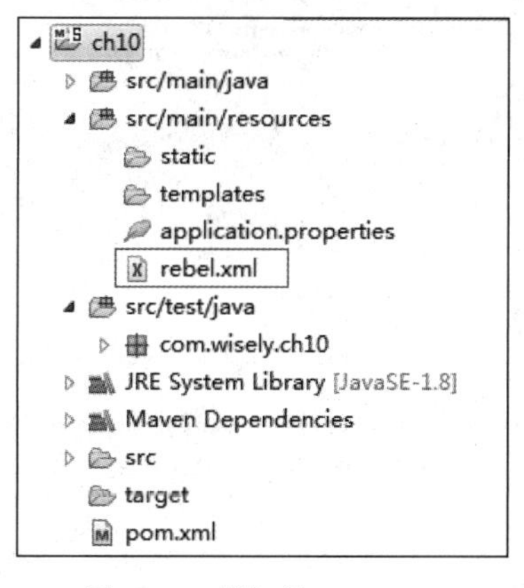

图 10-7　增加的 rebcl.xml

JRebel 会对 D:/workspace-sts-3.7.0.RELEASE/ch10/target/classes 目录下的文件进行热部署，如图 10-8 所示。

```xml
<?xml version="1.0" encoding="UTF-8"?>
<application xmlns:xsi="http://www.w3.org/2001/XMLSchema-instance" xmlns="htt

    <classpath>
        <dir name="D:/workspace-sts-3.7.0.RELEASE/ch10/target/classes">
        </dir>
    </classpath>

</application>
```

图 10-8　对文件进行热部署

首次启动会询问是否以 JRebel 启动程序，如图 10-9 所示。

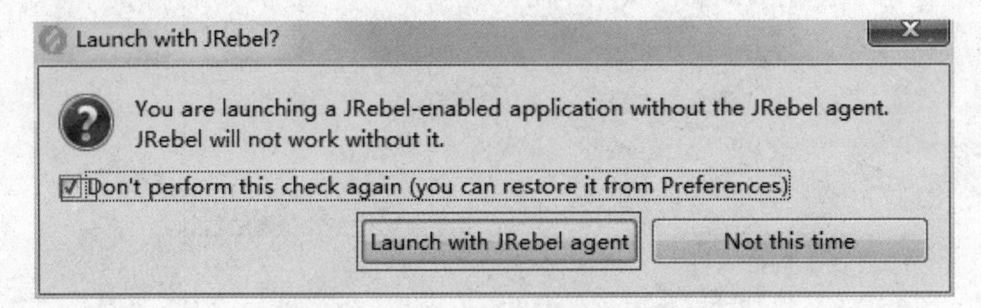

图 10-9　询问是否以 JRebel 启动程序

当启动时出现和 JRebel 相关的信息，表明配置成功，如图 10-10 所示。

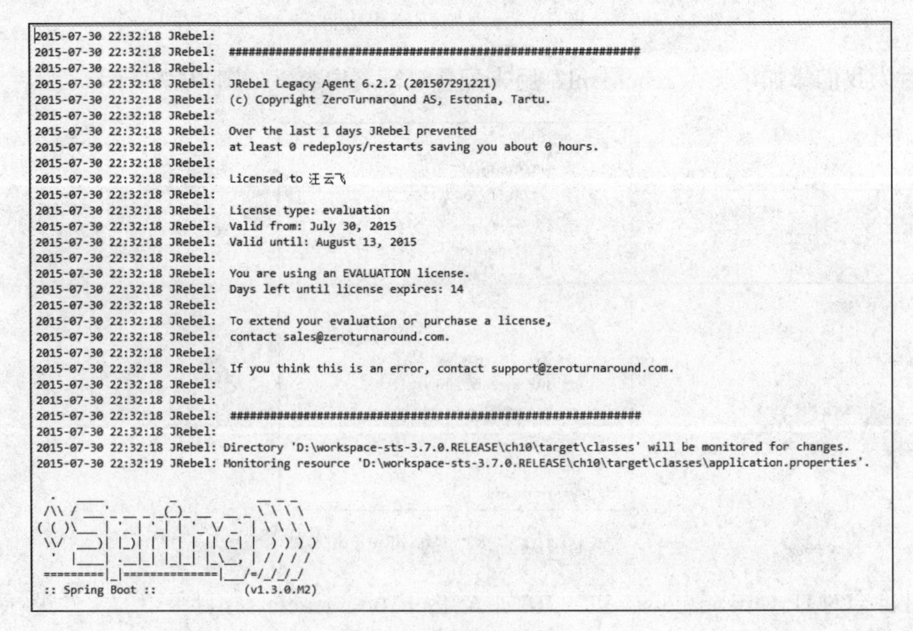

```
2015-07-30 22:32:18 JRebel:
2015-07-30 22:32:18 JRebel:  #############################################################
2015-07-30 22:32:18 JRebel:
2015-07-30 22:32:18 JRebel:  JRebel Legacy Agent 6.2.2 (201507291221)
2015-07-30 22:32:18 JRebel:  (c) Copyright ZeroTurnaround AS, Estonia, Tartu.
2015-07-30 22:32:18 JRebel:
2015-07-30 22:32:18 JRebel:  Over the last 1 days JRebel prevented
2015-07-30 22:32:18 JRebel:  at least 0 redeploys/restarts saving you about 0 hours.
2015-07-30 22:32:18 JRebel:
2015-07-30 22:32:18 JRebel:  Licensed to 汪云飞
2015-07-30 22:32:18 JRebel:
2015-07-30 22:32:18 JRebel:  License type: evaluation
2015-07-30 22:32:18 JRebel:  Valid from: July 30, 2015
2015-07-30 22:32:18 JRebel:  Valid until: August 13, 2015
2015-07-30 22:32:18 JRebel:
2015-07-30 22:32:18 JRebel:  You are using an EVALUATION license.
2015-07-30 22:32:18 JRebel:  Days left until license expires: 14
2015-07-30 22:32:18 JRebel:
2015-07-30 22:32:18 JRebel:  To extend your evaluation or purchase a license,
2015-07-30 22:32:18 JRebel:  contact sales@zeroturnaround.com.
2015-07-30 22:32:18 JRebel:
2015-07-30 22:32:18 JRebel:  If you think this is an error, contact support@zeroturnaround.com.
2015-07-30 22:32:18 JRebel:
2015-07-30 22:32:18 JRebel:
2015-07-30 22:32:18 JRebel:  #############################################################
2015-07-30 22:32:18 JRebel:
2015-07-30 22:32:18 JRebel: Directory 'D:\workspace-sts-3.7.0.RELEASE\ch10\target\classes' will be monitored for changes.
2015-07-30 22:32:19 JRebel: Monitoring resource 'D:\workspace-sts-3.7.0.RELEASE\ch10\target\classes\application.properties'.

 :: Spring Boot ::        (v1.3.0.M2)
```

图 10-10　启动成功

10.1.4 spring-boot-devtools

在 Spring Boot 项目中添加 spring-boot-devtools 依赖即可实现页面和代码的热部署。

```
<dependency>
      <groupId>org.springframework.boot</groupId>
      <artifactId>spring-boot-devtools</artifactId>
  </dependency>
```

10.2 常规部署

10.2.1 jar 形式

1. 打包

若我们在新建 Spring Boot 项目的时候，选择打包方式（Packaging）是 jar，则我们只需用：

```
mvn package
```

如图 10-11 所示。

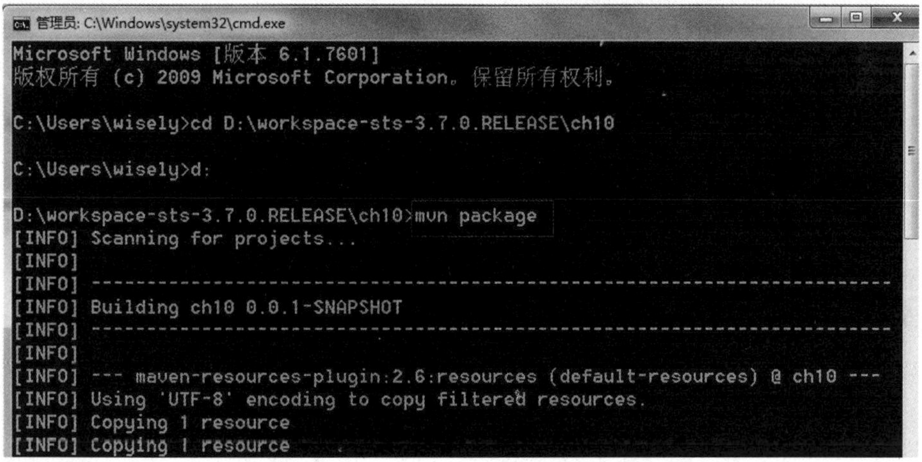

```
管理员: C:\Windows\system32\cmd.exe
Microsoft Windows [版本 6.1.7601]
版权所有 (c) 2009 Microsoft Corporation。保留所有权利。

C:\Users\wisely>cd D:\workspace-sts-3.7.0.RELEASE\ch10

C:\Users\wisely>d:

D:\workspace-sts-3.7.0.RELEASE\ch10>mvn package
[INFO] Scanning for projects...
[INFO]
[INFO] ------------------------------------------------------------------------
[INFO] Building ch10 0.0.1-SNAPSHOT
[INFO] ------------------------------------------------------------------------
[INFO]
[INFO] --- maven-resources-plugin:2.6:resources (default-resources) @ ch10 ---
[INFO] Using 'UTF-8' encoding to copy filtered resources.
[INFO] Copying 1 resource
[INFO] Copying 1 resource
```

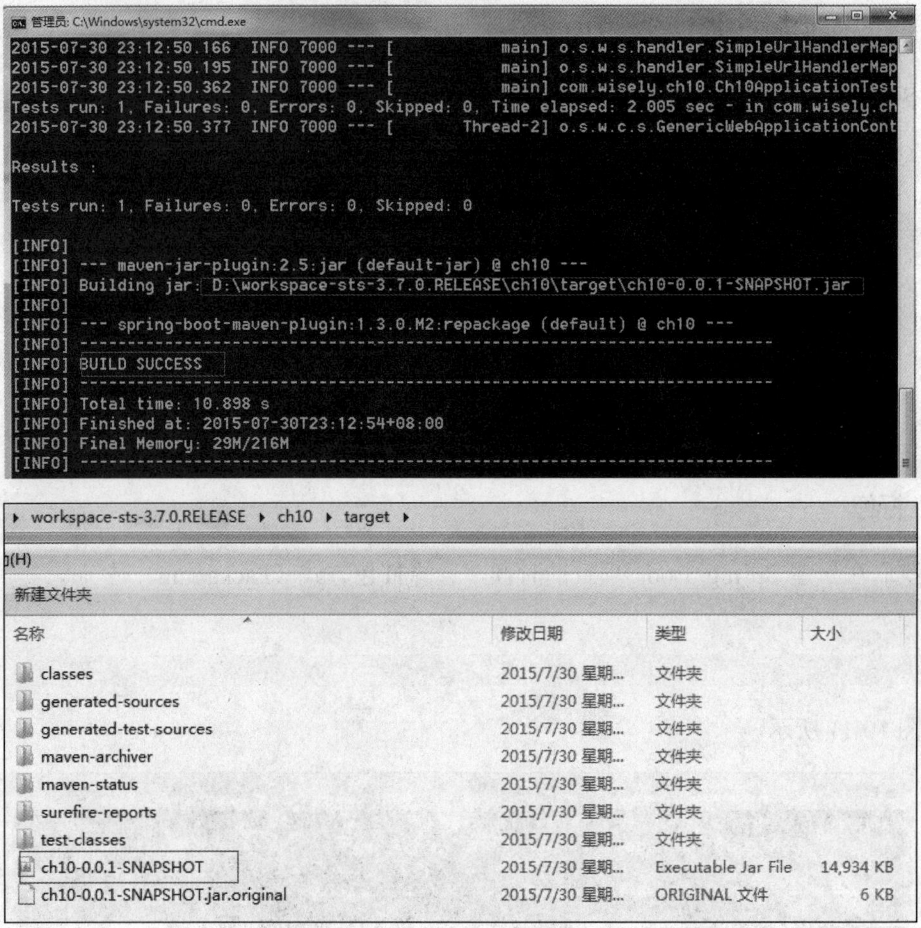

```
2015-07-30 23:12:50.166  INFO 7000 --- [           main] o.s.w.s.handler.SimpleUrlHandlerMap
2015-07-30 23:12:50.195  INFO 7000 --- [           main] o.s.w.s.handler.SimpleUrlHandlerMap
2015-07-30 23:12:50.362  INFO 7000 --- [           main] com.wisely.ch10.Ch10ApplicationTest
Tests run: 1, Failures: 0, Errors: 0, Skipped: 0, Time elapsed: 2.005 sec - in com.wisely.ch
2015-07-30 23:12:50.377  INFO 7000 --- [       Thread-2] o.s.w.c.s.GenericWebApplicationCont

Results :

Tests run: 1, Failures: 0, Errors: 0, Skipped: 0

[INFO]
[INFO] --- maven-jar-plugin:2.5:jar (default-jar) @ ch10 ---
[INFO] Building jar: D:\workspace-sts-3.7.0.RELEASE\ch10\target\ch10-0.0.1-SNAPSHOT.jar
[INFO]
[INFO] --- spring-boot-maven-plugin:1.3.0.M2:repackage (default) @ ch10 ---
[INFO] ------------------------------------------------------------------------
[INFO] BUILD SUCCESS
[INFO] ------------------------------------------------------------------------
[INFO] Total time: 10.898 s
[INFO] Finished at: 2015-07-30T23:12:54+08:00
[INFO] Final Memory: 29M/216M
[INFO] ------------------------------------------------------------------------
```

▸ workspace-sts-3.7.0.RELEASE ▸ ch10 ▸ target ▸

名称	修改日期	类型	大小
classes	2015/7/30 星期...	文件夹	
generated-sources	2015/7/30 星期...	文件夹	
generated-test-sources	2015/7/30 星期...	文件夹	
maven-archiver	2015/7/30 星期...	文件夹	
maven-status	2015/7/30 星期...	文件夹	
surefire-reports	2015/7/30 星期...	文件夹	
test-classes	2015/7/30 星期...	文件夹	
ch10-0.0.1-SNAPSHOT	2015/7/30 星期...	Executable Jar File	14,934 KB
ch10-0.0.1-SNAPSHOT.jar.original	2015/7/30 星期...	ORIGINAL 文件	6 KB

图 10-11 运行 mvn pakage

2. 运行

可直接使用下面命令运行，结果如图 10-12 所示。

```
java -jar xx.jar
```

```
管理员: C:\Windows\system32\cmd.exe - java -jar ch10-0.0.1-SNAPSHOT.jar

D:\workspace-sts-3.7.0.RELEASE\ch10>cd target

D:\workspace-sts-3.7.0.RELEASE\ch10\target>java -jar ch10-0.0.1-SNAPSHOT.jar

  .   ____          _            __ _ _
 /\\ / ___'_ __ _ _(_)_ __  __ _ \ \ \ \
( ( )\___ | '_ | '_| | '_ \/ _` | \ \ \ \
 \\/  ___)| |_)| | | | | || (_| |  ) ) ) )
  '  |____| .__|_| |_|_| |_\__, | / / / /
 =========|_|==============|___/=/_/_/_/
 :: Spring Boot ::             (v1.3.0.M2)

2015-07-30 23:15:47.370  INFO 6552 --- [           main] com.wisely.ch10.Ch10Application          : Starting
arget)
2015-07-30 23:15:47.428  INFO 6552 --- [           main] ationConfigEmbeddedWebApplicationContext : Refreshin
2015-07-30 23:15:48.103  INFO 6552 --- [           main] o.s.b.f.s.DefaultListableBeanFactory     : Overridin
utowireCandidate=true; primary=false; factoryBeanName=org.springframework.boot.autoconfigure.web.ErrorMvcAuto
boot/autoconfigure/web/ErrorMvcAutoConfiguration$WhitelabelErrorViewConfiguration.class]] with [Root bean: cl
AutoConfiguration$WebMvcAutoConfigurationAdapter; factoryMethodName=beanNameViewResolver; initMethodName=null
2015-07-30 23:15:49.024  INFO 6552 --- [           main] s.b.c.e.t.TomcatEmbeddedServletContainer : Tomcat in
2015-07-30 23:15:49.402  INFO 6552 --- [           main] o.apache.catalina.core.StandardService   : Starting
2015-07-30 23:15:49.403  INFO 6552 --- [           main] org.apache.catalina.core.StandardEngine  : Starting
2015-07-30 23:15:49.595  INFO 6552 --- [ost-startStop-1] o.a.c.c.C.[Tomcat].[localhost].[/]       : Initializ
2015-07-30 23:15:49.595  INFO 6552 --- [ost-startStop-1] o.s.web.context.ContextLoader            : Root WebA
2015-07-30 23:15:50.335  INFO 6552 --- [ost-startStop-1] o.s.b.c.e.ServletRegistrationBean        : Mapping s
2015-07-30 23:15:50.340  INFO 6552 --- [ost-startStop-1] o.s.b.c.embedded.FilterRegistrationBean  : Mapping f
2015-07-30 23:15:50.341  INFO 6552 --- [ost-startStop-1] o.s.b.c.embedded.FilterRegistrationBean  : Mapping f
2015-07-30 23:15:50.341  INFO 6552 --- [ost-startStop-1] o.s.b.c.embedded.FilterRegistrationBean  : Mapping f
2015-07-30 23:15:50.604  INFO 6552 --- [           main] s.w.s.m.m.a.RequestMappingHandlerAdapter : Looking f
archy
2015-07-30 23:15:50.658  INFO 6552 --- [           main] s.w.s.m.m.a.RequestMappingHandlerMapping : Mapped "{
2015-07-30 23:15:50.660  INFO 6552 --- [           main] s.w.s.m.m.a.RequestMappingHandlerMapping : Mapped "{
ervlet.http.HttpServletRequest)
2015-07-30 23:15:50.661  INFO 6552 --- [           main] s.w.s.m.m.a.RequestMappingHandlerMapping : Mapped "{
etRequest)
2015-07-30 23:15:50.689  INFO 6552 --- [           main] o.s.w.s.handler.SimpleUrlHandlerMapping  : Mapped UR
2015-07-30 23:15:50.689  INFO 6552 --- [           main] o.s.w.s.handler.SimpleUrlHandlerMapping  : Mapped UR
2015-07-30 23:15:50.725  INFO 6552 --- [           main] o.s.w.s.handler.SimpleUrlHandlerMapping  : Mapped UR
2015-07-30 23:15:50.991  INFO 6552 --- [           main] o.s.j.e.a.AnnotationMBeanExporter        : Registeri
2015-07-30 23:15:51.100  INFO 6552 --- [           main] s.b.c.e.t.TomcatEmbeddedServletContainer : Tomcat st
2015-07-30 23:15:51.103  INFO 6552 --- [           main] com.wisely.ch10.Ch10Application          : Started C
```

图 10-12　运行 java-jar xx.jar 命令

3. 注册为 Linux 的服务

Linux 下运行的软件我们通常把它注册为服务，这样我们就可以通过命令开启、关闭以及保持开机启动等功能。

若想使用此项功能，我们需将代码中关于 spring-boot-maven-plugin 的配置修改为：

```
<build>
    <plugins>
        <plugin>
            <groupId>org.springframework.boot</groupId>
            <artifactId>spring-boot-maven-plugin</artifactId>
            <configuration>
                <executable>true</executable>
            </configuration>
        </plugin>
    </plugins>
```

```
    </build>
```

然后使用 mvn package 打包。

主流的 Linux 大多使用 init.d 或 systemd 来注册服务。下面以 CentOS 6.6 演示 init.d 注册服务；以 CentOS 7.1 演示 systemd 注册服务。操作系统可选择使用 VirtualBox 安装或者直接安装在机器上。

用 SSH 客户端将 jar 包上传到 CentOS 的/var/apps 下。

（1）安装 JDK

从 Oracle 官网下载 JDK，注意选择的是：jdk-8u51-linux-x64.rpm。这是红帽系 Linux 系统专用安装包格式，将 JDK 下载放置到 Linux 下任意目录。

执行下面命令安装 JDK：

```
rpm -ivh jdk-8u51-linux-x64.rpm
```

（2）基于 Linux 的 init.d 部署

注册服务，在 CentOS 6.6 的终端执行：

```
sudo ln -s /var/apps/ch10-0.0.1-SNAPSHOT.jar /etc/init.d/ch10
```

其中 ch10 就是我们的服务名。

启动服务：

```
service ch10 start
```

停止服务：

```
service ch10 stop
```

服务状态：

```
service ch10 status
```

开机启动：

```
chkconfig ch10 on
```

项目日志存放于/var/log/ch10.log 下，可用 cat 或 tail 等命令查看。

（3）基于 Linux 的 Systemd 部署

在/etc/systemd/system/目录下新建文件 ch10.service，填入下面内容：

```
[Unit]
Description=ch10
After=syslog.target

[Service]
ExecStart= /usr/bin/java -jar /var/apps/ch10-0.0.1-SNAPSHOT.jar

[Install]
WantedBy=multi-user.target
```

注意，在实际使用中修改 Description 和 ExecStart 后面的内容。

启动服务：

```
systemctl start ch10
或systemctl start ch10.service
```

停止服务：

```
systemctl stop ch10
或systemctl stop ch10.service
```

服务状态：

```
systemctl status ch10
或systemctl status ch10.service
```

开机启动：

```
systemctl enable ch10
或systemctl enbale ch10.service
```

项目日志：

```
journalctl -u ch10
或journalctl -u ch10.service
```

10.2.2 war 形式

1. 打包方式为 war 时

新建 Spring Boot 项目时可选择打包方式（Packaging）是 war 形式，如图 10-13 所示。

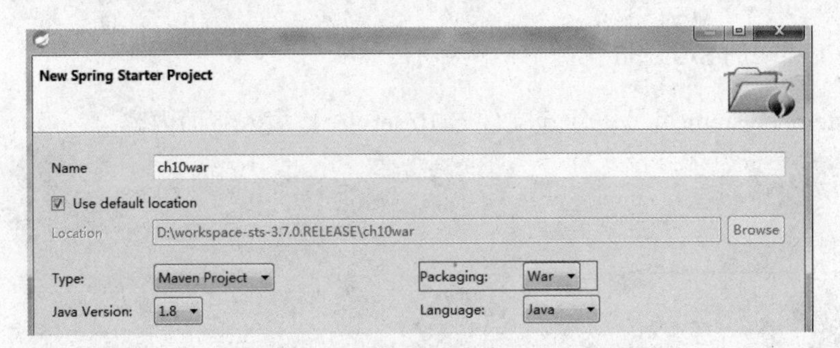

图 10-13　选择打包方式为 war

打包的方式和 jar 包一致，执行：

```
mvn package
```

结果如图 10-14 所示。

:) ▸ workspace-sts-3.7.0.RELEASE ▸ ch10war ▸ target ▸　　搜索 target

帮助(H)

新建文件夹

名称	修改日期	类型	大小
ch10war-0.0.1-SNAPSHOT	2015/7/30 星期...	文件夹	
classes	2015/7/30 星期...	文件夹	
generated-sources	2015/7/30 星期...	文件夹	
generated-test-sources	2015/7/30 星期...	文件夹	
m2e-wtp	2015/7/30 星期...	文件夹	
maven-archiver	2015/7/30 星期...	文件夹	
maven-status	2015/7/30 星期...	文件夹	
surefire-reports	2015/7/30 星期...	文件夹	
test-classes	2015/7/30 星期...	文件夹	
ch10war-0.0.1-SNAPSHOT.war	2015/7/30 星期...	WAR 文件	14,758 KB
ch10war-0.0.1-SNAPSHOT.war.original	2015/7/30 星期...	ORIGINAL 文件	10,362 KB

图 10-14　打包结果

最后生成的 war 文件可以放在你喜欢的 Servlet 容器上运行。

2. 打包方式为 jar 时

若我们新建 Spring Boot 项目时选择打包方式选择的是 jar，部署时我们又想要用 war 包形式部署，那么怎么将 jar 形式转换成 war 形式呢？当然需求反过来也是一样的。

我们比较下 jar 打包和 war 打包项目文件的不同之处，即可知做如下修改可将 jar 打包方式转换成 war 打包方式。

在 pom.xml 文件中，将

```
<packaging>jar</packaging>
```

修改为

```
<packaging>war</packaging>
```

增加下面依赖覆盖默认内嵌的 Tomcat 依赖：

```
        <dependency>
            <groupId>org.springframework.boot</groupId>
            <artifactId>spring-boot-starter-tomcat</artifactId>
            <scope>provided</scope>
        </dependency>
```

增加 ServletInitializer 类，内容如下：

```
import org.springframework.boot.builder.SpringApplicationBuilder;
import org.springframework.boot.context.web.SpringBootServletInitializer;

public class ServletInitializer extends SpringBootServletInitializer {

    @Override
    protected SpringApplicationBuilder configure(SpringApplicationBuilder
application) {
        return application.sources(Ch10warApplication.class);
    }

}
```

10.3　云部署——基于 Docker 的部署

本节我们将在 CentOS 7.1 上演示用 Docker 部署 Spring Boot 程序。前面我们讲述了使用已经编译好的 Docker 镜像，本节我们将讲述如何编译自己的 Docker 镜像，并运行镜像的容器。

主流的云计算（PAAS）平台都支持发布 Docker 镜像。Docker 是使用 Dokerfile 文件来编译自己的镜像的。

10.3.1　Dockerfile

Dockerfile 主要有如下的指令。

（1）FROM 指令

FROM 指令指明了当前镜像继承的基镜像。编译当前镜像时会自动下载基镜像。

示例：

```
FROM ubuntu
```

（2）MAINTAINER 指令

MAINTAINER 指令指明了当前镜像的作者。

示例：

```
MAINTAINER wyf
```

（3）RUN 指令

RUN 指令可以在当前镜像上执行 Linux 命令并形成一个新的层。RUN 是编译时（build）的动作。

示例可有如下两种格式，CMD 和 ENTRYPOINT 也是如此：

```
RUN /bin/bash -c "echo helloworld"
或 RUN ["/bin/bash", "-c", "echo hello"]
```

（4）CMD 指令

CMD 指令指明了启动镜像容器时的默认行为。一个 Dockerfile 里只能有一个 CMD 指令。CMD 指令里设定的命令可以在运行镜像时使用参数覆盖。CMD 是运行时（run）的动作。

示例：

```
CMD echo "this is a test"
```

可被 docker run -d image_name echo "this is not a test"覆盖。

（5）EXPOSE 指令

EXPOSE 指明了镜像运行时的容器必需监听指定的端口。

示例：

```
EXPOSE 8080
```

（6）ENV 指令

ENV 指令可用来设置环境变量。

示例：

```
ENV myName=wyf
或 ENV myName wyf
```

（7）ADD 指令

ADD 指令是从当前工作目录复制文件到镜像目录中去。

示例：

```
ADD test.txt /mydir/
```

（8）ENTRYPOINT 指令

ENTRYPOINT 指令可让容器像一个可执行程序一样运行，这样镜像运行时可以像软件一样接收参数执行。ENTRYPOINT 是运行时（run）的动作。

示例：

```
ENTRYPOINT ["/bin/echo"]
```

我们可以向镜像传递参数运行:

```
docker run -d image_name "this is not a test"
```

10.3.2　安装 Docker

红帽系列 Linux（演示采用 CentOS 7.1）通过下面命令安装 Docker:

```
yum install docker
```

启动 Docker 并保持开机自启:

```
systemctl start docker
systemctl enable docker
```

10.3.3　项目目录及文件

我们使用源码的 ch10docker 来作为演示用的 Spring Boot 项目，这个项目很简单，只修改了入口类，代码如下：

```
@SpringBootApplication
@RestController
public class Ch10dockerApplication {
    @RequestMapping("/")
    public String home() {
        return "Hello Docker!!";
    }

   public static void main(String[] args) {
      SpringApplication.run(Ch10dockerApplication.class, args);
   }
}
```

在 CentOS 7.1 上的/var/apps/ch10docker 目录下放入我们编译好的 ch10docker 的 jar 包，如 ch10docker-0.0.1-SNAPSHOT.jar，在同级目录下新建一个 Dokcerfile 文件。

文件目录如图 10-15 所示。

```
[root@MiWiFi-R1D ch10docker]# cd /var/apps/ch10docker/
[root@MiWiFi-R1D ch10docker]# ls
ch10docker-0.0.1-SNAPSHOT.jar  Dockerfile
[root@MiWiFi-R1D ch10docker]#
```

图 10-15　文件目录

Dockerfile 文件内容如下：

```
FROM java:8

MAINTAINER wyf

ADD ch10docker-0.0.1-SNAPSHOT.jar app.jar

EXPOSE 8080

ENTRYPOINT ["java","-jar","/app.jar"]
```

代码解释

① 基镜像为 Java，标签（版本）为 8。

② 作者为 wyf。

③ 将我们的 ch10docker-0.0.1-SNAPSHOT.jar 添加到镜像中，并重命名为 app.jar。

④ 运行镜像的容器，监听 8080 端口。

⑤ 启动时运行 java -jar app.jar。

10.3.4　编译镜像

在/var/apps/ch10docker 目录下执行下面命令，执行编译镜像：

```
docker build -t wisely/ch10docker .
```

其中，wisely/ch10docker 为镜像名称，我们设置 wisely 作为前缀，这也是 Docker 镜像的一种命名习惯。

注意，最后还有一个“.”，这是用来指明 Dockerfile 路径的，“.”表示 Dockerfile 在当前路径下。

编译的过程如图 10-16 所示。

```
[root@MiWiFi-R1D ~]# cd /var/apps/ch10docker/
[root@MiWiFi-R1D ch10docker]# docker build -t wisely/ch10docker .
Sending build context to Docker daemon 12.98 MB
Sending build context to Docker daemon
Step 0 : FROM java:8
Trying to pull repository docker.io/java ...
49ebfec495e1: Pulling image (8) from docker.io/java, endpoint: https://registry-
49ebfec495e1: Download complete
902b87aaaec9: Download complete
9a61b6b1315e: Download complete
1ff9f26f09fb: Download complete
607e965985c1: Download complete
682b997ad926: Download complete
a594f78c2a03: Download complete
8859a87b6160: Download complete
9dd7ba0ee3fe: Download complete
93934c1ae19e: Download complete
2262501f7b5a: Download complete
bfb63b0f4db1: Download complete
Status: Downloaded newer image for docker.io/java:8
 ---> 49ebfec495e1
Step 1 : MAINTAINER wyf
 ---> Running in 7534b74750ae
 ---> 38729c353a8a
Removing intermediate container 7534b74750ae
Step 2 : ADD ch10docker-0.0.1-SNAPSHOT.jar app.jar
 ---> 0f51ff5e661d
Removing intermediate container c18eede0b8f8
Step 3 : EXPOSE 8080
 ---> Running in 19bd1a783f27
 ---> 7845fe325ed9
Removing intermediate container 19bd1a783f27
Step 4 : ENTRYPOINT java -jar /app.jar
 ---> Running in d912ec129ac3
 ---> 4571ea4b04d3
Removing intermediate container d912ec129ac3
Successfully built 4571ea4b04d3
```

图 10-16　编译过程

这时我们查看本地镜像，如图 10-17 所示。

```
[root@MiWiFi-R1D ch10docker]# docker images
REPOSITORY           TAG          IMAGE ID        CREATED          VIRTUAL SIZE
wisely/ch10docker    latest       4571ea4b04d3    4 minutes ago    829.3 MB
docker.io/java       8            49ebfec495e1    2 weeks ago      816.4 MB
```

图 10-17　本地镜像

10.3.5　运行

通过下面命令运行：

```
docker run -d --name ch10 -p 8080:8080 wisely/ch10docker
```

查看我们当前的容器状态，如图 10-18 所示。

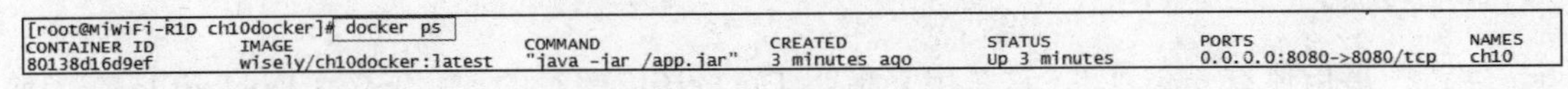

图 10-18　当前容器状态

当前的 CentOS 系统的 ip 为 192.168.31.171，访问 http://192.168.31.171:8008，我们可以看到如图 10-19 所示页面。

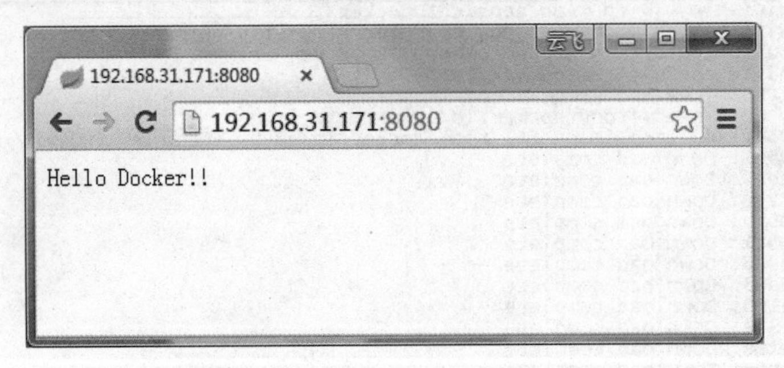

图 10-19　显示 Hello Docker!!

10.4　Spring Boot 的测试

Spring Boot 的测试和 Spring MVC 的测试类似。Spring Boot 为我们提供了一个@SpringApplicationConfiguration 来替代@ContextConfiguration，用来配置 Application Context。

在 Spring Boot 中，每次新建项目的时候，都会自动加上 spring-boot-starter-test 的依赖，这样我们就没有必要测试时再添加额外的 jar 包。

Spring Boot 还会建一个当前项目的测试类，位于 src/test/java 的根包下。

本节我们将直接演示一个简单的测试，测试某一个控制器方法是否满足测试用例。

10.4.1 新建 Spring Boot 项目

新建 Spring Boot 项目，依赖为 JPA （spring-boot-starter-data-jpa）、Web（spring-boot-starter-web）、hsqldb（内存数据库）。

项目信息：

```
groupId: com.wisely
arctifactId:ch10_4
package: com.wisely.ch10_4
```

10.4.2 业务代码

实体类：

```
package com.wisely.ch10_4.domain;

import javax.persistence.Entity;
import javax.persistence.GeneratedValue;
import javax.persistence.Id;

@Entity
public class Person {
    @Id
    @GeneratedValue
    private Long id;
    private String name;

    public Person() {
        super();
    }
    public Person(String name) {
        super();
        this.name = name;
    }
    public Long getId() {
        return id;
    }
    public void setId(Long id) {
        this.id = id;
    }
```

```
    public String getName() {
        return name;
    }
    public void setName(String name) {
        this.name = name;
    }

}
```

数据访问：

```
package com.wisely.ch10_4.dao;

import org.springframework.data.jpa.repository.JpaRepository;

import com.wisely.ch10_4.domain.Person;

public interface PersonRepository extends JpaRepository<Person, Long> {

}
```

控制器：

```
package com.wisely.ch10_4.web;

import java.util.List;

import org.springframework.beans.factory.annotation.Autowired;
import org.springframework.http.MediaType;
import org.springframework.web.bind.annotation.RequestMapping;
import org.springframework.web.bind.annotation.RequestMethod;
import org.springframework.web.bind.annotation.RestController;

import com.wisely.ch10_4.dao.PersonRepository;
import com.wisely.ch10_4.domain.Person;

@RestController
@RequestMapping("/person")
public class PersonController {
    @Autowired
    PersonRepository personRepository;

    @RequestMapping(method = RequestMethod.GET,produces =
{MediaType.APPLICATION_JSON_VALUE} )
    public List<Person> findAll(){
```

```
        return personRepository.findAll();
    }

}
```

10.4.3　测试用例

```
package com.wisely.ch10_4;

import org.junit.Assert;
import org.junit.Before;
import org.junit.Test;
import org.junit.runner.RunWith;
import org.springframework.beans.factory.annotation.Autowired;
import org.springframework.boot.test.SpringApplicationConfiguration;
import org.springframework.http.MediaType;
import org.springframework.test.context.junit4.SpringJUnit4ClassRunner;
import org.springframework.test.context.web.WebAppConfiguration;
import org.springframework.test.web.servlet.MockMvc;
import org.springframework.test.web.servlet.MvcResult;
import org.springframework.test.web.servlet.request.MockMvcRequestBuilders;
import org.springframework.test.web.servlet.setup.MockMvcBuilders;
import org.springframework.transaction.annotation.Transactional;
import org.springframework.web.context.WebApplicationContext;

import com.fasterxml.jackson.core.JsonProcessingException;
import com.fasterxml.jackson.databind.ObjectMapper;
import com.wisely.ch10_4.dao.PersonRepository;
import com.wisely.ch10_4.domain.Person;


@RunWith(SpringJUnit4ClassRunner.class)
@SpringApplicationConfiguration(classes = Ch104Application.class) //1
@WebAppConfiguration
@Transactional //2
public class Ch104ApplicationTests {
    @Autowired
    PersonRepository personRepository;

    MockMvc mvc;

    @Autowired
    WebApplicationContext webApplicationContext;
```

```
    String expectedJson;

    @Before //3
    public void setUp() throws JsonProcessingException{
        Person p1 = new Person("wyf");
        Person p2 = new Person("wisely");
        personRepository.save(p1);
        personRepository.save(p2);

        expectedJson =Obj2Json(personRepository.findAll()); //4
        mvc =
MockMvcBuilders.webAppContextSetup(webApplicationContext).build();


    }

    protected String Obj2Json(Object obj) throws JsonProcessingException{//5
        ObjectMapper mapper = new ObjectMapper();
        return mapper.writeValueAsString(obj);
    }

    @Test
    public void testPersonController() throws Exception {
        String uri="/person";
        MvcResult result =
mvc.perform(MockMvcRequestBuilders.get(uri).accept(MediaType.APPLICATION_JSON
))
                                                        .andReturn();
//6
        int status = result.getResponse().getStatus(); //7
        String content = result.getResponse().getContentAsString(); //8

        Assert.assertEquals("错误，正确的返回值为200",200, status); //9
        Assert.assertEquals("错误，返回值和预期返回值不一致", expectedJson,content);
//10
    }

}
```

代码解释

① 使用@SpringApplicationConfiguration 替代@ContextConfiguration 来配置 Spring Boot

的 Application Context。

② 使用@Transactional 注解，确保每次测试后的数据将会被回滚。

③ 使用 Junit 的@Before 注解可在测试开始前进行一些初始化的工作。

④ 获得期待返回的 JSON 字符串。

⑤ 将对象转换成 JSON 字符串。

⑥ 获得一个 request 的执行结果。

⑦ 获得 request 执行结果的状态。

⑧ 获得 request 执行结果的内容。

⑨ 将预期状态 200 和实际状态比较。

⑩ 将预期字符串和返回字符串比较。

10.4.4 执行测试

我们可以使用 maven 命令执行测试：

```
mvn clean package
```

结果如图 10-20 所示。

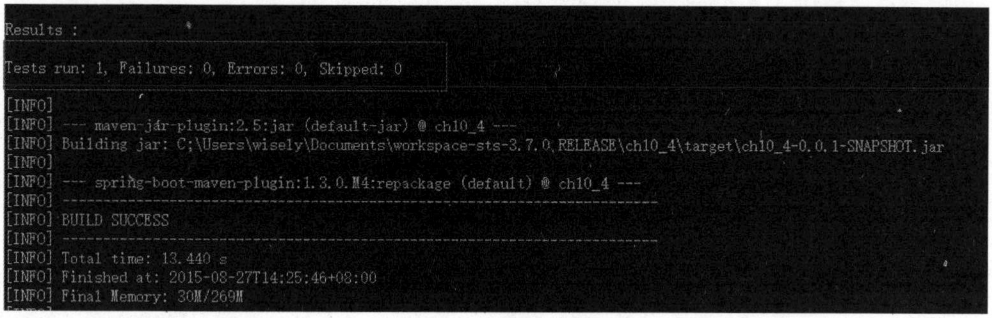

```
Results :

Tests run: 1, Failures: 0, Errors: 0, Skipped: 0

[INFO]
[INFO] --- maven-jar-plugin:2.5:jar (default-jar) @ ch10_4 ---
[INFO] Building jar: C:\Users\wisely\Documents\workspace-sts-3.7.0.RELEASE\ch10_4\target\ch10_4-0.0.1-SNAPSHOT.jar
[INFO]
[INFO] --- spring-boot-maven-plugin:1.3.0.M4:repackage (default) @ ch10_4 ---
[INFO] ------------------------------------------------------------------------
[INFO] BUILD SUCCESS
[INFO] ------------------------------------------------------------------------
[INFO] Total time: 13.440 s
[INFO] Finished at: 2015-08-27T14:25:46+08:00
[INFO] Final Memory: 30M/269M
```

图 10-20　测试结果

我们还可以在 STS 直接使用 Run As→JUnit Test，效果如图 10-21 所示。

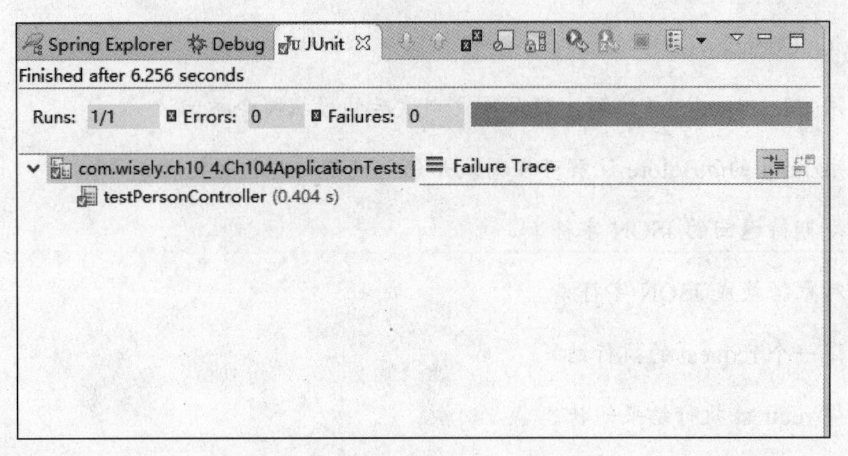

图 10-21　直接使用 RunAs→Junit Test

第 11 章 应用监控

Spring Boot 提供了运行时的应用监控和管理的功能。我们可以通过 http、JMX、SSH 协议来进行操作。审计、健康及指标信息将会自动得到。

Spring Boot 提供了监控和管理端点，如表 11-1 所示。

表 11-1　监控和管理端点

端点名	描　述
actuator	所有 EndPoint 的列表，需加入 spring HATEOAS 支持
autoconfig	当前应用的所有自动配置
beans	当前应用中所有 Bean 的信息
configprops	当前应用中所有的配置属性
dump	显示当前应用线程状态信息
env	显示当前应用当前环境信息
health	显示当前应用健康状况
info	显示当前应用信息
metrics	显示当前应用的各项指标信息
mappings	显示所有的@RequestMapping 映射的路径
shutdown	关闭当前应用（默认关闭）
trace	显示追踪信息（默认最新的 http 请求）

11.1　http

我们可以通过 http 实现对应用的监控和管理，我们只需在 pom.xml 中增加下面依赖即可：

```
<dependency>
        <groupId>org.springframework.boot</groupId>
        <artifactId>spring-boot-starter-actuator</artifactId>
</dependency>
```

既然通过 http 监控和管理，那么我们的项目中必然需要 Web 的依赖。本节需新建 Spring Boot 项目，依赖选择为：Actuator、Web、HATEOAS。

11.1.1 新建 Spring Boot 项目

新建 Spring Boot 项目，依赖为 Actuator（spring-boot-starter-actuator）、Web（spring-boot-starter-web）、HATEOAS（spring-hateoas）。

项目信息：

```
groupId: com.wisely
arctifactId:ch11_1
package: com.wisely. ch11_1
```

11.1.2 测试端点

项目建立好之后我们即可测试各个端点。

（1）actuator

访问 http://localhost:8080/actuator，效果如图 11-1 所示。

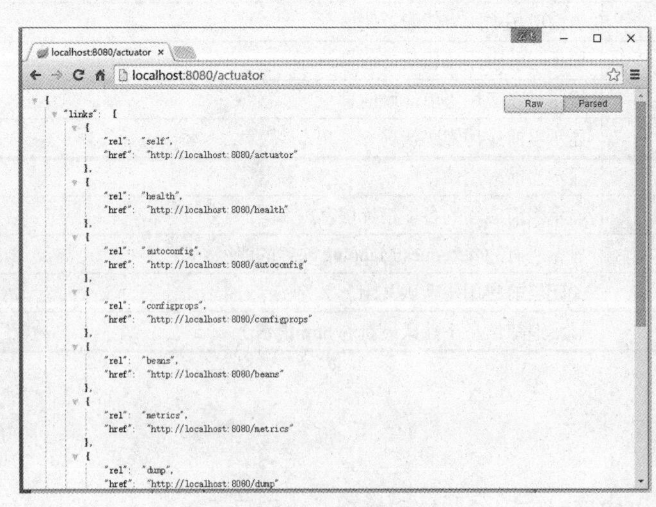

图 11-1 访问 actuator

（2）autoconfig

访问 http://localhost:8080/autoconfig，效果如图 11-2 所示。

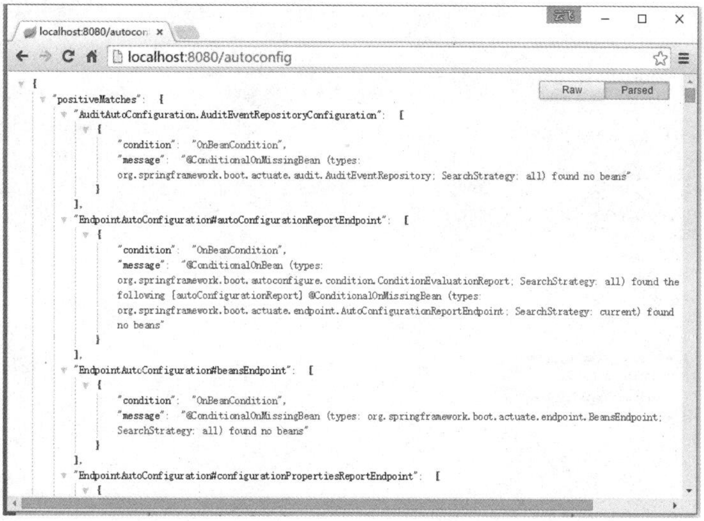
localhost:8080/autocon
localhost:8080/autoconfig
Raw
Parsed
{
"positiveMatches": {
"AuditAutoConfiguration.AuditEventRepositoryConfiguration": [
{
"condition": "OnBeanCondition",
"message": "@ConditionalOnMissingBean (types: org.springframework.boot.actuate.audit.AuditEventRepository; SearchStrategy: all) found no beans"
}
],
"EndpointAutoConfiguration#autoConfigurationReportEndpoint": [
{
"condition": "OnBeanCondition",
"message": "@ConditionalOnBean (types: org.springframework.boot.autoconfigure.condition.ConditionEvaluationReport; SearchStrategy: all) found the following [autoConfigurationReport] @ConditionalOnMissingBean (types: org.springframework.boot.actuate.endpoint.AutoConfigurationReportEndpoint; SearchStrategy: current) found no beans"
}
],
"EndpointAutoConfiguration#beansEndpoint": [
{
"condition": "OnBeanCondition",
"message": "@ConditionalOnMissingBean (types: org.springframework.boot.actuate.endpoint.BeansEndpoint; SearchStrategy: all) found no beans"
}
],
"EndpointAutoConfiguration#configurationPropertiesReportEndpoint": [
{

图 11-2　访问 autoconfig

（3）beans

访问 http://localhost:8080/beans，效果如图 11-3 所示。

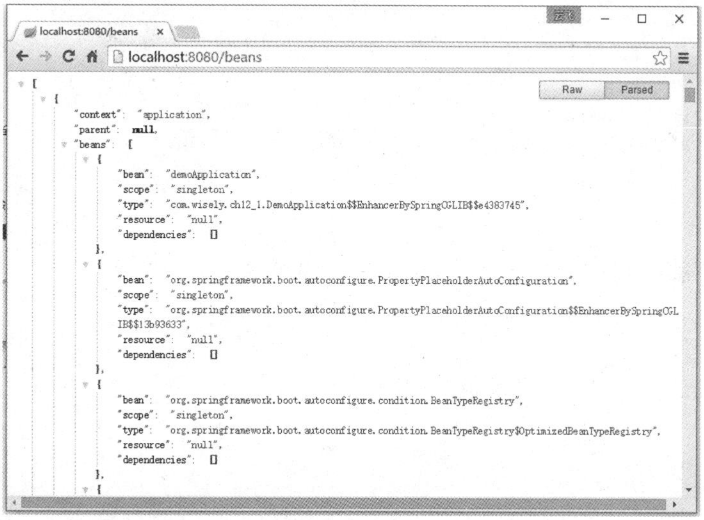
localhost:8080/beans
localhost:8080/beans
Raw
Parsed
[
{
"context": "application",
"parent": null,
"beans": [
{
"bean": "demoApplication",
"scope": "singleton",
"type": "com.wisely.ch12_1.DemoApplication$$EnhancerBySpringCGLIB$$e4383745",
"resource": "null",
"dependencies": []
},
{
"bean": "org.springframework.boot.autoconfigure.PropertyPlaceholderAutoConfiguration",
"scope": "singleton",
"type": "org.springframework.boot.autoconfigure.PropertyPlaceholderAutoConfiguration$$EnhancerBySpringCGLIB$$13b93633",
"resource": "null",
"dependencies": []
},
{
"bean": "org.springframework.boot.autoconfigure.condition.BeanTypeRegistry",
"scope": "singleton",
"type": "org.springframework.boot.autoconfigure.condition.BeanTypeRegistry$OptimizedBeanTypeRegistry",
"resource": "null",
"dependencies": []
},
{

图 11-3　访问 beans

（4）dump

访问 http://localhost:8080/dump，效果如图 11-4 所示。

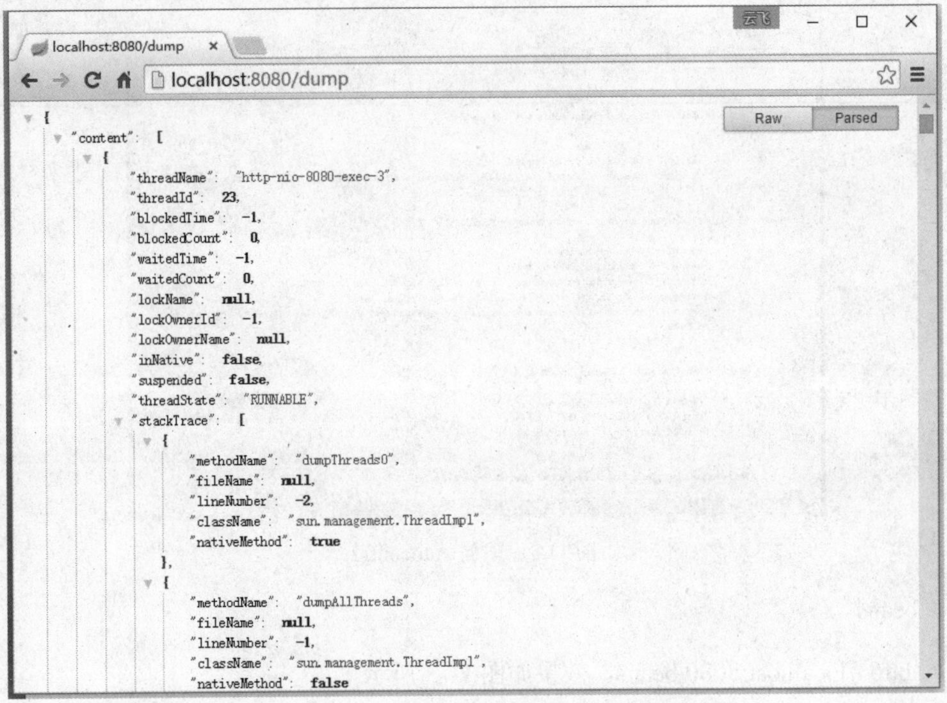
localhost:8080/dump
localhost:8080/dump
Raw
Parsed
{
"content": [
{
"threadName": "http-nio-8080-exec-3",
"threadId": 23,
"blockedTime": -1,
"blockedCount": 0,
"waitedTime": -1,
"waitedCount": 0,
"lockName": null,
"lockOwnerId": -1,
"lockOwnerName": null,
"inNative": false,
"suspended": false,
"threadState": "RUNNABLE",
"stackTrace": [
{
"methodName": "dumpThreads0",
"fileName": null,
"lineNumber": -2,
"className": "sun.management.ThreadImpl",
"nativeMethod": true
},
{
"methodName": "dumpAllThreads",
"fileName": null,
"lineNumber": -1,
"className": "sun.management.ThreadImpl",
"nativeMethod": false

图 11-4　访问 beans

（5）configprops

访问 http://localhost:8080/configprops，效果如图 11-5 所示。

（6）health

访问 http://localhost:8080/health，效果如图 11-6 所示。

（7）info

访问 http://localhost:8080/info，效果如图 11-7 所示。

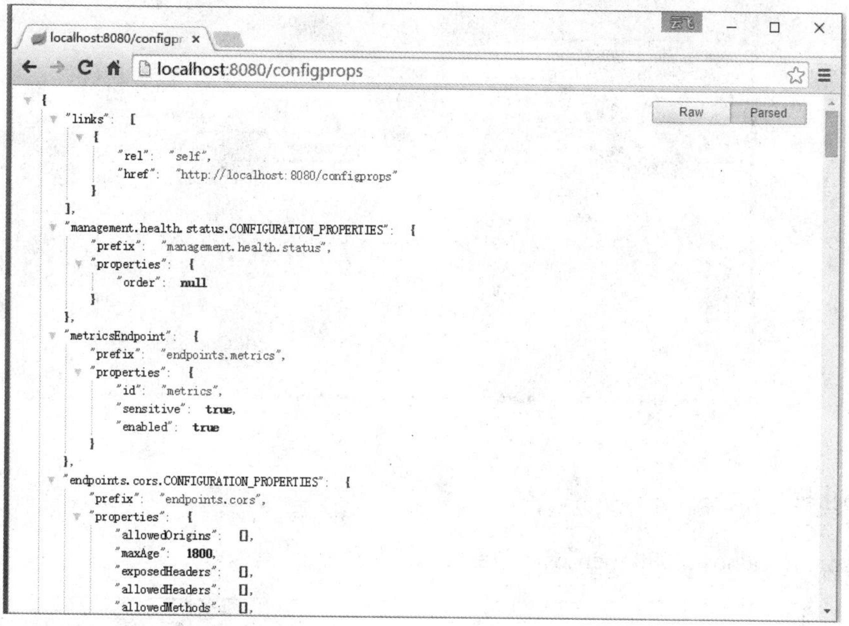
localhost:8080/configpr
localhost:8080/configprops
Raw
Parsed
{
"links": [
{
"rel": "self",
"href": "http://localhost:8080/configprops"
}
],
"management.health.status.CONFIGURATION_PROPERTIES": {
"prefix": "management.health.status",
"properties": {
"order": null
}
},
"metricsEndpoint": {
"prefix": "endpoints.metrics",
"properties": {
"id": "metrics",
"sensitive": true,
"enabled": true
}
},
"endpoints.cors.CONFIGURATION_PROPERTIES": {
"prefix": "endpoints.cors",
"properties": {
"allowedOrigins": [],
"maxAge": 1800,
"exposedHeaders": [],
"allowedHeaders": [],
"allowedMethods": [],

图 11-5　访问 ConfigProps

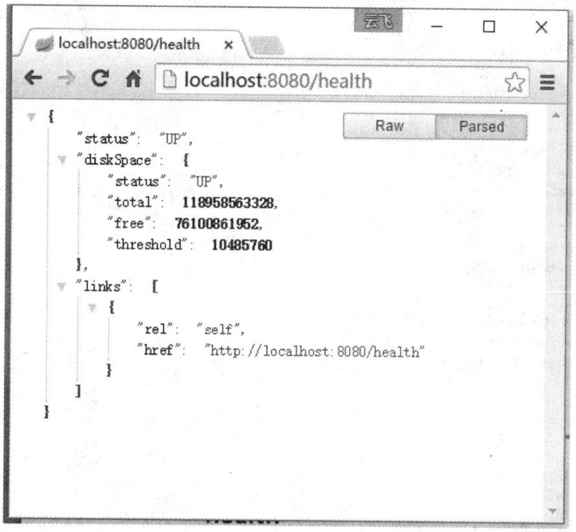
localhost:8080/health
localhost:8080/health
Raw
Parsed
{
"status": "UP",
"diskSpace": {
"status": "UP",
"total": 118958563328,
"free": 76100861952,
"threshold": 10485760
},
"links": [
{
"rel": "self",
"href": "http://localhost:8080/health"
}
]
}

图 11-6　访问 health

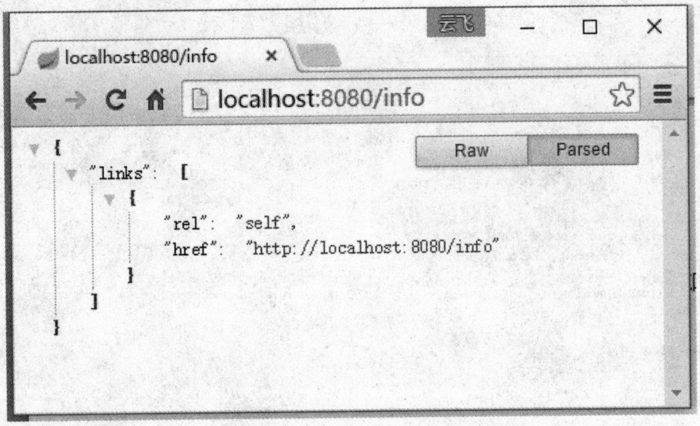
localhost:8080/info
localhost:8080/info
Raw
Parsed
{
"links": [
{
"rel": "self",
"href": "http://localhost:8080/info"
}
]
}

图 11-7　访问 info

（8）metrics

访问 http://localhost:8080/metrics，效果如图 11-8 所示。

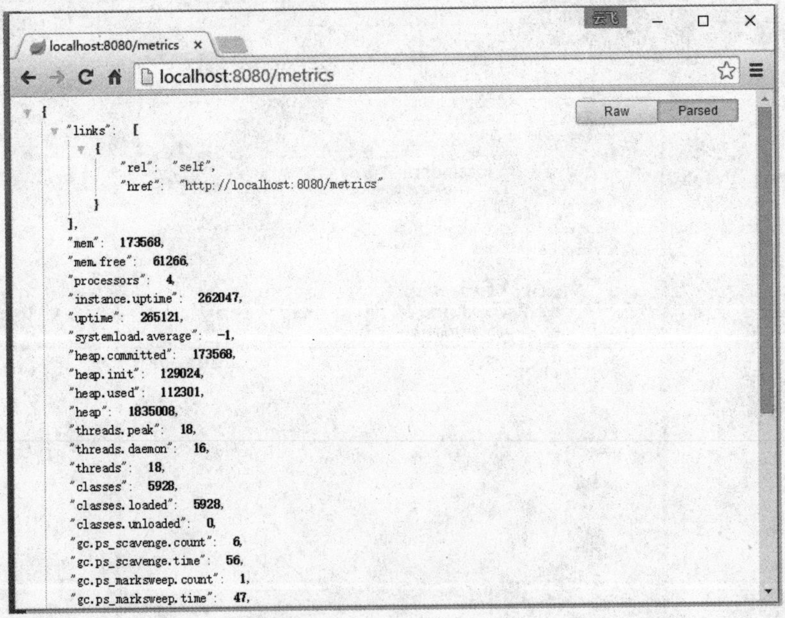
localhost:8080/metrics
localhost:8080/metrics
Raw
Parsed
{
"links": [
{
"rel": "self",
"href": "http://localhost:8080/metrics"
}
],
"mem": 173568,
"mem.free": 61266,
"processors": 4,
"instance.uptime": 262047,
"uptime": 265121,
"systemload.average": -1,
"heap.committed": 173568,
"heap.init": 129024,
"heap.used": 112301,
"heap": 1835008,
"threads.peak": 18,
"threads.daemon": 16,
"threads": 18,
"classes": 5928,
"classes.loaded": 5928,
"classes.unloaded": 0,
"gc.ps_scavenge.count": 6,
"gc.ps_scavenge.time": 56,
"gc.ps_marksweep.count": 1,
"gc.ps_marksweep.time": 47,

图 11-8　访问 metrics

（9）mappings

访问 http://localhost:8080/mappings，效果如图 11-9 所示。

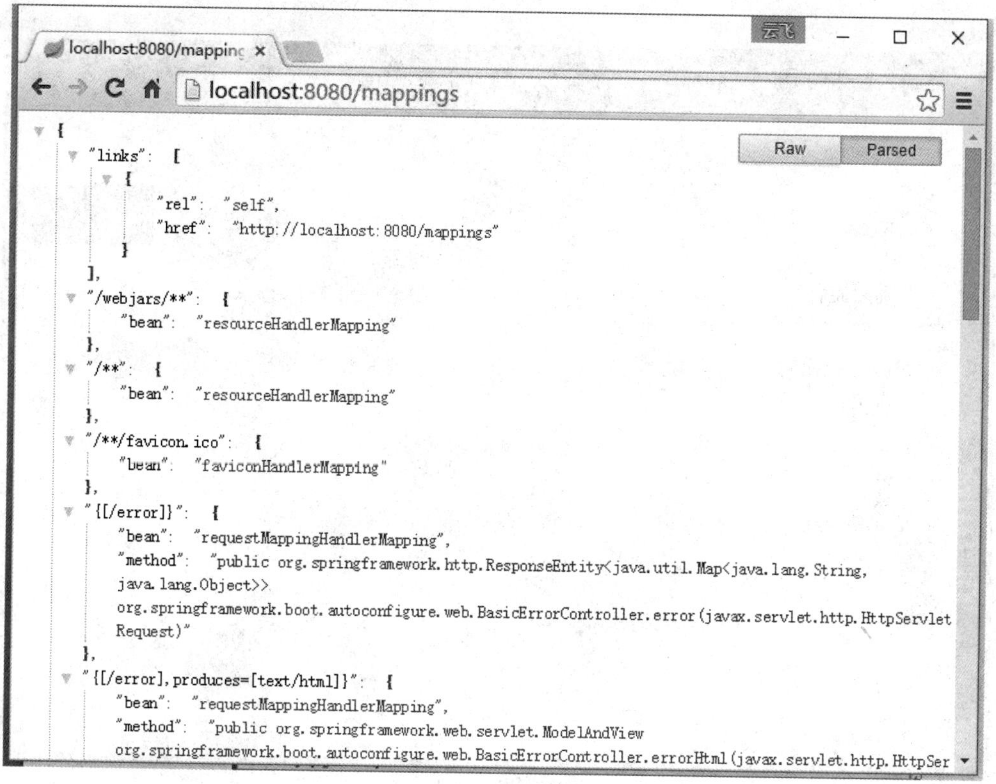

localhost:8080/mappings

```
{
  "links": [
    {
      "rel": "self",
      "href": "http://localhost:8080/mappings"
    }
  ],
  "/webjars/**": {
    "bean": "resourceHandlerMapping"
  },
  "/**": {
    "bean": "resourceHandlerMapping"
  },
  "/**/favicon.ico": {
    "bean": "faviconHandlerMapping"
  },
  "{[/error]}": {
    "bean": "requestMappingHandlerMapping",
    "method": "public org.springframework.http.ResponseEntity<java.util.Map<java.lang.String, java.lang.Object>> org.springframework.boot.autoconfigure.web.BasicErrorController.error(javax.servlet.http.HttpServletRequest)"
  },
  "{[/error],produces=[text/html]}": {
    "bean": "requestMappingHandlerMapping",
    "method": "public org.springframework.web.servlet.ModelAndView org.springframework.boot.autoconfigure.web.BasicErrorController.errorHtml(javax.servlet.http.HttpSer
```


图 11-9　访问 mappings

（10）shutdown

shutdown 端点默认是关闭的，我们可以在 application.properties 中开启：

```
endpoints.shutdown.enabled=true
```

shutdown 端点不支持 GET 提交，可以直接在浏览器上访问地址，所以我们使用 PostMan 来测试。用 POST 方式访问 http://localhost:8080/shutdown，效果如图 11-10 所示。

控制台效果如图 11-11 所示。

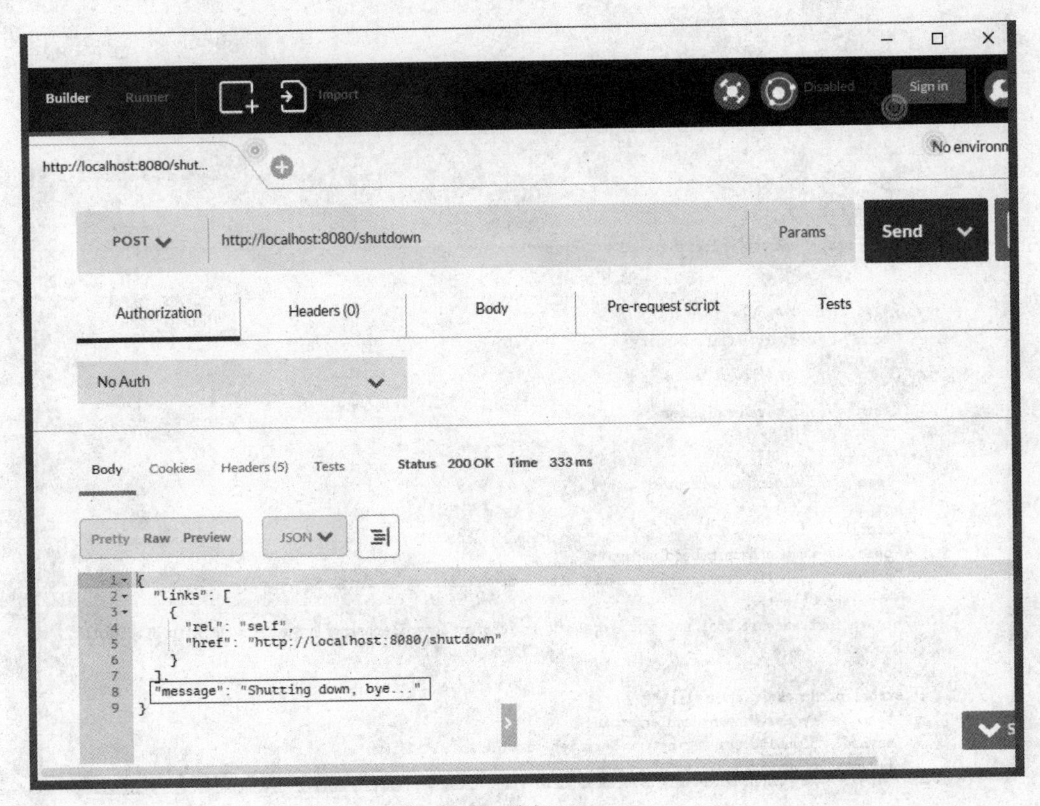

图 11-10 访问 shutdown

```
2015-08-24 11:21:16.339  INFO 2852 --- [       Thread-3] o.s.c.support.DefaultLifecycleProcessor  : Stopping beans in phase 0
2015-08-24 11:21:16.343  INFO 2852 --- [       Thread-3] o.s.j.e.a.AnnotationMBeanExporter        : Unregistering JMX-exposed beans on shutdown
```

图 11-11 控制台效果

（11）trace

访问 http://localhost:8080/trace，效果如图 11-12 所示。

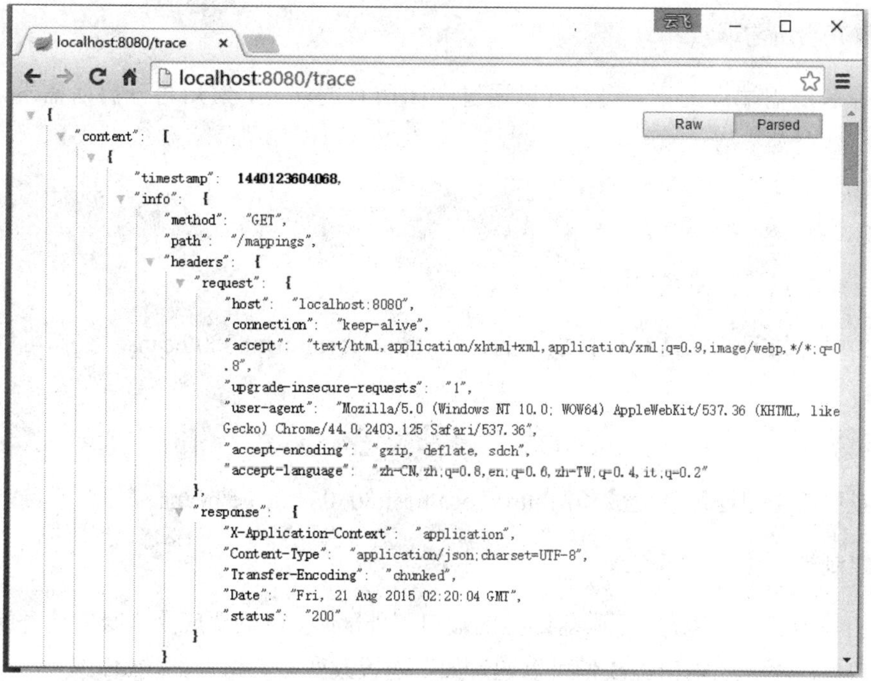
localhost:8080/trace
localhost:8080/trace
Raw
Parsed
{
"content": [
{
"timestamp": 1440123604068,
"info": {
"method": "GET",
"path": "/mappings",
"headers": {
"request": {
"host": "localhost:8080",
"connection": "keep-alive",
"accept": "text/html,application/xhtml+xml,application/xml;q=0.9,image/webp,*/*;q=0.8",
"upgrade-insecure-requests": "1",
"user-agent": "Mozilla/5.0 (Windows NT 10.0; WOW64) AppleWebKit/537.36 (KHTML, like Gecko) Chrome/44.0.2403.125 Safari/537.36",
"accept-encoding": "gzip, deflate, sdch",
"accept-language": "zh-CN,zh;q=0.8,en;q=0.6,zh-TW;q=0.4,it;q=0.2"
},
"response": {
"X-Application-Context": "application",
"Content-Type": "application/json;charset=UTF-8",
"Transfer-Encoding": "chunked",
"Date": "Fri, 21 Aug 2015 02:20:04 GMT",
"status": "200"
}
}

图 11-12 访问 trace

11.1.3 定制端点

定制端点一般通过 endpoints+端点名+属性名来设置，每段之间用.隔开。

（1）修改端点 id

```
endpoints.beans.id=mybeans
```

此时我们访问的端点地址就变成了：http://localhost:8080/mybeans。

（2）开启端点

例如我们开启 shutdown 端点：

```
endpoints.shutdown.enabled=true
```

（3）关闭端点

关闭 beans 端点：

```
endpoints.beans.enabled=false
```

（4）只开启所需端点

若只开启所需端点的话，我们可以通过关闭所有的端点，然后再开启所需端点来实现，例如：

```
endpoints.enabled=false
endpoints.beans.enabled=true
```

（5）定制端点访问路径

默认的端点访问路径是在根目录下的，如 http://localhost:8080/beans。我们可以通过下面配置修改：

```
management.context-path=/manage
```

此时我们的访问地址就变成了：http://localhost:8080/manage/beans

（6）定制端点访问端口

当我们基于安全的考虑，不曝露端点的端口到外部时，就需要应用本身的业务端口和端点所用的端口使用不同的端口。我们可以通过如下配置改变端点访问的端口：

```
management.port=8081
```

（7）关闭 http 端点

管理 http 端点可使用下面配置实现：

```
management.port=-1
```

11.1.4 自定义端点

当 Spring Boot 提供的端点不能满足我们特殊的需求，而我们又需要对特殊的应用状态进行监控的时候，就需要自定义一个端点。

本例演示当应用改变了一个变量的状态时，我们可以通过端点监控变量的状态。

我们只需继承一个 AbstractEndpoint 的实现类，并将其注册为 Bean 即可。

1. 状态服务

```
package com.wisely.ch11_1;

import org.springframework.stereotype.Service;
```

```
@Service
public class StatusService {

    private String status;

    public String getStatus() {
        return status;
    }

    public void setStatus(String status) {
        this.status = status;
    }


}
```

代码解释

此类无任何特别，仅为改变 status 的值。

2. 自定义端点

```
package com.wisely.ch11_1;

import org.springframework.beans.BeansException;
import org.springframework.boot.actuate.endpoint.AbstractEndpoint;
import org.springframework.boot.context.properties.ConfigurationProperties;
import org.springframework.context.ApplicationContext;
import org.springframework.context.ApplicationContextAware;


@ConfigurationProperties(prefix = "endpoints.status", ignoreUnknownFields =
false) //1
public class StatusEndPoint extends AbstractEndpoint<String> implements
ApplicationContextAware{//2

    ApplicationContext context;

    public StatusEndPoint() {
        super("status");
    }

    @Override
```

```
    public String invoke() { //3
        StatusService statusService = context.getBean(StatusService.class);

        return "The Current Status  is :"+statusService.getStatus();
    }

    @Override
    public void setApplicationContext(ApplicationContext arg0) throws
BeansException {
        this.context = arg0;

    }


}
```

代码解释

① 通过@ConfigurationProperties 的设置，我们可以在 application.properties 中通过 endpoints.status 配置我们的端点。

② 继承 AbstractEndpoint 类，AbstractEndpoint 是 Endpoint 接口的抽象实现，当前类一定要重写 invoke 方法。实现 ApplicationContextAware 接口可以让当前类对 Spring 容器的资源有意识，即可访问容器的资源。

③ 通过重写 invoke 方法，返回我们要监控的内容。

3. 注册端点并定义演示控制器

```
package com.wisely.ch11_1;

import org.springframework.beans.factory.annotation.Autowired;
import org.springframework.boot.SpringApplication;
import org.springframework.boot.actuate.endpoint.Endpoint;
import org.springframework.boot.autoconfigure.SpringBootApplication;
import org.springframework.context.annotation.Bean;
import org.springframework.web.bind.annotation.RequestMapping;
import org.springframework.web.bind.annotation.RestController;

@SpringBootApplication
@RestController
public class DemoApplication {
    @Autowired
```

```
    StatusService statusService;

    public static void main(String[] args) {
        SpringApplication.run(DemoApplication.class, args);
    }

    @Bean //1
    public Endpoint<String> status() {
     Endpoint<String> status =  new StatusEndPoint();
     return status;
    }
    @RequestMapping("/change") //2
    public String changeStatus(String status){
     statusService.setStatus(status);
     return "OK";
    }
}
```

代码解释

① 注册端点的 Bean。

② 定义控制器方法用来改变 status。

4. 运行

启动程序，访问 http://localhost:8080/status，此时效果如图 11-13 所示。

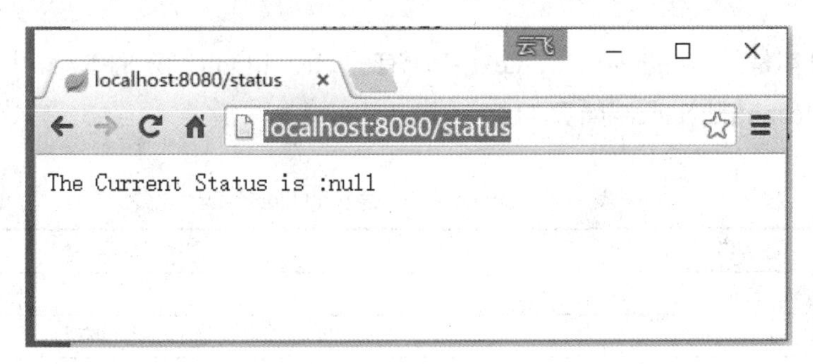

图 11-13 访问 status

当我们通过控制器访问 http://localhost:8080/change?status=running，改变 status 的值的时候，如图 11-14 所示。

图 11-14 改变 status 的值

我们在通过访问 http://localhost:8080/status 查看 status 的状态时，结果如图 11-15 所示。

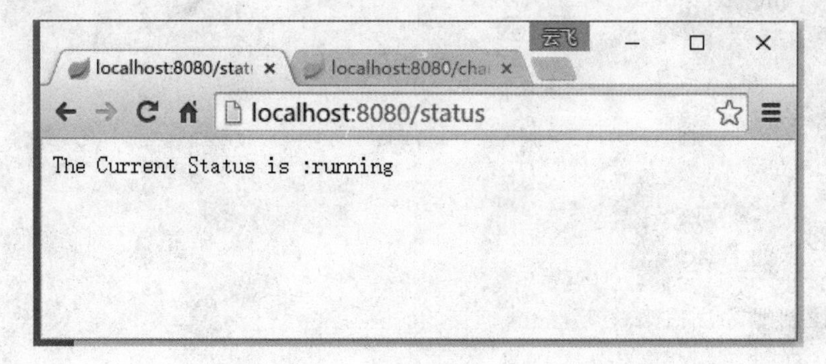

图 11-15 查看 status 的状态

11.1.5 自定义 HealthIndicator

Health 信息都是从 ApplicationContext 中所有的 HealthIndicator 的 Bean 中收集的，Spring 中内置了一些 HealthIndicator，如表 11-2 所示。

表 11-2 Spring 中内置的 HealthIndicator

名 称	描 述
DiskSpacheHealthIndicator	检测低磁盘空间
DataSourceHealthIndicator	检测 DataSource 连接是否能获得
ElasticsearchHealthIndicator	检测 ElasticSearch 集群是否运行
JmsHealthIndicator	检测 JMS 消息代理是否在运行
MailHealthIndicator	检测邮件服务器是否在运行
MongoHealthIndicator	检测 MongoDB 是否在运行
RabbitHealthIndicator	检测 RabbitMQ 是否在运行

续表

名　　称	描　　述
RedisHealthIndicator	检测 Redis 是否在运行
SolrHealthIndicator	检测 Redis 是否在运行

在本节我们讲述了如何定制自己的 HealthIndicator，定制自己的 HealthIndicator 我们只需定一个实现 HealthIndicator 接口的类，并注册为 Bean 即可。接着上面的例子，我们依然通过上例的 status 值决定健康情况，只有当 status 的值为 running 时才为健康。

1. HealthIndicator 实现类

```
package com.wisely.ch11_1;

import org.springframework.beans.factory.annotation.Autowired;
import org.springframework.boot.actuate.health.Health;
import org.springframework.boot.actuate.health.HealthIndicator;
import org.springframework.stereotype.Component;
@Component
public class StatusHealth implements HealthIndicator {//1
    @Autowired
    StatusService statusService;

    @Override
    public Health health() {
        String status = statusService.getStatus();
        if(status == null||!status.equals("running")){
return Health.down().withDetail("Error", "Not Running").build(); //2
        }
        return Health.up().build(); //3
    }

}
```

代码解释

① 实现 HealthIndicator 接口并重写 health()方法。

② 当 status 的值为非 running 时构造失败。

③ 其余情况运行成功。

2. 运行

运行程序，访问 http://localhost:8080/health，如图 11-16 所示。

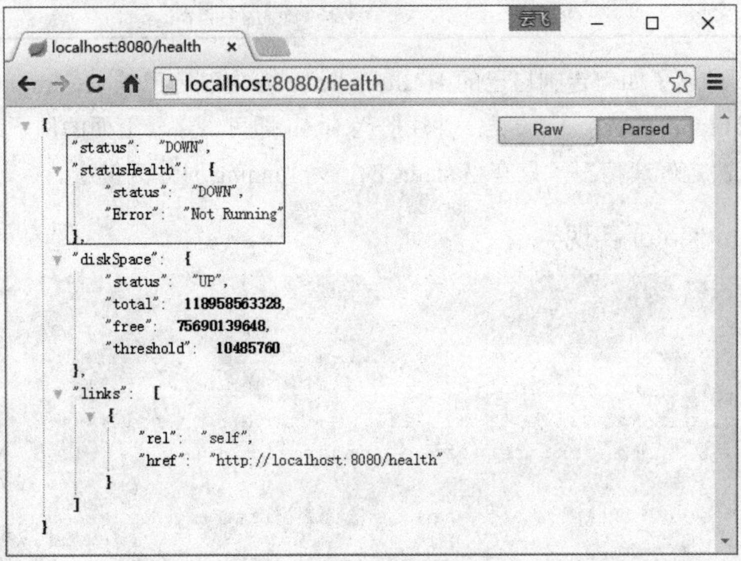

localhost:8080/health

Raw Parsed

```
{
    "status": "DOWN",
    "statusHealth": {
        "status": "DOWN",
        "Error": "Not Running"
    },
    "diskSpace": {
        "status": "UP",
        "total": 118958563328,
        "free": 75690139648,
        "threshold": 10485760
    },
    "links": [
        {
            "rel": "self",
            "href": "http://localhost:8080/health"
        }
    ]
}
```

图 11-16 访问 health

这时我们修改 status 的值为 running，访问 http://localhost:8080/change?status=running，如图 11-17 所示。

图 11-17 访问 running

再次访问 http://localhost:8080/health，显示如图 11-18 所示。

```
{
    "status": "UP",
    "statusHealth": {
        "status": "UP"
    },
    "diskSpace": {
        "status": "UP",
        "total": 118958563328,
        "free": 75686649856,
        "threshold": 10485760
    },
    "links": [
        {
            "rel": "self",
            "href": "http://localhost:8080/health"
        }
    ]
}
```

图 11-18　再次访问 heath

11.2　JMX

我们也可以通过 JMX 对应用进行监控和管理。本节应用上一节的例子演示。

在控制台调用 Java 内置的 jconsole 来实现 JMX 监控，如图 11-19 所示。

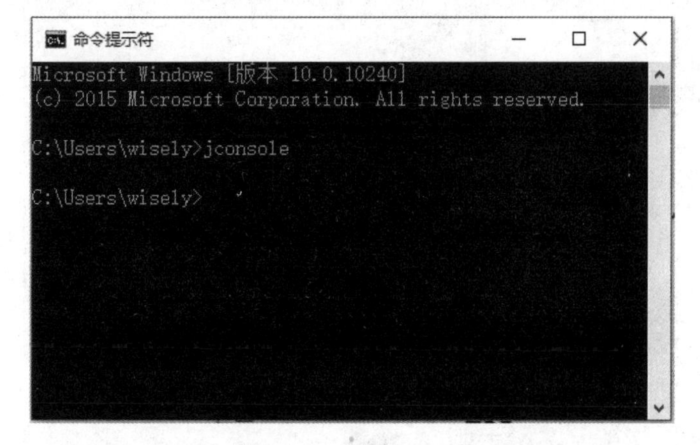

图 11-19　调用 jconsole

这时会打开 jconsole 页面，选择当前程序的进程，如图 11-20 所示。

图 11-20　jconsole 页面

进入界面后，在 MBean 标签的 org.springframework.boot 域下可对我们的程序进行监控和管理，如图 11-21 所示。

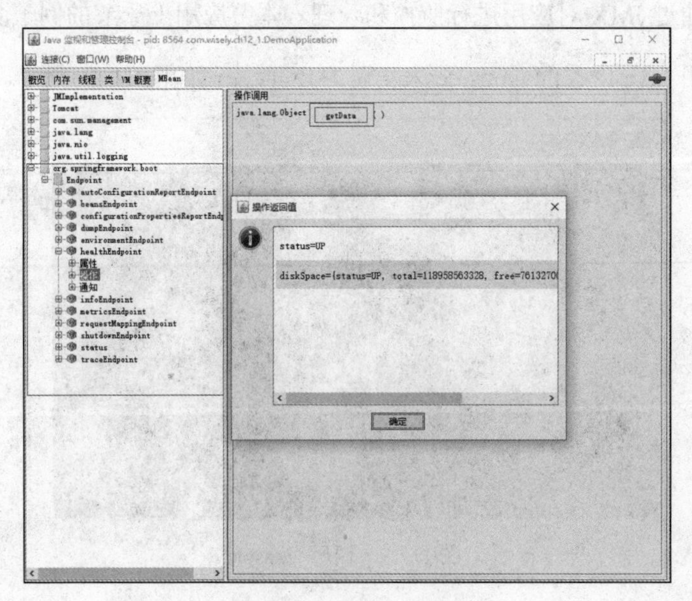

图 11-21　MBean 标签

11.3　SSH

我们还可以通过 SSH 或 TELNET 监控和管理我们的应用，这一点 Spring Boot 是借助 CraSH（http://www.crashub.org）来实现的。在应用中，我们只需在 Spring Boot 项目中添加 spring-boot-starter-remote-shell 依赖即可。

11.3.1　新建 Spring Boot 项目

新建 Spring Boot 项目，依赖为 Remote Shell（spring-boot-starter-remote-shell）。

项目信息：

```
groupId: com.wisely
arctifactId:ch11_3
package: com.wisely. ch11_3
```

11.3.2　运行

启动程序，此时控制台会提示 SSH 访问的密码，如图 11-22 所示。

```
  .   ____          _            __ _ _
 /\\ / ___'_ __ _ _(_)_ __  __ _ \ \ \ \
( ( )\___ | '_ | '_| | '_ \/ _` | \ \ \ \
 \\/  ___)| |_)| | | | | || (_| |  ) ) ) )
  '  |____| .__|_| |_|_| |_\__, | / / / /
 =========|_|==============|___/=/_/_/_/
 :: Spring Boot ::        (v1.3.0.M4)

2015-08-24 15:17:04.626  INFO 3924 --- [           main] com.wisely.ch12_3.Ch123Appl
2015-08-24 15:17:04.783  INFO 3924 --- [           main] s.c.a.AnnotationConfigAppli
2015-08-24 15:17:05.502  INFO 3924 --- [           main] roperties$SimpleAuthenticat

Using default password for shell access: 1fb7a6d6-2bb5-4851-88bd-23f298011687

2015-08-24 15:17:06.432  INFO 3924 --- [           main] o.s.j.e.a.AnnotationMBeanEx
2015-08-24 15:17:06.436  INFO 3924 --- [           main] o.s.c.support.DefaultLifecy
2015-08-24 15:17:06.494  INFO 3924 --- [           main] com.wisely.ch12_3.Ch123Appl
```

图 11-22　SSH 访问的密码

这样就可以通过下面信息登录我们的程序（SSH 客户端可使用 puTTY、SecureCRT 等），登录界面如图 11-23 所示。

```
主机:localhost
```

```
端口:2000
账号:user
密码: 上面截图
```

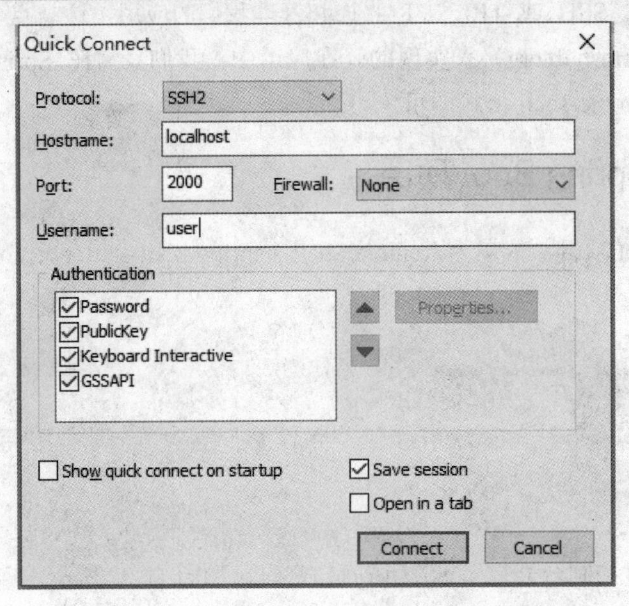

图 11-23　登录界面

登录后的效果如图 11-24 所示。

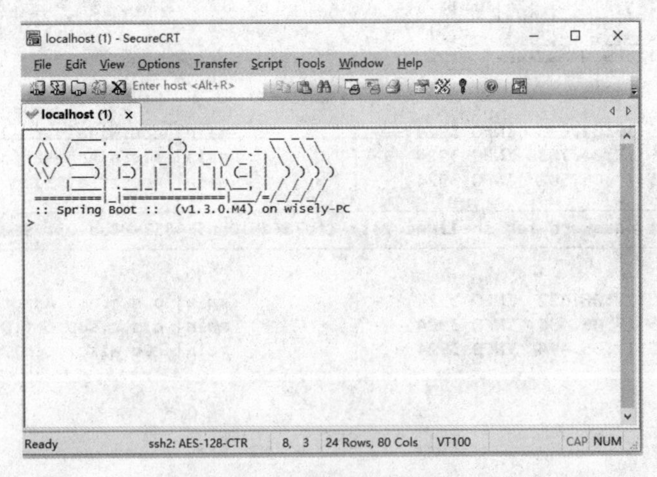

图 11-24　登录后的效果

11.3.3 常用命令

（1）help

输入 help 命令，获得命令列表，如图 11-25 所示。

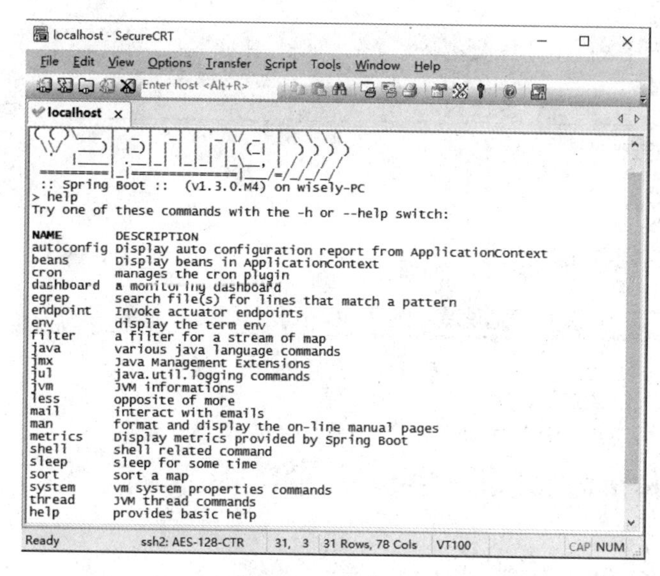

图 11-25　命令列表

（2）metrics

输入 metrics 命令，效果如图 11-26 所示。

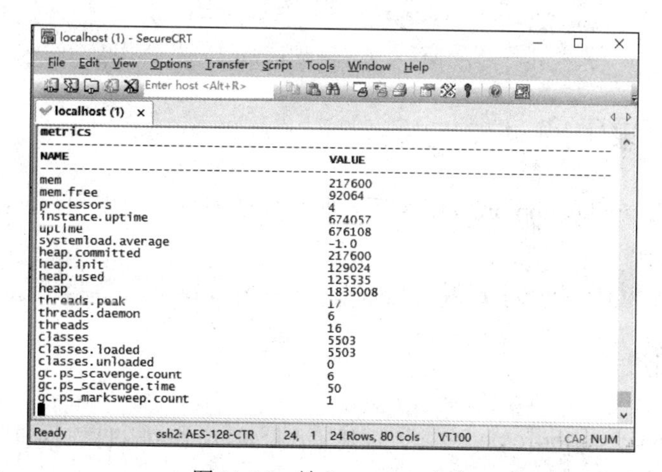

图 11-26　输入 metrics 命令

（3）endpoint

输入下面命令获得端点列表，如图 11-27 所示。

```
endpoint list
```

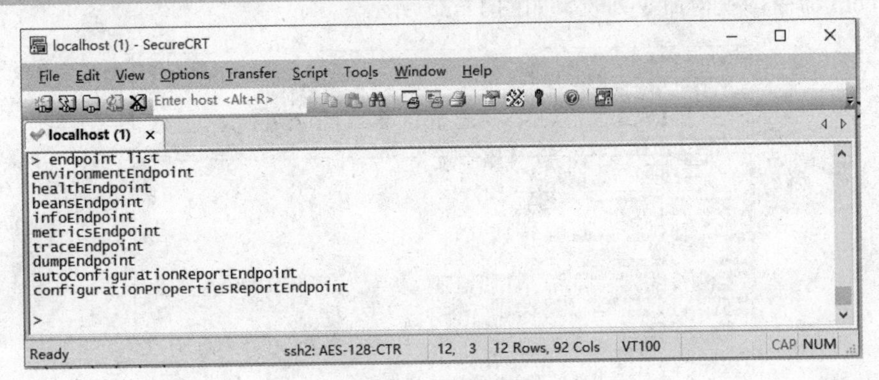

图 11-27　端点列表

调用某一个端点，如调用 health，如图 11-28 所示。

```
endpoint invoke health
```

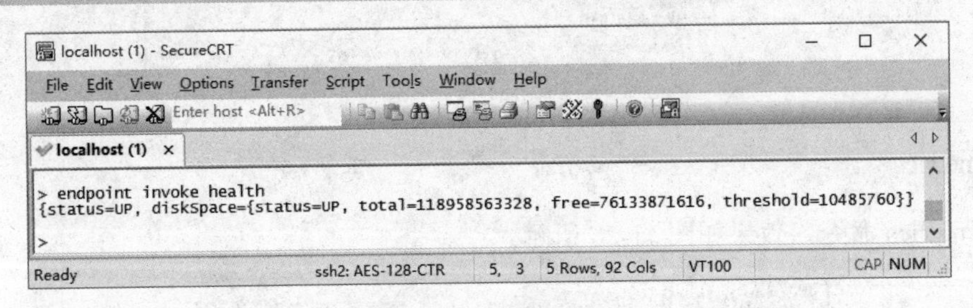

图 11-28　调用 health

11.3.4　定制登录用户

我们可以通过在 application.properties 下定制下面的属性，实现用户的账号密码的定制：

```
shell.auth.simple.user.name=wyf
shell.auth.simple.user.password=wyf
```

11.3.5　扩展命令

可以在 spring-boot-starter-remote-shell.jar 中看到 Spring Boot 为我们定制的命令，如图 11-29 所示。

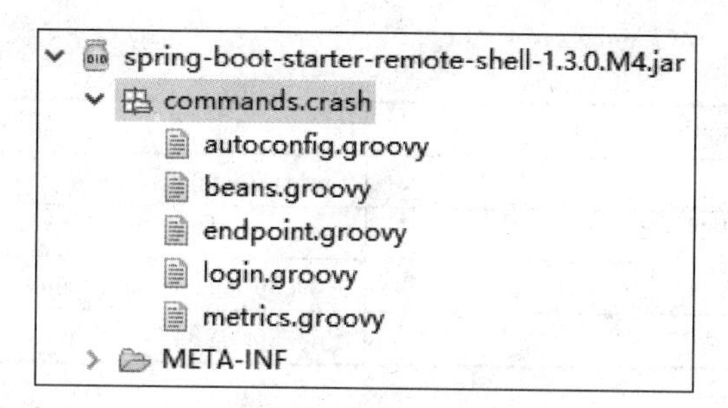

图 11-29 Spring Boot 定制的命令

如 beans.groovy 的代码为：

```
package commands

import org.springframework.boot.actuate.endpoint.BeansEndpoint

class beans {

    @Usage("Display beans in ApplicationContext")
    @Command
    def main(InvocationContext context) {
        def result = [:]

    context.attributes['spring.beanfactory'].getBeansOfType(BeansEndpoint.cla
ss).each { name, endpoint ->
            result.put(name, endpoint.invoke())
        }
        result.size() == 1 ? result.values()[0] : result
    }

}
```

需要特别指出的是，这里使用了 Groovy 语言来编制命令，Groovy 语言是由 Spring 主导的运行于 JVM 的动态语言，是可以替代 Java 作为开发语言的。在这里还需说明的是，Spring Boot 既可以用 Java 语言开发，也可以用 Groovy 语言开发，本书为了减少学习曲线，以及考虑绝大数读者的使用现状，所以没有对 Groovy 语言及 Groovy 开发 Spring 进行介绍，读者如有兴趣可自行学习 Groovy。

另一个值得注意的是 InvocationContext，我们可以通过 InvocationContext 获得表 11-3 所示的属性。

表 11-3 属性

属性名	描 述
spring.boot.version	Spring Boot 的版本
spring.version	Spring 框架的版本
spring.beanfactory	访问 Spring 的 BeanFactory
spring.enviroment	访问 Spring 的 Enviroment

这里将以 Groovy 语言演示一个命令的定制，命令可放在以下目录，Spring Boot 会自动扫描：

```
classpath*:/commands/**
classpath*:/crash/commands/**
```

在 src/main/resources 下新建 commands 文件夹，新建 hello.groovy，内容如下：

```
package commands
import org.crsh.cli.Command
import org.crsh.cli.Usage
import org.crsh.command.InvocationContext
class hello {
    @Usage("Say Hello")//1
    @Command//2
    def main(InvocationContext context) {

        def bootVersion = context.attributes['spring.boot.version'];//3
        def springVersion = context.attributes['spring.version']//4

        return "Hello,your Spring Boot version is "+bootVersion +",your Spring
Framework version is "+springVersion //5

    }
}
```

代码解释

① 使用@Usage 注解解释该命令的用途。

② 使用@Command 注解当前是一个 CRaSH 命令。

③ 获得 Spring Boot 的版本，注意 Groovy 的方法和变量声明关键字为 def。

④ 获得 Spring 框架的版本。

⑤ 返回命令执行结果。

运行

此时我们运行程序，并以 SSH 客户端登录，输入 hello 命令，可获得如图 11-32 所示结果。

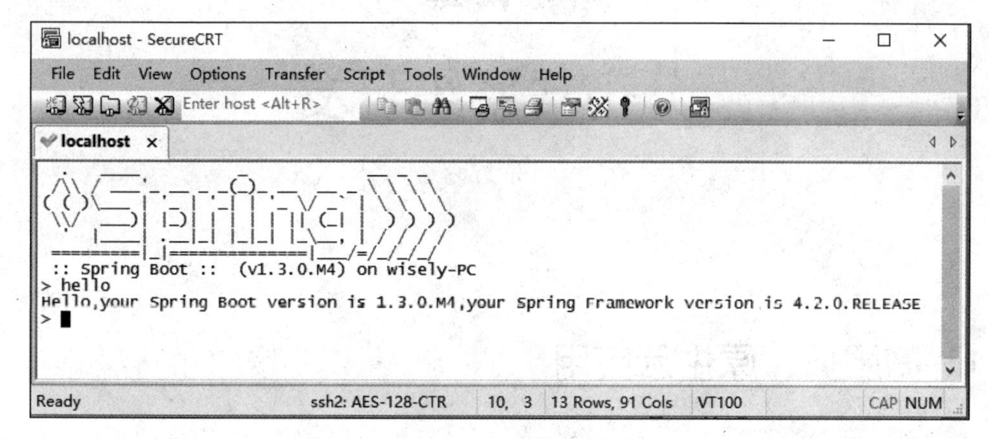

图 11-32　运行程序

第 12 章

分布式系统开发

12.1 微服务、原生云应用

微服务（Microservice）是近两年来非常火的概念，它的含义是：使用定义好边界的小的独立组件来做好一件事情。微服务是相对于传统单块式架构而言的。

单块式架构是一份代码，部署和伸缩都是基于单个单元进行的。它的优点是易于部署，但是面临着可用性低、可伸缩性差、集中发布的生命周期以及违反单一功能原则（Single Responsibility Principle）。微服务的出现解决了这个问题，它以单个独立的服务来做一个功能，且要做好这个功能。但使用微服务不可避免地将功能按照边界拆分为单个服务，体现出分布式的特征，这时每个微服务之间的通信将是我们要解决的问题。

Spring Cloud 的出现为我们解决分布式开发常用到的问题给出了完整的解决方案。Spring Cloud 基于 Spring Boot，为我们提供了配置管理、服务发现、断路器、代理服务等我们在做分布式开发时常用问题的解决方案。

基于 Spring Cloud 开发的程序特别适合在 Docker 或者其他专业 PaaS（平台即服务，如 Cloud Foundry）部署，所以又称作原生云应用（Cloud Native Application）。

12.2 Spring Cloud 快速入门

12.2.1 配置服务

Spring Cloud 提供了 Config Server，它有在分布式系统开发中外部配置的功能。通过 Config Server，我们可以集中存储所有应用的配置文件。

Config Server 支持在 git 或者在文件系统中放置配置文件。可以使用以下格式来区分不同应用的不同配置文件：

```
/{application}/{profile}[/{label}]
/{application}-{profile}.yml
/{label}/{application}-{profile}.yml
/{application}-{profile}.properties
/{label}/{application}-{profile}.properties
```

Spring Cloud 提供了注解@EnableConfigServer 来启用配置服务。

12.2.2 服务发现

Spring Cloud 通过 Netflix OSS 的 Eureka 来实现服务发现，服务发现的主要目的是为了让每个服务之间可以互相通信。Eureka Server 为微服务注册中心。

Spring Cloud 使用注解的方式提供了 Eureka 服务端（@EnableEurekaServer）和客户端（@EnableEurekaClient）。

12.2.3 路由网关

路由网关的主要目的是为了让所有的微服务对外只有一个接口，我们只需访问一个网关地址，即可由网关将我们的请求代理到不同的服务中。

Spring Cloud 是通过 Zuul 来实现的，支持自动路由映射到在 Eureka Server 上注册的服务。Spring Cloud 提供了注解@EnableZuulProxy 来启用路由代理。

12.2.4 负载均衡

Spring Cloud 提供了 Ribbon 和 Feign 作为客户端的负载均衡。在 Spring Cloud 下，使用 Ribbon 直接注入一个 RestTemplate 对象即可，此 RestTemplate 已做好负载均衡的配置；而使用 Feign 只需定义个注解，有@FeignClient 注解的接口，然后使用@RequestMapping 注解在方法上映射远程的 REST 服务，此方法也是做好负载均衡配置的。

12.2.5 断路器

断路器（Circuit Breaker），主要是为了解决当某个方法调用失败的时候，调用后备方法来替代失败的方法，以达到容错、阻止级联错误等功能。

Spring Cloud 使用@EnableCircuitBreaker 来启用断路器支持，使用@HystrixCommand 的 fallbackMethod 来指定后备方法。

Spring Cloud 还给我们提供了一个控制台来监控断路器的运行情况。通过@EnableHystrixDashboard 注解开启。

12.3 实战

实战部分主要由 6 个微服务组成：

config：配置服务器，本例为 person-service 和 some-service 提供外部配置。

discovery：Eureka Server 为微服务提供注册。

person：为 UI 模块提供保存 person 的 REST 服务。

some：为 UI 模块返回一段字符串。

UI：作为应用网关，提供外部访问的唯一入口。使用 Feign 消费 person 服务、Ribbon 消费 some 服务，且都提供断路器功能；

monitor：监控 UI 模块中的断路器。

本例没有完全列出代码，读者可自行翻阅源码 ch12。

12.3.1 项目构建

新建模块化的 maven 项目 ch12，其 pom.xml 文件的主要部分如下。

（1）使用<modules>标签来实现模块化：

```
<modules>
    <module>config</module>
    <module>discovery</module>
    <module>ui</module>
    <module>person</module>
     <module>some</module>
    <module>monitor</module>
</modules>
```

（2）使用 spring-cloud-starter-parent 替代 spring-boot-starter-parent，其具备 spring-boot-starter-parent 的同样功能并附加了 Spring Cloud 的依赖，当前最新稳定版为 Angel.SR3：

```
<parent>
     <groupId>org.springframework.cloud</groupId>
     <artifactId>spring-cloud-starter-parent</artifactId>
     <version> Angel.SR3</version>
     <relativePath/>
</parent>
```

（3）在此 pom.xml 文件里添加的 dependency 对所有的子模块都是有效的，即在子模块不用再额外添加这些依赖：

```
<dependencies>
    <dependency>
        <groupId>org.springframework.boot</groupId>
        <artifactId>spring-boot-starter-web</artifactId>
    </dependency>
    <dependency>
        <groupId>org.springframework.boot</groupId>
        <artifactId>spring-boot-starter-actuator</artifactId>
    </dependency>
    <dependency>
        <groupId>org.springframework.boot</groupId>
        <artifactId>spring-boot-starter-test</artifactId>
        <scope>test</scope>
    </dependency>
</dependencies>
```

12.3.2 服务发现——Discovery（Eureka Server）

1. 依赖

服务发现依赖于 Eureka Server，所以本模块加上如下依赖即可：

```
   <dependencies>
      <dependency>
         <groupId>org.springframework.cloud</groupId>
         <artifactId>spring-cloud-starter</artifactId>
      </dependency>
      <dependency>
         <groupId>org.springframework.cloud</groupId>
         <artifactId>spring-cloud-starter-eureka-server</artifactId>
      </dependency>
</dependencies>
```

2. 关键代码

```
package com.wisely.discovery;

import org.springframework.boot.SpringApplication;
import org.springframework.boot.autoconfigure.SpringBootApplication;
import org.springframework.cloud.netflix.eureka.server.EnableEurekaServer;

@SpringBootApplication
@EnableEurekaServer
public class DiscoveryApplication {

     public static void main(String[] args) {
          SpringApplication.run(DiscoveryApplication.class, args);
     }

}
```

代码解释

一个常规的 Spring Boot 项目，我们只需要使用@EnableEurekaServer 注解开启对 EurekaServer 的支持即可。

3. 配置

在云计算环境下，习惯上使用 YAML 配置，此处我们也采用 YAML 配置。

application.yml:

```
server:
  port: 8761 #1

eureka:
```

```
  instance:
    hostname: localhost #2
  client:
    register-with-eureka: false #3
fetch-registry: false
```

代码解释

① 当前 Eureka Server 服务的端口号为 8761。

② 当前 Eureka Server 的 hostname 为 localhost。

③ 当前服务不需要到 Eureka Server 上注册。

12.3.3 配置——Config（Config Server）

1. 依赖

Spring Cloud 为我们提供了作为配置服务的依赖 spring-cloud-config-server，以及作为 eureka 客户端的依赖 spring-cloud-starter-eureka：

```
    <dependencies>
        <dependency>
            <groupId>org.springframework.cloud</groupId>
            <artifactId>spring-cloud-starter</artifactId>
        </dependency>
        <dependency>
            <groupId>org.springframework.cloud</groupId>
            <artifactId>spring-cloud-config-server</artifactId>
        </dependency>
        <dependency>
            <groupId>org.springframework.cloud</groupId>
            <artifactId>spring-cloud-starter-eureka</artifactId>
        </dependency>
</dependencies>
```

2. 关键代码

```
package com.wisely.config;

import org.springframework.boot.SpringApplication;
import org.springframework.boot.autoconfigure.SpringBootApplication;
import org.springframework.cloud.config.server.EnableConfigServer;
import org.springframework.cloud.netflix.eureka.EnableEurekaClient;
```

```
@SpringBootApplication
@EnableConfigServer //1
@EnableEurekaClient //2
public class ConfigApplication {

    public static void main(String[] args) {
         SpringApplication.run(ConfigApplication.class, args);
      }

}
```

代码解释

① 使用@EnableConfigServer 开启配置服务器的支持。

② 使用@EnableEurekaClient 开启作为 Eureka Server 的客户端的支持。

3. 配置

bootstrap.yml

```
spring:
  application:
    name: config #1
  profiles:
    active: native #2

eureka:
  instance:
    non-secure-port: ${server.port:8888} #3
    metadata-map:
      instanceId: ${spring.application.name}:${random.value} #4
  client:
    service-url:
      defaultZone: http://${eureka.host:localhost}:${eureka.port:8761}/eureka/
#5
```

代码解释

这里对 bootstrap.yml 做一下解释，Spring Cloud 应用提供使用 bootstrap.yml（bootstrap.properties）负责从外部资源加载配置属性。

① 在 Erueka Server 注册的服务名为 config。

② 配置服务器使用本地配置（默认为 git 配置）。

③ 非 SSL 端口，若环境变量中 server.port 有值，则使用环境变量的值，没有则使用 8080。

④ 配置在 Eureka Server 的实例 ID。

⑤ Eureka 客户端设置 Eureka Server 的地址。

application.yml

```
spring:
  cloud:
    config:
      server:
        native:
          search-locations: classpath:/config #1

server:
  port: 8888
```

代码解释

配置其他应用所需的配置文件的位置位于类路径下的 config 目录下，如图 12-1 所示。

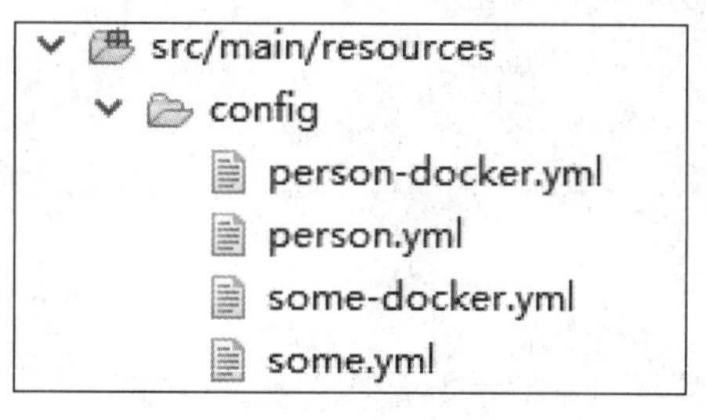

图 12-1　config 目录

配置文件的规则为：应用名+profile.yml。

12.3.4　服务模块——Person 服务

1. 依赖

本模块需要做数据库操作，故添加 spring-boot-starter-data-jpa 依赖（在开发环境下使用 hsqldb，在 Docker 生产环境下使用 PostgreSQL）；本模块还需要使用 Config Server 的配置，故添加 spring-cloud-config-client 依赖。

```
<dependencies>
    <dependency>
        <groupId>org.springframework.cloud</groupId>
        <artifactId>spring-cloud-starter</artifactId>
    </dependency>
    <dependency>
        <groupId>org.springframework.cloud</groupId>
        <artifactId>spring-cloud-config-client</artifactId>
    </dependency>
    <dependency>
        <groupId>org.springframework.cloud</groupId>
        <artifactId>spring-cloud-starter-eureka</artifactId>
    </dependency>
     <dependency>
         <groupId>org.springframework.boot</groupId>
         <artifactId>spring-boot-starter-data-jpa</artifactId>
     </dependency>
     <dependency>
         <groupId>org.hsqldb</groupId>
         <artifactId>hsqldb</artifactId>
     </dependency>
     <dependency>
         <groupId>postgresql</groupId>
         <artifactId>postgresql</artifactId>
         <version>9.1-901-1.jdbc4</version>
     </dependency>
</dependencies>
```

2. 关键代码

本模块没有特别值得关注的代码，主要是实现数据库的一个保存操作，并将保存操作暴露给 UI 模块调用。

```
package com.wisely.person.controller;


import java.util.List;

import org.springframework.beans.factory.annotation.Autowired;
import org.springframework.data.domain.PageRequest;
import org.springframework.web.bind.annotation.RequestBody;
import org.springframework.web.bind.annotation.RequestMapping;
import org.springframework.web.bind.annotation.RequestMethod;
import org.springframework.web.bind.annotation.RestController;
```

```
import com.wisely.person.dao.PersonRepository;
import com.wisely.person.domain.Person;

@RestController
public class PersonController {
    @Autowired
    PersonRepository personRepository;

    @RequestMapping(value = "/save", method = RequestMethod.POST)
    public List<Person> savePerson(@RequestBody String  personName) {
     Person p = new Person(personName);
     personRepository.save(p);
     List<Person> people = personRepository.findAll(new PageRequest(0,
10)).getContent();
        return people;
    }
}
```

3. 配置

bootstrap.yml：

```
spring:
  application:
    name: person
  cloud:
    config:
      enabled: true
      discovery:
        enabled: true
        service-id: CONFIG #1
eureka:
  instance:
    non-secure-port: ${server.port:8082}
  client:
    service-url:
      defaultZone: http://${eureka.host:localhost}:${eureka.port:8761}/eureka/
```

代码解释

指定 Config Server 的服务名，将会通过 Eureka Server 发现 Config Server。

在开发环境下使用 hsqldb:（Config Server 下的 person.yml）：

```
spring:
  jpa:
    database: HSQL
```

在 Docker 生产环境下使用 PostgreSQL（Config Server 下的 person-docker.yml）：

```
spring:
  jpa:
    database: POSTGRESQL
  datasource:
    platform: postgres
    url: jdbc:postgresql://postgres:5432/postgres
    username: postgres
    password: postgres
    driver-class-name: org.postgresql.Driver
```

application.yml:

```
server:
  port: 8082

spring:
  jpa:
    hibernate:
      ddl-auto: update
```

12.3.5 服务模块——Some 服务

1. 依赖

```
<dependencies>
    <dependency>
        <groupId>org.springframework.cloud</groupId>
        <artifactId>spring-cloud-starter</artifactId>
    </dependency>
    <dependency>
        <groupId>org.springframework.cloud</groupId>
        <artifactId>spring-cloud-config-client</artifactId>
    </dependency>
    <dependency>
        <groupId>org.springframework.cloud</groupId>
        <artifactId>spring-cloud-starter-eureka</artifactId>
    </dependency>
</dependencies>
```

2. 关键代码

```
package com.wisely.some;

import org.springframework.beans.factory.annotation.Value;
import org.springframework.boot.SpringApplication;
import org.springframework.boot.autoconfigure.SpringBootApplication;
import org.springframework.cloud.client.discovery.EnableDiscoveryClient;
import org.springframework.web.bind.annotation.RequestMapping;
import org.springframework.web.bind.annotation.RestController;

@SpringBootApplication
@EnableDiscoveryClient
@RestController
public class SomeApplication {
     @Value("${my.message}") //1
     private String message;

     @RequestMapping(value = "/getsome")
     public String getsome(){
         return message;
     }
    public static void main(String[] args) {
        SpringApplication.run(SomeApplication.class, args);
    }

}
```

此处通过@Value 注入的值来自于 Config Server。

在开发环境下（Config Server 下的 some.yml）。

```
my:
 message: Message from Development
```

在 Docker 生产环境下（Config Server 下的 some-docker.yml）：

```
my:
 message: Message from Production
```

3. 配置

bootstrap.yml：

```
spring:
```

```
 application:
   name: some
 cloud:
   config:
     enabled: true
     discovery:
       enabled: true
       service-id: CONFIG
eureka:
 instance:
   non-secure-port: ${server.port:8083}
 client:
   service-url:
     defaultZone: http://${eureka.host:localhost}:${eureka.port:8761}/eureka/
```

application.yml：

```
server:
 port: 8083
```

12.3.6 界面模块——UI（Ribbon,Feign）

1. 依赖

本模块会使用 ribbon、feign、zuul 以及 CircuitBreaker，所以需添加相关依赖。本模块是一个具有界面的模块，所以通过 webjar 加载了一些常用的脚本框架：

```
<dependencies>
      <dependency>
         <groupId>org.springframework.cloud</groupId>
         <artifactId>spring-cloud-starter</artifactId>
      </dependency>
      <dependency>
         <groupId>org.springframework.cloud</groupId>
         <artifactId>spring-cloud-starter-hystrix</artifactId>
      </dependency>
      <dependency>
          <groupId>org.springframework.cloud</groupId>
          <artifactId>spring-cloud-starter-zuul</artifactId>
       </dependency>
      <dependency>
         <groupId>org.springframework.cloud</groupId>
         <artifactId>spring-cloud-config-client</artifactId>
      </dependency>
```

```
        <dependency>
            <groupId>org.springframework.cloud</groupId>
            <artifactId>spring-cloud-starter-eureka</artifactId>
        </dependency>
        <dependency>
            <groupId>org.springframework.cloud</groupId>
            <artifactId>spring-cloud-starter-feign</artifactId>
        </dependency>
        <dependency>
            <groupId>org.springframework.cloud</groupId>
            <artifactId>spring-cloud-starter-ribbon</artifactId>
        </dependency>
        <dependency>
            <groupId>org.webjars</groupId>
            <artifactId>bootstrap</artifactId>
        </dependency>
        <dependency>
            <groupId>org.webjars</groupId>
            <artifactId>angularjs</artifactId>
            <version>1.3.15</version>
        </dependency>
        <dependency>
            <groupId>org.webjars</groupId>
            <artifactId>angular-ui-router</artifactId>
            <version>0.2.13</version>
        </dependency>
        <dependency>
            <groupId>org.webjars</groupId>
            <artifactId>jquery</artifactId>
        </dependency>
    </dependencies>
```

2. 关键代码

（1）入口：

```
package com.wisely.ui;

import org.springframework.boot.SpringApplication;
import org.springframework.boot.autoconfigure.SpringBootApplication;
import org.springframework.cloud.client.circuitbreaker.EnableCircuitBreaker;
import org.springframework.cloud.netflix.eureka.EnableEurekaClient;
import org.springframework.cloud.netflix.feign.EnableFeignClients;
import org.springframework.cloud.netflix.zuul.EnableZuulProxy;
```

```
@SpringBootApplication
@EnableEurekaClient
@EnableFeignClients //1
@EnableCircuitBreaker //2
@EnableZuulProxy //3
public class UiApplication {
   public static void main(String[] args) {
      SpringApplication.run(UiApplication.class, args);
   }
}
```

代码解释

① 通过@EnableFeignClients 开启 feign 客户端支持。

② 通过@EnableCircuitBreaker 开启 CircuitBreaker 的支持。

③ 通过@EnableZuulProxy 开启网关代理的支持

（2）使用 feign 调用 Person Service：

```
package com.wisely.ui.service;

import java.util.List;

import org.springframework.cloud.netflix.feign.FeignClient;
import org.springframework.http.MediaType;
import org.springframework.web.bind.annotation.RequestBody;
import org.springframework.web.bind.annotation.RequestMapping;
import org.springframework.web.bind.annotation.RequestMethod;
import org.springframework.web.bind.annotation.ResponseBody;

import com.wisely.ui.domain.Person;

@FeignClient("person")
public interface PersonService {
    @RequestMapping(method = RequestMethod.POST, value = "/save",
            produces = MediaType.APPLICATION_JSON_VALUE, consumes =
MediaType.APPLICATION_JSON_VALUE)
      @ResponseBody List<Person> save(@RequestBody String  name);
}
```

代码解释

我们只需通过简单的在接口中声明方法即可调用 Person 服务的 REST 服务。

（3）调用 Person Service 的断路器：

```
package com.wisely.ui.service;

import java.util.ArrayList;
import java.util.List;

import org.springframework.beans.factory.annotation.Autowired;
import org.springframework.stereotype.Service;
import com.netflix.hystrix.contrib.javanica.annotation.HystrixCommand;
import com.wisely.ui.domain.Person;

@Service
public class PersonHystrixService {

    @Autowired
    PersonService personService;

    @HystrixCommand(fallbackMethod = "fallbackSave") //1
    public List<Person> save(String name) {
        return personService.save(name);
    }

    public List<Person> fallbackSave(){
        List<Person> list = new ArrayList<>();
        Person p = new Person("Person Service 故障");
        list.add(p);
        return list;
    }
}
```

代码解释

① 使用@HystrixCommand 的 fallbackMethod 参数指定，当本方法调用失败时，调用后备方法 fallbackSave。

（4）使用 ribbon 调用 Some Sevice，并使用断路器：

```
package com.wisely.ui.service;
```

```
import org.springframework.beans.factory.annotation.Autowired;
import org.springframework.stereotype.Service;
import org.springframework.web.client.RestTemplate;

import com.netflix.hystrix.contrib.javanica.annotation.HystrixCommand;

@Service
public class SomeHystrixService {

    @Autowired
    RestTemplate restTemplate; //1

    @HystrixCommand(fallbackMethod = "fallbackSome") //2
    public String getSome() {
        return restTemplate.getForObject("http://some/getsome", String.class);
    }

    public String fallbackSome(){
        return "some service 模块故障";
    }
}
```

代码解释

在 Spring Boot 下使用 Ribbon，我们只需注入一个 RestTemplate 即可，Spring Boot 已为我们做好了配置。

使用@HystrixCommand 的 fallbackMethod 参数指定，当本方法调用失败时调用后备方法 fallbackSome。

3. 配置

bootstrap.yml:

```
spring:
  application:
    name: ui

eureka:
  instance:
    non-secure-port: ${server.port:80}
  client:
    service-url:
```

```
    defaultZone: http://${eureka.host:localhost}:${eureka.port:8761}/eureka/
```

application.yml

```
server:
  port: 80
```

12.3.7 断路器监控——Monitor（DashBoard）

1. 依赖

```
<dependencies>
    <dependency>
        <groupId>org.springframework.cloud</groupId>
        <artifactId>spring-cloud-starter</artifactId>
    </dependency>
    <dependency>
        <groupId>org.springframework.cloud</groupId>
        <artifactId>spring-cloud-starter-hystrix-dashboard</artifactId>
    </dependency>
    <dependency>
        <groupId>org.springframework.cloud</groupId>
        <artifactId>spring-cloud-starter-turbine</artifactId>
    </dependency>
</dependencies>
```

2. 主要代码

```
package com.wisely.monitor;

import org.springframework.boot.SpringApplication;
import org.springframework.boot.autoconfigure.SpringBootApplication;
import org.springframework.cloud.netflix.eureka.EnableEurekaClient;
import
org.springframework.cloud.netflix.hystrix.dashboard.EnableHystrixDashboard;
import org.springframework.cloud.netflix.turbine.EnableTurbine;

@SpringBootApplication
@EnableEurekaClient
@EnableHystrixDashboard
@EnableTurbine
public class MonitorApplication {

    public static void main(String[] args) {
```

```
        SpringApplication.run(MonitorApplication.class, args);
    }
}
```

3. 配置

bootstrap.yml

```
spring:
  application:
    name: monitor

eureka:
  instance:
    nonSecurePort: ${server.port:8989}
  client:
    serviceUrl:
      defaultZone: http://${eureka.host:localhost}:${eureka.port:8761}/eureka/
```

application.yml

```
server:
  port: 8989
```

12.3.8 运行

我们依次启动 DiscoveryApplication、ConfigApplication，后面所有的微服务启动不分顺序，最后启动 MonitorApplication。此时访问 http://localhost:8761，查看 Eureka Server，如图 12-2 所示。

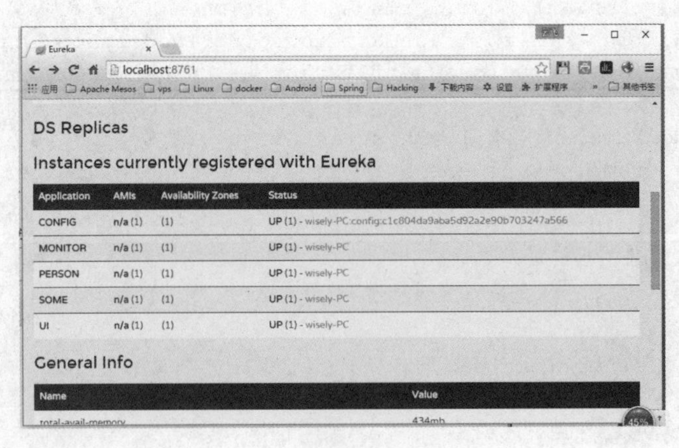

图 12-2 查看 Eureka Server

1. 访问 UI 服务

UI 服务既是我们的页面，也是我们的网关代理。在实际生产环境中，服务器防火墙只需将此端口暴露给外网即可，访问 http://localhost，如图 12-3 所示。

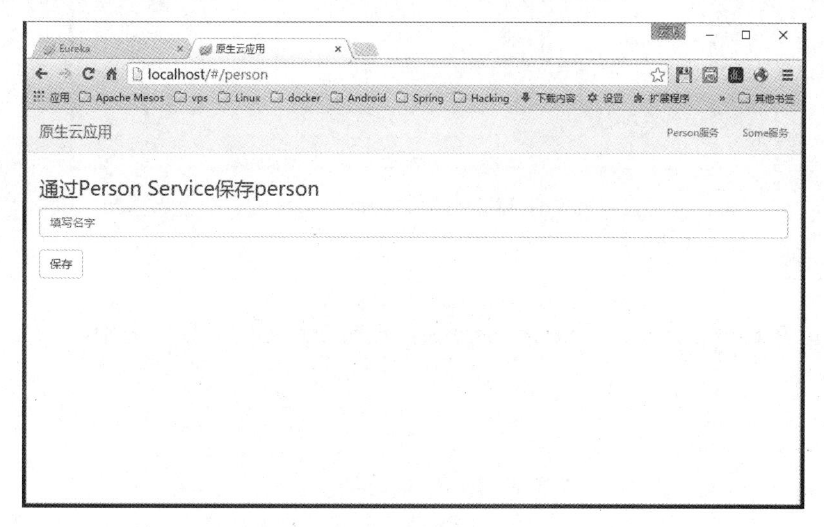

图 12-3　访问 localhost

（1）调用 Person Service，如图 12-4 所示。

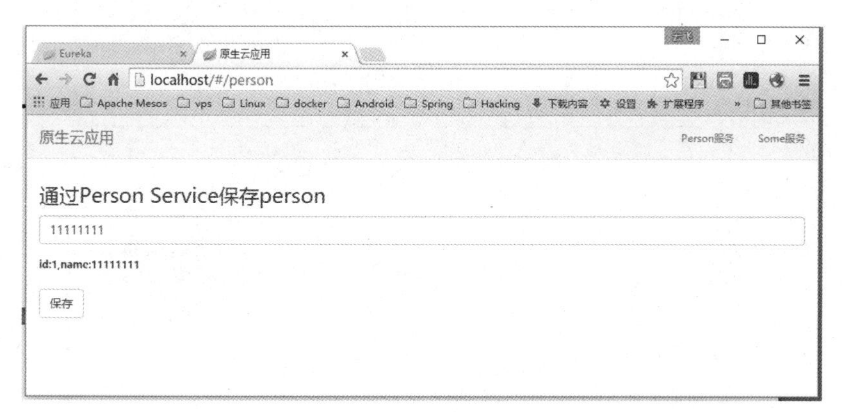

图 12-4　调用 person-service

（2）调用 Some service，如图 12-5 所示。

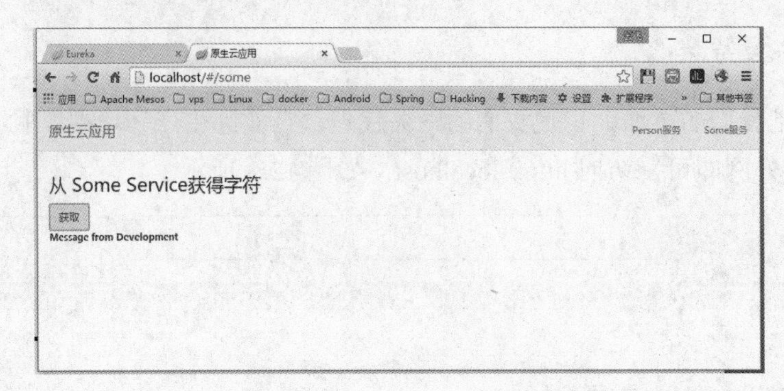

图 12-5　调用 some-service

2. 断路器

此时停止 Person Service 和 Some Service，观察断路器的效果，分别如图 12-6 和图 12-7 所示。

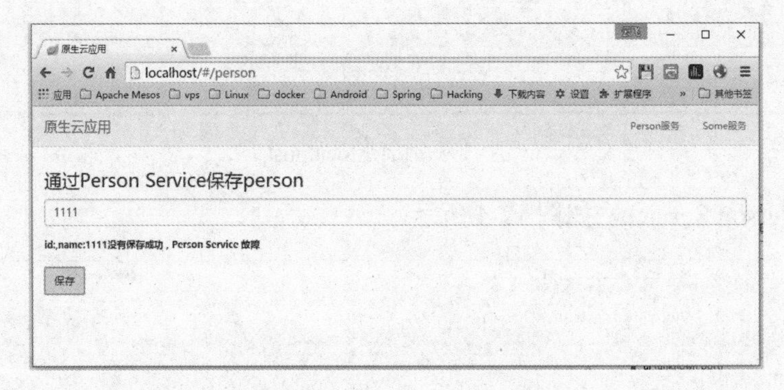

图 12-6　停止 Person Service

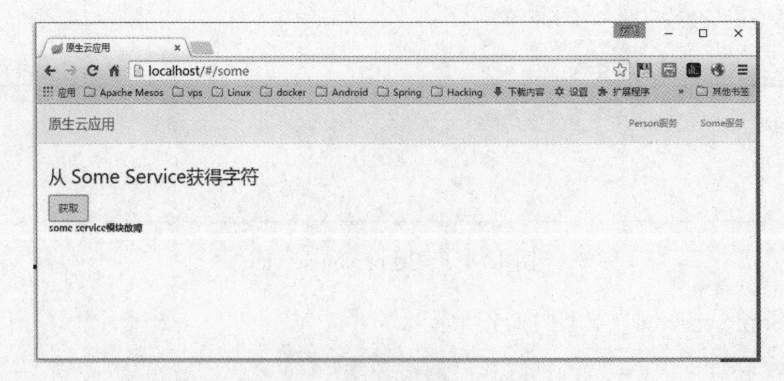

图 12-7　停止 Some Service

3. 断路器监控

访问 http://localhost:8989/hystrix.stream，如图 12-8 所示。

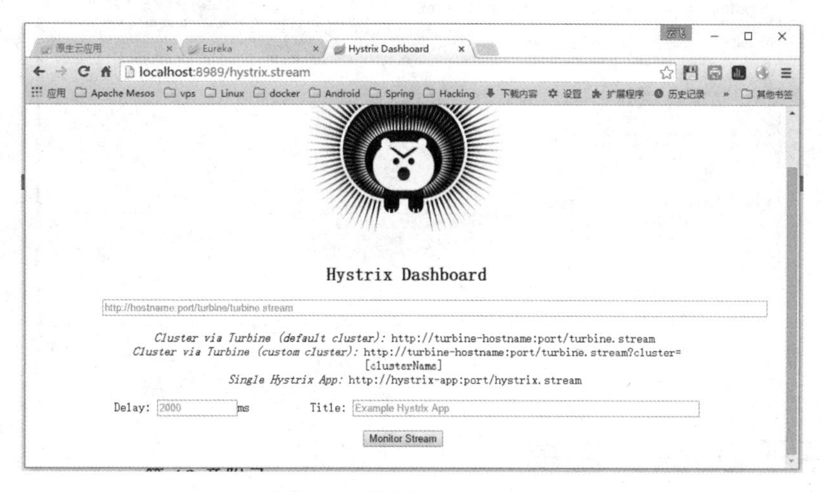

图 12-8　访问 hystrix.stream

输入 http://localhost/hystrix.stream，如图 12-9 所示。

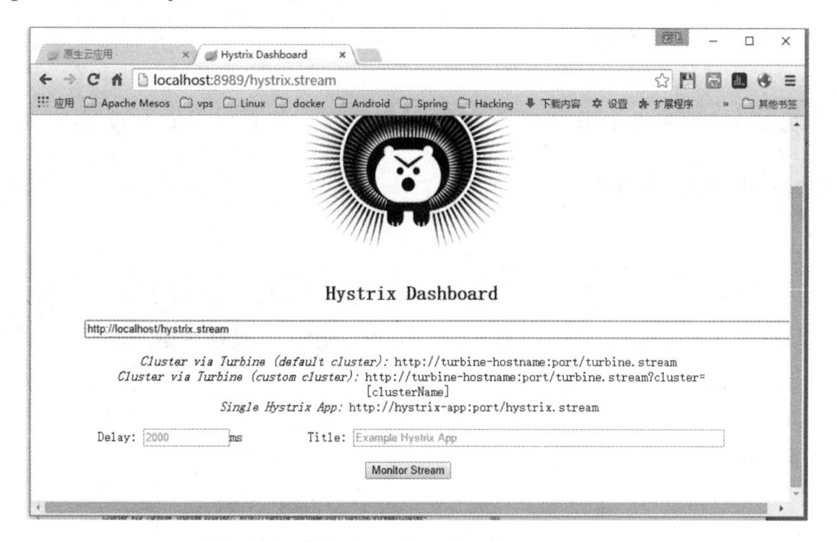

图 12-9　输入 http://localhost/hystrix.stream

监控界面如图 12-10 所示。

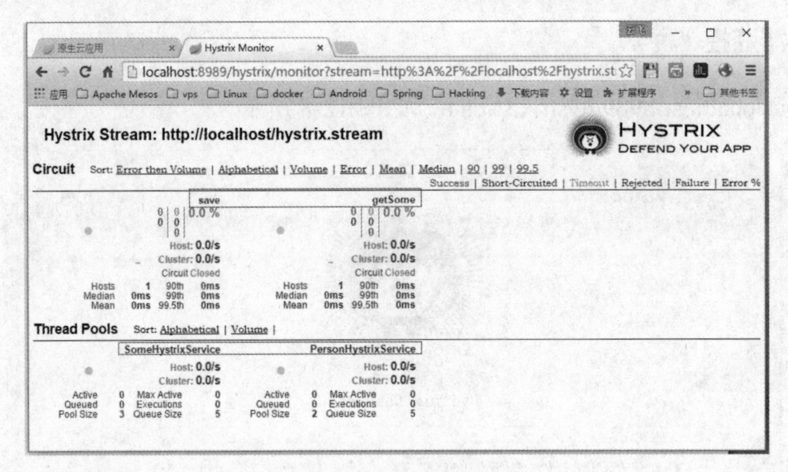

图 12-10　监控界面

12.4　基于 Docker 部署

以 Spring Cloud 开发的微服务程序十分适合在 Docker 环境下部署。

12.4.1　Dockerfile 编写

以上 6 个微服务的 Dockerfile 的编写几乎完全一致，此处只以 config 模块为例。

1. runboot.sh 脚本编写

位于 src/main/docker 下：

```
sleep 10
java -Djava.security.egd=file:/dev/./urandom -jar /app/app.jar
```

根据启动顺序，调整 sleep 的时间。

2. Dockerfile 编写

位于 src/main/docker 下：

```
FROM java:8
VOLUME /tmp
RUN mkdir /app
ADD config-1.0.0-SNAPSHOT.jar /app/app.jar
ADD runboot.sh /app/
```

```
RUN bash -c 'touch /app/app.jar'
WORKDIR /app
RUN chmod a+x runboot.sh
EXPOSE 8888
CMD /app/runboot.sh
```

为不同的微服务我们只需修改：

```
ADD config-1.0.0-SNAPSHOT.jar /app/app.jar
```

以及端口

```
EXPOSE 8888
```

3. Docker 的 maven 插件

在开发机器编译 Docker 镜像到服务器，使用 docker-maven-plugin 即可，在所有程序的 pom.xml 内增加：

```
<build>
      <plugins>
         <plugin>
            <groupId>com.spotify</groupId>
            <artifactId>docker-maven-plugin</artifactId>
            <configuration>
               <imageName>${project.name}:${project.version}</imageName>

<dockerDirectory>${project.basedir}/src/main/docker</dockerDirectory>
               <skipDockerBuild>false</skipDockerBuild>
               <resources>
                  <resource>
                     <directory>${project.build.directory}</directory>
                     <include>${project.build.finalName}.jar</include>
                  </resource>
               </resources>
            </configuration>
         </plugin>
      </plugins>
</build>
```

4. 编译镜像

使用 docker-maven-plugin，默认将 Docker 编译到 localhost。如果是远程 Linux 服务器，请在环境变量中配置 DOCKER_HOST，本例的 Linux 服务器的地址是 192.168.1.68，如图 12-11

所示。

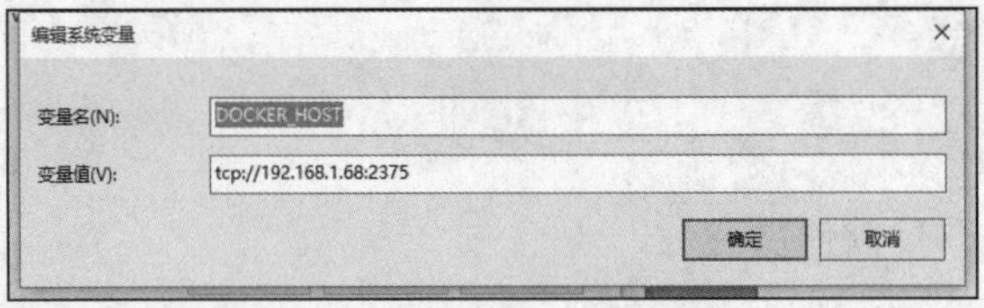

图 12-11　Linux 服务器的地址

在控制台下进入 ch12 目录，执行下面语句：

```
mvn clean package docker:build -DskipTests
```

编译完成后效果如图 12-12 所示。

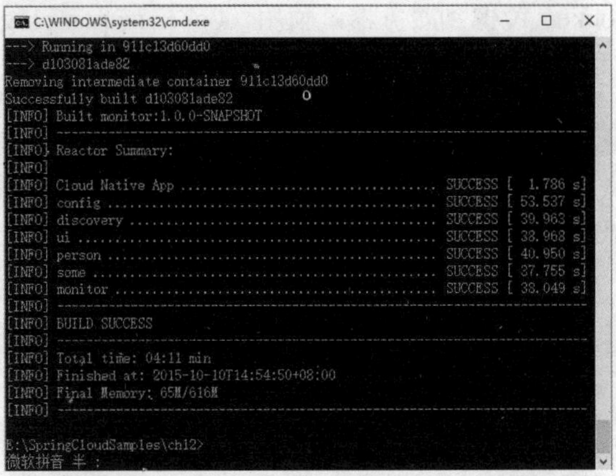

图 12-12　编译后效果

查看 Linux 服务器上的镜像，如图 12-13 所示。

图 12-13　Linux 服务器上的镜像

12.4.2　Docker Compose

Docker Compose 是用来定义和运行多容器应用的工具。关于 Docker Compose 的安装和使用请查看 https://docs.docker.com/compose/。

Docker Compose 使用一个 docker-compose.yml 来描述多容器的定义，使用下面命令运行整个应用。

```
docker-compose up
```

12.4.3 Docker-compose.yml 编写

```
postgresdb:
  image: busybox
  volumes:
    - /var/lib/postgresql/data

postgres:
  name: postgres
  image: postgres
  hostname: postgres
  volumes_from:
    - postgresdb
#  ports:
#    - "5432:5432"
  environment:
    - POSTGRES_USER=postgres
    - POSTGRES_PASSWORD=postgres

discovery:
  image: "discovery:1.0.0-SNAPSHOT"
  hostname: discovery
  name: discovery
  ports:
   - "8761:8761"

config:
  image: "config:1.0.0-SNAPSHOT"
  hostname: config
  name: config
  links:
    - discovery
  environment:
     EUREKA_HOST: discovery
     EUREKA_PORT: 8761
#  ports:
#    - "8888:8888"
```

```
person:
  image: person:1.0.0-SNAPSHOT
  hostname: person
  links:
    - discovery
    - config
    - postgres
  environment:
     EUREKA_HOST: discovery
     EUREKA_PORT: 8761
     SPRING_PROFILES_ACTIVE: docker
#  ports:
#    - "8082:8082"

some:
  image: some:1.0.0-SNAPSHOT
  hostname: some
  links:
    - discovery
    - config
  environment:
     EUREKA_HOST: discovery
     EUREKA_PORT: 8761
     SPRING_PROFILES_ACTIVE: docker
#  ports:
#    - "8083:8083"

ui:
  image: ui:1.0.0-SNAPSHOT
  hostname: ui
  links:
    - discovery
    - config
    - person
    - some
  environment:
     EUREKA_HOST: discovery
     EUREKA_PORT: 8761
     SPRING_PROFILES_ACTIVE: docker
  ports:
    - "80:80"

monitor:
  image: monitor:1.0.0-SNAPSHOT
```

```
  hostname: monitor
  links:
    - discovery
    - config
    - person
    - some
    - ui
  environment:
     EUREKA_HOST: discovery
     EUREKA_PORT: 8761
     SPRING_PROFILES_ACTIVE: docker
#  ports:
#    - "8989:8989"
```

代码解释

① enviroment：给容器使用的变量，在容器中使用${}来调用。

② links：当前容器依赖的容器，可直接使用依赖容器的已有端口。

③ ports：将我们要暴露的端口映射出来，不需要暴露的端口则不做映射。

12.4.4 运行

将 docker-compose.yml 上传至 Linux 服务器上，在文件当前目录执行下面命令：

```
docker-compose up -d
```

-d 表示后台运行。

启动运行效果如图 12-14 所示。

```
[root@localhost ch12]# pwd
/root/compose/ch12
[root@localhost ch12]# docker-compose up -d
Recreating ch12_postgresdb_1...
Creating ch12_postgres_1...
Creating ch12_discovery_1...
Creating ch12_config_1...
Creating ch12_person_1...
Creating ch12_some_1...
Creating ch12_ui_1...
Creating ch12_monitor_1...
```

图 12-14　启动运行效果

这时我们可以在本地访问 http://192.168.1.68:8761 和 http://192.168.1.68，分别如图 12-15 和图 12-16 所示。

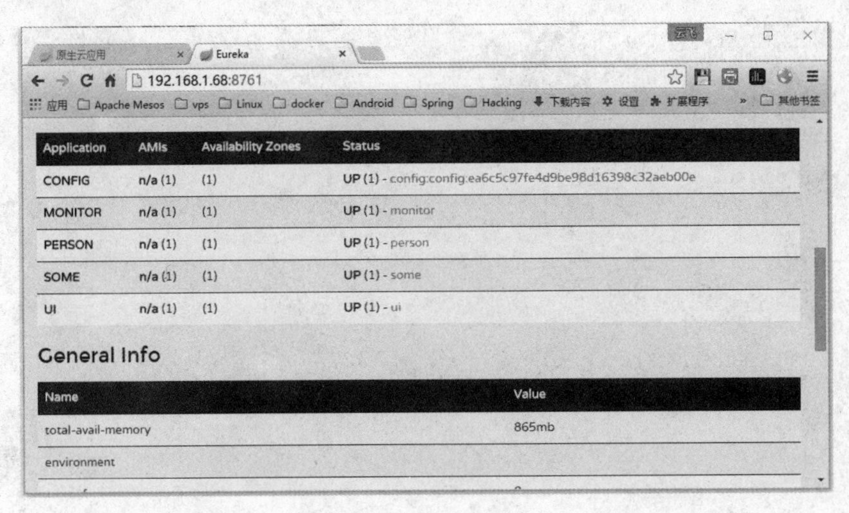

图 12-15　访问效果（http://192.168.1.68:8761）

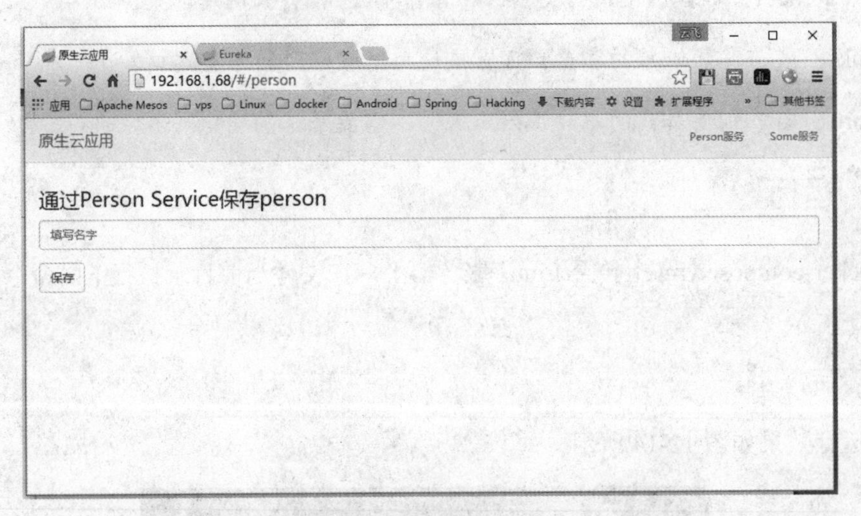

图 12-16　访问效果（http://192.168.1.68）

附录 A

A.1 基于 JHipster 的代码生成

JHipster 是一个代码生成器，可以用来生成基于 Spring Boot 和 AngularJS 的项目。

1. 安装 Node.JS

下载地址：https://nodejs.org/download/

2. 安装 Git 客户端

下载地址：https://git-scm.com/download/win

3. 安装 Yeoman generator

```
npm install -g yo
```

4. 安装 JHipster

```
npm install -g generator-jhipster
```

5. 安装 Bower

```
npm install -g bower
```

6. 安装 Grunt

```
npm install -g grunt-cli
```

7. 使用 JHipster 生成项目

执行下面代码，效果如图 A-1 所示。

```
mkdir hello-boot
cd hello-boot
yo jhipster
```

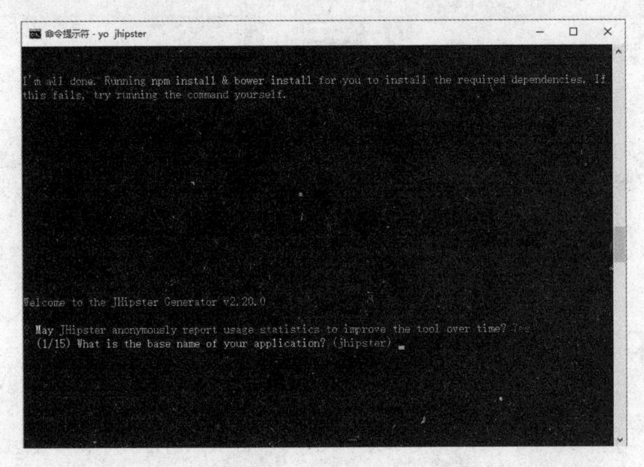

图 A-1 执行效果

按照提示向导进行操作，如图 A-2 所示。

```
May JHipster anonymously report usage statistics to improve the tool over time? No
(1/15) What is the base name of your application? helloboot
(2/15) What is your default Java package name? com.wisely.helloboot
(3/15) Do you want to use Java 8? Yes (use Java 8)
(4/15) Which *type* of authentication would you like to use? HTTP Session Authentication (stateful, default Spring Security mechanism)
(5/15) Which *type* of database would you like to use? SQL (H2, MySQL, PostgreSQL, Oracle)
(6/15) Which *production* database would you like to use? MySQL
(7/15) Which *development* database would you like to use? H2 in-memory with Web console
(8/15) Do you want to use Hibernate 2nd level cache? No
(9/15) Do you want to use a search engine in your application? No
(10/15) Do you want to use clustered HTTP sessions? No
(11/15) Do you want to use WebSockets? No
(12/15) Would you like to use Maven or Gradle for building the backend? Maven (recommended)
(13/15) Would you like to use Grunt or Gulp.js for building the frontend? Grunt (recommended)
```

图 A-2 按照提示向导操作

最终完成的结果如图 A-3 所示。

```
Done, without errors.


Execution Time (2015-08-27 07:41:14 UTC)
loading tasks

ngconstant:dev
wiredep:app



wiredep:test
```

图 A-3 完成

生成的代码文件结构如图 A-4 所示。

电脑 › 本地磁盘 (C:) › 用户 › wisely › hello-boot

名称	修改日期	类型	大小
node_modules	2015/8/27 15:24	文件夹	
src	2015/8/27 15:03	文件夹	
.bowerrc	2015/8/27 15:36	BOWERRC 文件	1 KB
.editorconfig	2015/8/27 15:36	EDITORCONFIG ...	1 KB
	2015/8/27 15:36	文本文档	1 KB
	2015/8/27 15:36	文本文档	2 KB
.jshintrc	2015/8/27 15:36	JSHINTRC 文件	1 KB
.travis.yml	2015/8/27 15:36	YML 文件	1 KB
.yo-rc.json	2015/8/27 15:36	JSON 文件	1 KB
bower.json	2015/8/27 15:36	JSON 文件	2 KB
Gruntfile	2015/8/27 15:36	JavaScript 文件	13 KB
package.json	2015/8/27 15:36	JSON 文件	2 KB
pom	2015/8/27 15:36	XML 文档	29 KB
README.md	2015/8/27 15:36	MD 文件	1 KB

图 A-4 文件结构

8. 运行

在程序目录下，执行下面代码：

```
mvn spring-boot:run
```

访问 http://localhost:8080，效果如图 A-5 所示。

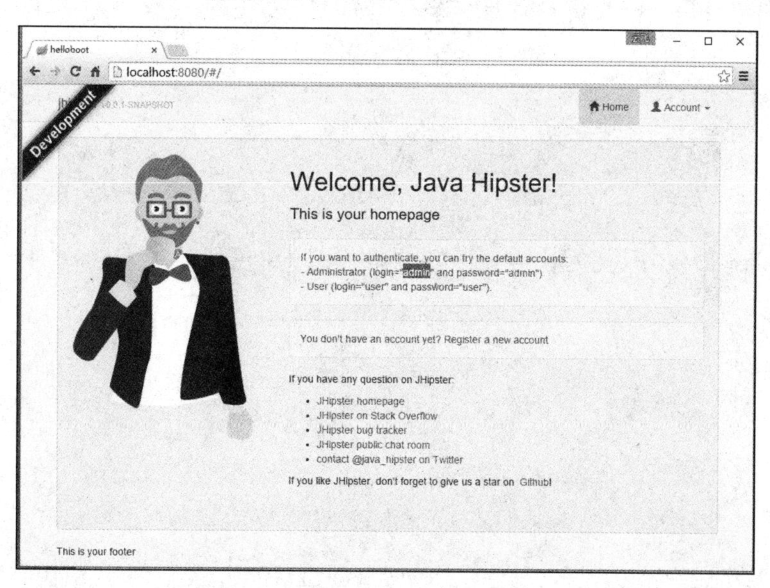

图 A-5 访问 http://localhost:8080

以账号和密码都为 admin 登录系统，JHipster 已为我们做了很多基础的工作，如图 A-6 所示。

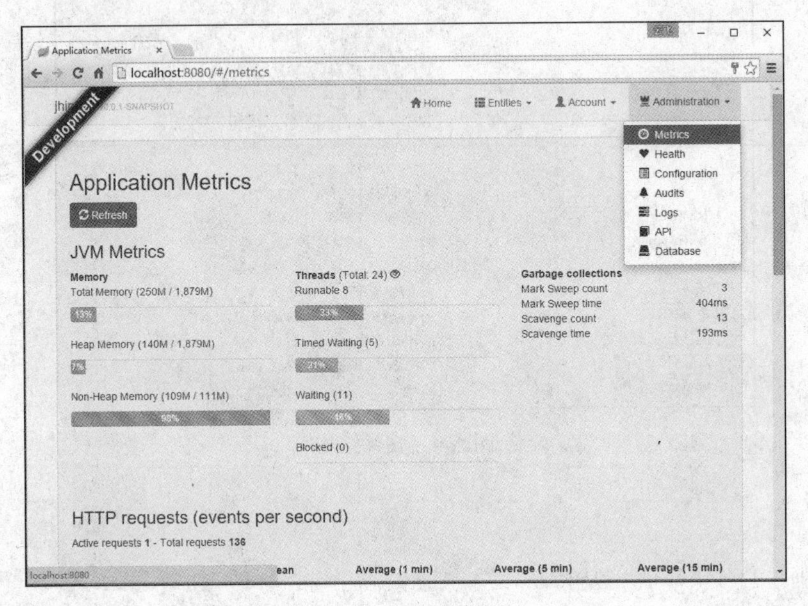

图 A-6　登录系统

A.2　常用应用属性配置列表

```
# ===================================================================
# COMMON SPRING BOOT PROPERTIES
#
# This sample file is provided as a guideline. Do NOT copy it in its
# entirety to your own application.            ^^^
# ===================================================================


# ----------------------------------------
# CORE PROPERTIES
# ----------------------------------------

# BANNER
banner.charset=UTF-8 # banner file encoding
banner.location=classpath:banner.txt # banner file location

# SPRING CONFIG (ConfigFileApplicationListener)
```

```
spring.config.name= # config file name (default to 'application')
spring.config.location= # location of config file

# PROFILES
spring.profiles.active= # comma list of active profiles
spring.profiles.include= # unconditionally activate the specified comma separated
profiles

# APPLICATION SETTINGS (SpringApplication)
spring.main.sources= # sources (class name, package name or XML resource location)
to include
spring.main.web-environment= # detect by default
spring.main.show-banner=true
spring.main....= # see class for all properties

# ADMIN (SpringApplicationAdminJmxAutoConfiguration)
spring.application.admin.enabled=false # enable admin features for the
application
spring.application.admin.jmx-name=org.springframework.boot:type=Admin,name=Sp
ringApplication # JMX name of the application admin MBean

# OUTPUT
spring.output.ansi.enabled=detect # Configure the ANSI output ("detect", "always",
"never")

# LOGGING
logging.path=/var/logs
logging.file=myapp.log
logging.config= # location of config file (default classpath:logback.xml for
logback)
logging.level.*= # levels for loggers, e.g.
"logging.level.org.springframework=DEBUG" (TRACE, DEBUG, INFO, WARN, ERROR, FATAL,
OFF)

# IDENTITY (ContextIdApplicationContextInitializer)
spring.application.name=
spring.application.index=

# EMBEDDED SERVER CONFIGURATION (ServerProperties)
server.port=8080
server.address= # bind to a specific NIC
server.session-timeout= # session timeout in seconds
server.context-parameters.*= # Servlet context init parameters, e.g.
server.context-parameters.a=alpha
```

```
server.context-path= # the context path, defaults to '/'
server.jsp-servlet.class-name=org.apache.jasper.servlet.JspServlet # The class
name of the JSP servlet
server.jsp-servlet.init-parameters.*= # Init parameters used to configure the JSP
servlet
server.jsp-servlet.registered=true # Whether or not the JSP servlet is registered
server.servlet-path= # the servlet path, defaults to '/'
server.display-name= # the display name of the application
server.ssl.enabled=true # if SSL support is enabled
server.ssl.client-auth= # want or need
server.ssl.key-alias=
server.ssl.ciphers= # supported SSL ciphers
server.ssl.key-password=
server.ssl.key-store=
server.ssl.key-store-password=
server.ssl.key-store-provider=
server.ssl.key-store-type=
server.ssl.protocol=TLS
server.ssl.trust-store=
server.ssl.trust-store-password=
server.ssl.trust-store-provider=
server.ssl.trust-store-type=
server.tomcat.access-log-pattern= # log pattern of the access log
server.tomcat.access-log-enabled=false # is access logging enabled
server.tomcat.compression=off # is compression enabled (off, on, or an integer
content length limit)
server.tomcat.compressable-mime-types=text/html,text/xml,text/plain #
comma-separated list of mime types that Tomcat will compress
server.tomcat.internal-proxies=10\\.\\d{1,3}\\.\\d{1,3}\\.\\d{1,3}|\\
        192\\.168\\.\\d{1,3}\\.\\d{1,3}|\\
        169\\.254\\.\\d{1,3}\\.\\d{1,3}|\\
        127\\.\\d{1,3}\\.\\d{1,3}\\.\\d{1,3}|\\
        172\\.1[6-9]{1}\\.\\d{1,3}\\.\\d{1,3}|\\
        172\\.2[0-9]{1}\\.\\d{1,3}\\.\\d{1,3}|\\
        172\\.3[0-1]{1}\\.\\d{1,3}\\.\\d{1,3} # regular expression matching
trusted IP addresses
server.tomcat.protocol-header=x-forwarded-proto # front end proxy forward header
server.tomcat.port-header= # front end proxy port header
server.tomcat.remote-ip-header=x-forwarded-for
server.tomcat.basedir=/tmp # base dir (usually not needed, defaults to tmp)
server.tomcat.background-processor-delay=30; # in seconds
server.tomcat.max-http-header-size= # maximum size in bytes of the HTTP message
header
server.tomcat.max-threads = 0 # number of threads in protocol handler
```

```
server.tomcat.uri-encoding = UTF-8 # character encoding to use for URL decoding
server.undertow.access-log-enabled=false # if access logging is enabled
server.undertow.access-log-pattern=common # log pattern of the access log
server.undertow.access-log-dir=logs # access logs directory
server.undertow.buffer-size= # size of each buffer in bytes
server.undertow.buffers-per-region= # number of buffer per region
server.undertow.direct-buffers=false # allocate buffers outside the Java heap
server.undertow.io-threads= # number of I/O threads to create for the worker
server.undertow.worker-threads= # number of worker threads

# SPRING MVC (WebMvcProperties)
spring.mvc.locale= # set fixed locale, e.g. en_UK
spring.mvc.date-format= # set fixed date format, e.g. dd/MM/yyyy
spring.mvc.favicon.enabled=true
spring.mvc.message-codes-resolver-format= # PREFIX_ERROR_CODE /
POSTFIX_ERROR_CODE
spring.mvc.ignore-default-model-on-redirect=true # If the the content of the
"default" model should be ignored redirects
spring.view.prefix= # MVC view prefix
spring.view.suffix= # ... and suffix

# SPRING RESOURCES HANDLING (ResourceProperties)
spring.resources.cache-period= # cache timeouts in headers sent to browser
spring.resources.add-mappings=true # if default mappings should be added

# MULTIPART (MultipartProperties)
multipart.enabled=true
multipart.file-size-threshold=0 # Threshold after which files will be written to
disk.
multipart.location= # Intermediate location of uploaded files.
multipart.max-file-size=1Mb # Max file size.
multipart.max-request-size=10Mb # Max request size.

# SPRING HATEOAS (HateoasProperties)
spring.hateoas.apply-to-primary-object-mapper=true # if the primary mapper should
also be configured

# HTTP encoding (HttpEncodingProperties)
spring.http.encoding.charset=UTF-8 # the encoding of HTTP requests/responses
spring.http.encoding.enabled=true # enable http encoding support
spring.http.encoding.force=true # force the configured encoding

# HTTP message conversion
```

```
spring.http.converters.preferred-json-mapper= # the preferred JSON mapper to use for HTTP message conversion. Set to "gson" to force the use of Gson when both it and Jackson are on the classpath.

# HTTP response compression (GzipFilterProperties)
spring.http.gzip.buffer-size= # size of the output buffer in bytes
spring.http.gzip.deflate-compression-level= # the level used for deflate compression (0-9)
spring.http.gzip.deflate-no-wrap= # noWrap setting for deflate compression (true or false)
spring.http.gzip.enabled=true # enable gzip filter support
spring.http.gzip.excluded-agents= # comma-separated list of user agents to exclude from compression
spring.http.gzip.exclude-agent-patterns= # comma-separated list of regular expression patterns to control user agents excluded from compression
spring.http.gzip.exclude-paths= # comma-separated list of paths to exclude from compression
spring.http.gzip.exclude-path-patterns= # comma-separated list of regular expression patterns to control the paths that are excluded from compression
spring.http.gzip.methods= # comma-separated list of HTTP methods for which compression is enabled
spring.http.gzip.mime-types= # comma-separated list of MIME types which should be compressed
spring.http.gzip.excluded-mime-types= # comma-separated list of MIME types to exclude from compression
spring.http.gzip.min-gzip-size= # minimum content length required for compression to occur
spring.http.gzip.vary= # Vary header to be sent on responses that may be compressed

# JACKSON (JacksonProperties)
spring.jackson.date-format= # Date format string (e.g. yyyy-MM-dd HH:mm:ss), or a fully-qualified date format class name (e.g. com.fasterxml.jackson.databind.util.ISO8601DateFormat)
spring.jackson.property-naming-strategy= # One of the constants on Jackson's PropertyNamingStrategy (e.g. CAMEL_CASE_TO_LOWER_CASE_WITH_UNDERSCORES) or the fully-qualified class name of a PropertyNamingStrategy subclass
spring.jackson.deserialization.*= # see Jackson's DeserializationFeature
spring.jackson.generator.*= # see Jackson's JsonGenerator.Feature
spring.jackson.joda-date-time-format= # Joda date time format string
spring.jackson.mapper.*= # see Jackson's MapperFeature
spring.jackson.parser.*= # see Jackson's JsonParser.Feature
spring.jackson.serialization.*= # see Jackson's SerializationFeature
spring.jackson.serialization-inclusion= # Controls the inclusion of properties during serialization (see Jackson's JsonInclude.Include)
```

```
# THYMELEAF (ThymeleafAutoConfiguration)
spring.thymeleaf.check-template-location=true
spring.thymeleaf.prefix=classpath:/templates/
spring.thymeleaf.excluded-view-names= # comma-separated list of view names that
should be excluded from resolution
spring.thymeleaf.view-names= # comma-separated list of view names that can be
resolved
spring.thymeleaf.suffix=.html
spring.thymeleaf.mode=HTML5
spring.thymeleaf.enabled=true # enable MVC view resolution
spring.thymeleaf.encoding=UTF-8
spring.thymeleaf.content-type=text/html # ;charset=<encoding> is added
spring.thymeleaf.cache=true # set to false for hot refresh

# FREEMARKER (FreeMarkerAutoConfiguration)
spring.freemarker.allow-request-override=false
spring.freemarker.cache=true
spring.freemarker.check-template-location=true
spring.freemarker.charset=UTF-8
spring.freemarker.content-type=text/html
spring.freemarker.enabled=true # enable MVC view resolution
spring.freemarker.expose-request-attributes=false
spring.freemarker.expose-session-attributes=false
spring.freemarker.expose-spring-macro-helpers=false
spring.freemarker.prefix=
spring.freemarker.request-context-attribute=
spring.freemarker.settings.*=
spring.freemarker.suffix=.ftl
spring.freemarker.template-loader-path=classpath:/templates/ # comma-separated
list
spring.freemarker.view-names= # whitelist of view names that can be resolved

# GROOVY TEMPLATES (GroovyTemplateAutoConfiguration)
spring.groovy.template.cache=true
spring.groovy.template.charset=UTF-8
spring.groovy.template.check-template-location=true # check that the templates
location exists
spring.groovy.template.configuration.*= # See GroovyMarkupConfigurer
spring.groovy.template.content-type=text/html
spring.groovy.template.enabled=true # enable MVC view resolution
spring.groovy.template.prefix=classpath:/templates/
spring.groovy.template.suffix=.tpl
spring.groovy.template.view-names= # whitelist of view names that can be resolved
```

```
# VELOCITY TEMPLATES (VelocityAutoConfiguration)
spring.velocity.allow-request-override=false
spring.velocity.cache=true
spring.velocity.check-template-location=true
spring.velocity.charset=UTF-8
spring.velocity.content-type=text/html
spring.velocity.date-tool-attribute=
spring.velocity.enabled=true # enable MVC view resolution
spring.velocity.expose-request-attributes=false
spring.velocity.expose-session-attributes=false
spring.velocity.expose-spring-macro-helpers=false
spring.velocity.number-tool-attribute=
spring.velocity.prefer-file-system-access=true # prefer file system access for
template loading
spring.velocity.prefix=
spring.velocity.properties.*=
spring.velocity.request-context-attribute=
spring.velocity.resource-loader-path=classpath:/templates/
spring.velocity.suffix=.vm
spring.velocity.toolbox-config-location= # velocity Toolbox config location, for
example "/WEB-INF/toolbox.xml"
spring.velocity.view-names= # whitelist of view names that can be resolved

# MUSTACHE TEMPLATES (MustacheAutoConfiguration)
spring.mustache.cache=true
spring.mustache.charset=UTF-8
spring.mustache.check-template-location=true
spring.mustache.content-type=UTF-8
spring.mustache.enabled=true # enable MVC view resolution
spring.mustache.prefix=
spring.mustache.suffix=.html
spring.mustache.view-names= # whitelist of view names that can be resolved

# JERSEY (JerseyProperties)
spring.jersey.type=servlet # servlet or filter
spring.jersey.init= # init params
spring.jersey.filter.order=

# INTERNATIONALIZATION (MessageSourceAutoConfiguration)
spring.messages.basename=messages
spring.messages.cache-seconds=-1
spring.messages.encoding=UTF-8
```

```
# SECURITY (SecurityProperties)
security.user.name=user # login username
security.user.password= # login password
security.user.role=USER # role assigned to the user
security.require-ssl=false # advanced settings ...
security.enable-csrf=false
security.basic.enabled=true
security.basic.realm=Spring
security.basic.path= # /**
security.basic.authorize-mode= # ROLE, AUTHENTICATED, NONE
security.filter-order=0
security.headers.xss=false
security.headers.cache=false
security.headers.frame=false
security.headers.content-type=false
security.headers.hsts=all # none / domain / all
security.sessions=stateless # always / never / if_required / stateless
security.ignored= # Comma-separated list of paths to exclude from the default
secured paths

# OAuth2 client (OAuth2ClientProperties
spring.oauth2.client.client-id= # OAuth2 client id
spring.oauth2.client.client-secret= # OAuth2 client secret. A random secret is
generated by default

# OAuth2 SSO (OAuth2SsoProperties
spring.oauth2.sso.filter-order= # Filter order to apply if not providing an
explicit WebSecurityConfigurerAdapter
spring.oauth2.sso.login-path= # Path to the login page, i.e. the one that triggers
the redirect to the OAuth2 Authorization Server

# DATASOURCE (DataSourceAutoConfiguration & DataSourceProperties)
spring.datasource.name= # name of the data source
spring.datasource.initialize=true # populate using data.sql
spring.datasource.schema= # a schema (DDL) script resource reference
spring.datasource.data= # a data (DML) script resource reference
spring.datasource.sql-script-encoding= # a charset for reading SQL scripts
spring.datasource.platform= # the platform to use in the schema resource
(schema-${platform}.sql)
spring.datasource.continue-on-error=false # continue even if can't be initialized
spring.datasource.separator=; # statement separator in SQL initialization scripts
spring.datasource.driver-class-name= # JDBC Settings...
spring.datasource.url=
```

```
spring.datasource.username=
spring.datasource.password=
spring.datasource.jndi-name= # For JNDI lookup (class, url, username & password are ignored when set)
spring.datasource.max-active=100 # Advanced configuration...
spring.datasource.max-idle=8
spring.datasource.min-idle=8
spring.datasource.initial-size=10
spring.datasource.validation-query=
spring.datasource.test-on-borrow=false
spring.datasource.test-on-return=false
spring.datasource.test-while-idle=
spring.datasource.time-between-eviction-runs-millis=
spring.datasource.min-evictable-idle-time-millis=
spring.datasource.max-wait=
spring.datasource.jmx-enabled=false # Export JMX MBeans (if supported)

# DAO (PersistenceExceptionTranslationAutoConfiguration)
spring.dao.exceptiontranslation.enabled=true

# MONGODB (MongoProperties)
spring.data.mongodb.host= # the db host
spring.data.mongodb.port=27017 # the connection port (defaults to 27107)
spring.data.mongodb.uri=mongodb://localhost/test # connection URL
spring.data.mongodb.database=
spring.data.mongodb.authentication-database=
spring.data.mongodb.grid-fs-database=
spring.data.mongodb.username=
spring.data.mongodb.password=
spring.data.mongodb.repositories.enabled=true # if spring data repository support is enabled

# JPA (JpaBaseConfiguration, HibernateJpaAutoConfiguration)
spring.jpa.properties.*= # properties to set on the JPA connection
spring.jpa.open-in-view=true
spring.jpa.show-sql=true
spring.jpa.database-platform=
spring.jpa.database=
spring.jpa.generate-ddl=false # ignored by Hibernate, might be useful for other vendors
spring.jpa.hibernate.naming-strategy= # naming classname
spring.jpa.hibernate.ddl-auto= # defaults to create-drop for embedded dbs
spring.data.jpa.repositories.enabled=true # if spring data repository support is enabled
```

```
# JTA (JtaAutoConfiguration)
spring.jta.log-dir= # transaction log dir
spring.jta.*= # technology specific configuration

# ATOMIKOS
spring.jta.atomikos.connectionfactory.borrow-connection-timeout=30 # Timeout,
in seconds, for borrowing connections from the pool
spring.jta.atomikos.connectionfactory.ignore-session-transacted-flag=true #
Whether or not to ignore the transacted flag when creating session
spring.jta.atomikos.connectionfactory.local-transaction-mode=false # Whether or
not local transactions are desired
spring.jta.atomikos.connectionfactory.maintenance-interval=60 # The time, in
seconds, between runs of the pool's maintenance thread
spring.jta.atomikos.connectionfactory.max-idle-time=60 # The time, in seconds,
after which connections are cleaned up from the pool
spring.jta.atomikos.connectionfactory.max-lifetime=0 # The time, in seconds, that
a connection can be pooled for before being destroyed. 0 denotes no limit.
spring.jta.atomikos.connectionfactory.max-pool-size=1 # The maximum size of the
pool
spring.jta.atomikos.connectionfactory.min-pool-size=1 # The minimum size of the
pool
spring.jta.atomikos.connectionfactory.reap-timeout=0 # The reap timeout, in
seconds, for borrowed connections. 0 denotes no limit.
spring.jta.atomikos.connectionfactory.unique-resource-name=jmsConnectionFacto
ry # The unique name used to identify the resource during recovery
spring.jta.atomikos.datasource.borrow-connection-timeout=30 # Timeout, in
seconds, for borrowing connections from the pool
spring.jta.atomikos.datasource.default-isolation-level= # Default isolation
level of connections provided by the pool
spring.jta.atomikos.datasource.login-timeout= # Timeout, in seconds, for
establishing a database connection
spring.jta.atomikos.datasource.maintenance-interval=60 # The time, in seconds,
between runs of the pool's maintenance thread
spring.jta.atomikos.datasource.max-idle-time=60 # The time, in seconds, after
which connections are cleaned up from the pool
spring.jta.atomikos.datasource.max-lifetime=0 # The time, in seconds, that a
connection can be pooled for before being destroyed. 0 denotes no limit.
spring.jta.atomikos.datasource.max-pool-size=1 # The maximum size of the pool
spring.jta.atomikos.datasource.min-pool-size=1 # The minimum size of the pool
spring.jta.atomikos.datasource.reap-timeout=0 # The reap timeout, in seconds, for
borrowed connections. 0 denotes no limit.
spring.jta.atomikos.datasource.test-query= # SQL query or statement used to
validate a connection before returning it
```

```
spring.jta.atomikos.datasource.unique-resource-name=dataSource # The unique name
used to identify the resource during recovery

# BITRONIX
spring.jta.bitronix.connectionfactory.acquire-increment=1 # Number of
connections to create when growing the pool
spring.jta.bitronix.connectionfactory.acquisition-interval=1 # Time, in seconds,
to wait before trying to acquire a connection again after an invalid connection
was acquired
spring.jta.bitronix.connectionfactory.acquisition-timeout=30 # Timeout, in
seconds, for acquiring connections from the pool
spring.jta.bitronix.connectionfactory.allow-local-transactions=true # Whether
or not the transaction manager should allow mixing XA and non-XA transactions
spring.jta.bitronix.connectionfactory.apply-transaction-timeout=false #
Whether or not the transaction timeout should be set on the XAResource when it
is enlisted
spring.jta.bitronix.connectionfactory.automatic-enlisting-enabled=true #
Whether or not resources should be enlisted and delisted automatically
spring.jta.bitronix.connectionfactory.cache-producers-consumers=true # Whether
or not produces and consumers should be cached
spring.jta.bitronix.connectionfactory.defer-connection-release=true # Whether
or not the provider can run many transactions on the same connection and supports
transaction interleaving
spring.jta.bitronix.connectionfactory.ignore-recovery-failures=false # Whether
or not recovery failures should be ignored
spring.jta.bitronix.connectionfactory.max-idle-time=60 # The time, in seconds,
after which connections are cleaned up from the pool
spring.jta.bitronix.connectionfactory.max-pool-size=10 # The maximum size of the
pool. 0 denotes no limit
spring.jta.bitronix.connectionfactory.min-pool-size=0 # The minimum size of the
pool
spring.jta.bitronix.connectionfactory.password= # The password to use to connect
to the JMS provider
spring.jta.bitronix.connectionfactory.share-transaction-connections=false #
Whether or not connections in the ACCESSIBLE state can be shared within the context
of a transaction
spring.jta.bitronix.connectionfactory.test-connections=true # Whether or not
connections should be tested when acquired from the pool
spring.jta.bitronix.connectionfactory.two-pc-ordering-position=1 # The postion
that this resource should take during two-phase commit (always first is
Integer.MIN_VALUE, always last is Integer.MAX_VALUE)
spring.jta.bitronix.connectionfactory.unique-name=jmsConnectionFactory # The
unique name used to identify the resource during recovery
```

```
spring.jta.bitronix.connectionfactory.use-tm-join=true Whether or not TMJOIN
should be used when starting XAResources
spring.jta.bitronix.connectionfactory.user= # The user to use to connect to the
JMS provider
spring.jta.bitronix.datasource.acquire-increment=1 # Number of connections to
create when growing the pool
spring.jta.bitronix.datasource.acquisition-interval=1 # Time, in seconds, to wait
before trying to acquire a connection again after an invalid connection was acquired
spring.jta.bitronix.datasource.acquisition-timeout=30 # Timeout, in seconds, for
acquiring connections from the pool
spring.jta.bitronix.datasource.allow-local-transactions=true # Whether or not
the transaction manager should allow mixing XA and non-XA transactions
spring.jta.bitronix.datasource.apply-transaction-timeout=false # Whether or not
the transaction timeout should be set on the XAResource when it is enlisted
spring.jta.bitronix.datasource.automatic-enlisting-enabled=true # Whether or not
resources should be enlisted and delisted automatically
spring.jta.bitronix.datasource.cursor-holdability= # The default cursor
holdability for connections
spring.jta.bitronix.datasource.defer-connection-release=true # Whether or not
the database can run many transactions on the same connection and supports
transaction interleaving
spring.jta.bitronix.datasource.enable-jdbc4-connection-test # Whether or not
Connection.isValid() is called when acquiring a connection from the pool
spring.jta.bitronix.datasource.ignore-recovery-failures=false # Whether or not
recovery failures should be ignored
spring.jta.bitronix.datasource.isolation-level= # The default isolation level for
connections
spring.jta.bitronix.datasource.local-auto-commit # The default auto-commit mode
for local transactions
spring.jta.bitronix.datasource.login-timeout= # Timeout, in seconds, for
establishing a database connection
spring.jta.bitronix.datasource.max-idle-time=60 # The time, in seconds, after
which connections are cleaned up from the pool
spring.jta.bitronix.datasource.max-pool-size=10 # The maximum size of the pool.
0 denotes no limit
spring.jta.bitronix.datasource.min-pool-size=0 # The minimum size of the pool
spring.jta.bitronix.datasource.prepared-statement-cache-size=0 # The target size
of the prepared statement cache. 0 disables the cache
spring.jta.bitronix.datasource.share-transaction-connections=false #  Whether
or not connections in the ACCESSIBLE state can be shared within the context of
a transaction
spring.jta.bitronix.datasource.test-query # SQL query or statement used to
validate a connection before returning it
```

```
spring.jta.bitronix.datasource.two-pc-ordering-position=1 # The position that
this resource should take during two-phase commit (always first is
Integer.MIN_VALUE, always last is Integer.MAX_VALUE)
spring.jta.bitronix.datasource.unique-name=dataSource # The unique name used to
identify the resource during recovery
spring.jta.bitronix.datasource.use-tm-join=true Whether or not TMJOIN should be
used when starting XAResources

# SOLR (SolrProperties)
spring.data.solr.host=http://127.0.0.1:8983/solr
spring.data.solr.zk-host=
spring.data.solr.repositories.enabled=true # if spring data repository support
is enabled

# ELASTICSEARCH (ElasticsearchProperties)
spring.data.elasticsearch.cluster-name= # The cluster name (defaults to
elasticsearch)
spring.data.elasticsearch.cluster-nodes= # The address(es) of the server node
(comma-separated; if not specified starts a client node)
spring.data.elasticsearch.properties.*= # Additional properties used to configure
the client
spring.data.elasticsearch.repositories.enabled=true # if spring data repository
support is enabled

# DATA REST (RepositoryRestConfiguration)
spring.data.rest.base-path= # base path against which the exporter should calculate
its links

# FLYWAY (FlywayProperties)
flyway.*= # Any public property available on the auto-configured `Flyway` object
flyway.check-location=false # check that migration scripts location exists
flyway.locations=classpath:db/migration # locations of migrations scripts
flyway.schemas= # schemas to update
flyway.init-version= 1 # version to start migration
flyway.init-sqls= # SQL statements to execute to initialize a connection
immediately after obtaining it
flyway.sql-migration-prefix=V
flyway.sql-migration-suffix=.sql
flyway.enabled=true
flyway.url= # JDBC url if you want Flyway to create its own DataSource
flyway.user= # JDBC username if you want Flyway to create its own DataSource
flyway.password= # JDBC password if you want Flyway to create its own DataSource

# LIQUIBASE (LiquibaseProperties)
```

```
liquibase.change-log=classpath:/db/changelog/db.changelog-master.yaml
liquibase.check-change-log-location=true # check the change log location exists
liquibase.contexts= # runtime contexts to use
liquibase.default-schema= # default database schema to use
liquibase.drop-first=false
liquibase.enabled=true
liquibase.url= # specific JDBC url (if not set the default datasource is used)
liquibase.user= # user name for liquibase.url
liquibase.password= # password for liquibase.url

# JMX
spring.jmx.default-domain= # JMX domain name
spring.jmx.enabled=true # Expose MBeans from Spring
spring.jmx.mbean-server=mBeanServer # MBeanServer bean name

# RABBIT (RabbitProperties)
spring.rabbitmq.addresses= # connection addresses (e.g.
myhost:9999,otherhost:1111)
spring.rabbitmq.dynamic=true # create an AmqpAdmin bean
spring.rabbitmq.host= # connection host
spring.rabbitmq.port= # connection port
spring.rabbitmq.password= # login password
spring.rabbitmq.requested-heartbeat= # requested heartbeat timeout, in seconds;
zero for none
spring.rabbitmq.ssl.enabled=false # enable SSL support
spring.rabbitmq.ssl.key-store= # path to the key store that holds the SSL
certificate
spring.rabbitmq.ssl.key-store-password= # password used to access the key store
spring.rabbitmq.ssl.trust-store= # trust store that holds SSL certificates
spring.rabbitmq.ssl.trust-store-password= # password used to access the trust
store
spring.rabbitmq.username= # login user
spring.rabbitmq.virtual-host= # virtual host to use when connecting to the broker

# REDIS (RedisProperties)
spring.redis.database= # database name
spring.redis.host=localhost # server host
spring.redis.password= # server password
spring.redis.port=6379 # connection port
spring.redis.pool.max-idle=8 # pool settings ...
spring.redis.pool.min-idle=0
spring.redis.pool.max-active=8
spring.redis.pool.max-wait=-1
spring.redis.sentinel.master= # name of Redis server
```

```
spring.redis.sentinel.nodes= # comma-separated list of host:port pairs
spring.redis.timeout= # connection timeout in milliseconds

# ACTIVEMQ (ActiveMQProperties)
spring.activemq.broker-url=tcp://localhost:61616 # connection URL
spring.activemq.user=
spring.activemq.password=
spring.activemq.in-memory=true # broker kind to create if no broker-url is
specified
spring.activemq.pooled=false

# HornetQ (HornetQProperties)
spring.hornetq.mode= # connection mode (native, embedded)
spring.hornetq.host=localhost # hornetQ host (native mode)
spring.hornetq.port=5445 # hornetQ port (native mode)
spring.hornetq.embedded.enabled=true # if the embedded server is enabled (needs
hornetq-jms-server.jar)
spring.hornetq.embedded.server-id= # auto-generated id of the embedded server
(integer)
spring.hornetq.embedded.persistent=false # message persistence
spring.hornetq.embedded.data-directory= # location of data content (when
persistence is enabled)
spring.hornetq.embedded.queues= # comma-separated queues to create on startup
spring.hornetq.embedded.topics= # comma-separated topics to create on startup
spring.hornetq.embedded.cluster-password= # customer password (randomly
generated by default)

# JMS (JmsProperties)
spring.jms.jndi-name= # JNDI location of a JMS ConnectionFactory
spring.jms.pub-sub-domain= # false for queue (default), true for topic

# Email (MailProperties)
spring.mail.host=smtp.acme.org # mail server host
spring.mail.port= # mail server port
spring.mail.username=
spring.mail.password=
spring.mail.default-encoding=UTF-8 # encoding to use for MimeMessages
spring.mail.properties.*= # properties to set on the JavaMail session
spring.mail.jndi-name= # JNDI location of a Mail Session

# SPRING BATCH (BatchProperties)
spring.batch.job.names=job1,job2
spring.batch.job.enabled=true
spring.batch.initializer.enabled=true
```

```
spring.batch.schema= # batch schema to load
spring.batch.table-prefix= # table prefix for all the batch meta-data tables

# SPRING CACHE (CacheProperties)
spring.cache.type= # generic, ehcache, hazelcast, infinispan, jcache, redis, guava,
simple, none
spring.cache.cache-names= # cache names to create on startup
spring.cache.ehcache.config= # location of the ehcache configuration
spring.cache.hazelcast.config= # location of the hazelcast configuration
spring.cache.infinispan.config= # location of the infinispan configuration
spring.cache.jcache.config= # location of jcache configuration
spring.cache.jcache.provider= # fully qualified name of the CachingProvider
implementation to use
spring.cache.guava.spec= # guava specs

# AOP
spring.aop.auto=
spring.aop.proxy-target-class=

# FILE ENCODING (FileEncodingApplicationListener)
spring.mandatory-file-encoding= # Expected character encoding the application
must use

# SPRING SOCIAL (SocialWebAutoConfiguration)
spring.social.auto-connection-views=true # Set to true for default connection
views or false if you provide your own

# SPRING SOCIAL FACEBOOK (FacebookAutoConfiguration)
spring.social.facebook.app-id= # your application's Facebook App ID
spring.social.facebook.app-secret= # your application's Facebook App Secret

# SPRING SOCIAL LINKEDIN (LinkedInAutoConfiguration)
spring.social.linkedin.app-id= # your application's LinkedIn App ID
spring.social.linkedin.app-secret= # your application's LinkedIn App Secret

# SPRING SOCIAL TWITTER (TwitterAutoConfiguration)
spring.social.twitter.app-id= # your application's Twitter App ID
spring.social.twitter.app-secret= # your application's Twitter App Secret

# SPRING MOBILE SITE PREFERENCE (SitePreferenceAutoConfiguration)
spring.mobile.sitepreference.enabled=true # enabled by default

# SPRING MOBILE DEVICE VIEWS (DeviceDelegatingViewResolverAutoConfiguration)
spring.mobile.devicedelegatingviewresolver.enabled=true # disabled by default
```

```
spring.mobile.devicedelegatingviewresolver.enable-fallback= # enable support for
fallback resolution, default to false.
spring.mobile.devicedelegatingviewresolver.normal-prefix=
spring.mobile.devicedelegatingviewresolver.normal-suffix=
spring.mobile.devicedelegatingviewresolver.mobile-prefix=mobile/
spring.mobile.devicedelegatingviewresolver.mobile-suffix=
spring.mobile.devicedelegatingviewresolver.tablet-prefix=tablet/
spring.mobile.devicedelegatingviewresolver.tablet-suffix=

# ----------------------------------------
# DEVTOOLS PROPERTIES
# ----------------------------------------

# DEVTOOLS (DevToolsProperties)
spring.devtools.restart.enabled=true # enable automatic restart
spring.devtools.restart.exclude= # patterns that should be excluding for
triggering a full restart
spring.devtools.restart.poll-interval= # amount of time (in milliseconds) to wait
between polling for classpath changes
spring.devtools.restart.quiet-period= # amount of quiet time (in milliseconds)
requited without any classpath changes before a restart is triggered
spring.devtools.restart.trigger-file= # name of a specific file that when changed
will trigger the restart
spring.devtools.livereload.enabled=true # enable a livereload.com compatible
server
spring.devtools.livereload.port=35729 # server port.

# REMOTE DEVTOOLS (RemoteDevToolsProperties)
spring.devtools.remote.context-path=/.~~spring-boot!~ # context path used to
handle the remote connection
spring.devtools.remote.debug.enabled=true # enable remote debug support
spring.devtools.remote.debug.local-port=8000 # local remote debug server port
spring.devtools.remote.restart.enabled=true # enable remote restart
spring.devtools.remote.secret= # a shared secret required to establish a connection
spring.devtools.remote.secret-header-name=X-AUTH-TOKEN # HTTP header used to
transfer the shared secret

# ----------------------------------------
# ACTUATOR PROPERTIES
# ----------------------------------------

# MANAGEMENT HTTP SERVER (ManagementServerProperties)
management.port= # defaults to 'server.port'
management.address= # bind to a specific NIC
```

```
management.context-path= # default to '/'
management.add-application-context-header= # default to true
management.security.enabled=true # enable security
management.security.role=ADMIN # role required to access the management endpoint
management.security.sessions=stateless # session creating policy to use (always,
never, if_required, stateless)

# PID FILE (ApplicationPidFileWriter)
spring.pidfile= # Location of the PID file to write

# ENDPOINTS (AbstractEndpoint subclasses)
endpoints.autoconfig.id=autoconfig
endpoints.autoconfig.sensitive=true
endpoints.autoconfig.enabled=true
endpoints.beans.id=beans
endpoints.beans.sensitive=true
endpoints.beans.enabled=true
endpoints.configprops.id=configprops
endpoints.configprops.sensitive=true
endpoints.configprops.enabled=true
endpoints.configprops.keys-to-sanitize=password,secret,key # suffix or regex
endpoints.dump.id=dump
endpoints.dump.sensitive=true
endpoints.dump.enabled=true
endpoints.enabled=true # enable all endpoints
endpoints.env.id=env
endpoints.env.sensitive=true
endpoints.env.enabled=true
endpoints.env.keys-to-sanitize=password,secret,key # suffix or regex
endpoints.health.id=health
endpoints.health.sensitive=true
endpoints.health.enabled=true
endpoints.health.mapping.*= # mapping of health statuses to HttpStatus codes
endpoints.health.time-to-live=1000
endpoints.info.id=info
endpoints.info.sensitive=false
endpoints.info.enabled=true
endpoints.mappings.enabled=true
endpoints.mappings.id=mappings
endpoints.mappings.sensitive=true
endpoints.metrics.id=metrics
endpoints.metrics.sensitive=true
endpoints.metrics.enabled=true
endpoints.shutdown.id=shutdown
```

```
endpoints.shutdown.sensitive=true
endpoints.shutdown.enabled=false
endpoints.trace.id=trace
endpoints.trace.sensitive=true
endpoints.trace.enabled=true

# ENDPOINTS CORS CONFIGURATION (MvcEndpointCorsProperties)
endpoints.cors.allow-credentials= # set whether user credentials are support. When
not set, credentials are not supported.
endpoints.cors.allowed-origins= # comma-separated list of origins to allow. *
allows all origins. When not set, CORS support is disabled.
endpoints.cors.allowed-methods= # comma-separated list of methods to allow. *
allows all methods. When not set, defaults to GET.
endpoints.cors.allowed-headers= # comma-separated list of headers to allow in a
request. * allows all headers.
endpoints.cors.exposed-headers= # comma-separated list of headers to include in
a response.
endpoints.cors.max-age=1800 # how long, in seconds, the response from a pre-flight
request can be cached by clients.

# HEALTH INDICATORS (previously health.*)
management.health.db.enabled=true
management.health.elasticsearch.enabled=true
management.health.elasticsearch.indices=  # comma-separated index names
management.health.elasticsearch.response-timeout=100 # the time, in milliseconds,
to wait for a response from the cluster
management.health.diskspace.enabled=true
management.health.diskspace.path=.
management.health.diskspace.threshold=10485760
management.health.jms.enabled=true
management.health.mail.enabled=true
management.health.mongo.enabled=true
management.health.rabbit.enabled=true
management.health.redis.enabled=true
management.health.solr.enabled=true
management.health.status.order=DOWN, OUT_OF_SERVICE, UNKNOWN, UP

# MVC ONLY ENDPOINTS
endpoints.jolokia.path=/jolokia
endpoints.jolokia.sensitive=true
endpoints.jolokia.enabled=true # when using Jolokia

# JMX ENDPOINT (EndpointMBeanExportProperties)
endpoints.jmx.enabled=true # enable JMX export of all endpoints
```

```
endpoints.jmx.domain= # the JMX domain, defaults to 'org.springboot'
endpoints.jmx.unique-names=false
endpoints.jmx.static-names=

# JOLOKIA (JolokiaProperties)
jolokia.config.*= # See Jolokia manual

# REMOTE SHELL
shell.auth=simple # jaas, key, simple, spring
shell.command-refresh-interval=-1
shell.command-path-patterns= # classpath*:/commands/**,
classpath*:/crash/commands/**
shell.config-path-patterns= # classpath*:/crash/*
shell.disabled-commands=jpa*,jdbc*,jndi* # comma-separated list of commands to
disable
shell.disabled-plugins=false # don't expose plugins
shell.ssh.enabled= # ssh settings ...
shell.ssh.key-path=
shell.ssh.port=
shell.telnet.enabled= # telnet settings ...
shell.telnet.port=
shell.auth.jaas.domain= # authentication settings ...
shell.auth.key.path=
shell.auth.simple.user.name=
shell.auth.simple.user.password=
shell.auth.spring.roles=

# METRICS EXPORT (MetricExportProperties)
spring.metrics.export.enabled=true # flag to disable all metric exports (assuming
any MetricWriters are available)
spring.metrics.export.delay-millis=5000 # delay in milliseconds between export
ticks
spring.metrics.export.send-latest=true # flag to switch off any available
optimizations based on not exporting unchanged metric values
spring.metrics.export.includes= # list of patterns for metric names to include
spring.metrics.export.excludes= # list of patterns for metric names to exclude.
Applied after the includes
spring.metrics.export.redis.aggregate-key-pattern= # pattern that tells the
aggregator what to do with the keys from the source repository
spring.metrics.export.redis.prefix=spring.metrics # prefix for redis repository
if active
spring.metrics.export.redis.key=keys.spring.metrics # key for redis repository
export (if active)
```

```
spring.metrics.export.triggers.*= # specific trigger properties per MetricWriter
bean name

# SENDGRID (SendGridAutoConfiguration)
spring.sendgrid.username= # SendGrid account username
spring.sendgrid.password= # SendGrid account password
spring.sendgrid.proxy.host= # SendGrid proxy host
spring.sendgrid.proxy.port= # SendGrid proxy port

# GIT INFO
spring.git.properties= # resource ref to generated git info properties file
```